现代数学丛书

高维定常可压缩Navier-Stokes方程的适定性理论

江松　江飞　周春晖　著

上海科学技术出版社

图书在版编目 (CIP) 数据

高维定常可压缩Navier-Stokes方程的适定性理论 /江松, 江飞, 周春晖著. –上海: 上海科学技术出版社, 2019.1

（现代数学丛书. 第3辑）

ISBN 978-7-5478-4234-8

I. ①高··· II. ①江··· ②江··· ③周··· III. ①高维-定常-可压缩流-纳维埃-斯托克斯方程-理论研究 IV. ①O175.26

中国版本图书馆CIP数据核字(2018) 第239318号

本书出版受“上海科技专著出版资金”资助

总 策 划　苏德敏　张　晨
丛书策划　包惠芳　田廷彦
责任编辑　田廷彦
封面设计　赵　军

高维定常可压缩Navier-Stokes方程的适定性理论
江松　江飞　周春晖　著

上海世纪出版 (集团) 有限公司
上 海 科 学 技 术 出 版 社　出版、发行
(上海钦州南路71号　邮政编码 200235　www.sstp.cn)
上海中华商务联合印刷有限公司印刷
开本 787×1092　1/16　印张 17.75　插页4
字数 300千字
2019 年 1 月第 1 版　2019 年 1 月第 1 次印刷
ISBN 978-7-5478-4234-8/O・65
定价：138.00元

《现代数学丛书》编委会

马志明(MA Zhiming)
中国科学院数学与系统科学研究院,北京 100190,中国

Andrew J. MAJDA
Courant Institute of Mathematical Sciences, New York University, New York, NY 10012, USA

Cédric VILLANI
Institut Herni Poincaré, 75231 Paris Cedex 05, France

袁亚湘(YUAN Yaxiang)
中国科学院数学与系统科学研究院,北京 100190,中国

张伟平(ZHANG Weiping)
南开大学陈省身数学研究所,天津 300071,中国

助　理

姚一隽(YAO Yijun)
复旦大学数学科学学院,上海 200433,中国

前 言

可压缩Navier–Stokes（NS）方程组广泛应用于科学研究与工程技术中，其数学理论的研究具有重要的理论意义和坚实的应用背景，并已取得了很大的研究进展。在1998 年之前，数学理论研究主要集中在小初值与小外力情形。在1998年，Lions首次给出了具有大外力作用下的大初值的非定常可压缩等熵NS方程弱解的全局存在性[45]，其中要求绝热指数$\gamma \geqslant 3N/(N+2)$，$N=2,3$为空间维数。随后在2001年，Feireisl等通过引入新的数学技巧，进一步将Lions的存在性结果改进到$\gamma > N/2$，见[24, 21]，也参见专著[60] 中的相关的理论进展。最近，对于二维等温情形（即$\gamma = 1$），弱解的存在性已被Plotnikov和Weigant 证明[71]。但在三维且$\gamma \in [1,3/2]$时，全局弱解的存在性至今仍是富有挑战的重要公开问题。需要指出的是在三维情形，许多气体的绝热指数取值在$[1,3/2]$内，特别地，空气取值为7/5。

高维非定常可压缩等熵NS方程组的弱解理论可推广到定常情形，具体地说，对于$\gamma > 5/3$，Lions首先证明了三维定常等熵可压缩NS方程组弱解的存在性[45]。Novotný和Straškraba 进一步将Lions的结果推广到$\gamma > 3/2$情形[60]。近十余年来，通过许多数学家的不懈努力，定常可压缩等熵NS方程弱解的存在性理论对$\gamma \in [1,3/2]$情形已取得了重要进展。这里简述一下相关的进展。当外力$\boldsymbol{f}$是势函数并且$\gamma > (3+\sqrt{41})/8$时，或者当$\boldsymbol{f}$是有界函数并且$\gamma > (1+\sqrt{13}/3) \approx 1.53$时，Březina与Novotný于2008年证明了三维定常等熵可压缩NS方程组周期边值问题弱解的存在性[7]（注意，之所以考虑周期边值问题是为了避开密度在边界估计的困难）。在[7]的证明框架内，Frehse, Steinhauer和Weigant于2012年通过引入新的数学技巧克服密度在边界估计的困难，从而证明了对$\gamma > 4/3$，三维Dirichlet边值问题存在弱解[27]。随后，对于任意$\gamma > 1$，通过引入耦合动能与压强的一个新估计，江松和周春晖证明了三维周期边值问题弱解的存在性[38]。进一步，Plotnikov和Weigant于2015年证明了Dirichlet边值问题弱解的存在性[72]。到目前为止，除了三维等温($\gamma=1$)情形外，二、三维定常可压缩等熵NS方程组弱解的存在性问题都已得到解决。

本书将系统介绍在大外力作用下三维定常可压缩NS方程组弱解的存在性结果，以及所发展起来的新型数学工具和数学技术，特别是其中的带奇异权估计的数学想法（见第三章3.4和3.5节内容）。此想法最早由Frehse等人在研究二维等温情形时引入。随后，其他数学家不断发展和拓广该想法，并进一步通过引入新的数学技巧，最终解决了三维定常可压缩等熵NS方程弱解对任何$\gamma>1$的存在性问题。本书的第三至四章将介绍等熵情形下弱解的存在性结果。在第五章中，我们将介绍等熵情形下的弱解理论如何进一步推广到具有热传导（也称非等熵）的情形。需要指出的是对于$\gamma>N/2$，Lions的专著[45]以及Novotný等人的专著[60]已分别对$N=2$及$N=3$两种情形进行了介绍，本书可认为是对已有关于高维定常可压缩NS方程适定性理论的专著的进一步更新。

此外，Novotný和Straškraba等人在其专著[60]中只介绍了小外力情形的定常可压缩NS方程强解的存在性结果。本书还将进一步介绍大外力作用下定常可压缩NS方程组强解的存在性结果。具体地说，第六章将介绍Choe和Jin关于当Mach数小时，具有大外力的定常可压缩等熵NS方程组强解的存在性结果[10]，并在第七章中介绍在热传导（非等熵）情形下相对应的强解存在性结果[15]。最后，第八章将介绍在大势力和小非势力共同作用下的定常可压缩热传导NS方程组强解的存在性结果[57]。关于非定常流的小Mach数极限理论，以及其他奇异极限理论，有兴趣的读者可参见例如Feireisl和Novotný 的专著[23]。

尽管高维定常可压缩NS方程的适定性理论取得了许多重要进展，然而仍有不少重要的数学问题未得到解决，例如，对于绝热指数为1的三维定常可压缩NS方程弱解的存在性仍未得到解决；什么条件下弱解是唯一的以及弱解的正则性还不清楚；目前所获得的关于弱解的理论结果能否进一步推广到无界区域仍然是公开的问题，以及不附加任何小性条件下强解的存在性同样未得到解决。本书所总结的相关研究进展，对于有志于解决相关公开问题的初学者既提供了入门知识，也给出了研究现状的概况，使得初学者能尽快地进入相关的研究前沿。此外，本书中所介绍的新型数学工具和新发展的技术，不仅会对相关研究人员研究其他偏微分方程的适定性问题提供参考，而且也有助于进一步研究关于高维非定常可压缩NS方程组全局弱解存在性的遗留难题。

本书适合从事流体力学数学理论、应用数学、偏微分方程、流体力学计算方法等领域的科技工作者阅读使用，也可作为高等院校偏微分方程和应用数学专业研究生和高年级本科生的教材与参考书。本书第一章简要介绍了阅读所需的实变函数、泛函分析以及函数空间等基础知识。熟悉这方面基础知识的读者可跳过第一章直接进入第二章。

由于学识所限，加之初次尝试和时间紧迫，作者一些良好的主观设想未必能如愿忠实地反映于本书之中，全书的错误与遗漏也在所难免，殷切地期望各位读者批评指正。

本书受到国家自然科学基金（基金号：11631008，11671086，11871147）和福建省自然科学基金（基金号：2016J06001）的资助。

江松　江飞　周春晖

2018 年 9 月

目　录

第一章
基本数学知识回顾

本章主要回顾后续章节会涉及的数学知识，其中包括基本的数学符号、概念及一些相关结论。阅读本章要求读者具有线性代数、数学分析、实变函数论与泛函分析等基本知识。

§1.1 抽象空间

本节主要介绍线性赋范空间、Banach空间、对偶空间、Hilbert空间和算子等概念，以及相关的数学结果。

§1.1.1 线性赋范空间

为引入线性赋范空间，需要重温线性空间和相关的度量空间的定义。

§1.1.1.1 线性空间

集合X 称为（实）线性向量空间（简称线性空间），如果定义X中元素的加法和数乘运算如下：

$$u,\ v \in X \to u+v \in X,$$
$$u \in X,\ \lambda \in \mathbb{R} \to \lambda u \in X,$$

使得对任意的u，v，$w \in X$及λ，$\mu \in \mathbb{R}$，下列公理满足：

（1） $u+v=v+u$;

（2） $u+(v+w)=(u+v)+w$;

（3） 在X中存在一个唯一确定的元素，记为0(并称为零元素)，使得$u+0=u$;

（4） 对每一个$u \in X$ 存在唯一一个确定的元素$(-u)$, 使得$u+(-u)=0$;

（5） $\lambda(u+v)=\lambda u+\lambda v$；

（6） $(\lambda+\mu)u=\lambda u+\mu u$；

（7） $(\lambda\mu)u=\lambda(\mu u)$；

（8） $1u=u$；

（9） $0u=0$。

为了简单起见，把$\mathbb{R}$中的零与X中的零元素用同一符号表示。此外，在X中还定义减法为: $u-v=u+(-v)$。

§ 1.1.1.2 度量空间

令X表示一个线性向量空间。如果函数$d(\cdot,\cdot):X\times X\to[0,\infty)$满足下列三个条件，则称为距离或者度量:

（1） u，$v\in X$，$d(u,v)=0\Leftrightarrow u=v$；

（2） $d(u,v)=d(v,u)$，u，$v\in X$；

（3） $d(u,v)\leqslant d(u,z)+d(z,v)$，　u，v，$z\in X$ （三角不等式）。

称赋于距离d的线性空间为线性度量空间，并记为(X,d)。有时为了强调d是X的度量，记d为d_X。

设(X,d_X)和(Y,d_Y)是两个线性度量空间，如果存在映射$\varphi:X\mapsto Y$，满足

（1） φ是满射；

（2） 对于任意$(u,v)\in X$，$d_X(u,v)=d_Y(\varphi(u),\varphi(v))$，

则称(X,d_X)和(Y,d_Y)是等距同构空间，并称φ为等距同构映射，有时简称等距同构。

§1.1.1.3 线性赋范空间

令X为一线性向量空间。如果函数$\|\cdot\|:X\to[0,\infty)$满足下列三个条件，则称它为X中的范数:

（1） $u\in X$，$\|u\|=0\Leftrightarrow u=0$；

（2） $\|\lambda u\|=|\lambda|\|u\|$，$\lambda\in\mathbb{R}$，$u\in X$；

（3） $\|u+v\|\leqslant\|u\|+\|v\|$，$u,v\in X$ （三角不等式）。

称带有范数$\|\cdot\|$的线性空间X为线性赋范空间。每一个线性赋范空间X都是一个度量空间，其度量（即距离）定义为$\|u-v\|$，其中u，$v\in X$。

下面进一步介绍与线性赋范空间有关的概念，其中X都是表示线性赋范空间。

球：用集合$B_\varepsilon(a):=\{u\in X\mid \|u-a\|<\varepsilon\}$[①]表示以$a\in X$为圆心，$\varepsilon>0$为半径的球。

有界集：称集合$M\subset X$（序列$\{u_n\}$[②]$\subset X$）在X中是有界的，如果存在一个常数$K\geqslant 0$，使得对于任意的$u\in M$，有$\|u\|\leqslant K$（对于所有的$n=1,2,\cdots$，$\|u_n\|\leqslant K$）。

开集：称集合$M\subset X$在X是开的，如果对于每一个$a\in M$，存在一个以a为中心的球包含在M 中。

序列与极限：$u,u_n\in X$，$n=1,2,\cdots$，如果$\lim\limits_{n\to\infty}\|u_n-u\|=0$，则记为

$$\lim_{n\to\infty}u_n=u,\quad \text{在}X\text{中；}\quad \text{或}\quad u_n\to u,\quad \text{在}X\text{中。}$$

在此情形下，称u_n在X中强收敛于X。

闭包与闭集：令集合$M\subset X$，称集合

$$\overline{M}:=\{u\in X\mid \text{存在一个序列}\{u_n\}\subset M\text{使得}u_n\to u\}$$

为M的闭包。集合M是闭集当且仅当$\overline{M}=M$。

边界：集合$\partial M=\overline{M}\cap\overline{X\setminus M}$称为集合$M$的边界。

连续性：令f为X到Y上的映射，其定义域记为$\mathcal{D}(f)$。对$a\in\mathcal{D}(f)$，如果对于任意$\varepsilon>0$，存在一个$\delta>0$，使得对$\mathcal{D}(f)$中满足条件"$\|x-a\|_X<\delta$的任意x，有$\|f(x)-f(a)\|_Y<\varepsilon$"，则称$f$在点$a$是连续的。

紧性：称集合$M\subset X$为紧集（列紧集或相对紧集），如果对于任一有界序列$\{u_n\}_{n=1}^{\infty}\subset M$，总存在一个子序列$\{u_{n_k}\}_{k=1}^{\infty}$和一个元素$u\in M$ ($u\in X$)，使得在X中，$u_{n_k}\to u$。

联通集：集合$M\subset X$称为联通集，如果M满足下列性质：

$$M=A\cup B,\ A\cap\overline{B}=\varnothing=\overline{A}\cap B\Rightarrow A\text{与}B\text{有一个是空集。}$$

稠密性及可分性：集合M 是闭的当且仅当$\overline{M}=M$。如果X的子集M满足$\overline{M}=X$，则称M在X中稠密。如果存在一个可数集$M\subset X$ 在X中稠密（M 是可数的，是指它的所有元素可以按顺序排成一个序列），则空间X是可分的。

子空间：令$M\subset X$是一个线性向量空间，则赋予范数$\|\cdot\|_X$的M称为X的子空间。如果M在X中是闭的，则称M是X中的闭子空间。可分的线性赋范空间的闭子空间也是可分的。

---

①本书数学符号"$:=$"包含定义或记为的意思。

②严格地说，数列精确写法为$\{u_n\}_{n=1}^{\infty}$，本书为简单起见，省略上下标。

§1.1.2 Banach空间和对偶空间

令X表示一个线性赋范空间。如果序列$\{u_n\} \subset X$对任意$\varepsilon > 0$，存在$n_0 = n_0(\varepsilon)$使得对所有m，$n > n_0$，$\|u_m - u_n\| < \varepsilon$成立，则称该序列为Cauchy（或基本）序列。如果X中的每一个Cauchy序列$\{u_n\}$在X是收敛的，即存在一个$u \in X$，使得当$n \to \infty$ 时，$u_n \to u$，则称X 是一个完备空间。完备的线性赋范空间称为Banach空间。Banach空间的闭子空间也是Banach空间。

令$f : X \to \mathbb{R}$是线性映射，即对任意$u, v \in X$，$a, b \in \mathbb{R}$，恒有

$$f(au + bv) = af(u) + bf(v)。$$

如果f还是连续的，则称连续线性映射f为定义在线性赋范空间X的连续线性泛函。把f在点$u \in X$的值记为$f(u)$或者$\langle f, u\rangle$（对偶积）。注意，连续线性泛函的连续性等价于其在0点的连续性。由此还可进一步推出，连续线性泛函的连续性等价于其为有界线性泛函，即存在常数C，使得对于任意的$u \in X$，有$|f(u)| \leqslant C\|u\|_X$。

定义在X上的所有连续线性泛函构成一个线性向量空间，记为X^*（或X'），并称之为X的对偶。对X^*赋予范数

$$\|f\|_{X^*} := \sup_{\substack{u \in X \\ u \neq 0}} \frac{|\langle f, u\rangle|}{\|u\|_X}, \quad f \in X^*$$

后所得的空间X^*是一个线性赋范空间（注意，由于f是有界线性泛函，上述定义显然有意义）。映射$\langle \cdot, \cdot \rangle : X^* \times X \to \mathbb{R}$称为$X$与$X^*$之间的对偶（映射）。注意，赋予范数$\| \cdot \|_{X^*}$后的$X^*$是一个Banach空间。

若X是一个Banach空间，且X^*是它的对偶空间，则可进一步考虑X^*的对偶

$$X^{**} = (X^*)^*。$$

令$u \in X$，显然映射$\varphi \in X^* \to \langle \varphi, u\rangle \in \mathbb{R}$定义了$X^{**}$ 中的一个元素。这意味着对于每个$u \in X$，存在$Ju \in X^{**}$，使得

$$(Ju)(\varphi) := \langle \varphi, u\rangle, \qquad \varphi \in X^*。$$

称$J : X \to X^{**}$为空间X到X^{**}中的正则映射。

令X表示Banach空间，如果$J(X) = X^{**}$，即对于每一个$g \in X^{**}$，存在唯一确定的元素$u_g \in X$，使得对所有的$\varphi \in X^*$，$g(\varphi) = \langle \varphi, u_g\rangle$；并且$\|g\|_{X^{**}} = \|u_g\|_X$，则称$X$是自反的。$X$的自反Banach空间简记为$X = X^{**}$。如果$X$是自反Banach空间，则其任何闭子空间也是自反的Banach空间。

如果Banach空间满足：对于任意$\varepsilon > 0$，存在$\delta > 0$，使得对任何满足$\|x\|_X \leqslant 1$，$\|y\|_X \leqslant 1$，$\|x - y\|_X > \varepsilon$的$x$，$y \in X$，有

$$\|x + y\|_X/2 < 1 - \delta,$$

则称X是一致凸的Banach空间。一致凸的Banach空间是自反的。

§1.1.3 Hilbert空间

令X是一个线性向量空间。如果一个定义在$X \times X$上的实标量函数$(\cdot,\cdot)$满足：对任意的u，v，$w \in X$和$\lambda \in \mathbb{R}$，

（1） $(u+v,w)=(u,w)+(v,w)$，

（2） $(\lambda u,v)=\lambda(u,v)$，

（3） $(u,v)=(v,u)$，

（4） $(u,u)>0$，其中$u \neq 0$；

则称$(\cdot,\cdot)$为内积。X中的内积可以导出范数，即对于$u \in X$，可定义X中的范数为$\|u\|:=\sqrt{(u,u)}$。此外，对$u,v \in X$，下列的Cauchy不等式成立。

$$|(u,v)| \leqslant \|u\|\|v\|。$$

如果带有内积的线性向量空间关于它的导出范数是完备的，则称其为Hilbert空间。有关Hilbert空间的两个重要定理如下：

定理 1.1.1 (Lax–Milgram定理) 令$B: H \times H \to \mathbb{R}$是一个双线性映射，并存在常数$\alpha$，$\beta>0$，使得

$$|B(u,v)| \leqslant \alpha\|u\|\|v\|, \quad \beta\|u\|^2 \leqslant B(u,u), \qquad \forall\, u,v \in H。$$

设$f: H \to \mathbb{R}$是H上的一个有界线性泛函，则存在唯一的$u \in H$满足：

$$B(u,v)=< f,v >, \qquad \forall\, v \in H,$$

其中$< \cdot,\cdot >$记为对偶积。

定理 1.1.2 (Riesz表示定理) 令H是一个Hilbert空间，则对于任意的$\varphi \in H^*$，存在唯一的$u_\varphi \in H$，使得对于任意$v \in X$ 有

$$< \varphi, v >=(u_\varphi, v),$$

并且

$$\|u_\varphi\|_X=\|\varphi\|_{X^*}。$$

根据Riesz表示定理，任何Hilbert空间是一个自反的Banach空间。

§1.1.4 算子

令X和Y是以$\|\cdot\|_X$和$\|\cdot\|_Y$为范数的Banach空间。如果映射$A:\mathcal{D}(A)\to Y$，其中$\mathcal{D}(A)$是X的子空间，满足条件

（1） $A(u+v)=A(u)+A(v),\quad u,v\in X$，

（2） $A(\lambda u)=\lambda A(u),\quad \lambda\in\mathbb{R},\ u\in X$；

则称A为线性算子，并称$\mathcal{D}(A)$为A的定义域，

$$\mathcal{G}(A)=\{(x,Ax)\mid x\in\mathcal{D}(A)\}\subset X\times Y$$

为A的图像。

进一步，如果存在常数$c\geqslant 0$，使得

$$\|Au\|_Y\leqslant c\|u\|_X,\quad u\in\mathcal{D}(A),$$

则称A为有界线性算子。

称映射$A:X\to Y$（不一定是线性的）是连续的，如果它满足

$$u_n\to u,\quad 在X中\Rightarrow A(u_n)\to A(u),\quad 在Y中。$$

如果算子$A:X\to Y$在X上是线性且连续的，则称之为连续线性算子。全体连续线性算子$A:X\to Y$按范数

$$\|A\|:=\sup_{0\neq u\in X}\frac{\|Au\|_Y}{\|u\|_X}<\infty$$

组成一个Banach空间$\mathcal{L}(X,Y)$。若$X=Y$，则写成$\mathcal{L}(X)=\mathcal{L}(X,X)$。

称连续线性算子$A:X\to Y$（X和Y为线性赋范空间）为全连续线性算子（或紧算子），如果A满足：若$M\subset Y$是有界集，则$A(M)$是Y的列紧集（这意味着X中的任意有界序列$\{u_n\}$都包含一个子序列$\{u_{n_k}\}_{k=1}^{\infty}$，使得序列$\{A(u_{n_k})\}_{k=1}^{\infty}$在$Y$中强收敛）。

现在介绍闭线性算子。如果线性算子的图像是闭的，那么就称该线性算子为闭线性算子。称线性算子A是可闭的，如果对$\mathcal{D}(A)$中的任何序列$\{x_n\}\to 0$，有$Ax_n\to 0$。在此情形下，可如下定义A的闭包算子$\overline{A}$：

$$\mathcal{D}(\overline{A}):=\{x\in X\mid 存在x_n\in\mathcal{D}(A)及z\in Y，使得x_n\to x在X中，Ax_n\to z在Y中\}$$

$$\overline{A}x:=\lim_{n\to\infty}Ax_n\quad（在Y中强收敛）。$$

如果$\mathcal{D}(A)$在X中稠密，则算子$A:\mathcal{D}(A)\subset X\to Y$就称为（在$X$中）稠密定义的算子。

有关线性算子的一些性质列举如下：

（1） 任何连续线性算子都是有界的。

（2） 任何满足$\mathcal{D}(A)=X$的有界线性算子是连续的。

（3） 对任何有界稠密定义的算子A，其闭包$\overline{A}$存在并且是连续的。

下面介绍嵌入算子。令$X\subset Y$（集合的意义下）分别在范数$\|\cdot\|_X$和$\|\cdot\|_Y$下为线性赋范空间，I表示定义在X到Y 的算子，其定义域X和值域$I(X)=X$满足关系

$$Iu=u,\ \ u\in X;$$

则称I为恒等算子。如果线性恒等算子I是连续的，则称X可连续嵌入到Y中。

用记号$X\hookrightarrow Y$表示X连续嵌入到Y中，并称I为嵌入算子。如果嵌入算子I是全连续的，则称I是紧嵌入，并记为$X\hookrightarrow\hookrightarrow Y$。

根据紧嵌入的定义，容易看出：如果$X\hookrightarrow\hookrightarrow Y$，则对于任意有界序列$\{u_n\}\in X$，可以取出一个子序列，使得其在$Y$中强收敛。

令X和Y是线性赋范空间，则有：

$$X\hookrightarrow Y\Rightarrow Y^*\hookrightarrow X^* \tag{1.1.1}$$

和

$$X\hookrightarrow\hookrightarrow Y\Rightarrow Y^*\hookrightarrow\hookrightarrow X^*。$$

§1.1.5 Banach空间中的弱极限

令X是一个线性赋范空间，且$\{u_n\}\subset X$。如果存在$u\in X$满足：对任意$f\in X^*$，

$$\lim_{n\to\infty}f(u_n)=f(u),$$

则称u_n在X中弱收敛于u，并记为

$$u_n\rightharpoonup u,\quad 在X中。$$

有些文献也记为$u_n\overset{w}{\rightharpoonup}u$，在$X$中。注意，强收敛一定是弱收敛的，即如果在$X$中$u_n\to u$，则在$X$中$u_n\rightharpoonup u$。

令X为线性赋范空间，X^*为X的对偶空间且$\{f_n\},f\subset X^*$。如果

$$\lim_{n\to\infty}f_n(u)=f(u),\quad \forall\, u\in X,$$

则称f_n在X^*中弱$*$收敛于f，并记为

$$f_n\overset{*}{\rightharpoonup}f,\quad 在X^*中。$$

下面将介绍关于线性赋范空间中的弱极限的一些结论。

（1）令X是Banach空间，X中的序列$\{u_n\}$弱收敛于$u \in X$，则序列$\{u_n\}$是有界的，并且$\|u\|_X \leqslant \liminf_{n\to\infty} \|u_n\|_X$。

（2）对偶函数对的连续性：令X为Banach空间并且在X中$x_n \to x$，在X^*中$f_n \overset{*}{\rightharpoonup} f$，则$\langle f_n, x_n\rangle \to \langle f, x\rangle$，其中$\langle\cdot,\cdot\rangle$是$X^*$与$X$间的对偶积。若在$X$中$x_n \rightharpoonup x$并且在$X^*$中$f_n \to f$，则$\langle f_n, x_n\rangle \to \langle f, x\rangle$。

（3）设X是一致凸的Banach空间，则在X中$u_n \to u$，当且仅当在X中$u_n \rightharpoonup u$且$\|u_n\|_X \to \|u\|_X$。

（4）令X是Banach空间，X^*是一致凸的。则在X^*中$u_n \to u$，当且仅当在X^*中$u_n \overset{*}{\rightharpoonup} u$且$\|u_n\|_{X^*} \to \|u\|_{X^*}$。

（5）令X和Y是线性赋范空间并且$X \hookrightarrow Y$。如果在X中$v_n \rightharpoonup v$，则由(1.1.1)可知：

$$v_n \rightharpoonup v, \quad \text{在}Y\text{中。} \tag{1.1.2}$$

（6）Banach–Alaoglu定理：令X是自反的Banach空间，$\{u_n\} \subset X$是一个有界序列，则存在一个子序列$\{u_{n_k}\}_{k=1}^{\infty}$及$u \in X$满足：当$k \to \infty$时，

$$u_{n_k} \rightharpoonup u, \quad \text{在}X\text{中。}$$

（7）弱$*$收敛的Banach–Alaoglu定理：令X是可分的Banach空间。令$\{f_n\} \subset X^*$是一个有界序列，则存在一个子序列$\{f_{n_k}\}_{k=1}^{\infty}$及$f \in X^*$满足：当$k \to \infty$时，

$$f_{n_k} \overset{*}{\rightharpoonup} f, \quad \text{在}X^*\text{中。}$$

§1.1.6　不动点定理

许多偏微分方程（组）常常可以写成如下抽象的算子方程形式：

$$u = \mathfrak{T}(u),$$

其中$u \in X$是上述方程的未知量，X是Banach空间，$\mathfrak{T}: X \to X$表示算子（映射）。任何满足这个方程的解常称为算子$\mathfrak{T}$的不动点。下面仅介绍后续章节将用到的几个不动点的存在性定理。

定理 1.1.3 (Schauder不动点定理)　*令X是一个Banach空间，K是X中一个紧凸子集。如果$\mathfrak{T}: K \to K$是一个连续算子，则$\mathfrak{T}$在K中具有不动点（即存在$u \in K$满足$\mathfrak{T}(u) = u$）。*

证明　证明见[18]中第9.2.2节中定理3。 □

定理 1.1.4 (Schaefer不动点定理) 设$\mathfrak{T}: X \to X$是一个全连续算子（或称连续紧算子），其中X是一个Banach空间。如果集合

$$\{u \in X \mid \text{对某个}t \in [0,1],\ u = t\mathfrak{T}(u)\}$$

是有界的，则$\mathfrak{T}$在X中至少有一个不动点。

证明 证明见[18]中第9.2.2节中定理4。 □

定理 1.1.5 (Tikhonov定理) 设X是可分自反的Banach空间，M是X的一个非空有界闭凸子集，$\mathfrak{T}: M \to M$ 是一个弱连续映射（即若$\{x_n\} \in M$满足在X中$x_n \rightharpoonup x$，则在X中$\mathfrak{T}(x_n) \rightharpoonup \mathfrak{T}(x)$），则$\mathfrak{T}$在$M$中至少有一个不动点。

证明 见[60]中第1.4.11.6节介绍。 □

定理 1.1.6 (Leray–Schauder定理) 令X为Banach空间，$D \subset X$为一个有界开集，$H: \overline{D} \times [0,1] \to X$为$\overline{D}$ 上同伦的紧变换，即

[itemindent=2em]

（1） 对任意$t \in [0,1]$，$H(\cdot,t): \overline{D} \to X$ 是一个紧算子；

（2） 对任意给定的$\kappa_1 > 0$和$B \subset \overline{D}$，存在$\kappa_2 > 0$，使得

$\|H(x,t) - H(x,s)\|_X < \kappa_1$，$\forall x \in B$，$\forall\ s,\ t \in [0,1]$满足$|s-t| < \kappa_2$。

此外，算子H还满足

$$0 \notin (I - H(\cdot,t))(\partial D), \quad t \in [0,1]。$$

如果至少存在一个$u_0 \in D$使得$H(u_0,0) = u_0$，则对任意$t \in [0,1]$，同样至少有一个解$u_t \in D$满足等式：$H(u_t,t) = u_t$。

证明 见[60]中第1.4.11.8节介绍。 □

§1.2 欧氏空间中的区域和函数算符

所有实数与正整数集合分别记为$\mathbb{R}$与$\mathbb{N}$。所有正实数集，以及所有非负实数集分别记为$\mathbb{R}_+$和$\mathbb{R}_0^+$。所有有序实数组$x := (x_1,\ \cdots,\ x_N)$的全体称为$N$维欧氏空间（或$N$维向量空间），记为$\mathbb{R}^N$，其中每个有序实数组$x$称为$\mathbb{R}^N$中的一个点（或行向量），$N$个实数$x_1,\ \cdots,\ x_N$是这个点的坐标（或向量分量）。注意到，如果有序实数组x 用于描述物理向量或者强调向量，本书约定将其写成列向量形式，并用加黑字母表示，即$\boldsymbol{x} = (x_1,\ \cdots,\ x_N)^{\mathrm{T}}$，其中右上标T表示转置。

一般地，若$\mathcal{P}$是某一集合，则$\mathcal{P}^N$表示Descartes积$\mathcal{P}\times\mathcal{P}\times\cdots\times\mathcal{P}$（$N$个相乘），也就是说，$\mathcal{P}^N=\{(a_1,\cdots,a_N)\mid a_i\in\mathcal{P},\ i=1,\cdots,N\}$。令$\mathcal{P}$和$\mathcal{Q}$为集合，则$\mathcal{P}\times\mathcal{Q}:=\{(x,y)\mid x\in\mathcal{P},\ y\in\mathcal{Q}\}$。如果开集$\Omega$中任意两点可用落于$\Omega$内的折线连接起来，则称开集$\Omega\subset\mathbb{R}^N$是连通的。如果$\Omega$是开的且连通的区域，则称$\Omega$为区域。$\partial\Omega$表示区域$\Omega$的边界，$\boldsymbol{n}$表示边界$\partial\Omega$的单位外法线。$\overline{\Omega}$表示集合$\Omega$闭包。此外，点集$K$的示性函数记为

$$1_K=\begin{cases}1, & 若x\in K;\\ 0, & 若x\notin K。\end{cases}$$

对于有界区域Ω，称

$$\mathrm{diam}\Omega:=\sup_{x,y\in\Omega}\{|x-y|\}$$

为Ω的直径。称形如

$$\{x\in\mathbb{R}^N\mid a_i\square_1^i x_i\square_2^i b_i,\ a_i\neq b_i,\ \ 1\leqslant i\leqslant 3\}$$

的区域为矩体，其中$\square_j^i$（$j=1$和2）表示正向比较记号，即取为“$<$”或“$\leqslant$”。

记$\mathbb{R}^N$中以x为中心、R为半径的球为

$$B_R(x):=\left\{y\in\mathbb{R}^N\ \middle|\ \sum_{i=1}^N|x_i-y_i|^2<R\right\}。$$

当$x=0$时，简记$B_R(x)$为B_R，并记$B^R:=\mathbb{R}^N\backslash B_R$。如果存在球$B_R(x)$满足$B_R(x)\supset\Omega$（区域），则称$\Omega$是有界区域，否则称之为无界区域。此外，如果$\mathbb{R}^N\setminus\overline{\Omega}$是有界区域，则称$\Omega$为外区域。

令$\Omega\subset\mathbb{R}^N$为一个有界区域。如果存在$\alpha>0$，$\beta>0$，有限个局部Descartes坐标系$x_1^r$，$\cdots$，$x_N^r$，以及Lipschitz连续函数$a_r:\mathcal{M}_r=\{\hat{x}^r=(x_2^r,\cdots,x_N^r)\in\mathbb{R}^{N-1}\mid|\hat{x}^r|<\alpha\}\to\mathbb{R}$（也称为局部映射），$r=1,\cdots,R$（$R\in\mathbb{N}$），使得

$$\begin{aligned}&\partial\Omega=\bigcup_{r=1}^R\Lambda_r,\ \Lambda_r=\{(x_1^r,\hat{x}^r)\mid x_1^r:=a_r(\hat{x}^r),\ |\hat{x}^r|<\alpha\}, \qquad (1.2.1)\\ &\{(x_1^r,\hat{x}^r)\mid a_r(\hat{x}^r)<x_1^r<x_1^r+\beta,\ |\hat{x}^r|<\alpha\}\subset\Omega,\ r=1,\ \cdots,\ R,\\ &\{(x_1^r,\hat{x}^r)\mid a_r(\hat{x}^r)-\beta<x_1^r<a_r(\hat{x}^r),\ |\hat{x}^r|<\alpha\}\subset\mathbb{R}^N\backslash\overline{\Omega},\ r=1,\ \cdots,\ R,\end{aligned}$$

则称Ω的边界$\partial\Omega$为Lipschitz连续的，Ω也被称为Lipschitz区域（或带有Lipschitz连续边界的区域）。如果对所有$r=1,\cdots,R$，$a_r\in C^{k,\mu}(\overline{\mathcal{M}_r})$③，其中$\mu\in[0,1]$（其中$C^{k,0}(\overline{\mathcal{M}_r})$，也常简记为$C^k(\overline{\mathcal{M}_r})$，称为$C^k$区域），则记为$\partial\Omega\in C^{k,\mu}$。如果$\partial\Omega\in C^\infty$，则称边界$\partial\Omega$为光滑的。

③ 见第1.3.1 节介绍。

考虑一个定义在点集$\Omega \subset \mathbb{R}^N$上的函数$f(x)$，并假设其有一阶偏导数（经典或广义意义下，所谓的“广义”见第1.3.4节关于Sobolev空间的介绍）。定义

$$\nabla f := (\partial_1 f, \cdots, \partial_N f)^{\mathrm{T}},$$

其中$\partial_i f\,(1 \leqslant i \leqslant N)$表示对第$i$个变量$x_i$偏导数。若向量函数$\boldsymbol{f} = (f_1, f_2, \cdots, f_N)^{\mathrm{T}}: \Omega \subset \mathbb{R}^N \to \mathbb{R}^N$，其各分量函数$f_i$（$1 \leqslant i \leqslant N$）具有一阶偏导数，则定义

$$\operatorname{div}\boldsymbol{f} := \sum_{j=1}^{N} \partial_j f_j。$$

如果各分量函数f_i具有二阶偏导数，则定义

$$\Delta \boldsymbol{f} := (\Delta f_1, \cdots, \Delta f_N)^{\mathrm{T}}, \quad \Delta f_i := \sum_{j=1}^{N} \partial_j^2 f_i。$$

如果函数$g : \Omega \subset \mathbb{R}^N \to \mathbb{R}$有二阶偏导数，则定义

$$\nabla^2 g := \begin{pmatrix} \partial_{11}^2 g & \partial_1 \partial_2 g & \cdots & \partial_1 \partial_N g \\ \partial_2 \partial_1 g & \partial_{22}^2 g & \cdots & \partial_2 \partial_N g \\ \vdots & \vdots & \ddots & \vdots \\ \partial_N \partial_1 g & \partial_N \partial_2 g & \cdots & \partial_{NN}^2 g \end{pmatrix}。$$

如果函数$g : \Omega \subset \mathbb{R}^N \to \mathbb{R}$具有$k$阶偏导数，令$\alpha = (\alpha_1, \alpha_2, \cdots, \alpha_N)$，其中$0 \leqslant \alpha_i \leqslant k$且$\sum_{i=1}^{N} \alpha_i \leqslant k$，则定义

$$D^\alpha g := \partial_1^{\alpha_1} \partial_2^{\alpha_2} \cdots \partial_N^{\alpha_N} g。$$

α也被称为多重指标。

通过下列方式可定义$\mathbb{R}^N$中的内积：

$$x \cdot y = \sum_{j=1}^{N} x_j y_j,$$

其中$x = (x_1, \cdots, x_N)$，$y = (y_1, \cdots, y_N) \in \mathbb{R}^N$。类似地，可定义

$$x \cdot \nabla := \sum_{j=1}^{N} x_j \partial_j。$$

现在给出两个与内积有关的不等式，即Young不等式：

$$\sum_{i=1}^{N} |x_i y_i| \leqslant \frac{1}{p} \sum_{i=1}^{N} \varepsilon^p |x_i|^p + \frac{1}{p'} \sum_{i=1}^{N} \varepsilon^{-p'} |y_i|^{p'}, \quad p > 1,\ \frac{1}{p} + \frac{1}{p'} = 1,\ \varepsilon > 0$$

和Cauchy–Schwarz不等式：

$$|x\cdot y|\leqslant|x||y|。$$

定义“张量积”为

$$x\otimes y=\begin{pmatrix} x_1y_1 & x_1y_2 & \cdots & x_1y_N\\ x_2y_1 & x_2y_2 & \cdots & x_2y_N\\ \vdots & \vdots & \ddots & \vdots\\ x_Ny_1 & x_Ny_2 & \cdots & x_Ny_N \end{pmatrix}。$$

令$A=(a_{ij})_{N\times N}$，$B=(b_{ij})_{N\times N}$为两个N阶矩阵，定义A与B的内积为

$$A:B=\sum_{1\leqslant i,j\leqslant N}a_{ij}b_{ij}。$$

§1.3 函数空间

本节将介绍各类函数空间，这些空间的性质及相关结论将在后续章节中被广泛使用。

§1.3.1 Hölder空间以及具紧支集函数的空间

令$\Omega\subset\mathbb{R}^N$是一个区域。函数空间$C(\Omega)$（或$C^0(\Omega)$）表示定义在$\Omega$上的所有连续函数$f:\Omega\to\mathbb{R}$所组成的线性空间。函数空间$C^k(\Omega)$ 表示所有定义在Ω上具有k阶连续偏导数的函数所组成的线性空间。令$f\in C^k(\Omega)$，并且其所有不超过k阶的导数都可以连续延拓到$\overline{\Omega}$，则所有这样的f函数所组成的线性空间记为$C^k(\overline{\Omega})$。进一步，记$C^\infty(\Omega):=\bigcap_{k=1}^\infty C^k(\Omega)$。类似地，$C^\infty(\overline{\Omega}):=\bigcap_{k=1}^\infty C^k(\overline{\Omega})$。

令$k\in\mathbb{N}\cup\{0\}$，$\gamma\in[0,1]$，并定义范数

$$\|f\|_{C^{k,\gamma}(\overline{\Omega})}:=\sum_{|\alpha|\leqslant k}\sup_{x\in\Omega}|D^\alpha f(x)|+\sum_{|\alpha|=k}\sup_{\substack{x,y\in\Omega\\ x\neq y}}\left\{\frac{|D^\alpha f(x)-D^\alpha f(y)|}{|x-y|^\gamma}\right\},$$

则$C^k(\overline{\Omega})$中所有满足条件“$\|f\|_{C^{k,\gamma}(\overline{\Omega})}<\infty$”的函数$f$所组成的空间记为$C^{k,\gamma}(\overline{\Omega})$。此外，当$k=0,\gamma=1,C^{0,1}(\overline{\Omega})$表示所有Lipschitz连续函数所组成的空间；$C^{k,0}(\overline{\Omega})$，通常记为$C^k(\overline{\Omega})$。

如果向量函数$\boldsymbol{f}:\Omega\to\mathbb{R}^N$的各分量$f_i:\Omega\mapsto\mathbb{R}$（$i=1,\cdots,N$）都是属于$C^k(\Omega)$，则记为$\boldsymbol{f}\in(C^k(\Omega))^N$。类似地，如果对所有$i=1,\cdots,N$，都有$f_i\in C^{k,\gamma}(\overline{\Omega})$，则记为$\boldsymbol{f}\in(C^{k,\gamma}(\overline{\Omega}))^N$。

如果函数f的支集$\mathrm{supp}f:=\overline{\{x\in\Omega\mid f(x)\neq0\}}$在$\Omega$是紧的（或者说是有界闭界），则称函数$f$在区域$\Omega$内具有紧支集。$C^k(\Omega)$中所有具有紧支集的函数所组成的空间记为$C_0^k(\Omega)$。类似地，可定义$C_0^\infty(\Omega):=\bigcap_{k=1}^\infty C_0^k(\Omega)$。

§1.3.2 Lebesgue空间

本小节主要介绍Lebesgue空间及相关结论，为此先简要回顾下Lebesgue测度以及Lebesgue积分（更多关于Lebesgue空间的内容请参见[78]）。

§1.3.2.1 Lebesgue测度

集合的Lebesgue测度有不同的等价定义，本书采用下述的定义。

设$D \subset \mathbb{R}^n$。若$\{I_k\}$是$\mathbb{R}^N$中的可数个开矩体集合，且有

$$D \subset \bigcup_{k\geqslant 1} I_k,$$

则称$\{I_k\}$为D的一个L-覆盖（显然这样的覆盖很多），且每一个L-覆盖$\{I_k\}$确定一个非负广义实值$\sum_{k\geqslant 1}|I_k|$（可以是∞，$|I_k|$表示I_k的体积），则称

$$m^*(D) = \inf\left\{ \sum_{k\geqslant 1}|I_k| \;\middle|\; \{I_k\}\text{为}D\text{的一个}L\text{-覆盖} \right\}$$

为点集D的Lebesgue外测度。显然地，若D的任意L-覆盖$\{I_k\}$均有

$$\sum_{k\geqslant 1}|I_k| = \infty,$$

则$m^*(D) = \infty$。否则，$m^*(D) < \infty$。

设$D \subset \mathbb{R}^N$。若对任意的点集$T \subset \mathbb{R}^N$，有

$$m^*(T) = m^*(T \cap D) + m^*(T \cap D^c),$$

则称D为Lebesgue可测集（或m^*-可测集），简称为可测集，其中T为试验集（这一定义可测集的等式也称为Carathéodory条件）。可测集的全体称为可测集类，简记为$\mathfrak{M}$。

下面介绍区域边界的测度。若$\partial\Omega$是Lipschitz连续的，则可以定义$\partial\Omega$上的$(N-1)$-维测度。下面我们在Lipschitz连续的定义（见(1.2.1)）的基础上简要地描述它的构造。

众所周知，Lipschitz连续函数$a_r : \mathcal{M}_r \to \mathbb{R}$的偏导数$\partial a_r/\partial x_j^r$，$j = 2, \cdots, N$在$\mathcal{M}_r$上几乎处处有定义并且在$\mathcal{M}_r$上可测（见(1.3.26)）。对任意集合$M \subset \Lambda_r$，构造$M$到$\mathcal{M}_r$中的投影$PM$。如果$PM$关于$\mathbb{R}^{N-1}$中的Lebesgue测度是可测的，则称$M$是可测的（在$\partial\Omega$ 上），并以下面的Lebesgue积分定义M的测度：

$$\tilde{\mu}(M) = \int_{\mathcal{M}_r} 1_{PM}(\hat{x}^r)\left(1 + \sum_{i=2}^{N}\left(\frac{\partial a_r(\hat{x}^r)}{\partial x_i^r}\right)^2\right)^{1/2} \mathrm{d}\hat{x}^r。 \tag{1.3.1}$$

由$\partial\Omega$的分解(1.2.1)可推出：存在互不相交的可测集$M_r \subset \Lambda_r$使得

$$\partial\Omega = \bigcup_{r=1}^{R} M_r。 \tag{1.3.2}$$

如果集合$M \subset \partial\Omega$满足$M \cap M_r$是可测的，则称M是可测的，并且M的测度定义为

$$\tilde{\mu}(M) = \sum_{r=1}^{R} \tilde{\mu}(M \cap M_r)。 \tag{1.3.3}$$

可以证明这个定义与边界的分解(1.2.1)无关。

函数f在$\partial\Omega$的一个可测子集M上的曲面积分可通过下式定义：

$$\int_M f(x)\mathrm{d}S = \int f 1_M \mathrm{d}\tilde{\mu}。 \tag{1.3.4}$$

若$\Omega \subset \mathbb{R}^2$是一个Lipschitz连续区域，其边界$\partial\Omega$是由一段连续曲线$\varphi$构成，则$M = \partial\Omega$的积分(1.3.4)等于曲线积分。

符号$\mathrm{meas} = \mu$和$\mathrm{meas}_{N-1} = \tilde{\mu}$分别表示$\mathbb{R}^N$中的Lebesgue测度和定义在区域$\Omega \subset \mathbb{R}^N$边界$\partial\Omega$上的$(N-1)$-维测度。有时，集合$M \subset \mathbb{R}^N$的Lebesgue测度简单地记为$|M|$。因此，如果$N$分别取3、2和1，则对应的$|M|$分别表示体积、面积和长度。如果向量$\boldsymbol{n} = (n_1, \cdots, n_N)^{\mathrm{T}}$的分量取为

$$n_1 = -\frac{1}{b}，\quad n_i = \frac{1}{b}\frac{\partial a_r}{\partial x_i^r}，\ i = 2，\ \cdots，N， \tag{1.3.5}$$

其中

$$b = \left(1 + \sum_{i=2}^{N}\left(\frac{\partial a_r(\hat{x}^r)}{\partial x_i^r}\right)^2\right)^{\frac{1}{2}}， \tag{1.3.6}$$

则$\boldsymbol{n}$是$\partial\Omega$的单位外法向量。因此，如果Ω的边界$\partial\Omega$是Lipschitz连续的，则其单位外法向量关于测度meas_{N-1}几乎处处有定义。

§1.3.2.2 Lebesgue可测函数

为简便和统一起见，谈到可测函数是允许函数值取$\pm\infty$（称为广义实数集），因此先定义有关$\pm\infty$的运算规则：

（1）$-\infty < +\infty$；若$x \in \mathbb{R}$，则$-\infty < x < +\infty$；

（2）若$x \in \mathbb{R}$，则$x + (\pm\infty) = (\pm\infty) + x = \pm\infty = \pm\infty + (\pm\infty)$，
$x - (\mp\infty) = \pm\infty = (\pm\infty) - (\mp\infty)$；$\pm(\pm\infty) = +\infty$，
$\pm(\mp\infty) = -\infty$，$|\pm\infty| = \infty$；

（3）$x \in \mathbb{R}$且$x \neq 0$的符号函数为：$\mathrm{sign}\, x = 1$，如果$x > 0$；$\mathrm{sign}\, x = -1$，如果$x < 0$，$x \cdot (\pm\infty) = \pm(\mathrm{sign}\, x)\infty$，$\pm(\pm\infty) = +\infty$，$(\pm\infty)(\mp\infty) = -\infty$，但是

$(\pm\infty)-(\pm\infty)$，$(\pm\infty)+(\mp\infty)$等是无意义的;

（4）特别约定$0\cdot(\pm\infty)=0$。

设$f(x)$是定义在可测集$D\subset\mathbb{R}^N$上的广义实值函数，若对任意的实数t，点集

$$\{x\in D\mid f(x)>t\}$$

是可测集，则称$f(x)$是D上的(Lebesgue)可测函数，或称$f(x)$在D上(Lebesgue)可测。

§1.3.2.3 Lebesgue可积函数

令$D\subset\mathbb{R}^N$是可测集，$f(x)$是定义在D上的实值函数。若

$$\{y\mid y=f(x),\ x\in D\}$$

是有限集，则称$f(x)$为D上的简单函数。设$f(x)$是D上的简单函数，且有

$$D=\bigcup_{i=1}^{n}D_i,\quad D_i\cap D_j=\varnothing,$$
$$f(x)=c_i,\quad x\in D_i。$$

此时可以将f记为

$$f(x)=\sum_{i=1}^{n}c_i1_{D_i}(x),\quad x\in D。$$

所以，简单函数是有限个特征函数的线性组合。特别地，当每个D_i是矩体（这里允许取无限大的矩体），则称$f(x)$是阶梯函数。

设$f(x)$是$\mathbb{R}^N$上的非负简单可测函数，它在点集D_i（$1\leqslant i\leqslant n$）上取值c_i:

$$f(x)=\sum_{i=1}^{n}c_i1_{D_i}(x),\quad \bigcup_{i=1}^{n}D_i=\mathbb{R}^N,\quad D_i\cap D_j=\varnothing\ (i\neq j)。$$

若$D\in\mathfrak{M}$，则定义$f(x)$在D上的（Lebesgue）积分为

$$\int_D f(x)\mathrm{d}x=\sum_{i=1}^{n}c_i|D\cap D_i|,$$

其中$\mathrm{d}x$是$\mathbb{R}^N$上Lebesgue测度（注意，我们约定$0\cdot\infty=0$）。

设$f(x)$是$D\subset\mathbb{R}^N$上的非负可测函数。定义$f(x)$在D上的积分为

$$\int_D f(x)\mathrm{d}x=\sup_{\substack{h(x)\leqslant f(x)\\ x\in D}}\left\{\int_D h(x)\mathrm{d}x\ \middle|\ h(x)\text{是}\mathbb{R}^N\text{上的非负简单可测函数}\right\}。$$

这里的积分可以是$+\infty$；若$\int_D f(x)\mathrm{d}x<\infty$，则称$f(x)$在$D$上是可积的，或称$f(x)$是$D$上的可积函数（记为$f\in L(D)$）。

令$D\subset\mathbb{R}^N$是一个Lebesgue可测集，并且用$|D|=\mathrm{meas}(D)$表示这个集合的Lebesgue测度。如果它们最多在一个零测度集的函数值不相等，称两个定义在D上的可测函数f_1和f_2是等价的。在此情形下，也称f_1和f_2在D内几乎处处相等，并记为$f_1=f_2$，a.e.在D中，或者也可以说，$f_1(x)=f_2(x)$几乎对所有$x\in D$成立，并记为$f_1(x)=f_2(x)$（关于$x\in D$几乎处处相等的意义下）。

设$f(x)$是$D\subset\mathbb{R}^N$上的可测函数。记

$$f^+=\begin{cases}f,\ \text{a.e.在}\{f>0\}\text{中；}\\0,\ \text{a.e.在}\{f\leqslant 0\}\text{中，}\end{cases}\qquad f^-=\begin{cases}-f,\ \text{a.e.在}\{f<0\}\text{中；}\\0,\quad \text{a.e.在}\{f\geqslant 0\}\text{中。}\end{cases}$$

若积分

$$\int_D f^+(x)\mathrm{d}x,\ \int_D f^-(x)\mathrm{d}x$$

中至少有一个是有限值，则称

$$\int_D f(x)\mathrm{d}x=\int_D f^+(x)\mathrm{d}x-\int_D f^-(x)\mathrm{d}x$$

为$f(x)$在D上的积分。当上式右端两个积分皆为有限时，则称$f(x)$ 在D上是可积的，或称$f(x)$是D上的可积函数。在D上所有可积函数的全体记为$L(D)$。通常把$[a,b]$上的Lebesgue积分记为$\int_a^b f(x)\mathrm{d}x$。

§1.3.2.4 Lebesgue空间的性质及极限定理

令$p\in[0,\infty)$，记号$L^p(D)$表示在D上所有可测、并满足下式的（等价类）函数u所构成的线性空间：

$$\int_D |u|^p\mathrm{d}x<\infty。\tag{1.3.7}$$

赋予范数

$$\|u\|_{L^p(D)}=\left(\int_D |u|^p\mathrm{d}x\right)^{1/p}\tag{1.3.8}$$

后的线性空间$L^p(D)$是一个Banach空间。此外，定义下列Banach空间

$$\begin{aligned}L^\infty(D):=&\Big\{u\text{是定义在}D\text{上的可测函数}\ \Big|\ \|u\|_{L^\infty(D)}:=\operatorname*{ess\,sup}_{x\in D}|u(x)|\\&:=\inf\Big\{\sup_{x\in D\setminus Z}|u(x)|\ \Big|\ Z\subset D,\ \mathrm{meas}(Z)=0\Big\}<\infty\Big\}。\end{aligned}\tag{1.3.9}$$

令$\Omega\subset\mathbb{R}^N$是一个Lipschitz连续区域，$M\subset\partial\Omega$关于$(N-1)$-维测度$\tilde{\mu}$是可测的，则在(1.3.7)和(1.3.8)中，我们用$\int_M\cdots\mathrm{d}S$替换$\int_D\cdots\mathrm{d}x$即得$L^p(M)$；并且在(1.3.9)用meas_{N-1}替换meas即得$L^\infty(M)$。

在$L^p(D)$空间，人们经常会用到所谓的共轭指标。令$1 \leqslant p \leqslant \infty$，定义

$$p' = \begin{cases} p/(p-1), & \text{当 } 1 < p < \infty, \\ 1, & \text{当 } p = \infty, \\ \infty, & \text{当 } p = 1, \end{cases}$$

则称p'为p的共轭指标。

记

$$(f)_D := \frac{1}{|D|}\int_D f \mathrm{d}x, \tag{1.3.10}$$

则$(f)_D$称为f在D上的平均值。

空间

$$L_a^p(\Omega) := \left\{\rho \in L^p(\Omega) \;\middle|\; \rho \geqslant 0,\ \int_\Omega \rho \mathrm{d}x = a\right\}, \tag{1.3.11}$$

被赋予$L^p(\Omega)$的范数后成为$L^p(\Omega)$的子空间。

下面列举一些有关空间$L^p(D)$性质（注意无特殊说明，D表示一个可测集）。

（1） 令$1 \leqslant p < \infty$，$L^p(D)$是一个可分的Banach空间，而$L^\infty(D)$是不可分的。如果D 是一个区域，则

$$C_0^\infty(D)\text{在}L^p(D)\text{中稠密。} \tag{1.3.12}$$

（2） 若$1 \leqslant p < \infty$，则对于任意$f \in (L^p(D))^*$（即$L^p(D)$的对偶空间），存在唯一的$u_f \in L^{p'}(D)$，使得对于任意$\varphi \in L^p(D)$，有

$$\langle f, \varphi \rangle = \int_D u_f \varphi \mathrm{d}x, \tag{1.3.13}$$

且$\|f\|_{(L^p(D))^*} = \|u_f\|_{L^{p'}(D)}$，其中符号$\langle f, \varphi\rangle$表示泛函$f$在点$\varphi$的值。特别地，当$p = p' = 2$，该结论即为Rizse定理。称$(L^p(D))^*$与$L^{p'}(D)$是等距同构的Banach空间[记为$(L^p(D))^* \equiv L^{p'}(D)$]。因此，人们认为$(L^p(D))^*$等同于$L^{p'}(D)$。此外有：$L^1(D) \subset (L^\infty(D))^*$。因此，仅当$1 < p < \infty$，$L^p(D)$是自反的Banach空间。

（3） 如果M还是有界的，则对于任意$p_1 < p_2$，

$$L^{p_1}(M) \subset L^{p_2}(M)\text{。} \tag{1.3.14}$$

（4） 当$p \in (1, \infty)$时，$L^p(D)$是一致凸且自反的Banach空间。而对于情形$p = 1$或∞，$L^p(D)$既非一致凸的也非自反的。

（5） Hölder不等式：设$1 \leqslant p \leqslant \infty$，$f \in L^p(\Omega)$且$g \in L^{p'}(\Omega)$，则

$$\left|\int_\Omega fg\mathrm{d}x\right| \leqslant \|f\|_{L^p(\Omega)}\|g\|_{L^{p'}(\Omega)}。$$

特别地，对$p = 2$，上式也称为Cauchy–Schwarz不等式。

（6） L^p–插值不等式：$1 \leqslant p \leqslant r \leqslant q < \infty$，$0 \leqslant \theta \leqslant 1$ 且$r^{-1} = \theta p^{-1} + (1-\theta)q^{-1}$（i.e. $\theta = p(q-r)/r(q-p)$），则对于任意$f \in L^q(M) \cap L^p(M)$，

$$\|f\|_{L^r(M)} \leqslant \|f\|^{1-\theta}_{L^q(M)}\|f\|^{\theta}_{L^p(M)}。$$

（7） 令$1 \leqslant p < \infty$，则弱收敛

$$f_n \rightharpoonup f,\ \ 在L^p(\Omega)中, \tag{1.3.15}$$

等价于：对任意$\psi \in L^{p'}(\Omega)$，有

$$\int_D f_n\psi\mathrm{d}x \to \int_D f\psi\mathrm{d}x。 \tag{1.3.16}$$

（8） 令$1 < p < \infty$，如果

$$f_n \rightharpoonup f,\ \ 在L^p(\Omega)中,$$

则对于任意$q \in [1, p)$，以及对于任意包含于Ω的有界区域K，我们有

$$f_n \rightharpoonup f,\ \ 在L^q(K)中。 \tag{1.3.17}$$

类似地，如果

$$f_n \overset{*}{\rightharpoonup} f,\ \ 在L^\infty(\Omega)中, \tag{1.3.18}$$

则对于任意$s \geqslant 1$，我们有

$$f_n \rightharpoonup f,\ \ 在L^s(K)中。$$

最后，列举几个有关Lebesgue空间的重要收敛定理。

定理 1.3.1 (逐点收敛定理) 令$1 \leqslant p \leqslant \infty$，$D$为$\mathbb{R}^N$中的可测集。如果$f_k \to f$在$L^p(D)$中强收敛，则存在子序列（仍记为$f_k$）使得$f_k(x) \to f(x)$，a.e.在$D$中。

定理 1.3.2 (Lebesgue控制收敛定理) 令D为$\mathbb{R}^N$中的可测集，f_k（$k = 1, 2, \cdots$）在D上可测。设$\varphi \in L^1(D)$满足$|f_k(x)| \leqslant \varphi(x)$在$D$上几乎处处成立，$k = 1, 2, \cdots$。如果$f(x) := \lim_{k\to\infty} f_k(x)$在$D$中几乎处处成立，则$f$，$f_k \in L^1(D)$，并且

$$\int_D f\mathrm{d}x = \lim_{k\to\infty}\int_D f_k(x)\mathrm{d}x。$$

定理 1.3.3 (关于一致收敛的Egoroff定理) 令D为$\mathbb{R}^N$中的可测集，f几乎处处有限，$f_k \to f$在D上几乎处处成立，则对任意$\epsilon > 0$，存在一个可测子集$A \subset D$满足$|D \setminus A| < \epsilon$，且

$$f_k \rightrightarrows f, \quad \text{在}A\text{中。}$$

注意，记号"$\rightrightarrows$"表示"一致收敛"。

定理 1.3.4 (Vitali收敛定理) 令D为$\mathbb{R}^N$中的可测集，$f_n \to f$，a.e.在D中，则$f_n \to f$，在$L^1(D)$中，当且仅当

（1） 对于任意$\varepsilon > 0$，存在$\delta > 0$使得

$$\int_E |f_n(x)|\mathrm{d}x < \varepsilon, \quad n = 1, 2, \cdots, \quad E \subset D, \ |E| < \delta;$$

（2） 对于任意$\varepsilon > 0$，存在有限测度的$E_\varepsilon \subset D$，使得

$$\int_{M \setminus E_\epsilon} |f_n(x)|\mathrm{d}x < \varepsilon, \quad n = 1, 2, \cdots\text{。}$$

§1.3.3 分布空间

下面简要介绍$C_0^\infty(\Omega)$中的局部一致收敛的拓扑。如果存在一个紧集$K \subset \Omega$，使得

$$\begin{cases} \text{对任意}n = 1, 2, \cdots, \quad \mathrm{supp} v_n \subset K, \\ \text{对任意}\alpha := (\alpha_1, \cdots, \alpha_n), \quad D^\alpha v_n \rightrightarrows D^\alpha v, \ \text{在}K\text{中}, \ n \to \infty, \end{cases} \tag{1.3.19}$$

则称当$n \to \infty$时，$v_n \to v$，在$C_0^\infty(\Omega)$中。赋予这种收敛性拓扑的空间$C_0^\infty(\Omega)$常记为$\mathcal{D}(\Omega)$，并称之为检验（或基本）函数空间。人们可按这种收敛性拓扑建立起定义在$\mathcal{D}(\Omega)$上的全体连续线性泛函构成的空间，并记为$\mathcal{D}'(\Omega)$。具体地说，如果$f : \mathcal{D}(\Omega) \to \mathbb{R}$是$\mathcal{D}'(\Omega)$中的一个元素，则必须满足下面两个条件（符号$\langle f, v\rangle$ 表示函数f在$v \in \mathcal{D}(\Omega)$的泛函值）：

（1） 对于任意的α_1，$\alpha_2 \in \mathbb{R}$，v_1，$v_2 \in \mathcal{D}(\Omega)$，有

$$\langle f, \alpha_1 v_1 + \alpha_2 v_2\rangle = \alpha_1 \langle f, v_1\rangle + \alpha_2 \langle f, v_2\rangle\text{。}$$

（2） 若v，$v_n \in \mathcal{D}(\Omega)$满足$v_n \to v$，在$\mathcal{D}(\Omega)$中，则必有$\langle f, v_n\rangle \to \langle f, v\rangle$。

如果f，$g \in \mathcal{D}'(\Omega)$，并且对任意的$v \in \mathcal{D}(\Omega)$都有：$\langle f, v\rangle = \langle g, v\rangle$，则记为：

$$f = g, \quad \text{在}\mathcal{D}'(\Omega)\text{中。}$$

$\mathcal{D}'(\Omega)$中的元素称为分布或广义函数。若对任意$v \in \mathcal{D}(\Omega)$，$\langle f_n, v\rangle \to \langle f, v\rangle$成立，则记为：

$$f_n \to f, \quad 在\mathcal{D}'(\Omega)中。$$

令α为多重指标，称下式所定义的分布$f_\alpha \in \mathcal{D}'(\Omega)$为$f \in \mathcal{D}'(\Omega)$的$\alpha$阶分布导数（或广义导数）：

$$\langle f_\alpha, v\rangle := (-1)^{|\alpha|}\langle f, D^\alpha v\rangle, \quad \forall\ v \in \mathcal{D}(\Omega)。 \tag{1.3.20}$$

显然地，每一个分布都有任意阶的广义导数。此外，由Green定理可得

$$\int_\Omega \partial_i uv\mathrm{d}x = \int_{\partial\Omega} uvn_i\mathrm{d}S - \int_\Omega u\partial_i v\mathrm{d}x, \tag{1.3.21}$$

其中$i = 1, \cdots, N$，u，$v \in C^1(\overline{\Omega})$。

任一函数$f \in C^k(\Omega)$（可在(1.3.20)意义下看成是一个分布）的k阶分布导数就是f的经典导数。因此，用符号$D^\alpha f$表示分布导数，并记成

$$\langle D^\alpha f, v\rangle = (-1)^{|\alpha|}\langle f, D^\alpha v\rangle, \tag{1.3.22}$$

其中$f \in \mathcal{D}'(\Omega)$且$v \in C_0^\infty(\Omega)$。

§1.3.4 Sobolev空间

本小节主要介绍Sololev空间及其相关结论。首先简要回顾一下Sobolev空间的定义。

§1.3.4.1 Sobolev空间的定义

设Ω是$\mathbb{R}^N$中的开集，$u \in L^1_{\mathrm{loc}}(\Omega)$，$1 \leqslant i \leqslant n$。如果存在$g_i \in L^1_{\mathrm{loc}}(\Omega)$，使得

$$\int_\Omega g_i\varphi\mathrm{d}x = -\int_\Omega u\frac{\partial\varphi}{\partial x_i}\mathrm{d}x, \ \forall\varphi \in C_0^\infty(\Omega),$$

则称g_i为u关于变量x_i的弱导数（或广义函数），并记为

$$\frac{\partial u}{\partial x_i} = g_i, \quad 或 \quad \partial_i u = g_i。$$

如果对所有的$1 \leqslant i \leqslant n$，$u$关于变量$x_i$的弱导数都存在，则称$\boldsymbol{g} = (g_i, \cdots, g_n)^{\mathrm{T}}$为$u$的弱梯度，并记为$\nabla u = \boldsymbol{g}$，有时也记为$Du = \boldsymbol{g}$；这时也称函数$u$是弱可微的，并记为$u \in W^1(\Omega)$。类似地，可以引进$k$阶弱导数和$k$次弱可微。如果函数$u$在$\Omega$上是$k$次弱可微的，则记为$u \in W^k(\Omega)$。

令k为一个非负整数，且$1 \leqslant p \leqslant \infty$。空间$W^{k,p}(\Omega)$定义如下：

$$W^{k,p}(\Omega) = \{u \mid D^\alpha u \in L^p(\Omega)对所有多重指标\alpha满足|\alpha| = 0, \ \cdots, k\}。$$

其对应的范数如下定义：

（1） 若$1 \leqslant p < \infty$，

$$\|u\|_{W^{k,p}(\Omega)} := \left(\sum_{|\alpha|=0}^{k} \|D^\alpha u\|_{L^p(\Omega)}^p\right)^{1/p} = \left(\sum_{|\alpha|=0}^{k} \int_\Omega |D^\alpha u|^p \mathrm{d}x\right)^{1/p};$$

（2） 若$p = \infty$，

$$\|u\|_{W^{k,\infty}(\Omega)} := \max_{|\alpha|\leqslant k} \|D^\alpha u\|_{L^\infty(\Omega)} = \max_{|\alpha|\leqslant k}\{\operatorname*{ess\,sup}_{x\in\Omega} |D^\alpha u|\}。$$

显然，

$$L^p(\Omega) := W^{0,p}(\Omega) \supset W^{1,p}(\Omega) \supset W^{2,p}(\Omega) \supset \cdots。\tag{1.3.23}$$

为简单起见，本书也将使用简化符号：$\|\cdot\|_{k,p} := \|\cdot\|_{W^{k,p}(\Omega)}$，$\|\cdot\|_p := \|\cdot\|_{L^p(\Omega)} \equiv \|\cdot\|_{W^{0,p}(\Omega)}$，$\|\cdot\| := \|\cdot\|_{L^2(\Omega)}$。

如果对任意有界$\Omega' \subset \Omega$且$\overline{\Omega'} \subset \Omega$，有$f|_{\Omega'} \in W^{k,p}(\Omega')$，则称$f \in W^{k,p}_{\mathrm{loc}}(\Omega)$。

函数集$C_0^\infty(\Omega)$在$W^{k,p}$的闭包记为$W_0^{k,p}(\Omega)$，即

$$W_0^{k,p}(\Omega) = \overline{C_0^\infty(\Omega)}^{W^{k,p}(\Omega)}。\tag{1.3.24}$$

该函数空间常被用于研究有关黏性流体力学方程组的固壁边值问题。此外，$W_0^{k,p}(\Omega)$的对偶空间常记为$W^{-k,p'}(\Omega)$，对应的范数记为$\|\cdot\|_{-k,p'}$，其中$p \geqslant 1$。

类似地，可引入涉及带有滑移边界条件的Sobolev空间，它在研究有关流体力学方程组的滑移边值问题中很有用。令Ω的边界$\partial\Omega$ 是Lipschitz连续的，则$\partial\Omega$的单位外法向量关于边界测度几乎处处存在，因此定义

$$W_{\mathrm{s}}^{k,p}(\Omega,\mathbb{R}^N) := \overline{C_{\mathrm{s}}^\infty(\Omega,\mathbb{R}^N)}^{W^{k,p}(\Omega)},\tag{1.3.25}$$

其中

$$C_{\mathrm{s}}^\infty(\Omega,\mathbb{R}^N) := \left\{\boldsymbol{v} \in (C^\infty(\overline{\Omega}))^N \ |\boldsymbol{v}\cdot\boldsymbol{n} = 0\text{在}\partial\Omega\right\},$$

$\boldsymbol{n}$表示$\Omega \subset \mathbb{R}^N$单位外法向量。

当$p = 2$时，记$H^k(\Omega) := W^{k,2}(\Omega)$，$H^k_{\mathrm{loc}}(\Omega) := W^{k,2}_{\mathrm{loc}}(\Omega)$，$H_0^k(\Omega) := W_0^{k,2}(\Omega)$以及$H_{\mathrm{s}}^k(\Omega,\mathbb{R}^N) := W_{\mathrm{s}}^{k,2}(\Omega,\mathbb{R}^N)$。

§1.3.4.2 关于Sobolev空间的一些结论

下面设$\Omega \subset \mathbb{R}^N$是Lipschitz区域。有关Sobolev空间的一些基本性质列举如下：

（1） 对于$1 \leqslant p \leqslant \infty$，$W^{k,p}(\Omega)$是Banach空间。空间$H^k(\Omega)$是一个Hilbert空间，其内积定义如下：

$$(u,v)_{k,\Omega} := \int_\Omega \sum_{|\alpha|=0}^{k} D^\alpha u D^\alpha v \mathrm{d}x, \qquad \forall u,v \in H^k(\Omega)。$$

（2） 对于$1 \leqslant p < \infty$，空间$W^{k,p}(\Omega)$是可分的。

（3） 对于$1 < p < \infty$，空间$W^{k,p}(\Omega)$是自反的。

（4） 令$1 \leqslant p < \infty$，则$C^\infty(\overline{\Omega})$ 在$W^{k,p}(\Omega)$中稠密。

（5） 空间$W^{k,1}(\Omega)$和$W^{k,\infty}(\Omega)$不是自反空间, 且空间$W^{k,\infty}(\Omega)$不是可分的。

（6） 因为$W_0^{k,p}(\Omega)$（或$W_{\mathrm{s}}^{k,p}(\Omega,\mathbb{R}^N)$）是$W^{k,p}(\Omega)$的闭子集，若分别用$W_0^{k,p}(\Omega)$（或$W_{\mathrm{s}}^{k,p}(\Omega,\mathbb{R}^N)$）和$C_0^\infty(\Omega)$（或$C_{\mathrm{s}}^\infty(\Omega,\mathbb{R}^N)$）代替$W^{k,p}(\Omega)$ 和$C^\infty(\overline{\Omega})$，则上述前三条结论仍然成立。空间$W_0^{k,1}(\Omega)$和$W_0^{k,\infty}(\Omega)$不是自反空间，但空间$W_0^{k,\infty}(\Omega)$是可分的。

（7） $W^{1,\infty}(\Omega)$的性质：设$\Omega \subset \mathbb{R}^N$为有界区域，其边界$\partial\Omega$ 为$C^{0,1}$，则

$$u:\Omega \to \mathbb{R} \text{ 是Lipschitz连续的，当且仅当} u \in W^{1,\infty}(\Omega)。 \tag{1.3.26}$$

下面进一步介绍涉及Sobolev空间的定理。

定理 1.3.5

（1） 函数正（负）部性质：设$1 < p < \infty$，如果$\rho \in W^{1,p}(\Omega)$，则$\rho^\pm \in W^{1,p}(\Omega)$，并且

$$\partial_j \rho^+ = \begin{cases} \partial_j \rho, & \text{a.e. 在}\{\rho > 0\}\text{中}, \\ 0, & \text{a.e. 在}\{\rho \leqslant 0\}\text{中}; \end{cases} \tag{1.3.27}$$
$$\partial_j \rho^- = \begin{cases} -\partial_j \rho, & \text{a.e. 在}\{\rho < 0\}\text{中}, \\ 0, & \text{a.e. 在}\{\rho \geqslant 0\}\text{中}。 \end{cases}$$

（2） Sobolev空间中的复合函数法则：令Ω是有界Lipschitz区域，$F \in C^1(\Omega)$满足F'是有界的。如果$u \in W^{1,p}(\Omega)$，则$F(u) \in W^{1,p}$ 且

$$\partial_j F(u) = F'(u)\partial_j u。$$

定理 1.3.6

（1） Sobolev嵌入定理：令Ω为一有界Lipschitz连续区域，$k \geqslant 0$，$1 \leqslant p \leqslant \infty$，

则有下述结论：

$$
\begin{aligned}
&\text{对} k < \frac{N}{p},\ W^{k,p}(\Omega) \hookrightarrow L^q(\Omega),\ \text{其中} \frac{1}{q} = \frac{1}{p} - \frac{k}{N};\\
&\text{对} k = \frac{N}{p},\ W^{k,p}(\Omega) \hookrightarrow L^q(\Omega),\ \text{其中} q \in [0,\infty);\\
&\text{对} \frac{N}{p} < k < \frac{N}{p} + 1,\ W^{k,p}(\Omega) \hookrightarrow C^{0,k-N/p}(\overline{\Omega});\\
&\text{对} k = \frac{N}{p} + 1,\ W^{k,p}(\Omega) \hookrightarrow C^{0,\alpha}(\overline{\Omega}),\ \text{其中} \alpha \in (0,1);\\
&\text{对} k > \frac{N}{p} + 1,\ W^{k,p}(\Omega) \hookrightarrow C^{0,1}(\overline{\Omega})。
\end{aligned}
$$

（2） Kondrashov紧嵌入定理：令$k > 0$，$1 \leqslant p \leqslant \infty$，则

$$
\begin{aligned}
&\text{对} k < \frac{N}{p},\ W^{k,p}(\Omega) \hookrightarrow\hookrightarrow L^q(\Omega),\ \text{其中} q \in [1,p^*),\ \frac{1}{p^*} = \frac{1}{p} - \frac{k}{N};\\
&\text{对} k = \frac{N}{p},\ W^{k,p}(\Omega) \hookrightarrow\hookrightarrow L^q(\Omega),\ \text{其中} q \in [1,\infty);\\
&\text{对} k > \frac{N}{p},\ W^{k,p}(\Omega) \hookrightarrow\hookrightarrow C(\overline{\Omega})。
\end{aligned}
$$

符号$\hookrightarrow$和$\hookrightarrow\hookrightarrow$分别记为连续嵌入和紧嵌入。特别地，紧嵌入$W^{1,2}(\Omega) \hookrightarrow\hookrightarrow L^2(\Omega)$称为Rellich定理。

定理 1.3.7 令$1 \leqslant p < \infty$，$\Omega \subset \mathbb{R}^N$是有界$C^{k-1,1}$区域（$k \in \mathbb{N}$），则存在一个有界线性算子$E: W^{k,p}(\Omega) \to W^{1,p}(\mathbb{R}^N)$，使得对任意$u \in W^{k,p}(\Omega)$有：$E(u) = u$，a.e. 在$\Omega$中，并且，$E(u)$在$\mathbb{R}^N$中有紧支集。

§ 1.3.4.3 Sobolev空间中的迹

本小节将介绍与Sobolev空间有关的迹定理结果。

定理 1.3.8 (迹定理及分部积分公式) 令$1 \leqslant p < \infty$，且Ω是一个Lipschitz区域。

(1) 则存在可唯一确定的连续线性映射γ_0^Ω: $W^{1,p}(\Omega) \to L^p(\partial\Omega)$，使得对于任意的$u \in C^\infty(\overline{\Omega})$，成立

$$\gamma_0^\Omega(u) = u|_{\partial\Omega}。$$

(2) 如果$1 < p < \infty$，则下述高维分部积分公式（也称Green公式）成立：

$$\int_\Omega (u\partial_i w + w\partial_i u)\mathrm{d}x = \int_{\partial\Omega} \gamma_0^\Omega(u)\gamma_0^\Omega(w)n_i \mathrm{d}S, \tag{1.3.28}$$

其中$u \in W^{1,p}(\Omega)$，$w \in W^{1,p'}(\Omega)$。

备注 1.3.9 函数$\gamma_0^\Omega(u) \in L^p(\Omega)$称为函数$u \in W^{1,p}(\Omega)$在边界$\partial\Omega$上的迹。为简单起见，并且当不引起混淆时，符号$u|_{\partial\Omega} = \gamma_0^\Omega(u)$不仅用于表示$u \in C^\infty(\overline{\Omega})$在边界的值，同样也表示$u \in W^{1,p}(\Omega)$在边界的迹。在后续中，在不引起混淆时，我们省略$\gamma_0$的上标$\Omega$，并简记为$\gamma_0$。

定理 1.3.10 令$1 \leqslant p < \infty$，Ω是有界Lipschitz区域，$W_0^{1,p}(\Omega)$由(1.3.24)定义，则

$$W_0^{1,p}(\Omega) = \{v \in W^{1,p}(\Omega) \mid \gamma_0^\Omega(v) = 0\}。\tag{1.3.29}$$

备注 1.3.11 此外，由弱导数定义及公式(1.3.28)易知，$v \in W_0^{1,p}(\Omega)$ 在边界进行零延拓后所得的新函数属于$W^{1,p}(\mathbb{R}^N)$。

引入了迹算子，就可以陈述下面几个常用定理。

定理 1.3.12 (Friedrichs不等式) 令$1 \leqslant p < \infty$且Ω是一个有界的Lipschitz区域，$\tilde{\mu} := \mathrm{meas}_{N-1}$是定义在$\partial\Omega$ 上的$(N-1)$–维测度。令集合$\Gamma \subset \partial\Omega$关于$\tilde{\mu}$是可测的，且$\tilde{\mu}(\Gamma) > 0$，则存在一个常数$c(p, N, \Omega, \Gamma) > 0$，使得对于任意$u \in W^{1,p}(\Omega)$且满足$\gamma_0^\Omega(u) = 0$，$\tilde{\mu}$-a.e.在$\Gamma$上，

$$\|u\|_{W^{1,p}(\Omega)} \leqslant c\|\nabla u\|_{L^p(\Omega)}。\tag{1.3.30}$$

定理 1.3.13 (Poincaré不等式) 令$p \in [1, \infty)$，Ω是有界的Lipschitz区域，则下述两个结论成立:

（1） 让集合$\Gamma \subset \partial\Omega$关于$\tilde{\mu}$是可测的，且$\tilde{\mu}(\Gamma) > 0$，则存在一个常数$c(p,N,\Omega,\Gamma) > 0$，使得对任意$u \in W^{1,p}(\Omega)$，

$$\|u\|_{L^p(\Omega)} \leqslant c\left(\|\nabla u\|_{L^p(\Omega)} + \int_\Gamma |u|\mathrm{d}S\right)。\tag{1.3.31}$$

（2） 存在一个常数$c(p, \Omega) > 0$，使得对于任意$u \in W^{1,p}(\Omega)$，

$$\|u - (u)_\Omega\|_{L^p(\Omega)} \leqslant c\|\nabla u\|_{L^p(\Omega)}。$$

定理 1.3.14 (广义Poincaré不等式) 令$1 \leqslant p \leqslant \infty$，$0 < \Gamma < \infty$，$V_0 > 0$，且令$\Omega \subset \mathbb{R}^N$ 是一个有界Lipschitz区域，则存在一个正常数$c := c(p, \Gamma, V_0)$，使得对于任意满足$|V| \geqslant V_0$的可测集$V \subset \Omega$，以及任意的$v \in W^{1,p}(\Omega)$，有

$$\|v\|_{W^{1,p}(\Omega)} \leqslant c\left(\|\nabla v\|_{L^p(\Omega)} + \left(\int_V |v|^\Gamma \mathrm{d}x\right)^{1/\Gamma}\right)。$$

定理 1.3.15 令$1\leqslant p<\infty$, 且Ω为有界Lipschitz区域, 则对于任意$f\in W_0^{1,p}(\Omega)$, 函数

$$x\to\frac{f(x)}{\operatorname{dist}(x,\partial\Omega)}$$

属于$L^p(\Omega)$。进一步，有常数$c(p,N,\Omega)$，使得

$$\left\|\frac{f(x)}{\operatorname{dist}(x,\partial\Omega)}\right\|_{L^p(\Omega)}\leqslant c\|f\|_{W^{1,p}(\Omega)}。\tag{1.3.32}$$

下面介绍一个比定理1.3.8中结果(1)更精细的迹定理结果。为此，需引入具有“分数阶导数”的函数组成的Sobolev–Slobodetskii空间。若$k\geqslant 0$是一个整数，$\varepsilon\in(0,1)$且$p\in[1,\infty)$，则$W^{k+\varepsilon,p}(\Omega)$表示$u\in W^{k,p}(\Omega)$中所有满足下列条件的函数所组成的空间。

$$I_{\alpha,\varepsilon,p,\Omega}(u)=\int_\Omega\frac{|(D^\alpha u)(x)-(D^\alpha u)(y)|^p}{|x-y|^{N+p\varepsilon}}\mathrm{d}x\mathrm{d}y<\infty,\tag{1.3.33}$$

其中$|\alpha|=k$。空间$W^{k+\varepsilon,p}(\Omega)$在范数

$$\|u\|_{W^{k+\varepsilon,p}(\Omega)}:=\left(\|u\|^p_{W^{k,p}(\Omega)}+\sum_{|\alpha|=k}I_{\alpha,\varepsilon,p,\Omega}(u)\right)^{1/p}\tag{1.3.34}$$

下是一个Banach空间。Sobolev–Slobodetskii空间同样具有类似于经典Sobolev空间的嵌入定理（见[23]中第0.4节介绍）：

定理 1.3.16 令Ω是有界Lipschitz区域，$\beta\geqslant 0$，$k\geqslant 0$，$p\geqslant 1$。

（1） 如果$q=Np/(N-(k+\beta)p)$，则$W^{k+\beta,p}(\Omega)\hookrightarrow L^q(\Omega)$。

（2） 如果$1\leqslant q<Np/(N-(k+\beta)p)$，$(k+\beta)p<N$，$s=0,1,\cdots,k$，$(k-s+\beta)p>N$，则$W^{k+\beta,p}(\Omega)\hookrightarrow\hookrightarrow L^q(\Omega)$，$W^{k+\beta,p}(\Omega)\hookrightarrow\hookrightarrow C^s(\overline{\Omega})$。

如果Ω是Lipschitz连续区域，则Sobolev空间也可定义在Ω的边界$\partial\Omega$上。回顾Lipschitz连续边界的定义，如果(1.2.1)中的a_r属于$C^{k-1,1}(\mathcal{M}^r)$，则称Ω是$C^{k-1,1}$区域。现考虑$C^{k-1,1}$区域Ω，$\varepsilon\in[0,1)$及$p\geqslant 1$。如果对所有$r=1,\cdots,R$，函数$x^r\to u(a^r(x^r),x^r)$属于$W^{k+\varepsilon,p}(\mathcal{M}^r)$，则称函数$u:\partial\Omega\to\mathbb{R}$是$W^{k+\varepsilon,p}(\partial\Omega)$空间中的一个元素。全体函数$u\in W^{1,p}(\Omega)$的迹所组成的空间与空间$W^{1-1/p,p}(\partial\Omega)$等同。具体地说，有下述结论。

定理 1.3.17 令$1<p<\infty$且Ω为有界Lipschitz区域，则由定理1.3.8定义的算子γ_0将$W^{1,p}(\Omega)$连续映射到$W^{1-1/p,p}(\partial\Omega)$。

上述定理对应着如下的所谓逆迹定理：

定理 1.3.18 在定理1.3.17的假设条件下，存在一个连续线性算子

$$L: W^{1-1/p,p}(\partial\Omega) \to W^{1,p}(\Omega),$$

使得

$$\gamma_0(L(u)) = u, \quad \tilde{\mu}\text{-a.e. 在}\partial\Omega\text{中}, \ u \in W^{1-1/p,p}(\partial\Omega)。$$

下面介绍带有边界单位外法向量的迹定理，简称法迹定理。令Ω是$\mathbb{R}^N$中的有界区域，$N \geqslant 2$ 且$1 < q, p < \infty$，记

$$E^{q,p}(\Omega) := \{\boldsymbol{g} \in (L^q(\Omega))^N \mid \mathrm{div}\boldsymbol{g} \in L^p(\Omega)\} \hookrightarrow L^q(\Omega), \tag{1.3.35}$$

其范数为$\|\boldsymbol{g}\|_{E^{q,p}(\Omega)} := \|\boldsymbol{g}\|_{L^q(\Omega)} + \|\mathrm{div}\boldsymbol{g}\|_{L^p(\Omega)}$，则$E^{q,p}(\Omega)$是一个Banach空间。当$p = q$时，记为$E^p(\Omega)$。有下列关于$E^p(\Omega)$的法迹的定理。

定理 1.3.19 令$\Omega \subset \mathbb{R}^N$为有界Lipschitz区域，则存在唯一连续线性算子

$$\gamma_{\boldsymbol{n}} : E^p(\Omega) \to \left(W^{1-1/p',p'}(\partial\Omega)\right)^*, \quad 1 < p < \infty,$$

使得对任意$\phi \in (\mathcal{D}(\mathbb{R}^N))^N$，有

$$\gamma_{\boldsymbol{n}}(\phi) = \gamma_0(\phi) \cdot \boldsymbol{n}。$$

证明 见[60, 引理3.9]。 □

备注 1.3.20 由上述定理，可进一步推出：令$1 < p < \infty$，$\boldsymbol{\phi} \in (W^{1,p}(\Omega))^N$，则

$$\gamma_{\boldsymbol{n}}(\boldsymbol{\phi}) \in L^p(\partial\Omega)\text{且}\gamma_{\boldsymbol{n}}(\boldsymbol{\phi}) = \gamma_0(\boldsymbol{\phi}) \cdot \boldsymbol{n}, \quad \text{a.e. 在}\partial\Omega\text{中}。$$

现定义$E_0^p := \overline{\mathcal{D}(\Omega)}^{E^p}$，则下列结论成立。

定理 1.3.21 令$1 < p < \infty$，Ω为一个有界的Lipschitz区域，$\boldsymbol{\phi} \in E^p(\Omega)$，则$\boldsymbol{\phi} \in E_0^p(\Omega)$，当且仅当$\gamma_{\boldsymbol{n}}(\boldsymbol{\phi}) = 0$。

定理 1.3.22 令$1 < p < \infty$，Ω为一个有界Lipschitz区域，则

$$W_{\mathrm{s}}^{1,p}(\Omega, \mathbb{R}^N) = \{\boldsymbol{v} \in (W^{1,p}(\Omega))^N \mid \gamma_0(\boldsymbol{v}) \cdot \boldsymbol{n} = 0\}, \tag{1.3.36}$$

其中$W_{\mathrm{s}}^{1,p}(\Omega, \mathbb{R}^N)$由(1.3.25)定义。

证明 证明可参考[60, 引理3.12]。 □

作为本节的结束，进一步介绍几个特殊的函数空间，其在不可压流体力学数学理论的研究中被广泛使用。令Ω为$\mathbb{R}^N$中的一个区域，定义

$$C_\sigma^\infty(\Omega,\mathbb{R}^N) := \{\boldsymbol{v} \in (C_0^\infty(\Omega))^N \mid \mathrm{div}\boldsymbol{v} = 0\},$$
$$\mathcal{V}(\Omega,\mathbb{R}^N) := C_\sigma^\infty(\Omega,\mathbb{R}^N)\text{在}(H_0^1(\Omega))^N\text{中的闭包},$$
$$H_\sigma^1(\Omega,\mathbb{R}^N) := \{\boldsymbol{v} \in (H_0^1(\Omega))^N \mid \mathrm{div}\boldsymbol{v} = 0\}。$$

如果Ω是一个有界的Lipschitz区域，则$H_\sigma^1(\Omega,\mathbb{R}^N) = \mathcal{V}$（见[73，定理1.6]）。显然，$H_\sigma^1(\Omega,\mathbb{R}^N)$是$E^{2,p}(\Omega)$ 的一个子空间。

§ 1.3.4.4 磨光算子

令

$$\omega_0 \in \mathcal{D}(\mathbb{R}^N),\ \omega_0(x) \geqslant 0,\ x \in \mathbb{R}^N,\ \mathrm{supp}\omega_0 \subset B_1(0),\ \int_{\mathbb{R}^N} \omega_0 \mathrm{d}x = 1。\tag{1.3.37}$$

这样的函数是存在的，例如可取

$$\omega_0(x) = \begin{cases} \left(\int_{B_1(0)} \exp \frac{1}{|x|^2-1} \mathrm{d}x\right)^{-1} \exp \frac{1}{|x|^2-1}, & \text{若}|x| < 1, \\ 0, & \text{若}|x| \geqslant 0。\end{cases}\tag{1.3.38}$$

对任意给定的$\epsilon > 0$，记

$$\omega_\epsilon(x) := \frac{1}{\epsilon^N}\omega_0\left(\frac{x}{\epsilon}\right),\quad \text{则} \int_{\mathbb{R}^N} \omega_\epsilon(x)\mathrm{d}x = 1。\tag{1.3.39}$$

令$f \in \mathcal{D}'(\mathbb{R}^N)$，定义函数

$$S_\epsilon(f) := \omega_\epsilon * f,\tag{1.3.40}$$

并称之为f的正则化函数。算子$S_\epsilon(f)$称作磨光或正则算子，其具有下列性质：

(1) 令Ω为一区域，$\Omega_\epsilon := \{x \in \Omega \mid \mathrm{dist}(x,\partial\Omega) > \epsilon\}$ 为非空集，$k \geqslant 0$，$p \in [1,\infty)$，$f \in W_{\mathrm{loc}}^{k,p}(\Omega)$，则$S_\epsilon(f) \in C^\infty(\Omega_\epsilon)$，且当$\epsilon \to 0^+$ 时，有

$$S_\epsilon(f) \to f,\quad \text{在}W_{\mathrm{loc}}^{k,p}(\Omega)\text{中}。\tag{1.3.41}$$

(2) 如果$f \in C^0(\Omega)$，则在Ω的任意紧子集内，$S_\epsilon(f) \rightrightarrows f$。

(3) 如果$f \in L^p(\mathbb{R}^N)$，$p \in [1,\infty)$，则$S_\epsilon(f) \in L^p(\mathbb{R}^N)$，$\|S_\epsilon(f)\|_{L^p(\mathbb{R}^N)} \leqslant \|f\|_{L^p(\mathbb{R}^N)}$，且

$$S_\epsilon(f) \to f,\quad \text{在}L^p(\mathbb{R}^N)\text{中}。$$

本小节最后介绍截断函数，其在内正则性估计中具有重要应用。利用磨光算子S_ϵ正则化$1_{B_{3/2}(0)}$，其中$\epsilon \in (0,1/2)$，则可得函数

$$\Phi := S_\epsilon(1_{B_{3/2}(0)}) \in C_0^\infty(\mathbb{R}^N),\ 0 \leqslant \Phi \leqslant 1,\ \Phi(x) = \begin{cases} 1, & 若\ x \in B_1(0), \\ 0, & 若\ x \in \mathbb{R}^N \setminus B_2(0)。\end{cases}$$

对$R>0$，可如下定义截断函数：

$$\Phi_R(x) = \Phi\left(\frac{x}{R}\right),$$

则函数$\Phi_R(x) \in C_0^\infty(\mathbb{R}^N)$具有如下性质：

$$\operatorname{supp}(D^\alpha \Phi_R) \subset B_{2R}(0), \quad |D^\alpha \Phi_R(x)| \leqslant cR^{-|\alpha|},\ x \in \mathbb{R}^N,$$

其中多重指标$\alpha \neq 0$是任意的。

§1.3.4.5 齐次Sobolev空间

无特殊说明，本小节总假定Ω是$\mathbb{R}^N$中的无界区域。显然赋予范数$\|\nabla u\|_{L^q(\Omega)}$的集合$C_0^\infty(\Omega)$和$C_0^\infty(\overline{\Omega})$是线性赋范空间。定义齐次Sobolev空间如下：

$$\begin{aligned} D_0^{1,q}(\Omega) &= \overline{C_0^\infty(\Omega)}^{\|\nabla\cdot\|_{L^q(\Omega)}}, \\ D^{1,q}(\Omega) &= \overline{C_0^\infty(\overline{\Omega})}^{\|\nabla\cdot\|_{L^q(\Omega)}}, \end{aligned} \tag{1.3.42}$$

其中上划线右上标$\|\nabla \cdot\|_{L^q(\Omega)}$表示关于范数$\|\nabla \cdot\|_{L^q(\Omega)}$完备化。

上述$D_0^{1,q}(\Omega)$对于有界区域Ω同样有定义，并且$W_0^{1,q}(\Omega)$和$D_0^{1,q}(\Omega)$是等距同构的。此外$D_0^{1,q}(\mathbb{R}^N)$和$D^{1,q}(\mathbb{R}^N)$是等同的。

定理 1.3.23 空间$D_0^{1,q}(\Omega)$和$D^{1,q}(\Omega)$对于$1 \leqslant q < \infty$是可分的，对于$1<q<\infty$是自反的。此外，若$1<q<\infty$，则有

$$\|u\|_{L^{\frac{Nq}{N-q}}(\Omega)} \leqslant c(q,N)\|\nabla u\|_{0,q,\Omega}, \quad 1 \leqslant q < N,\ u \in D^{1,q}(\Omega)。\tag{1.3.43}$$

备注 1.3.24 不等式(1.3.43)中的常数c不依赖于Ω; (1.3.43)常称为Sobolev不等式。

此外，齐次Sobolev空间还具有如下性质：

$$D_0^{1,q}(\Omega) = \begin{cases} \{u \in \mathcal{D}'(\Omega) \mid u \in L^{\frac{Nq}{N-q}}(\Omega),\ \nabla u \in L^q(\Omega),\ u|_{\partial\Omega} = 0\}, & 若1 \leqslant q < N; \\ \{u \in \mathcal{D}'(\Omega) \mid u \in L^q_{\mathrm{loc}}(\Omega),\ \nabla u \in L^q(\Omega),\ u|_{\partial\Omega} = 0\}, & 若q \geqslant N, \end{cases}$$

其中$\Omega \neq \mathbb{R}^N$。上述式中$u\big|_{\partial\Omega} = 0$是指“对任意满足$\Omega \cap B \neq \varnothing$ 的球B和任意的$\phi \in C_0^\infty(B)$，总有$\gamma_0^{\Omega\cap B}(u\phi) = 0$ 成立”。

$$D^{1,q}(\Omega) = \begin{cases} \{u \in \mathcal{D}'(\Omega) \mid u \in L^{\frac{Nq}{N-q}}(\Omega),\ \nabla u \in L^q(\Omega)\}, & \text{若}1 \leqslant q < N; \\ \{u = \{\tilde{u} + c\}_{c\in\mathbb{R}} \mid \tilde{u} \in L^q_{\mathrm{loc}}(\Omega),\ \nabla\tilde{u} \in L^q(\Omega)\}, & \text{若}q \geqslant N。\end{cases} \tag{1.3.44}$$

注意，对于$q \geqslant N$，$D^{1,q}(\Omega)$和$D_0^{1,q}(\mathbb{R}^N) = D^{1,q}(\mathbb{R}^N)$中的元素应视为等价类的集合（我们对这些等价类元素不作区别）。

§1.3.5 速降函数空间

记

$$\mathcal{S}(\mathbb{R}^N) := \Big\{ f \in C^\infty(\mathbb{R}^N) \ \Big|\ \sup_{x\in\mathbb{R}^N} |x^\beta D^\alpha f(x)| \leqslant c(\alpha,\beta)\text{，其中}\alpha\text{，}\beta\text{表示任意的}\ N\text{元多重指标，}c(\alpha,\beta)\text{为依赖于}\alpha\text{，}\beta\text{的正常数}\Big\}。\tag{1.3.45}$$

$\mathcal{S}(\mathbb{R}^N)$称为速降函数空间。对于$\mathcal{S}(\mathbb{R}^N)$，可引入局部一致收敛拓扑：令$\{f_n\} \subset \mathcal{S}(\mathbb{R}^N)$，$f \in \mathcal{S}(\mathbb{R}^N)$，如果对于所有$N$元多重指标$\alpha$，$\beta$，有

$$x^\beta D^\alpha f_n \rightrightarrows x^\beta D^\alpha f,\quad \text{在}\mathbb{R}^N\text{中，} \tag{1.3.46}$$

则说

$$f_n \to f,\quad \text{在}\mathcal{S}(\mathbb{R}^N)\text{中。} \tag{1.3.47}$$

$\mathcal{S}(\mathbb{R}^N)$上的所有连续线性泛函所构成的空间记为$\mathcal{S}'(\mathbb{R}^N)$，并称之为速降广义函数空间。对$f \in \mathcal{S}'(\mathbb{R}^N)$，下列两项性质成立：

（1） 对于任意$\alpha_1, \alpha_2 \in \mathbb{R}$，$v_1, v_2 \in \mathcal{S}(\mathbb{R}^N)$，有

$$\langle f, \alpha_1 v_1 + \alpha_2 v_2\rangle = \alpha_1\langle f, v_1\rangle + \alpha_2\langle f, v_2\rangle。$$

（2） 对$v, v_n \in \mathcal{S}(\mathbb{R}^N)$，若$v_n \to v$ 在$\mathcal{S}(\mathbb{R}^N)$ 中，则必有$\langle f, v_n\rangle \to \langle f, v\rangle$。

空间$\mathcal{S}'(\mathbb{R}^N)$可赋予由如下收敛诱导出的拓扑：

$$\text{若}\langle f_n, v\rangle \to \langle f, v\rangle,\ \forall v \in \mathcal{S}(\mathbb{R}^N),\quad \text{则记}f_n \to f\ \text{在}\mathcal{S}'(\mathbb{R}^N)\text{中。}$$

空间$\mathcal{S}'(\mathbb{R}^N)$的元素称为速降广义函数。

速降函数空间主要用于定义Fourier变换，即

$$(\mathcal{F}(f))(\xi)=\frac{1}{(2\pi)^{N/2}}\int_{\mathbb{R}^N}f(x)\exp(-\mathrm{i}x\cdot\xi)\mathrm{d}x,\quad f\in\mathcal{S}(\mathbb{R}^N),\tag{1.3.48}$$

其中i满足$\mathrm{i}^2=-1$。称上面从$\mathcal{S}(\mathbb{R}^N)$到$\mathcal{S}(\mathbb{R}^N)$中的连续线性算子为Fourier变换。可以证明：$\mathcal{F}:\mathcal{S}(\mathbb{R}^N)\to\mathcal{S}(\mathbb{R}^N)$是双射，且算子

$$(\mathcal{F}^{-1}(f))(\xi)=\frac{1}{(2\pi)^{N/2}}\int_{\mathbb{R}^N}f(x)\exp(\mathrm{i}x\cdot\xi)\mathrm{d}x,\quad f\in\mathcal{S}(\mathbb{R}^N)\tag{1.3.49}$$

是$\mathcal{F}$的逆变换，即

$$\mathcal{F}(\mathcal{F}^{-1}(f))=\mathcal{F}^{-1}(\mathcal{F}(f))=f,\quad 其中\ f\in\mathcal{S}(\mathbb{R}^N)。\tag{1.3.50}$$

定理 1.3.25

（1） 记由(1.3.48)定义的算子$\mathcal{F}$的闭包仍为$\mathcal{F}$，则

$$\mathcal{F}\in\mathcal{L}(L^2(\mathbb{R}^N),L^2(\mathbb{R}^N)),$$

且对于任意f，$g\in L^2(\mathbb{R}^N)$，

$$\int_{\mathbb{R}^N}f^*g\mathrm{d}x=\int_{\mathbb{R}^N}(\mathcal{F}(f))^*\mathcal{F}(g)\mathrm{d}x,$$

其中a^*表示a的共轭复数。

（2） 令α是N元多重指标，则对任意给定$f\in\mathcal{S}'(\mathbb{R}^N)$，有

$$\begin{aligned}&D^\alpha(\mathcal{F}(f))=\mathcal{F}((-\mathrm{i}x)^\alpha f),\qquad \mathcal{F}(D^\alpha f)=(\mathrm{i}\xi)^\alpha\mathcal{F}f,\\&D^\alpha(\mathcal{F}^{-1}(f))=\mathcal{F}^{-1}((\mathrm{i}x)^\alpha f)。\end{aligned}\tag{1.3.51}$$

§1.3.6 周期区域上的函数空间

如果定义在$\mathbb{R}^3$上的函数u满足

$$u(x_1+2\pi L_1,x_2+2\pi L_2,x_3+2\pi L_3)=u(x_1,x_2,x_3),$$

其中$L_i>0$（$1\leqslant i\leqslant 3$），则称f是一个（空间）周期函数。而每个长方形区域$\mathbb{K}:=(x_1^0+2\pi L_1)\times(x_2^0+2\pi L_2)\times(x_3^0+2\pi L_3)$ 称为周期函数的一个周期核。不失一般性，本书总假定$L_1=L_2=L_3=1$，此情形下的周期函数各变量x_i以2π为周期。

显然，Sobolev空间对于周期函数是无法直接定义的，为此需要采用特殊方式定义周期函数的Sobolev空间。令

$$\Omega=2\pi\mathbb{T}\times2\pi\mathbb{T}\times2\pi\mathbb{T},\qquad 其中\ \mathbb{T}:=\mathbb{R}/\mathbb{Z}。\tag{1.3.52}$$

习惯上称这样的区域Ω为周期区域，且长度为2π的任意方体$\mathbb{K}$都称为Ω 的一个周期核。现在，对于给定的$k \geqslant 0$及$1 \leqslant p < \infty$，如下定义周期区域上的Sobolev空间：

$$W^{k,p}(\Omega) = \{u \in W^{k,p}_{\mathrm{loc}}(\mathbb{R}^N) \mid u\text{是周期函数，各变量以}2\pi\text{长度为周期}\}。$$

其对应的范数记为

$$\|\cdot\|_{W^{k,p}(\Omega)} := \|\cdot\|_{W^{k,p}(\mathbb{K})},$$

其中$\mathbb{K}$表示一个周期核。类似地，周期函数f在Ω的积分也需理解为一个周期核上的积分，即

$$\int_\Omega := \int_{\mathbb{K}}。$$

容易验证，$W^{k,p}(\Omega)$是一个Banach空间。此外，当$k = 0$，即可得定义在周期区域上的Lebesgue空间$L^p(\Omega) := W^{0,p}(\Omega)$。

下面把第1.3.3节中关于检验函数空间和分布函数空间的定义推广到周期区域情况。为此，先定义周期区域上的光滑函数空间：

$$C^\infty(\Omega) = \{u \in C^\infty(\mathbb{R}^N) \mid u\text{是周期函数，各变量以}2\pi\text{长度为周期}\}。\tag{1.3.53}$$

使用磨光算子的性质，可验证$C^\infty(\Omega)$在$W^{k,p}(\Omega)$是稠密的，其中$k \geqslant 1, 1 \leqslant p < \infty$。为了进一步得到周期区域上的检验函数以及分布函数空间，需定义$C^\infty(\Omega)$中的局部一致收敛的拓扑：如果

$$\text{对任意}\alpha := (\alpha_1, \cdots, \alpha_n)，\quad D^\alpha v_n \rightrightarrows D^\alpha v,\ \text{在}\overline{\mathbb{K}}\text{中}，\quad n \to \infty，\tag{1.3.54}$$

其中$\mathbb{K}$为Ω的一个周期核，则称当$n \to \infty$时，$v_n \to v$， 在$C^\infty(\Omega)$中。赋予这种收敛性拓扑的空间$C^\infty(\Omega)$仍记为$\mathcal{D}(\Omega)$，并称之为检验函数空间。则可按这种收敛性拓扑建立起定义在$\mathcal{D}(\Omega)$ 上的全体连续线性泛函所构成的空间，并记为$\mathcal{D}'(\Omega)$。

本小节最后介绍周期区域上的对称函数空间。令$D \subset \mathbb{R}^N$表示点集，如果点集中任意一个点$x := (x_1, \cdots, x_N)$，总有

$$x - 2x_i e_i \in D,$$

其中x_i为x的第i个分量，$1 \leqslant i \leqslant N$，则称$D$为对称点集。

令D表示对称点集，如果$\boldsymbol{f} : D \to \mathbb{R}^N$满足

$$f_i(x) = \begin{cases} -f_i\big(y_i(x)\big), \\ f_i\big(y_j(x)\big), \quad i \neq j, \end{cases}\tag{1.3.55}$$

其中$x \in D$，f_i表示$\boldsymbol{f}$的第i个分量，$1 \leqslant i$，$j \leqslant N$，y_i是关于x的向量函数，并如下定义：

$$y_i = x - 2x_i e_i,$$

则称向量函数$\boldsymbol{f}$为定义在D上的对称向量函数。

令D表示对称点集，如果$g : D \to \mathbb{R}$满足

$$g(x) = g(y_i(x)), \ 1 \leqslant i \leqslant N。 \tag{1.3.56}$$

则称g为定义在D上的对称标量函数。

由上述对称函数的定义，可以如下定义周期区域上的对称向量函数空间：

$$W^{k,p}_{\text{sym}}(\Omega, \mathbb{R}^N) := \{\boldsymbol{f} \in (W^{k,p}(\Omega))^N \mid \boldsymbol{f}\text{各分量函数满足}(1.3.55)\},$$

以及对称标量函数空间

$$L^p_{\text{sym}}(\Omega) := \{g \in L^2(\Omega) \mid g\text{满足}(1.3.56)\},$$

其中Ω是周期区域。可以验证，通过上述方式定义的对称向量或标量函数空间都是Banach空间。特别地，当$p = 2$时，记$H^k_{\text{sym}}(\Omega, \mathbb{R}^N) := W^{k,2}_{\text{sym}}(\Omega, \mathbb{R}^N)$。

此外，还记

$$L^p_{M,\text{sym}}(\Omega) := \left\{g \in L^p_{\text{sym}}(\Omega) \;\middle|\; \int_\Omega g\mathrm{d}x = M\right\}。$$

§1.3.7 Morrey空间及BMO($\mathbb{R}^N$)空间

设$1 < p < \infty$，且$q \in [0, N]$。令

$$\|f\|^p_{L^{p,q}} := \sup_{x \in \mathbb{R}^N, r > 0} \frac{1}{r^{N-q}} \int_{B_r(x)} |f(y)|^p \mathrm{d}y, \tag{1.3.57}$$

则可如下定义Morrey空间（见[2]中第一章内容）：

$$L^{p,q}(\mathbb{R}^N) := \{f\text{是可测函数} \mid \|f\|_{L^{p,q}(\mathbb{R}^N)} < \infty\}。$$

对于一般区域上的Morrey空间，需要把(1.3.57)的积分区域改成$\Omega \cap B_r(x)$，取上确界时对球半径r的限制变成$0 < r < \text{diam}\Omega$。

下面介绍两个有关Morrey空间的结果。

定理 1.3.26 令$\alpha \in (0, 1)$，$v \in H^1_0(\Omega)$，$B_r(x_0)$表示$\mathbb{R}^2$中任意给定的球。假设$q \in L^1(\Omega)$ 满足

$$\int_{\Omega \cap B_r(x_0)} |q(x)|\mathrm{d}x \leqslant cr^\alpha, \tag{1.3.58}$$

其中c表示一个正常数，则$qv \in L^1(\Omega)$，且对所有$0 < \beta < \alpha$，

$$\int_{\Omega \cap B_r(x_0)} |q(x)v(x)|\mathrm{d}x \leqslant Cc\|\nabla v\|_{L^2(\Omega)} r^\beta, \tag{1.3.59}$$

其中C仅依赖于Ω，α与β。

证明 见文[47]中第五章第5.4节中的引理5.4.1。 □

定理 1.3.27 令$\Omega \subset \mathbb{R}^N$是一个有界开集，$r>0$，$B_r(x_0)$表示$\mathbb{R}^N$中任意给定的球，$1 \leqslant p < N$，$\alpha \in (0, N-p)$及$v \in W_0^{1,p}(\Omega)$。如果$\nabla v$ 满足

$$\int_{\Omega \cap B_r(x_0)} |\nabla v(x)|^p \mathrm{d}x \leqslant c r^{\alpha}, \tag{1.3.60}$$

则下列估计成立：

$$\int_{\Omega \cap B_r(x_0)} |v|^q \mathrm{d}x \leqslant C c^{\frac{q}{p}} r^{\alpha}, \tag{1.3.61}$$

其中$q^{-1} = p^{-1} - (N-\alpha)^{-1}$，$C$仅依赖于$N$，$p$，$\alpha$，$\Omega$。

证明 证明见文[1]或[9]。 □

最后，我们引入$\mathrm{BMO}(\mathbb{R}^N)$空间：对任意$f \in L^1_{\mathrm{loc}}(\mathbb{R}^N)$，称$f \in \mathrm{BMO}(\mathbb{R}^N)$，如果

$$\|f\|_{\mathrm{BMO}} = \sup_{x \in \mathbb{R}^N,\ r>0} \frac{1}{|B_r(x)|} \int_{B_r(x)} |f(y) - f_{B_r(x)}|^p \mathrm{d}y < \infty。$$

对于一般区域上的BMO空间，只需把上述积分区域改成$\Omega \cap B_r(x)$，并在取上确界时，对球半径r的限制变成$0 < r < \mathrm{diam}\Omega$即可。

§1.4 注记

本章中的大部分内容摘自Novotný和Straškraba的专著 [60，第一章] 和教科书 [77, 78]。关于Sobolev空间和Morrey空间的内容主要来自专著 [3] 和文献[1,2,9,47]。关于不动点理论及其应用，有兴趣的读者可参看Zeidler撰写的内容很丰富的专著 [76]。

第二章 可压缩黏性流体力学运动方程组与预备数学定理

本章主要介绍可压缩黏性流体力学运动方程组，以及后续章节要用到的一些预备性数学定理。

§2.1 可压缩黏性流体动力学方程组

本节开始介绍流体动力学方程组及相关概念。令$I_I := (0,T) \subset \mathbb{R}$表示时间段，$\Omega \subset \mathbb{R}^3$表示流体运动的区域，$Q_T := \Omega \times I_I$，则在$I_I$时段内，可压缩黏性流体在区域$\Omega$内的运动规律可由如下方程组描述：

$$\partial_t \rho + \operatorname{div}(\rho \boldsymbol{v}) = 0, \tag{2.1.1}$$

$$\partial_t(\rho \boldsymbol{v}) + \operatorname{div}(\rho \boldsymbol{v} \otimes \boldsymbol{v}) = \operatorname{div}\mathcal{T} + \rho \boldsymbol{f} + \boldsymbol{g}, \tag{2.1.2}$$

$$\partial_t E + \operatorname{div}(E\boldsymbol{v}) = (\rho \boldsymbol{f} + \boldsymbol{g}) \cdot \boldsymbol{v} + \operatorname{div}(\mathcal{T}\boldsymbol{v}) - \operatorname{div}\boldsymbol{q} + \rho h, \tag{2.1.3}$$

其中$E = \rho|\boldsymbol{v}|^2/2 + \rho e$。上述方程组一般被称为可压缩热传导Navier–Stokes方程组或Navier–Stokes–Fourier（简记为NSF）方程组，其中前两个方程(2.1.1)–(2.1.2)称为可压缩（等熵）Navier–Stokes（简记为NS）方程组。下面对其中的数学符号的物理意义进行说明。

$\rho : Q_T \mapsto \mathbb{R}^+$，$\boldsymbol{v} : Q_T \mapsto \mathbb{R}^3$，$e : Q_T \mapsto \mathbb{R}$ 分别表示流体的（单位体积）密度、速度场及（单位质量）内能；$\mathcal{T} : Q_T \mapsto \mathbb{R}^{3\times 3}$表示应力张量，并具有对称形式；$\boldsymbol{q}$表示热流；$\boldsymbol{f}$表示单位质量流体所受的外力（体力）；$\boldsymbol{g}$是与流体密度无关的外力（比如磁力等）；$h$表示外热源函数。称$E$为总能量，$|\boldsymbol{v}|^2/2$为单位密度的动能，$\mathfrak{E} := \rho e$称为流体微元（或称粒子）的势能。

方程(2.1.1)、(2.1.2)和(2.1.3)分别称为质量方程、动量方程和能量方程。其反映流体流动所遵循的三个物理规律（事实上，上述流体动力学方程组也是利用基于这三个规律建立起来的）：

(1) 质量守恒定律：确定的流体，它的质量在运动过程中不生不灭。反映质量守恒定律的方程也称为连续性方程。

(2) 动量变化定律（Newton运动定律）：确定的流体，其总动量变化率等于作用于其上的体力和面力的总和。

(3) 能量守恒定律（热力学第一定律）：确定的流体，其总能量（包括动能和内能）变化率等于外力（包括体力和面力）单位时间所做的功与单位时间来自外部给予流体的热量之和。

由于流体未知函数个数大于方程个数，所以方程组(2.1.1)–(2.1.3)是不封闭的。为使方程组封闭，还需引入其他附加方程（关系式），以使未知函数的个数与相互独立的方程个数相等。下面介绍与这些附加方程相关的知识。由于方程组(2.1.1)–(2.1.3)中的$\boldsymbol{g}$和h函数不会产生本质内容，有时为简单起见，不妨取$\boldsymbol{g}$和h为零函数。

§2.1.1 Newton流体

称应力张量与其他描述流体流动的量（特别是速度和其导数）的关系式为流体的流变方程。例如，无黏性流体的流变方程形如

$$\mathcal{T}=-P\mathbb{I}。$$

注意，本书用$\mathbb{I}$表示恒等矩阵。上式关系是最简单流变方程，P表示压强，与流体特性有关。压强具体形式由内分子相互作用决定，也是动力学与统计物理学研究的对象。

然而在许多情形下，除了压强，还需考虑到流体受剪切摩擦力的作用，其表现为有黏性，即本书主要研究的黏性流体。因此，在黏性流体中，流变方程形如

$$\mathcal{T}=-P\mathbb{I}+\mathbb{S},$$

其中$\mathbb{S}$表示与黏性有关的张量。在Stokes假设①下，可推出黏性张量具有如下形式：

$$\mathbb{S}(\boldsymbol{v}):=\mu\left(2\mathbb{D}(\boldsymbol{v})-\frac{2}{3}\mathrm{div}\boldsymbol{v}\mathbb{I}\right)+\nu\mathrm{div}\boldsymbol{v}\mathbb{I}, \tag{2.1.4}$$

其中$\mathbb{D}(\boldsymbol{v}):=(\nabla\boldsymbol{v}+(\nabla\boldsymbol{v})^{\mathrm{T}})/2$，$\mu\geqslant 0$ 表示第一黏性系数或动力学黏性系数，$\nu\geqslant 0$表示第二黏性系数或容积黏性系数。为简单起见，本节只考虑黏性系数为常数情形，这也是实际中常见的、数学上很有挑战性的情形。黏性张量服从关系式(2.1.4)的流体称为Newton流体。因此，对于Newton流体，应力张量也可写成：

$$\mathcal{T}=(-P+\lambda\mathrm{div}\boldsymbol{v})\mathbb{I}+2\mu\mathbb{D}(\boldsymbol{v}), \tag{2.1.5}$$

①即假设$\mathbb{S}$ 线性依赖于速度的梯度$\nabla\boldsymbol{v}$，并满足标架无差异原理，见文[60]中第1.2.9节内容。

其中$\lambda := \nu - 2\mu/3$。

Newton流体的能量方程可写为

$$\begin{aligned}&\partial_t E + \operatorname{div}(E\boldsymbol{v})\\&= \rho\boldsymbol{f}\cdot\boldsymbol{v} - \operatorname{div}(P\boldsymbol{v}) + \operatorname{div}(\lambda\boldsymbol{v}\operatorname{div}\boldsymbol{v}) + \operatorname{div}(2\mu\mathbb{D}(\boldsymbol{v})\boldsymbol{v}) - \operatorname{div}\boldsymbol{q}。\end{aligned} \tag{2.1.6}$$

使用连续性方程，动量方程可改写为

$$\rho\partial_t\boldsymbol{v} + \rho\boldsymbol{v}\cdot\nabla\boldsymbol{v} = \rho\boldsymbol{f} - \nabla P + \nabla(\lambda\operatorname{div}\boldsymbol{v}) + \operatorname{div}(\mu\mathbb{D}(\boldsymbol{v}))。$$

该方程与$\boldsymbol{v}$的数量积为

$$\rho\partial_t|\boldsymbol{v}|^2/2 + \rho\boldsymbol{v}\cdot\nabla|\boldsymbol{v}|^2/2 = \boldsymbol{v}\cdot(\rho\boldsymbol{f} - \nabla P + \nabla(\lambda\operatorname{div}\boldsymbol{v}) + \operatorname{div}(\mu\mathbb{D}(\boldsymbol{v})))。$$

注意到，$E = \rho e + \rho|\boldsymbol{v}|^2/2$，$\operatorname{div}(P\boldsymbol{v}) = \boldsymbol{v}\cdot\nabla P + P\operatorname{div}\boldsymbol{v}$ 和

$$\begin{aligned}\operatorname{div}(\lambda\boldsymbol{v}\operatorname{div}\boldsymbol{v}) &= \lambda(\operatorname{div}\boldsymbol{v})^2 + \boldsymbol{v}\cdot\nabla(\lambda\operatorname{div}\boldsymbol{v}),\\ \operatorname{div}(\mu\mathbb{D}(\boldsymbol{v})\boldsymbol{v}) &= \boldsymbol{v}\cdot\operatorname{div}(\mu\mathbb{D}(\boldsymbol{v})) + \mu\mathbb{D}\boldsymbol{v}:\mathbb{D}\boldsymbol{v},\end{aligned}$$

以及关系式

$$\rho\partial_t|\boldsymbol{v}|^2/2 + \rho\boldsymbol{v}\cdot\nabla|\boldsymbol{v}|^2/2 = (\partial_t(\rho|\boldsymbol{v}|^2) + \operatorname{div}(\rho|\boldsymbol{v}|^2\boldsymbol{v}))/2,$$

因而Newton流体情形的能量方程可改写成

$$\partial_t(\rho e) + \operatorname{div}(\rho e\boldsymbol{v}) + P\operatorname{div}\boldsymbol{v} = \mathscr{D}(\boldsymbol{v}) - \operatorname{div}\boldsymbol{q}, \tag{2.1.7}$$

其中

$$\mathscr{D}(\boldsymbol{v}) = \lambda(\operatorname{div}\boldsymbol{v})^2 + 2\mu\mathbb{D}(\boldsymbol{v}):\mathbb{D}(\boldsymbol{v}) \tag{2.1.8}$$

称为耗散项。方程(2.1.7)也称为内能方程。

§2.1.2 熵、熵方程及Fourier定律

绝对温度θ、密度ρ和压强P被称为状态变量，并且这些量都是非负函数。不同气体的特性将决定不同的状态方程：

$$P = P(\rho,\theta) \tag{2.1.9}$$

及关系式

$$e = e(\rho,\theta)。 \tag{2.1.10}$$

满足关系式（由Gibbs公式给出）

$$ds = \frac{1}{\theta}\left(de + Pd\left(\frac{1}{\rho}\right)\right) \tag{2.1.11}$$

的量s（相关一个常数）称为单位质量流体的熵。上式中d表示微分。利用熵的概念，可以用下式描述连续介质力学中的热力学第二定律：

$$\partial_t(\rho s) + \mathrm{div}(\rho \boldsymbol{v} s) \geqslant -\mathrm{div}\,(\boldsymbol{q}/\theta)。 \tag{2.1.12}$$

通常称不等式(2.1.12)为Clausius–Dubem不等式②。接下来，推导Newton流体中熵满足的运动方程。

由连续性方程，能量方程(2.1.3)可被改写为

$$\rho\frac{\mathrm{D}e}{\mathrm{D}t} + P\mathrm{div}\boldsymbol{v} = \mathscr{D}(\boldsymbol{v}) - \mathrm{div}\boldsymbol{q}。$$

注意，这里记

$$\frac{\mathrm{D}}{\mathrm{D}t} := \partial_t + \boldsymbol{v}\cdot\nabla,$$

称之为物质导数或随体导数。由于(2.1.11)可以改写成

$$\frac{\mathrm{D}s}{\mathrm{D}t} = \frac{1}{\theta}\frac{\mathrm{D}e}{\mathrm{D}t} + \frac{P\mathrm{div}\boldsymbol{v}}{\rho}, \tag{2.1.13}$$

从而可以把(2.1.3)改写为

$$\rho\frac{\mathrm{D}s}{\mathrm{D}t} = (\mathscr{D}(\boldsymbol{v}) - \mathrm{div}\boldsymbol{q})/\theta。 \tag{2.1.14}$$

再次使用连续性方程即得

$$\partial_t(\rho s) + \mathrm{div}(\rho s\boldsymbol{v}) = (\mathscr{D}(\boldsymbol{v}) - \mathrm{div}\boldsymbol{q})/\theta。 \tag{2.1.15}$$

方程(2.1.15)称为能量方程的熵形式（简记为熵方程）。

假定$\boldsymbol{q}$仅依赖于θ和$\nabla\theta$，并遵守Fourier热传导定律：

$$\boldsymbol{q} = -k(\theta, |\nabla\theta|)\nabla\theta, \tag{2.1.16}$$

其中热传导系数满足

$$k(\theta, |\nabla\theta|) \geqslant 0。 \tag{2.1.17}$$

对于忽略热传导的流体运动，可设$k = 0$。

②积分形式以及更一般情形见文[60]中第1.2.8节内容或见Wikipedia网站中关于“Clausius–Duhem inequality”词条介绍。

§2.1.3 状态方程及理想气体

根据经典的热力学理论，5个热力学物理量e，P，s，θ，ρ仅有两个是独立变量。一般以ρ和θ 为独立变量，则其他3个量都可由ρ和θ表示出，特别地，熵由(2.1.11)明确给出。需要注意的是压强$P(\rho,\theta)$和内能$e(\rho,\theta)$ 关于ρ和θ的具体表达式依赖于气体自身的性质。

如果s具有一阶连续偏导数，则可从(2.1.11)推出

$$\partial_\rho s=\frac{1}{\theta}\left(\partial_\rho e-\frac{P}{\rho^2}\right),\ \partial_\theta s=\frac{1}{\theta}\partial_\theta e。\tag{2.1.18}$$

如果s具有二阶连续偏导数，则可从上面两个式子进一步推出

$$\frac{1}{\rho^2}(P-\theta\partial_\theta P)=\partial_\rho e。\tag{2.1.19}$$

若流体遵守Mariotte和Joule定律，即压强$P(\rho,\theta)$形如$\rho f(\theta)$，$e(\rho,\theta)$形如$e(\theta)$，则由公式(2.1.19)可推出

$$P(\rho,\theta)=R\rho\theta,\quad e(\rho,\theta)=e(\theta),\tag{2.1.20}$$

其中R称为普适气体常数。物理上经常考虑$e(\theta)$具有如下表达式：

$$e(\theta)=c_v\theta,\ \ c_v>0,\tag{2.1.21}$$

其中常数c_v称为定容比热。若气体遵守状态方程(2.1.20)和(2.1.21)，则称其为理想（perfect）气体。

根据定义(2.1.11)，可计算出理想气体熵的表达式（见文[44]附录二第6 节）：

$$s=c_v\ln\frac{P/P_0}{(\rho/\rho_0)^\gamma}+\text{常数}=c_v\ln\frac{\theta/\theta_0}{(\rho/\rho_0)^{\gamma-1}}+\text{常数},\tag{2.1.22}$$

其中P_0和ρ_0分别表示与压强和密度有关的（参考）定值，$\gamma:=1+R/c_v$且$\theta_0=P_0/(R\rho_0)$。不同气体的γ值是不同的。事实上，根据统计物理学中的均分定理（也称位力定理），单原子气体的γ值为5/3，双原子气体则介于9/11和7/5之间，对$s\geqslant 3$个原子的气体则介于$(3(s-1)+1)/3(s-1)$到4/3之间。此外，相对论气体（relativistic gas）取值为4/3，空气则为7/5[17]。注意，若$\gamma=1$，则有$\theta=$ 常数，称此情形为等温流体。

满足(2.1.20)和(2.1.21)的Newton流体称为理想黏性气体，则由前面介绍的内容，易知其运动方程组为

$$\begin{cases}\partial_t\rho+\operatorname{div}(\rho\boldsymbol{v})=0,\\ \partial_t(\rho\boldsymbol{v})+\operatorname{div}(\rho\boldsymbol{v}\otimes\boldsymbol{v})=\operatorname{div}\mathbb{S}(\boldsymbol{v})-\nabla P+\rho\boldsymbol{f},\\ \partial_t E+\operatorname{div}((E+P)\boldsymbol{v})+\operatorname{div}\boldsymbol{q}\\ \quad=\rho\boldsymbol{f}\cdot\boldsymbol{v}+\operatorname{div}(\lambda\boldsymbol{v}\operatorname{div}\boldsymbol{v})+\operatorname{div}(2\mu\mathbb{D}(\boldsymbol{v})\boldsymbol{v}),\\ E=c_v\rho\theta+\rho|\boldsymbol{v}|^2/2,\ \boldsymbol{q}=k\nabla\theta,\ P(\rho,\theta)=R\rho\theta。\end{cases}\tag{2.1.23}$$

显然上述运动方程组是封闭的。

§2.1.4 等熵运动

如果流体内部无热传导，整体无热量进出，则称该流体运动为绝热运动。因此，对于绝热运动，$\boldsymbol{q}=0$（或者$k=0$）。

现在考虑无黏流体的绝热运动，从(2.1.14)可推出

$$\frac{\mathrm{D}s}{\mathrm{D}t}=\partial_t s+v\cdot\nabla s=0。\tag{2.1.24}$$

为了进一步从上述关系式推导出s的性质，下面引进Lagrange坐标。

流体可被看成是由无限个流体粒子点构成。考虑每个流体粒子点的运动，粒子的轨迹方程记为

$$x=\varphi(X,t),\tag{2.1.25}$$

其中X表示用于确定所考虑粒子点的标签，$x\in\mathbb{R}^3$表示粒子的坐标。通常假设X为该粒子点的初始位置，即$X=\varphi(X,0)$。有关X的分量X_1,X_2,X_3称为Lagrange坐标，并称x为Euler坐标。方程(2.1.25)表示标记为X的粒子在t时刻的位置为x。

$\varphi(X,t)$表达式可由速度场$\boldsymbol{v}(x,t)$确定，即由下述初值问题

$$\frac{\mathrm{d}\varphi(X,t)}{\mathrm{d}t}=\boldsymbol{v}(\varphi(X,t),t),\quad \varphi(X,t_0)=X\tag{2.1.26}$$

的解给出（要求$\boldsymbol{v}(x,t)$具有一定的可微性），其中初始条件表示流体粒子点X在时刻t_0的位置为$x(t_0)$。一般常选取初始时刻$t_0=0$。

现在将$x=\varphi(X,t)$代入(2.1.24)，可得出

$$\partial_t s(\varphi(X,t),t)=0。$$

从而，$s(\varphi(X,t),t)=s(X,0)$，即

$$s(\varphi(X,t),t)=常数。$$

类似地，由(2.1.22)及上式可知：在流体粒子点的轨迹上，

$$P=a\rho^\gamma,\tag{2.1.27}$$

其中$a>0$为物理常数。

假设一个黏性理想气体在（热力学）运动过程中，熵恒为常数（严格地说，此假设对黏性流、不光滑流不成立。但若熵变化很小时，可近似假设熵不变），则熵方程(2.1.15) 变为

$$\mathrm{div}\boldsymbol{q}=\mathscr{D}(\boldsymbol{v}),\tag{2.1.28}$$

并且根据(2.1.21)及(2.1.22)，可得到

$$\mathfrak{E} := \rho e(\theta) = \frac{a}{\gamma-1}\rho^{\gamma}, \quad P(\rho) = a\rho^{\gamma}, \quad a = \frac{P_0}{\rho_0^{\gamma}}e^{s_0/c_v}, \tag{2.1.29}$$

其中s_0表示与熵有关的常数。

现在，考虑具有如下状态方程的一般黏性气体的等熵（即$s = s_0 =$ 常数）热力学过程:

$$e = c_v\theta, \quad P = P(\rho)。 \tag{2.1.30}$$

在此情形下，由能量方程(2.1.3)同样可推出(2.1.28)。由(2.1.11)可知$\mathfrak{E} := \rho e$ 与θ无关，且$\partial_\rho e = P/\rho^2$。该式等价于

$$\mathfrak{E} \equiv \mathfrak{E}(\rho) = \rho\left(\int_1^{\rho}\frac{P(\tau)}{\tau^2}\mathrm{d}\tau + c\right), \text{其中}c\text{为某个常数。} \tag{2.1.31}$$

满足关系式(2.1.31)的热力学运动过程称为正压(barotropic)过程，并称满足(2.1.30)与(2.1.31) 的气体为正压气体。特别地，黏性理想气体的等熵过程是一个特例。此时，$P(\rho) = a\rho^{\gamma}$，并且c取适当的常数时，内能$\mathfrak{E}$将会满足(2.1.31)。

根据上述分析，得到如下关于可压缩黏性流体的正压运动方程组：

$$\begin{cases}\partial_t\rho + \mathrm{div}(\rho\boldsymbol{v}) = 0, \\ \partial_t(\rho\boldsymbol{v}) + \mathrm{div}(\rho\boldsymbol{v}\otimes\boldsymbol{v}) - \mathrm{div}\mathbb{S}(\boldsymbol{v}) + \nabla P(\rho) = \rho\boldsymbol{f},\end{cases} \tag{2.1.32}$$

并且满足能量方程(2.1.3)，特别地在理想气体情形，$P(\rho) = a\rho^{\gamma}$ ($\gamma \geqslant 1$, $a > 0$)。由(2.1.28)知，(2.1.3)在等熵情形下为

$$\begin{aligned}&\partial_t E + \mathrm{div}((E+P)\boldsymbol{v}) + \mathscr{D}(\boldsymbol{v}) \\ &= \mathrm{div}(\lambda\boldsymbol{v}\mathrm{div}\boldsymbol{v}) + \mathrm{div}(2\mu\mathbb{D}(\boldsymbol{v})\cdot\boldsymbol{v}) + \rho\boldsymbol{f}\cdot\boldsymbol{v},\end{aligned} \tag{2.1.33}$$

其中$E = \mathfrak{E}(\rho) + \rho|\boldsymbol{v}|^2/2$，且$\mathfrak{E}(\rho)$与$P$满足(2.1.31)。注意，能量方程(2.1.33)与方程组(2.1.32)不是独立的，因为从(2.1.32)可推出(2.1.33)。本书称(2.1.32)为可压缩等熵NS方程组。

当然，在实际问题中很难让可压缩黏性流体的运动状态保持条件(2.1.28)。但如果在流体运动过程中熵的变化很小，则可以将此过程近似地考虑为等熵运动过程（即(2.1.28)满足），其就可由方程组(2.1.32)–(2.1.33)很好地描述。

§2.1.5 初边值条件

为求解流体力学方程组，还需要定解条件，其包括初始条件和边值条件。

初始条件可表述如下：

$$\rho(x,0) = \rho^0(x),\ \boldsymbol{v}(x,0) = \boldsymbol{v}^0(x),\ \theta(x,0) = \theta^0(x),\ x \in \Omega, \tag{2.1.34}$$

其中$(\rho^0(x), \boldsymbol{v}^0(x), \theta^0(x))$为给定值。下面引入关于速度与温度在边界的条件。

设Ω是一个固定区域。关于速度最简单的边值提法就是Dirichlet边值条件：

$$\boldsymbol{v}\big|_{\partial\Omega} = \boldsymbol{v}_D, \tag{2.1.35}$$

其中函数$\boldsymbol{v}_D$是给定的。如果流体附着在不可渗透的壁面Γ上，其中$\Gamma \subset \partial\Omega$，则速度在此壁面上条件为

$$\boldsymbol{v}\big|_{\Gamma} = 0 \tag{2.1.36}$$

（即$\boldsymbol{v}_D\big|_{\Gamma} = 0$），称该类条件为固壁边值条件或非滑移边值条件。此外，如果考虑边值条件(2.1.35)，则由于流体在边界有流进流出运动，对于发生流体流进的边界，还需要提密度的边值条件，见[60]中第1.2.21节内容介绍。

对于无黏性情形，即$\mu = \lambda = 0$，则必须放宽上述边值条件(2.1.35)和(2.1.36)。对于无黏性情形，考虑流体在Γ上发生滑移运动，则有下列滑移边值条件：

$$\boldsymbol{v} \cdot \boldsymbol{n}\big|_{\Gamma} = 0, \tag{2.1.37}$$

其中$\boldsymbol{n}$表示$\partial\Omega$的单位外法向量。如果流体在边界$\partial\Omega$发生流进流出，则边值条件为

$$\boldsymbol{v} \cdot \boldsymbol{n}\big|_{\partial\Omega} = v_{nD}, \tag{2.1.38}$$

其中v_{nD}表示给定的标量函数。

如果黏性流体运动速度极大，则也可能发生流体在边界滑移现象，对于此情形，可考虑如下滑移边值条件:

$$\boldsymbol{v} \cdot \boldsymbol{n}|_{\partial\Omega} = 0, \quad \sum_{i,j=1}^{N} \tau_i(\partial_i v_j + \partial_j v_i) n_j|_{\partial\Omega} = 0, \tag{2.1.39}$$

其中向量$\boldsymbol{\tau} = (\tau_1, \cdots, \tau_N)$与边界相切。

此外，文献中也常常考虑周期边值条件：

$$\boldsymbol{v}|_{\partial\Omega_{0,i}} = \boldsymbol{v}|_{\partial\Omega_{2\pi,i}}, \quad 1 \leqslant i \leqslant 3, \tag{2.1.40}$$

其中$\partial\Omega_{a,i} := \{x_i = a\} \cap \partial\mathbb{K}$，$\mathbb{K} := (0, 2\pi)^3$。上述边值条件常等价于研究流体运动方程的空间周期运动解，并对问题的研究带来较大简化。

对于能量方程(2.1.3)，由于e由(2.1.21)给出，也需要给θ边值条件。根据热传导理论[32]，关于θ的边值条件有以下三种。

（1） Dirichlet边值条件：

$$\theta|_{\partial\Omega} = \chi, \tag{2.1.41}$$

其中χ是给定的边界上温度。

（2） Neumann边值条件：

$$k\partial_{\boldsymbol{n}}\theta = q, \tag{2.1.42}$$

其中k表示热传导系数，$\partial_{\boldsymbol{n}} := \boldsymbol{n}\cdot\nabla$，$q$表示已测得通过边界的热流量。上式等式左端与Fourier热传导定律有关。

（3） 混合边值条件：

$$k\partial_{\boldsymbol{n}}\theta|_{\partial\Omega} = \kappa(\theta-\chi)|_{\partial\Omega}, \tag{2.1.43}$$

其中κ和χ是定义在$\partial\Omega$上的已知函数。上式等式右端与Newton冷却定律有关，因而也被称为Newton型边值条件。

最后，如果所考虑的解具有高阶连续偏导数，且连续到初边值，则还需要求初始值和边界值在边界上满足特定的兼容性条件。

§2.1.6 定常等熵NS方程组弱解的定义

如果流体运动状态与时间无关，即处在一个定常状态，则称这样的流体为定常流。考虑方程组(2.1.32)中$(\rho,\boldsymbol{v})$与时间无关，则可得如下方程组：

$$\begin{cases}\mathrm{div}(\rho\boldsymbol{v}\otimes\boldsymbol{v}) - \mu\Delta u - \tilde{\mu}\nabla\mathrm{div}\boldsymbol{v} + \nabla P(\rho) = \rho\boldsymbol{f} + \boldsymbol{g},\\ \mathrm{div}(\rho\boldsymbol{v}) = 0,\end{cases} \tag{2.1.44}$$

其中$\tilde{\mu} > 0$（三维情况取$\nu + \mu/3$），$\boldsymbol{g}$如前所述为与流体密度无关的外力。称上述方程组为可压缩定常等熵NS方程组。本书所考虑的定常流的运动区域为有界区域或周期区域，并记为Ω；相应的边值条件为

$$\begin{cases}\text{非滑移边值条件，或滑移边值条件，} & \text{若}\Omega\text{是有界区域；}\\ \text{周期边值条件，} & \text{若}\Omega\text{是周期区域。}\end{cases} \tag{2.1.45}$$

从流体力学的角度看，（边界质量交换守恒的区域中）定常流的总质量还需给定，即要求：

$$\int_\Omega \rho \mathrm{d}x = M > 0, \tag{2.1.46}$$

其中M是一个给定的值。若没有条件(2.1.46)，可能导致解是平凡的，或边值问题是欠定的，这将在第四章4.2节中讨论。

下面给出定常可压缩等熵NS方程弱解的定义。由于本书也涉及二维情况，因此在本小节弱解的定义内容中，假设$\Omega\subset\mathbb{R}^N$，$N=2$或3。

对于不同边值条件，在动量方程弱形式中，其检验函数所属函数空间也将不一样。为此，本小节将对在三种边值条件情形下的弱解给出统一的定义。当然对应的可压缩定常NSF方程组的弱解也可给出类似的统一定义，然而本书只考虑具有非滑移边值条件的可压缩定常NSF方程组的适定性问题，因此，可压缩定常NSF方程组的弱解定义将直接放在第五章中。

这里为了简单起见，只考虑压强满足理想气体状态方程，即$P(\rho)=a\rho^{\gamma}$（$\gamma\geqslant 1$, $a>0$），$\boldsymbol{g}=0$，$\boldsymbol{f}$满足：

$$\boldsymbol{f}\in(L^{\infty}(\Omega))^{N}。\tag{2.1.47}$$

下面介绍有关边值问题(2.1.44)–(2.1.45) 弱解的概念。

给定函数空间$L^{p}(\Omega)$（$p\geqslant 1$），$F(\Omega)$及$G(\Omega)$③，其中$G(\Omega)$在$F(\Omega)$中是稠密的，且$F(\Omega)\subset H^{1}(\Omega)$，如果存在一个函数对$(\rho,\boldsymbol{v})\in L^{p}(\Omega)\times F(\Omega)$，满足下列三个条件：

(1) 对于某两个正常数$s,t\geqslant 1$，有$P(\rho)\in L^{s}(\Omega)$，$\rho|\boldsymbol{v}|^{2}\in L^{t}(\Omega)$；

(2) 质量方程的弱形式：对于任意$\phi\in C^{1}(\overline{\Omega})$（或$C^{\infty}(\overline{\Omega})$），恒有

$$\int_{\Omega}\rho\boldsymbol{v}\cdot\nabla\phi\mathrm{d}x=0;\tag{2.1.48}$$

(3) 动量方程的弱形式：对于任意$\boldsymbol{\varphi}\in G(\Omega)$，恒有

$$\begin{aligned}&\int_{\Omega}(\mu\nabla\boldsymbol{v}:\nabla\boldsymbol{\varphi}+\tilde{\mu}\mathrm{div}\boldsymbol{v}\mathrm{div}\boldsymbol{\varphi})\mathrm{d}x-\int_{\Omega}\rho\boldsymbol{v}\otimes\boldsymbol{v}:\nabla\boldsymbol{\varphi}\mathrm{d}x\\&=\int_{\Omega}P(\rho)\mathrm{div}\boldsymbol{\varphi}\mathrm{d}x+\int_{\Omega}\rho\boldsymbol{f}\cdot\boldsymbol{\varphi}\mathrm{d}x;\end{aligned}\tag{2.1.49}$$

则称$(\rho,\boldsymbol{v})$为边值问题(2.1.44)–(2.1.45)的弱解。在动量方程弱形式中，如果$\boldsymbol{\varphi}\in(\mathcal{D}(\Omega))^{N}$，则常常把(2.1.49)写成

$$\mathrm{div}(\rho\boldsymbol{v}\otimes\boldsymbol{v})-\mu\Delta\boldsymbol{v}-\tilde{\mu}\nabla\mathrm{div}\boldsymbol{v}+\nabla P(\rho)=\rho\boldsymbol{f},\quad 在(\mathcal{D}'(\Omega))^{N}中（在分布的意义下），$$

并称$\boldsymbol{\varphi}$为检验函数。

如果上述弱解$(\rho,\boldsymbol{v})$进一步满足下述能量不等式：

$$\int_{\Omega}(\mu|\nabla\boldsymbol{v}|^{2}+\tilde{\mu}|\mathrm{div}\boldsymbol{v}|^{2})\mathrm{d}x\leqslant\int_{\Omega}\rho\boldsymbol{f}\cdot\boldsymbol{v}\mathrm{d}x,\tag{2.1.50}$$

则称$(\rho,\boldsymbol{v})$为有界能量弱解。注意本书所考虑的$F(\Omega)$，可使得上式左边与$\|\boldsymbol{v}\|_{H^{1}(\Omega)}^{2}$等价，故$\|\boldsymbol{v}\|_{H^{1}(\Omega)}^{2}$也称为耗散项。注意，$\boldsymbol{g}=0$时，方程组(2.1.44)中的$\boldsymbol{f}$不能再为

③注意，$F(\Omega)$和$G(\Omega)$的选取与边值条件有关。

零，否则在边值条件(2.1.45)下，很容易从上述能量不等式看出方程组(2.1.44)的解$(\rho, \boldsymbol{v})$必为常向量。

在上述有界能量弱解定义中，本书所考虑的函数空间同样使得弱解$(\rho, \boldsymbol{v})$满足下列积分关系式：

$$\int_\Omega (\mu \nabla \boldsymbol{v} : \nabla \boldsymbol{\varphi} + \tilde{\mu} \mathrm{div} \boldsymbol{v} \mathrm{div} \boldsymbol{\varphi}) \mathrm{d}x = \int_\Omega \mathbb{S}(\boldsymbol{v}) : \nabla \boldsymbol{\varphi} \mathrm{d}x,$$
$$\int_\Omega (\mu |\nabla \boldsymbol{v}|^2 + \tilde{\mu} |\mathrm{div} \boldsymbol{v}|^2) \mathrm{d}x = \int_\Omega \mathbb{S}(\boldsymbol{v}) : \nabla \boldsymbol{v} \mathrm{d}x。$$

此外，如果$(\rho, \boldsymbol{v})$为光滑解，则用$\boldsymbol{v}$ 点乘$(2.1.44)_1$，然后积分，并利用分部积分公式及$(2.1.44)_2$，即推出$(\rho, \boldsymbol{v})$满足能量等式，即

$$\int_\Omega (\mu |\nabla \boldsymbol{v}|^2 + \tilde{\mu} |\mathrm{div} \boldsymbol{v}|^2) \mathrm{d}x = \int_\Omega \rho \boldsymbol{f} \cdot \boldsymbol{v} \mathrm{d}x。 \tag{2.1.51}$$

然后，由于本书所研究的弱解是通过弱极限得到的，故在对上式作弱下半连续性，只能得到能量不等式(2.1.50)。

考虑函数

$$b \in C(\mathbb{R}_0^+) \cap C^1(\mathbb{R}^+),\ |b'(t)| \leqslant ct^{-\varpi},\ t \in (0,1],\ \varpi < 1; \tag{2.1.52}$$

并满足对于充分大的t，$b'(t) = 0$。 (2.1.53)

有界能量弱解$(\rho, \boldsymbol{v})$称为重整化有界能量弱解，如果$(\rho, \boldsymbol{v}) \in L^p(\Omega) \times F(\Omega)$还满足：

（1） Ω是周期或滑移区域情形：对于任意$\phi \in C^\infty(\overline{\Omega})$（其定义见(1.3.53)）和满足(2.1.52)–(2.1.53) 的b，等式

$$\int_\Omega (\rho b'(\rho) - b(\rho)) \mathrm{div} \boldsymbol{v} \phi \mathrm{d}x - \int_\Omega b(\rho) \boldsymbol{v} \cdot \nabla \phi \mathrm{d}x = 0 \tag{2.1.54}$$

成立。

（2） Ω 是有界区域且 $\boldsymbol{v} \in (H_0^1(\Omega))^N$ 情形：对于任意 $\phi \in C_0^\infty(\mathbb{R}^N)$ 和满足(2.1.52)–(2.1.53) 的b，等式

$$\int_{\mathbb{R}^N} (\rho b'(\rho) - b(\rho)) \mathrm{div} \boldsymbol{v} \phi \mathrm{d}x - \int_{\mathbb{R}^N} b(\rho) \boldsymbol{v} \cdot \nabla \phi \mathrm{d}x = 0 \tag{2.1.55}$$

成立，其中ρ与$\boldsymbol{v}$需在Ω外零延拓。

形式上用$b'(\rho)$乘以$(2.1.44)_2$，可得下面的所谓重整化（连续）方程：

$$(\rho b'(\rho) - b(\rho)) \mathrm{div} \boldsymbol{v} + \mathrm{div}(b(\rho) \boldsymbol{v}) = 0。 \tag{2.1.56}$$

因此(2.1.54)和(2.1.55)就是上述方程的弱形式，从而可分别写成如下形式：

$$(\rho b'(\rho)-b(\rho))\mathrm{div}\boldsymbol{v}+\mathrm{div}(b(\rho)\boldsymbol{v})=0,\quad 在\mathcal{D}'(\Omega)中 \tag{2.1.57}$$

和

$$(\rho b'(\rho)-b(\rho))\mathrm{div}\boldsymbol{v}+\mathrm{div}(b(\rho)\boldsymbol{v})=0,\quad 在\mathcal{D}'(\mathbb{R}^N)中。 \tag{2.1.58}$$

备注 2.1.1 (1) 注意到，本书为简单起见，在有限能量重整化弱解的定义中仅考虑了无穷远处满足条件(2.1.53) 的函数$b(t)$。实际上，通过稠密技术(density argument)和Lebesgue 控制收敛定理（参见第三章的内容），也可考虑满足如下增长条件的函数$b(t)$：

$$|b'(t)|\leqslant ct^{\omega},\ t\gg 1,\ 其中c>0,\ 0<\omega+1\leqslant p/2。$$

(2) 由于有限能量重整化弱解$(\rho,\boldsymbol{v})$也在分布的意义下满足$(2.1.44)_2$(即满足取$b(t)=t$时的(2.1.54)或(2.1.55)式)，因此易看出(2.1.54)或(2.1.55)中的函数b也可取为$b(t)=at+\tilde{b}(t)$，其中$a\in\mathbb{R}$，$\tilde{b}(t)$ 满足(2.1.52)和(2.1.53)。

重整化解的概念由 DiPerna 和 Lions 首先在1990年研究 Boltzmann 方程时引进[12]，随后由 Lions 推广应用到研究可压缩NS方程组的弱解上[45]。

§2.2 预备性数学定理

§2.2.1 椭圆方程解的存在性和正则性理论

本小节主要介绍有关椭圆方程解的存在性和正则性理论。

定理 2.2.1 令$1<p<\infty$，Ω是有界区域。

（1） 如果$\Omega\in C^2$，$\boldsymbol{b}\in(L^p(\Omega))^3$，则存在$\rho\in W^{1,p}(\Omega)$满足，对于任意的$\eta\in C^{\infty}(\mathbb{R}^3)$，

$$\varepsilon\int_{\Omega}\nabla\rho\cdot\nabla\eta\mathrm{d}x=-\int_{\Omega}\boldsymbol{b}\cdot\nabla\eta\mathrm{d}x,$$

且

$$\|\nabla\rho\|_{L^p(\Omega)}\leqslant c(p,\Omega)\|\boldsymbol{b}\|_{L^p(\Omega)}/\varepsilon。$$

（2） 如果$k\geqslant 0$为整数，Ω为有界C^{k+2}区域，$\boldsymbol{b}\in E_0^p(\Omega)$，$\mathrm{div}\boldsymbol{b}\in W^{k,p}(\Omega)$，则$\rho$满足

$$-\varepsilon\Delta\rho=\mathrm{div}\boldsymbol{b},\ 在\Omega中；\quad \frac{\partial\rho}{\partial\boldsymbol{n}}=\boldsymbol{b}\cdot\boldsymbol{n},\quad 在\partial\Omega上,$$

其中$\boldsymbol{n}$是$\partial\Omega$的单位法向量，并且$\nabla\rho\in E_0^p(\Omega)\cap(W^{k+1,p}(\Omega))^3$和

$$\|\nabla\rho\|_{W^{k+1,p}(\Omega)}\leqslant c(p,\Omega)\varepsilon^{-1}\big(\|\boldsymbol{b}\|_{L^p(\Omega)}+\|\mathrm{div}\boldsymbol{b}\|_{W^{k,p}(\Omega)}\big)。$$

证明 见[60, 定理4.27]。上述定理也称为具Neumann 边值条件的椭圆问题解的存在性与正则性定理。 □

定理 2.2.2 令$1 < p < \infty$, Ω是有界区域, $\mu > 0$, $4\mu + 3\lambda > 0$。

（1） 如果$\Omega \in C^2$, $\boldsymbol{F} \in (W^{-1,p}(\Omega))^3$, 则存在$\boldsymbol{u} \in (W_0^{1,p}(\Omega))^3$满足

$$-\mu\Delta\boldsymbol{u} - (\mu+\lambda)\nabla\mathrm{div}\boldsymbol{u} = \boldsymbol{F}, \text{ 在}(\mathcal{D}'(\Omega))^3\text{中},$$

且

$$\|\boldsymbol{u}\|_{W^{1,p}(\Omega)} \leqslant c(p,\Omega)\|\boldsymbol{F}\|_{W^{-1,p}(\Omega)}。$$

（2） 如果 $k \geqslant 0$ 为整数, Ω 为有界 C^{k+2} 区域, $\boldsymbol{F} \in (W^{k,p}(\Omega))^3$, 则 $\boldsymbol{u} \in (W^{k+2,p}(\Omega))^3$满足

$$-\mu\Delta\boldsymbol{u} - (\mu+\lambda)\nabla\mathrm{div}\boldsymbol{u} = \boldsymbol{F}, \text{ 在}\Omega\text{中},$$

且

$$\|\boldsymbol{u}\|_{W^{k+2,p}(\Omega)} \leqslant c(p,\Omega)\|\boldsymbol{F}\|_{W^{k,p}(\Omega)}。$$

证明 见[60, 引理4.32]。上述定理也称为具Dirichlet边值条件的椭圆问题解的存在性与正则性定理。 □

定理 2.2.3 令$\Omega \subset \mathbb{R}^N$是有界区域, $N \geqslant 2$, 则下列结论成立:

（1） 设$m \geqslant 0$, $1 < q < \infty$, Ω为C^{m+2}区域, 则对于任意

$$\boldsymbol{f} \in (W^{m,q}(\Omega))^N, \quad \boldsymbol{v}_* \in (W^{m+2-1/q,q}(\partial\Omega))^N, \quad \int_{\partial\Omega} \boldsymbol{v}_* \cdot \boldsymbol{n}\mathrm{d}S = 0,$$

其中$\boldsymbol{n}$ 是$\partial\Omega$的单位法向量, 则存在唯一的$\boldsymbol{v}$和p④, 满足

（a） $\boldsymbol{v} \in (W^{m+2,q}(\Omega))^N$, $p \in W^{m+1,q}(\Omega)$;

（b） Stokes问题

$$\begin{cases} \Delta\boldsymbol{v} = \nabla p + \boldsymbol{f}, \ \mathrm{div}\boldsymbol{v} = 0, \text{在}\Omega\text{中}, \\ \boldsymbol{v} = \boldsymbol{v}_*, \qquad\qquad\qquad\quad \text{在}\partial\Omega\text{上}, \end{cases} \tag{2.2.1}$$

其中$(2.2.1)_1$在几乎处处意义下成立, $(2.2.1)_2$是在迹的意义下成立。

（c） 此外,

$$\|\boldsymbol{v}\|_{W^{m+2,q}(\Omega)} + \|p\|_{W^{m+1,q}(\Omega)/\mathbb{R}} \leqslant c_1(\|\boldsymbol{f}\|_{W^{m,q}(\Omega)} + \|\boldsymbol{v}_*\|_{W^{m+2-1/q,q}(\partial\Omega)})。$$

---

④p在相差一个常数下唯一。当然如果p满足附加条件$\int_\Omega p\mathrm{d}x = 0$, 则$p$是唯一确定的。在此情形下, $\|p\|_{W^{m+1,q}(\Omega)/\mathbb{R}}$ 可用$\|p\|_{W^{m+1,q}(\Omega)}$替换。

（2） 设Ω是C^2区域，则对于任意的

$$\boldsymbol{f} \in W_0^{-1,q}(\Omega),\ \boldsymbol{v}_* \in W^{1-1/q,q}(\partial\Omega),\ \ 1 < q < \infty,$$

Stokes问题(2.2.1)存在唯一弱解$\boldsymbol{v} \in W^{1,q}(\Omega)$和$p \in L^q(\Omega)$，即该解满足

（a） $(2.2.1)_2$在迹的意义下成立：对于任意的$\psi \in C_0^\infty(\Omega)$，$\int_\Omega \nabla \boldsymbol{v} \cdot \nabla \psi \mathrm{d}x = 0$；对于任意的$\boldsymbol{\varphi} \in D_\sigma^{1,q'}(\Omega)$，

$$\int_\Omega \nabla \boldsymbol{v} : \nabla \boldsymbol{\varphi} \mathrm{d}x = - < \boldsymbol{f}, \boldsymbol{\varphi} > ,$$

其中 $<\cdot,\cdot>$ 表示 $D_0^{-1,q}(\Omega)$ 和 $D_\sigma^{1,q'}(\Omega)$ 的对偶积，$D_\sigma^{1,q'}(\Omega)$ 表示 $C_\sigma^\infty(\Omega, \mathbb{R}^N)$在$(D_0^{1,q}(\Omega))^N$中的闭包。

（b） 对于任意的$\boldsymbol{\phi} \in (C_0^\infty(\Omega))^N$，有

$$\int_\Omega \nabla \boldsymbol{v} : \nabla \boldsymbol{\phi} \mathrm{d}x = - < \boldsymbol{f}, \boldsymbol{\phi} > + \int_\Omega p \,\mathrm{div} \boldsymbol{\phi} \mathrm{d}x。$$

（c） 此外，

$$\|\boldsymbol{v}\|_{W^{1,q}(\Omega)} + \|p\|_{L^q(\Omega)/\mathbb{R}} \leqslant c_2(\|\boldsymbol{f}\|_{W^{-1,q}(\Omega)} + \|\boldsymbol{v}_*\|_{W^{1-1/q,q}(\partial\Omega)})。$$

证明 见[30, 定理IV.6.1]。上述定理也称为Stokes问题解的存在性和正则性定理。 □

§2.2.2 其他方程解的存在性理论

下面依次介绍本书常用到的一些相关方程解的存在性结果。

定理 2.2.4 (Bogovskii解的存在性定理) 令Ω是一个有界Lipschitz连续区域，则存在一个线性算子$B_\Omega = (B_\Omega^1,\ \cdots,\ B_\Omega^N)$满足下列性质：

（1） $B_\Omega : L_0^p(\Omega) \to (W_0^{1,p}(\Omega))^N$，$1 < p < \infty$；

（2） $\mathrm{div}(B_\Omega(f)) = f$，a.e. 在$\Omega$中，其中$f \in L_0^p(\Omega)$；

（3） $\|\nabla(B_\Omega(f))\|_{L^p(\Omega)} \leqslant c(p, \Omega)\|f\|_{L^p(\Omega)}$。

证明 见[60, 引理3.17]。 □

定理 2.2.5 令$q > 2$, $\Omega \subset \mathbb{R}^2$是有界Lipschitz连续区域, 如果$\boldsymbol{v} \in H_{\mathrm{s}}^1(\Omega, \mathbb{R}^2)$，$\rho \in L^q(\Omega)$，$(\rho, \boldsymbol{v})$满足(2.1.48)，则存在$\psi \in H_0^1(\Omega)$满足

$$\nabla \psi = \boldsymbol{f} := (-\rho v_2, \rho v_1),\ \ \text{a.e. 在}\Omega\text{中。} \tag{2.2.2}$$

证明 为证明此定理，首先需要引入下面两个已知结论。

（1） 令$\Omega\in\mathbb{R}^N$是有界Lipschitz连续区域，

$$\mathcal{H}(\Omega,\mathbb{R}^N):=C_\sigma^\infty(\Omega,\mathbb{R}^{\mathbb{N}})\text{在}(L^2(\Omega))^N\text{中的闭包，}$$

则（见[73, 定理1.4]）

$$\mathcal{H}(\Omega,\mathbb{R}^N)=\{\boldsymbol{u}\in(L^2(\Omega))^N\mid \mathrm{div}\boldsymbol{u}=0,\ \gamma_{\boldsymbol{n}}(\boldsymbol{u})=0\}。\tag{2.2.3}$$

（2） Green定理（见[8, 定理14.3.2]）：存在Ω上的可微函数$U(x_1,x_2)$，使得$\mathrm{d}U=P\mathrm{d}x_1+Q\mathrm{d}x_2$（即$P\mathrm{d}x_1+Q\mathrm{d}x_2$为$U$的全微分），当且仅当$\partial_2P=\partial_1Q$，并且$U$可写成如下积分形式：

$$U(x_1,x_2)=\int_{(x_0^1,x_0^2)}^{(x_1,x_2)}P\mathrm{d}x_1+Q\mathrm{d}x_2,$$

这里积分沿从(x_0^1,x_0^2)到(x_1,x_2)的任意路径。

现在用上述已知结果证明所要结论。重温一下$(\rho,\boldsymbol{v})$的条件，可用嵌入不等式及Hölder不等式推知，$\boldsymbol{g}\in E^2(\Omega)$且$\mathrm{div}\boldsymbol{g}=0$，其中$\boldsymbol{g}:=(f_2,-f_1)$。注意到，$\partial_2f_1=\partial_1f_2$。因此，如果进一步有$\boldsymbol{f}\in(C_0^\infty(\Omega))^2$，则由Green定理易知，定理2.2.5成立。对于一般的$\boldsymbol{f}\in(L^2(\Omega))^2$，显然可应用稠密性方法证明。

注意到$\boldsymbol{v}\in H_{\mathrm{s}}^1(\Omega,\mathbb{R}^2)$，利用$C_0^\infty(\Omega)$在$L^q(\Omega)$中的稠密性，$C_{\mathrm{s}}^\infty(\Omega,\mathbb{R}^2)$在$H_{\mathrm{s}}^1(\Omega,\mathbb{R}^2)$中的稠密性，以及定理1.3.19，可推出$\gamma_{\boldsymbol{n}}(\boldsymbol{g})=0$。所以，由上述第一个结论知$\boldsymbol{g}\in\mathcal{H}(\Omega,\mathbb{R}^2)$。这意味着，存在函数列$\{\boldsymbol{g}_n\}\equiv\{(g_n^1,g_n^2)\}\subset C_\sigma^\infty(\Omega,\mathbb{R}^2)$ 满足

$$\boldsymbol{g}_n\to\boldsymbol{g},\ \text{在}(L^2(\Omega))^2\text{中，}\tag{2.2.4}$$

注意到$\mathrm{div}\boldsymbol{g}_n=0$且$\boldsymbol{g}_n$在$\Omega$ 内有紧支集，由Green定理知，存在ψ_n满足

$$\begin{cases}\nabla\psi_n=\boldsymbol{f}_n,\text{在}\Omega\text{中，}\\ \psi_n=0,\quad\ \text{在}\partial\Omega\text{上，}\end{cases}\tag{2.2.5}$$

其中$\boldsymbol{f}_n=(g_n^2,-g_n^1)$。由Friedrichs不等式及(2.2.4)，可从(2.2.5)推知

$$\|\psi_n\|_{H^1(\Omega)}\leqslant c(\Omega)\|\boldsymbol{f}_n\|_{L^2(\Omega)}\leqslant c(\Omega)(1+\|\boldsymbol{g}\|_{L^2(\Omega)})。$$

由于$H_0^1(\Omega)$是自反的Banach空间，则根据Banach–Alaoglu定理，可从上式估计推导出：存在$\psi\in H_0^1(\Omega)$及$\{\psi_n\}$的一个子序列（仍记为$\{\psi_n\}$）满足

$$\psi_n\rightharpoonup\psi,\ \text{在}H_0^1(\Omega)\text{中；}\psi_n\to\psi,\ \text{在}L^2(\Omega)\text{中。}$$

由ψ_n的弱收敛性，易得：对于任意$\phi \in C_0^\infty(\Omega)$，

$$\int \nabla\psi_n\phi \mathrm{d}x \to \int \nabla\psi\phi \mathrm{d}x,\ n \to \infty。$$

根据(1.3.12)，以及(1.3.15)和(1.3.16)的等价性，即知

$$\nabla\psi_n \rightharpoonup \nabla\psi，\ 在L^2(\Omega)中。\tag{2.2.6}$$

最后，使用收敛性(2.2.4)和(2.2.6)，则可从(2.2.5) 推出所要结论。 □

定理 2.2.6 令Ω是$\mathbb{R}^N$中一个有界区域，$\boldsymbol{f} \in (\mathcal{D}'(\Omega))^N$，则下面两个论述是等价的：

（1） 存在$p \in \mathcal{D}'(\Omega)$，满足$\boldsymbol{f} = \nabla p$;

（2） 对于任意$\boldsymbol{v} \in C_\sigma^\infty(\Omega)$，$< \boldsymbol{f}, \boldsymbol{v} >= 0$。

此外，如果Ω是有界Lipschitz区域，p 的分布导数$D_i p \in H^{-1}(\Omega)$（$1 \leqslant i \leqslant N$），则$p \in L^2(\Omega)$，且

$$\|p\|_{L^2(\Omega)/\mathbb{R}} \leqslant C(\Omega)\|\nabla p\|_{H^{-1}(\Omega)}。$$

证明 见[73, 命题1.1–1.2]。 □

定理 2.2.7 令μ, λ满足$\mu > 0$和$4\mu+3\lambda > 0$，$A := -\mu\Delta-(\mu+\lambda)\nabla\mathrm{div}$，$\Omega \subset \mathbb{R}^3$为$C^2$有界区域。则存在可数集$\{\lambda_i\}_{i=1}^\infty \subset (0,\infty)$，和$\{\phi_i\}_{i=1}^\infty \subset (H_0^1(\Omega))^3 \cap (H^2(\Omega))^3$，其中$0 < \lambda_1 \leqslant \lambda_2 \leqslant \cdots$，使得

$$A\phi_i = \lambda_i\phi_i, \quad i = 1, 2, \cdots,$$

并且$\{\phi_i\}_{i=1}^\infty$关于内积$\int_\Omega \boldsymbol{u}\cdot\boldsymbol{v}\mathrm{d}x$ 是$(L^2(\Omega))^3$中的正交基，其中$\boldsymbol{u} = (u_1, u_2, u_3)^{\mathrm{T}}$和$\boldsymbol{v} = (v_1, v_2, v_3)^{\mathrm{T}}$；同时，$\{\phi_i\}_{i=1}^\infty$关于内积

$$\int_\Omega (\mu\nabla\boldsymbol{u}\cdot\nabla\boldsymbol{v} + (\mu+\lambda)\mathrm{div}\boldsymbol{u}\,\mathrm{div}\boldsymbol{v})\mathrm{d}x \tag{2.2.7}$$

也是$(H_0^1(\Omega))^3$中的正交基。

证明 见[60, 引理4.33]。 □

§2.2.3 Riesz算子

在介绍Riesz算子之前，先引入Fourier乘子。令$1 \leqslant q$，$p < \infty$，称有界可测函数$m : \mathbb{R}^N \to \mathbb{R}^N$为$(p, q)$ 型的Fourier乘子，如果存在一个正常数$c(p, q)$，使得

$$\|\mathcal{F}^{-1}(m\mathcal{F}(f))\|_{L^q(\mathbb{R}^N)} \leqslant c(p,q)\|f\|_{L^p(\mathbb{R}^N)}，\quad f \in \mathcal{S}(\mathbb{R}^N),$$

其中$\mathcal{F}$是Fourier变换且$\mathcal{F}^{-1}$是它的逆变换（其定义见第1.3.5)。因此，若m是(p,q)型的Fourier乘子，则以$\mathcal{D}(T):=\mathcal{S}(\mathbb{R}^N)$为定义域的线性算子:

$$T:\mathcal{S}(\mathbb{R}^N)\subset L^p(\mathbb{R}^N)\to L^q(\mathbb{R}^N),\ \ Tf=\mathcal{F}^{-1}(m\mathcal{F}(f)) \tag{2.2.8}$$

是从$L^p(\mathbb{R}^N)$到$L^q(\mathbb{R}^N)$的稠密定义的连续线性算子。因此，它的闭包（仍记为T）是属于$\mathcal{L}(L^p(\mathbb{R}^N),L^q(\mathbb{R}^N))$ 的连续线性算子（见第1.1.4节中关于稠密定义算子的内容)，即

$$\|\mathcal{F}^{-1}(m\mathcal{F}(f))\|_{L^q(\mathbb{R}^N)}\leqslant c(p,q)\|f\|_{L^p(\mathbb{R}^N)},\quad f\in L^p(\mathbb{R}^N)。 \tag{2.2.9}$$

下面给出一个有关m是(p,p)型的Fourier乘子的判别定理（见[60, 定理1.56])。

定理 2.2.8 令$1<p<\infty$, $m\in L^\infty(\mathbb{R}^N)$在$\mathbb{R}^N\setminus\{0\}$中具有$[N/2]+1$阶经典导数[5]。假设存在一个数$B>0$, 使得对于任意$R>0$和任意满足$|\alpha|\leqslant[N/2]+1$的多重指标$\alpha$, 有

$$R^{2|\alpha|-N}\int_{B_{R/2}^{2R}}|D^\alpha m|\mathrm{d}x\leqslant B, \tag{2.2.10}$$

或者

$$|D^\alpha m|\leqslant B|\xi|^{-|\alpha|},\quad \xi\in\mathbb{R}^N\setminus\{0\}, \tag{2.2.11}$$

则m是(p,p)型的Fourier乘子。这意味着由(2.2.8)定义的算子T属于$\mathcal{L}(L^p(\mathbb{R}^N),\,L^p(\mathbb{R}^N))$。

备注 2.2.9 在条件(2.2.11)下的结论称为Marcinkiewicz定理。

定义算子

$$\mathcal{A}_j:\mathcal{S}(\mathbb{R}^3)\to\mathcal{S}'(\mathbb{R}^3),\ \ j=1,2,3,\ \ \mathcal{A}_j(g)=-\mathcal{F}^{-1}\left(\frac{\mathrm{i}\xi_j}{|\xi|^2}\mathcal{F}(g)\right)。 \tag{2.2.12}$$

显然有

$$\mathrm{div}\mathcal{A}=\mathrm{id}\quad（表示恒等映射）。 \tag{2.2.13}$$

由定理2.2.8和(1.3.51)知:

$$\|\mathcal{A}(g)\|_{W^{1,r}(\mathbb{R}^3)}\leqslant c(r)\|g\|_{L^r(\mathbb{R}^3)},\quad 1<r<\infty, \tag{2.2.14}$$

[5] 符号$[a]$表示取a的整数部分。

其中$\mathcal{A}:=(\mathcal{A}_i)_{3\times1}$。由Sobolev不等式（见定理1.3.23）得出

$$\|\mathcal{A}(g)\|_{L^{\frac{3r}{3-r}}(\mathbb{R}^3)}\leqslant c(r)\|g\|_{L^r(\mathbb{R}^3)},\quad 1<r<3。\tag{2.2.15}$$

因此，算子$\mathcal{A}$的闭包（仍记为$\mathcal{A}$）是从$L^r(\mathbb{R}^3)$到$D_0^{1,r}(\mathbb{R}^3)$上的连续线性算子，其满足估计式(2.2.14)和

$$\|\nabla\mathcal{A}(g)\|_{L^r(\mathbb{R}^3)}\leqslant c(r)\|g\|_{L^r(\mathbb{R}^3)},\quad 1<r<\infty。\tag{2.2.16}$$

注意到如果g是实函数，则$\mathcal{A}(g)$同样是实函数。由这个事实并利用Parseval–Plancherel公式（见定理1.3.25）推出，对于任意f，$g\in\mathcal{S}(\mathbb{R}^3)$，有

$$\int_{\mathbb{R}^3}\mathcal{A}_i(f)g\mathrm{d}x=-\int_{\mathbb{R}^3}\mathcal{A}_i(g)f\mathrm{d}x。\tag{2.2.17}$$

现在记

$$\mathcal{R}_{ij}=\partial_i\mathcal{A}_j,\tag{2.2.18}$$

并称之为Riesz算子。则Riesz算子显然具有下列性质：

$$\mathcal{R}_{ij}=\mathcal{R}_{ji},\quad \mathcal{R}_{ii}(g)=g,\quad i,j=1,2,3,$$

以及对于任意给定$f\in L^r(\mathbb{R}^3)$，$g\in L^{r'}(\mathbb{R}^3)$，

$$\int_{\mathbb{R}^3}\mathcal{R}_{ij}(f)g\mathrm{d}x=-\int_{\mathbb{R}^3}f\mathcal{R}_{ij}(g)\mathrm{d}x。\tag{2.2.19}$$

本书约定$\mathcal{R}(g):=(\mathcal{R}_{ij}(g))^{3\times3}$，以及

$$\mathcal{R}(\boldsymbol{v}):=-\left(\mathcal{F}^{-1}\left(\frac{\xi_i\xi_j}{|\xi|^2}\mathcal{F}(v_j)\right)\right)_{3\times1},$$

其中$\boldsymbol{v}:=(v_1,v_2,v_3)^{\mathrm{T}}$。此外注意，在有些文献中，也常把$\mathcal{A}(g)$记为$\nabla\Delta^{-1}(g)$；$\mathcal{R}_{ij}(g)$记为$(\nabla\otimes\nabla\Delta^{-1})_{ij}(g)$。

本小节最后介绍有关算子$\mathcal{A}$的定理。

定理 2.2.10 令$\Omega\subset\mathbb{R}^N$表示有界区域，$r>1$，$g_n\rightharpoonup g$，在$L^r(\Omega)$中，令$g_n$和$g$分别在$\Omega$外零延拓后仍记为$g_n$和$g$，则存在$\{g_n\}$的一个子列（仍记为$\{g_n\}$）使得：

$$\mathcal{A}(g_n)\to\mathcal{A}(g),\quad 在\begin{cases}L^q(\Omega),\ q\in[1,r^*), & 若r<N,\\ L^q(\Omega),\ q\in[1,\infty), & 若r=N,\\ C^0(\overline{\Omega}), & 若r>N,\end{cases}\tag{2.2.20}$$

以及

$$\mathcal{R}_{ij}(g_n)\rightharpoonup\mathcal{R}_{ij}(g),\quad 在L^r(\Omega)中。\tag{2.2.21}$$

证明 令$f \in C_0^\infty(\Omega)$，并对f在Ω外进行零延拓，延拓后所得函数仍记为f。注意到$\mathcal{A}$是连续线性算子，且$C_0^\infty(\Omega) \subset \mathcal{S}(\Omega)$ 在$L^r(\Omega)$中是稠密的。所以，可从(2.2.17)推出：对于任意给定的$r > 1$和$g \in L^r(\Omega)$，

$$\int_\Omega \mathcal{A}_i(f) g \mathrm{d}x = -\int_\Omega \mathcal{A}_i(g) f \mathrm{d}x。\tag{2.2.22}$$

因而有

$$\lim_{n\to\infty} \int_\Omega \mathcal{A}_i(g_n) f \mathrm{d}x = -\int_\Omega \mathcal{A}_i(g) f \mathrm{d}x。\tag{2.2.23}$$

由于在X中弱收敛的序列$\{g_n\}$在X一定是有界的，因而使用(2.2.16)，Sobolev不等式和Kondrashov紧嵌入定理（见定理1.3.6），可推出：存在一个$\{g_n\}$ 的子序列（仍记为$\{g_n\}$），使得：

$$\mathcal{A}_i(g_n) \to \alpha_i, \quad 在 \begin{cases} L^q(\Omega),\ q \in [1, r^*), & 若 r < N; \\ L^q(\Omega),\ q \in [1, \infty), & 若 r = N; \\ C(\overline{\Omega}), & 若 r > N。 \end{cases}$$

从而推出

$$\lim_{n\to\infty} \int_\Omega \mathcal{A}_i(g_n) f \mathrm{d}x = -\int_\Omega \alpha_i f \mathrm{d}x。\tag{2.2.24}$$

所以，就可从(2.2.23)和(2.2.24)推知：$\alpha_i = \mathcal{A}_i(g)$。因此(2.2.20)成立。

最后利用上述证明想法，也容易从(2.2.19)推出(2.2.21) 成立。 □

§2.2.4 极限定理

本小节主要介绍Sobolev空间中与弱极限收敛有关的几个定理。

定理 2.2.11

（1） 令G为$\mathbb{R}^N$中的一个区域，K是G的一个可测子集，$1 \leqslant p < \infty$，$u \in L^p(K)$。如果$u_n \rightharpoonup u$，在$L^p(G)$中，则

$$\int_K |u|^p \mathrm{d}x \leqslant \liminf_{n\to\infty} \int_K |u_n|^p \mathrm{d}x, \quad 或者\ \|u\|_{L^p(K)} \leqslant \liminf_{n\to\infty} \|u_n\|_{L^p(K)}。$$

（2） 设G为$\mathbb{R}^N$中的一个区域，I为$\mathbb{R}$中的一区间，且f为I上的凸下半连续（或凹上半连续）函数。令$1 \leqslant p < \infty$。设u_n是属于$L^p(G)$ 且值在I中的非负函数，其组成的函数列满足

$$u_n \rightharpoonup u, \quad 在 L^p(G) 中$$

和

$$f(u_n) \rightharpoonup \overline{f(u)}, \quad 在 L^1(G) 中。$$

则

$$f(u)\leqslant\overline{f(u)},\quad (\text{或}f(u)\geqslant\overline{f(u)}),\quad \text{a.e. 在}G\text{中。}$$

证明 见文[60]中推论3.33。 □

定理 2.2.12 令$1<p_1,\ p_2,\ q_1,\ q_2<\infty$，$p_1^{-1}+p_2^{-1}=r^{-1}<1$，$\Omega\subset\mathbb{R}^3$表示一个区域，如果

$$\begin{aligned}&\boldsymbol{f}_n\rightharpoonup\boldsymbol{f},\quad \text{在}(L^{p_1}(\Omega))^3\text{中},\\&\boldsymbol{g}_n\rightharpoonup\boldsymbol{g},\quad \text{在}(L^{p_2}(\Omega))^3\text{中},\end{aligned}\tag{2.2.25}$$

且

$$\begin{aligned}&\mathrm{div}\boldsymbol{f}_n\to\mathrm{div}\boldsymbol{f},\quad \text{在}(W^{-1,q_1}(\Omega))^3\text{中},\\&\mathrm{curl}\boldsymbol{g}_n\to\mathrm{curl}\boldsymbol{g},\quad \text{在}(W^{-1,q_2}(\Omega))^3\text{中},\end{aligned}\tag{2.2.26}$$

则

$$\boldsymbol{f}_n\cdot\boldsymbol{g}_n\rightharpoonup\boldsymbol{f}\cdot\boldsymbol{g},\quad \text{在}(L^r(\Omega))^3\text{中。}\tag{2.2.27}$$

证明 上述定理是补偿紧性的经典结论，常称之为div–curl 引理，它的证明可参见[60, 引理4.24]。特别地，若用

$$\mathrm{div}\boldsymbol{f}_n=0,\quad \mathrm{curl}\boldsymbol{g}_n=0$$

代替条件(2.2.26)，则结论显然仍成立。 □

定理 2.2.13 令$\Omega\subset\mathbb{R}^N$为有界区域，在$L^1(\Omega)$中$f_n\rightharpoonup f$，在$L^1(\Omega)$中$g_n\to g$，在$L^1(\Omega)$中$f_ng_n\rightharpoonup z$，则$z=fg$，a.e. 在$\Omega$中。

证明 定理证明由文献[38, 34]给出。为方便读者，这里简述它的证明。

由逐点收敛定理知，$\{g_n\}$存在子序列（仍记为$\{g\}_n$），满足$g_n\to g$，a.e. 在Ω中。由Egoroff定理知，对于任意小的$\epsilon>0$，存在一个可测子集E_ϵ满足$|E_\epsilon|<\epsilon$，且$g_n\rightrightarrows g$ 在$\Omega\setminus E_\epsilon$中。记

$$Z_\epsilon=E_\epsilon\cup\left\{|g(x)|\geqslant\frac{1}{\epsilon}\right\}\text{。}$$

则$g|_{\Omega\setminus Z_\epsilon}\in L^\infty(\Omega\setminus Z_\epsilon)$，且$(fg)|_{\Omega\setminus Z_\epsilon}\in L^1(\Omega\setminus Z_\epsilon)$。因此，对于任意的$\varphi\in L^\infty(\Omega)$，

$$\int_{\Omega\setminus Z_\epsilon}(f_ng_n-fg)\varphi\mathrm{d}x=\int_{\Omega\setminus Z_\epsilon}(g_n-g)f_n\varphi\mathrm{d}x+\int_{\Omega\setminus Z_\epsilon}(f_n-f)g\varphi\mathrm{d}x\text{。}$$

显然，当$n\to\infty$时，上式右边的两个积分项都趋近于0，因此，$z=fg$，a.e. 在$\Omega\setminus Z_\epsilon$中。另一方面，当$\epsilon\to 0$时，$Z_\epsilon$的Lebesgue测度也趋近于0，从而$z=fg$，a.e. 在$\Omega$中。

□

定理 2.2.14 (1) 令在$(L^p(\mathbb{R}^3))^3$中$\boldsymbol{U}_\delta \rightharpoonup \boldsymbol{U}$，在$(L^q(\mathbb{R}^3))^3$中$\boldsymbol{v}_\delta \rightharpoonup \boldsymbol{v}$，其中

$$\frac{1}{p}+\frac{1}{q}=\frac{1}{s}<1,$$

则成立

$$\boldsymbol{v}_\delta \mathcal{R}(\boldsymbol{U}_\delta)-\mathcal{R}(\boldsymbol{v}_\delta)\boldsymbol{U}_\delta \rightharpoonup \boldsymbol{v}\mathcal{R}(\boldsymbol{U})-\mathcal{R}(\boldsymbol{v})\boldsymbol{U}, \quad 在 (L^s(\mathbb{R}^3))^3 中。$$

(2) 设$w \in W^{1,r}(\mathbb{R}^3)$，$\boldsymbol{z} \in (L^p(\mathbb{R}^3))^3$，$1<r<3$，$1<p<\infty$，$\frac{1}{r}+\frac{1}{p}-\frac{1}{3}<\frac{1}{s}<1$，则有

$$\|\mathcal{R}(w\boldsymbol{z})-w\mathcal{R}(\boldsymbol{z})\|_{W^{a,s}(\mathbb{R}^3)} \leqslant C\|W\|_{W^{1,r}(\mathbb{R}^3)}\|\boldsymbol{z}\|_{L^p(\mathbb{R}^3)},$$

其中$\frac{a}{3}=\frac{1}{s}+\frac{1}{3}-\frac{1}{p}-\frac{1}{r}$，$W^{a,s}(\mathbb{R}^3)$表示Sobolev–Slobodetskii空间。

证明 定理2.2.14常称为交换子定理，证明可参见[23, 定理10.27–10.28]。 □

下面再介绍另外一个版本的交换子引理。

定理 2.2.15 (Friedrichs交换子引理) 令$N \geqslant 2$，$1 \leqslant q, \beta \leqslant \infty$，$(q,\beta) \neq (1,\infty)$，$1/q+1/\beta \leqslant 1$，

$$\rho \in L^\beta_{\mathrm{loc}}(\mathbb{R}^N), \quad \boldsymbol{v} \in (W^{1,q}_{\mathrm{loc}}(\mathbb{R}^N))^N。$$

则有

$$S_\varepsilon(\boldsymbol{v}\cdot\nabla\rho)-\boldsymbol{v}\cdot\nabla S_\varepsilon(\rho) \to 0, \quad 在 L^r_{\mathrm{loc}}(\mathbb{R}^N) 中,$$

其中S_ε表示磨光算子，$\boldsymbol{v}\cdot\nabla\rho := \mathrm{div}(\rho\boldsymbol{v})-\rho\mathrm{div}\boldsymbol{v}$，$r$满足

$$\begin{cases} r \in [1,q), \text{ 当}\beta=\infty,\ q \in (1,\infty]; \\ 1/\beta+1/q \leqslant 1/r \leqslant 1, \text{ 其他情形。} \end{cases}$$

证明 见[60, 引理3.1]。 □

定理 2.2.16 (弱收敛与单调算子) 设$(P,G) \in C(\mathbb{R})\times C(\mathbb{R})$为一对单调不减函数，设$\{\rho_n\} \subset L^1(\Omega)$满足

$$P(\rho_n) \rightharpoonup \overline{P(\rho)},\ G(\rho_n) \rightharpoonup \overline{G(\rho)},\ P(\rho_n)G(\rho_n) \rightharpoonup \overline{P(\varrho)G(\rho)}, \quad 在 L^1(\Omega) 中。$$

(1) 则有

$$\overline{P(\varrho)}\ \overline{G(\varrho)} \leqslant \overline{P(\varrho)G(\varrho)}, \quad 在 \Omega 中。$$

(2) 此外，如果$G(z)=z$，$P \in C(\mathbb{R})$，P是单调不减的，且$\overline{P(\rho)}\rho=\overline{P(\rho)\rho}$，则$\overline{P(\rho)}=P(\rho)$。

证明 见[23, 定理10.19]。 □

§2.2.5　三个有用的估计

本小节主要介绍三个估计。

定理 2.2.17 (Sobolev型不等式) 令$\Omega=(0,l_1)\times(0,l_2)$，函数$v\in H_0^1(\Omega)$满足

$$\int_0^{l_2}\left(\int_0^{l_1}|\partial_1 v(s,t)|\mathrm{d}s\right)^2\mathrm{d}t+\int_0^{l_1}\left(\int_0^{l_2}|\partial_2 v(s,t)|\mathrm{d}t\right)^2\mathrm{d}s\leqslant K^2, \tag{2.2.28}$$

则$v\in L^4(\Omega)$，且

$$\|v\|_{L^4(\Omega)}\leqslant K。 \tag{2.2.29}$$

证明　注意到$C_0^\infty(\Omega)$在$H_0^1(\Omega)$中是稠密的，因而只需证明上述引理对于$v\in C_0^\infty(\Omega)$是成立的。下面，设$v\in C_0^\infty(\Omega)$。

根据Newton–Leibniz公式，并注意v在边界为零，可得

$$v(s,t)=v(s,t)-v(s,0)=\int_0^t\partial_2 v(s,\tau)\mathrm{d}\tau, \tag{2.2.30}$$

$$v(s,t)=v(s,t)-v(0,t)=\int_0^s\partial_1 v(\sigma,t)\mathrm{d}\sigma。 \tag{2.2.31}$$

从而有

$$|v(s,t)|\leqslant\int_0^{l_1}|\partial_1 v(s,t)|\mathrm{d}s,\quad |v(s,t)|\leqslant\int_0^{l_2}|\partial_2 v(s,t)|\mathrm{d}t。$$

平方上式即得

$$|v(s,t)|^2\leqslant\left(\int_0^{l_1}|\partial_1 v(s,t)|\mathrm{d}s\right)^2,\quad |v(s,t)|^2\leqslant\left(\int_0^{l_2}|\partial_2 v(s,t)|\mathrm{d}t\right)^2。$$

将上面两个不等式相乘，并在Ω上积分即得所要结论。 □

定理 2.2.18 设$\Omega\subset\mathbb{R}^3$是一个有界的$C^2$区域，$f\in L^2(\Omega)$满足：对于任意$x_0\in\Omega$，

$$f\geqslant 0,\qquad \int_\Omega f(x)|x-x_0|^{-1}\mathrm{d}x\leqslant E。$$

则存在仅依赖于Ω的正常数c，使得对于任意的$u\in H_0^1(\Omega)$，

$$\int_\Omega|u|^2f\mathrm{d}x\leqslant cE\|u\|^2_{H^1(\Omega)}。 \tag{2.2.32}$$

证明 此定理的证明由Frehse等人在研究当$\gamma > 4/3$时可压缩等熵NS方程弱解的存在性时给出，下面介绍他们的证明方法。

设$h \in H^2(\Omega)$是下述边值问题的一个解：

$$\begin{cases} -\triangle h = f, & \text{在 } \Omega \text{ 中}, \\ h = 0, & \text{在 } \partial\Omega \text{ 上。} \end{cases} \tag{2.2.33}$$

则h具有下面的表达式：

$$h(x_0) = \int_\Omega G(x, x_0) f(x) \mathrm{d}x,$$

其中Green函数$G(x, x_0)$满足估计$G(x, x_0) \leqslant c|x - x_0|^{-1}$。进一步还有

$$\|h\|_{L^\infty(\Omega)} \leqslant cE。 \tag{2.2.34}$$

设

$$K = \int_\Omega |u|^2 f \mathrm{d}x,$$

则

$$K = \int_\Omega |u|^2 (-\triangle h) \mathrm{d}x = 2 \int_\Omega (u \nabla u) \cdot \nabla h \mathrm{d}x。$$

由Hölder不等式可推出

$$K \leqslant \|u\|_{H^1(\Omega)} \left(\int_\Omega |u|^2 |\nabla h|^2 \mathrm{d}x \right)^{1/2}。 \tag{2.2.35}$$

利用分部积分，不等式(2.2.35)的右端可估计如下：

$$\begin{aligned} \int_\Omega |u|^2 |\nabla h|^2 \mathrm{d}x &= -2 \int_\Omega h (u \nabla u) \cdot \nabla h \mathrm{d}x + \int_\Omega h(-\triangle h) |u|^2 \mathrm{d}x \\ &\leqslant c\|h\|_{L^\infty(\Omega)} \left(\int_\Omega |u||\nabla u||\nabla h| \mathrm{d}x + K \right) \\ &\leqslant cE \left(\int_\Omega |u||\nabla u||\nabla h| \mathrm{d}x + K \right)。 \end{aligned} \tag{2.2.36}$$

此外，上面不等式(2.2.36)右端的积分项可估计如下：

$$cE \int_\Omega |u||\nabla u||\nabla h| \mathrm{d}x \leqslant \frac{1}{2} \int_\Omega |u|^2 |\nabla h|^2 \mathrm{d}x + cE^2 \|u\|^2_{H^1(\Omega)}。$$

把上述估计代入(2.2.36)即得

$$\int_\Omega |u|^2 |\nabla h|^2 \mathrm{d}x \leqslant E^2 \|u\|^2_{H^1(\Omega)} + cEK。$$

再把上述估计代入(2.2.35)可看出

$$K \leqslant c\|u\|^2_{H^1(\Omega)} E + c\|u\|_{H^1(\Omega)} (EK)^{1/2}。$$

最后，使用Young不等式即可得出(2.2.32)。 □

定理 2.2.19 令$f:\Omega\subset\mathbb{R}^3\to\mathbb{R}_+$为可测函数，且存在正下确界$a$，则对任意$\boldsymbol{w}\in(H_0^1(\Omega))^3$，有

$$c\|\boldsymbol{w}\|_{H^1(\Omega)}^2\leqslant\int_\Omega f\left(|\nabla\boldsymbol{w}|^2+\nabla\boldsymbol{w}^{\mathrm{T}}:\nabla\boldsymbol{w}-\frac{2}{3}|\mathrm{div}\boldsymbol{w}|^2\right)\mathrm{d}x,$$

其中正常数c依赖于a以及区域Ω。

证明 注意到，$|\nabla\boldsymbol{w}|^2+\nabla\boldsymbol{w}^{\mathrm{T}}:\nabla\boldsymbol{w}-2|\mathrm{div}\boldsymbol{w}|^2/3\geqslant0$，所以，

$$\begin{aligned}&\int_\Omega f\left(|\nabla\boldsymbol{w}|^2+\nabla\boldsymbol{w}^{\mathrm{T}}:\nabla\boldsymbol{w}-\frac{2}{3}|\mathrm{div}\boldsymbol{w}|^2\right)\mathrm{d}x\\&\quad\geqslant a\int_\Omega\left(|\nabla\boldsymbol{w}|^2+\nabla\boldsymbol{w}^{\mathrm{T}}:\nabla\boldsymbol{w}-\frac{2}{3}|\mathrm{div}\boldsymbol{w}|^2\right)\mathrm{d}x。\end{aligned}$$

另一方面，由分部积分公式及Friedrichs不等式可得

$$\begin{aligned}\int_\Omega\left(|\nabla\boldsymbol{w}|^2+\nabla\boldsymbol{w}^{\mathrm{T}}:\nabla\boldsymbol{w}-\frac{2}{3}|\mathrm{div}\boldsymbol{w}|^2\right)\mathrm{d}x=&\int_\Omega\left(|\nabla\boldsymbol{w}|^2+\frac{1}{3}|\mathrm{div}\boldsymbol{w}|^2\right)\mathrm{d}x\\\geqslant&c\|\boldsymbol{w}\|_{H^1(\Omega)}。\end{aligned}$$

所以，定理证毕。 □

§2.2.6 与距离有关的辅助函数

本小节主要介绍与距离有关的辅助函数ψ。为此，定义距离函数：

$$d(x)=\begin{cases}\mathrm{dist}(x,\partial\Omega), & 若x\in\overline{\Omega};\\-\mathrm{dist}(x,\partial\Omega), & 若x\in\mathbb{R}^N\backslash\Omega。\end{cases}\tag{2.2.37}$$

对于任意给定常数$c>0$，定义

$$D_c:=\{x\in\mathbb{R}^3\mid\mathrm{dist}(x,\partial\Omega)<c\},\ \Omega_c=D_c\cap\Omega。\tag{2.2.38}$$

Gilbarg和Trudinger证明了（见[31]中引理14.16与14.17），存在依赖于Ω的正常数t使得

$$d\in C^2(\overline{\Omega_{2t}}),\ |\nabla d(x)|=1\ 在\ \overline{\Omega_{2t}}\ 上,$$

并给出二阶导数在主坐标系统中的表达式。根据他们的证明，容易进一步得出：存在仅依赖于Ω的正常数$t\in(0,\mathrm{diam}\Omega/2)$，使得

$$d\in C^2(\overline{D_{2t}}),\ |\nabla d(x)|=1\ 在\ \overline{D_{2t}}\ 上。\tag{2.2.39}$$

利用距离函数d，可以进一步构造出函数$\psi:\overline{D_{2t}\cup\Omega}\to\mathbb{R}$，其满足:

$$\begin{cases}\psi\in C^2(\overline{D_{2t}\cup\Omega}),\ 在D_{2t}内\psi(x)=d(x);\\存在常数k>0,\ 使得在\Omega\setminus\Omega_{2t}内\psi>k。\end{cases}\tag{2.2.40}$$

§2.3 注记

本章介绍的可压缩NSF与NS方程组的推导主要摘自于文献[60]（也可参见著作[20, 44, 45]）。有关椭圆问题与Stokes问题解的存在性与正则性的内容从文献[30, 31, 60]中挑选。关于交换子估计、收敛性结果与单调算子的性质取自专著[23]。本章所介绍的Bogovskii解（也称为Bogovskii算子）在某种意义下可看作是散度算子的逆，其存在性与先验估计在可压缩NS方程的适定性研究中很有用（参看文献[21, 24]中关于非定常可压缩NS方程弱解的存在性证明）。

第三章
高维定常等熵流情形弱解的存在性

本章主要介绍三维有界区域及周期区域Ω内定常可压缩等熵NS方程弱解的存在性结果。二维情形可运用类似的方法得到同样的结果。

定常可压缩等熵NS方程组为：

$$\begin{cases}\mathrm{div}(\rho\boldsymbol{v})=0, & \text{在}\,\Omega\,\text{中},\\ \mathrm{div}(\rho\boldsymbol{v}\otimes\boldsymbol{v})-\mu\triangle\boldsymbol{v}-\tilde{\mu}\nabla\mathrm{div}\boldsymbol{v}+\nabla P=\rho\boldsymbol{f}+\boldsymbol{g}, & \text{在}\,\Omega\,\text{中},\end{cases} \tag{3.0.1}$$

其中数学符号物理意义见第2.1节，$\tilde{\mu}=\frac{1}{3}\mu+\nu$,压力$P:=P(\rho)=a\rho^{\gamma}$（$\gamma\geqslant 1$，$a>0$）。

考虑如下三种边值条件之一。

(1) Dirichlet边值条件：

$$\boldsymbol{v}=0,\quad \text{在}\,\partial\Omega\,\text{上}; \tag{3.0.2}$$

(2) 滑移(Navier)边值条件（即(2.1.39)）：

$$\boldsymbol{v}\cdot\boldsymbol{n}=0,\quad \boldsymbol{\tau}\cdot\big((\nabla\boldsymbol{v}+(\nabla\boldsymbol{v})^{T})\cdot\boldsymbol{n}\big)=0,\quad \text{在}\,\partial\Omega\,\text{上}, \tag{3.0.3}$$

其中单位向量$\boldsymbol{\tau}=(\tau_1,\tau_2,\tau_3)$与边界相切。

(3) 周期边值条件，其中周期长度为2π：

$$\boldsymbol{v}(x_i+2\pi)=\boldsymbol{v}(x_i),\ \rho(x_i+2\pi)=\rho(x_i),\ i=1,\ 2,\ 3。 \tag{3.0.4}$$

显然对于周期边值条件，也需要假设$\boldsymbol{f}$和$\boldsymbol{g}$是周期的，然而仅有这个假设下的周期边值问题也可能无解。事实上，如果方程组存在周期解，并进一步假设解$(\rho,\boldsymbol{v})$是光滑的，那么直接计算可推导出在任一周期核Ω上$\boldsymbol{f}$ 和$\boldsymbol{g}$需满足下列必要条件：

$$\int_{\Omega}(\rho\boldsymbol{f}+\boldsymbol{g})\mathrm{d}x=0。 \tag{3.0.5}$$

这意味周期函数$\boldsymbol{f}$, $\boldsymbol{g}$还需满足上述条件。但是如果考虑周期函数$\boldsymbol{f}$和$\boldsymbol{g}$ 满足(1.3.55)中的对称性，则$\boldsymbol{v}$将满足同样的对称性，ρ满足(1.3.56)中的对称性。并且条件(3.0.5)

自动满足，在周期核$(0,2\pi)^3$边界上$\boldsymbol{v}\cdot\boldsymbol{n}=0$，

$$\int_\Omega \boldsymbol{v}(x)\mathrm{d}x=0。$$

因此，在考虑周期条件时，需假设$\boldsymbol{f}$和$\boldsymbol{g}$ 满足对称性(1.3.55)。

最后，正如上一章2.1.6节中所指出，（边界质量交换守恒的区域中）定常流的总质量还需给定，所以要求：

$$\int_\Omega \rho(x)\mathrm{d}x=M>0, \tag{3.0.6}$$

其中M是一个预先给定的值。

上一章第2.1.6节介绍了与定常等熵NS方程组相关的弱解概念。为了阅读方便，下面具体给出Dirichlet边值问题(3.0.1)、(3.0.2)的重整化有界能量弱解的定义。

为简单起见，本章取$\boldsymbol{g}=0$，参见备注3.0.3 关于$\boldsymbol{g}\neq 0$情形。

定义 3.0.1 (重整化有界能量弱解) 设$\gamma\geqslant 1$，$M>0$为给定常数，若$(\rho,\boldsymbol{v})\in L^\gamma(\Omega)\times(H_0^1(\Omega))^3$满足：$\rho|\boldsymbol{v}|^2\in L^1(\Omega)$，$\rho\geqslant 0$，$\int_\Omega\rho(x)\mathrm{d}x=M$，以及

(1) 能量不等式：

$$\int_\Omega(\mu|\nabla\boldsymbol{v}|^2+\tilde{\mu}|\mathrm{div}\boldsymbol{v}|^2)\mathrm{d}x\leqslant\int_\Omega\rho\boldsymbol{f}\cdot\boldsymbol{v}\mathrm{d}x; \tag{3.0.7}$$

(2) 对任意满足(2.1.52)和(2.1.53)的函数$b(t)$，重整化（连续）方程在$\mathcal{D}'(\mathbb{R}^3)$意义下成立，即

$$\mathrm{div}(b(\rho)\boldsymbol{v})+(b'(\rho)\rho-b(\rho))\mathrm{div}\boldsymbol{v}=0,\quad 在\ \mathcal{D}'(\mathbb{R}^3)\ 中, \tag{3.0.8}$$

其中ρ与$\boldsymbol{v}$需要在Ω外零延拓；也参见备注2.1.1。

(3) 方程组(3.0.1)在$(\mathcal{D}'(\Omega))^3$意义下成立；

则称$(\rho,\boldsymbol{v})$为边值问题(3.0.1)–(3.0.2)的重整化有界能量弱解。

备注 3.0.2 根据第2.1.6节中有关弱解的内容，也容易给出另外两种边值条件下的重整化有界能量弱解的定义，或者在上述定义基础上适当修改：

(1) 滑移边值情形：$\boldsymbol{v}$的正则性要求应修改为“$\boldsymbol{v}\in H^1_{\mathrm{s}}(\Omega,\mathbb{R}^3)$”；所有分布意义下成立都对应改成(2.1.48)、(2.1.49)和(2.1.54)形式，其中动量方程弱形式中的检验函数$\varphi\in C_{\mathrm{s}}^\infty(\Omega,\mathbb{R}^3)$，重整化弱形式中$(\rho,\boldsymbol{v})$不进行零延拓。

(2) 周期边值情形：$(\varrho,\boldsymbol{v})$正则性要求应改为“$(\rho,\boldsymbol{v})\in L^q_{\mathrm{sym}}(\Omega)\times H^1_{\mathrm{sym}}(\Omega,\mathbb{R}^3)$”；第(2)条中“$\mathcal{D}'(\mathbb{R}^3)$”需修改为“$\mathcal{D}'(\Omega)$”（即不需要延拓）。

备注 3.0.3 这里假设了$\boldsymbol{g}=0$，事实上本章所得结果均可完全平行地推广到$0\neq\boldsymbol{g}\in(L^p(\Omega))^3$（对于某个适当大的$p>1$）。当然，对于$0\neq\boldsymbol{g}$情形，还需在(3.0.7)右边添加积分项$\int_\Omega\boldsymbol{g}\cdot\boldsymbol{v}\mathrm{d}x$。

从下节至第3.3节，我们将以三维Dirichlet边值问题(3.0.1)–(3.0.2)为例介绍逼近解序列的构造及相关极限过程。注意，所得结果可以完全类似地推广到滑移边值与周期边值两种情形（或见文[45, 54]）。

为简单起见，本章至第五章将使用与第一章相同的简化范数符号。

§3.1 光滑化逼近方程组

本小节将利用第二章中的Schaefer不动点定理（即定理1.1.4）构造问题(3.0.1)–(3.0.2)的逼近解，并推导逼近解的先验估计。

首先考虑如下光滑化逼近问题：

$$\alpha(\rho-h)+\mathrm{div}(\rho\boldsymbol{v})-\varepsilon\Delta\rho=0,\ \text{在}\,\Omega\,\text{中}, \tag{3.1.1}$$

$$\begin{aligned}&\alpha(h+\rho)\boldsymbol{v}+\frac{1}{2}\big(\mathrm{div}(\rho\boldsymbol{v}\otimes\boldsymbol{v})+\rho\boldsymbol{v}\cdot\nabla\boldsymbol{v}\big)\\&\qquad-\mu\Delta\boldsymbol{v}-\tilde{\mu}\nabla\mathrm{div}\boldsymbol{v}+\nabla P_\delta=\rho\boldsymbol{f},\ \text{在}\,\Omega\,\text{中},\end{aligned} \tag{3.1.2}$$

$$\left.\frac{\partial\rho}{\partial\boldsymbol{n}}\right|_{\partial\Omega}=0,\ \boldsymbol{v}|_{\partial\Omega}=0, \tag{3.1.3}$$

其中

$$P_\delta(\rho)=a\rho^\gamma+\delta\rho^\beta,\ \beta>\max\{\gamma,3\},$$

α，δ，$\varepsilon>0$为常数，因为下面将分别对α，δ，$\varepsilon>0$取零极限，所以不妨设$0<\alpha$，δ，$\varepsilon<1$；h 为某个光滑函数，在Ω内满足$h\geqslant 0$，且$\int_\Omega h=M$。这样的函数是存在的，比如取$h=M/|\Omega|$。

备注 3.1.1 在质量方程中添加项$\alpha\rho$可以确保密度$\rho\geqslant 0$；添加h项及逼近密度函数的Neumann边值条件可以保证质量守恒。

备注 3.1.2 在后面的消失黏性极限的证明过程中，数学技术上需要压力中的绝热指数充分大，比如大于3。因此，在逼近问题中所选用的修正压力$P_\delta(\rho)=a\rho^\gamma+\delta\rho^\beta$ 要满足：$\beta>\max\{\gamma,3\}$；但在二维情形只需$\beta\geqslant\max\{2,\gamma\}$即可。$P_\delta(\rho)$又称为人工压力项。

§3.1.1 光滑逼近解的存在性

本节将证明下面的存在性结果：

命题 3.1.3 设$\Omega\subset\mathbb{R}^3$是一个$C^2$有界区域，$\boldsymbol{f}\in(L^\infty(\Omega))^3$，$M>0$，则对任意$1<p<\infty$，边值问题(3.0.1)–(3.0.2)存在解$(\rho_\alpha,\boldsymbol{v}_\alpha)\in W^{2,p}(\Omega)\times(W_0^{2,p}(\Omega))^3$，满足

$$\int_\Omega\rho_\alpha\mathrm{d}x=M,\quad \rho_\alpha\geqslant0,\quad 在\,\Omega\,中,\tag{3.1.4}$$

$$\|\rho_\alpha\|_{2,p}+\|\boldsymbol{v}_\alpha\|_{2,p}\leqslant C(\beta,\delta,\gamma,a,\varepsilon,\mu,\tilde{\mu},\|h\|_\infty,\|\boldsymbol{f}\|_\infty),\tag{3.1.5}$$

其中C和α无关。

证明 下面将分两步证明命题3.1.3。

第一步: 给定$\boldsymbol{u}\in W_0^{1,\infty}(\Omega)$，考虑边值问题

$$\begin{cases}\varepsilon\Delta\rho=\alpha(\rho-h)+\mathrm{div}(\rho\boldsymbol{u}),\quad 在\,\Omega\,中,\\ \left.\dfrac{\partial\rho}{\partial\boldsymbol{n}}\right|_{\partial\Omega}=0,\ \displaystyle\int_\Omega\rho\mathrm{d}x=M。\end{cases}\tag{3.1.6}$$

因为ρ的零阶项系数α+div$\boldsymbol{u}$的符号不确定，所以不能直接由椭圆方程的L^p理论得到问题(3.1.6)解的存在性。下面将用Schaefer不动点定理1.1.4证明问题(3.1.6)解的存在唯一性。

对某个常数$K>0$，给定$t\in[0,1]$，$\xi\in W^{1,p}(\Omega)$，$\boldsymbol{u}\in(W_0^{1,\infty}(\Omega))^3$ 满足$\|\boldsymbol{u}\|_{1,\infty}\leqslant K$，$\int_\Omega\xi\mathrm{d}x=M$，考虑下列椭圆边值问题:

$$\begin{cases}\varepsilon\Delta\rho_t=t(\alpha(\xi-h)+\mathrm{div}(\xi\boldsymbol{u})),\quad 在\,\Omega\,中,\\ \left.\dfrac{\partial\rho_t}{\partial\boldsymbol{n}}\right|_{\partial\Omega}=0,\ \displaystyle\int_\Omega\rho_t\mathrm{d}x=M。\end{cases}$$

则由椭圆方程组解的存在性理论（见定理2.2.1，并结合定理2.2.4），上述问题存在唯一解$\rho_t\in W^{2,p}(\Omega)$ 满足$\int_\Omega\rho_t\mathrm{d}x=M$，其中$1<p<\infty$。因此对任意$1<p<\infty$，可以构造一个紧映射$T_t$:

$$T_t:\xi\in W^{1,p}(\Omega)\cap\left\{\int_\Omega\xi\mathrm{d}x=M\right\}\mapsto\rho_t\in W^{2,p}(\Omega)\cap\left\{\int_\Omega\rho_t\mathrm{d}x=M\right\}。$$

现假设设ρ_t为映射T_t的不动点，即$\rho_t\in W^{2,p}(\Omega)$ 满足方程

$$\varepsilon\Delta\rho_t=t(\alpha(\rho_t-h)+\mathrm{div}(\rho_t\boldsymbol{u}))。\tag{3.1.7}$$

下面，首先证明在Ω内成立$\rho_t\geqslant0$。为此记

$$\rho_t^-=\begin{cases}-\rho_t,&\rho_t<0;\\0,&\rho_t\geqslant0,\end{cases}$$

则有

$$\mathrm{D}\rho_t^- = \begin{cases} -\mathrm{D}\rho_t, & \rho_t < 0; \\ 0, & \rho_t \geqslant 0。\end{cases}$$

令$l > 0$，$\sigma \in (0,1)$为待定常数，则对等式(3.1.7)两边同乘以$-(\rho_t^- + l)^\sigma$，并在Ω上积分即得

$$\begin{aligned}
&-t\alpha \int_\Omega \rho_t(\rho_t^- + l)^\sigma \mathrm{d}x \\
&= -\varepsilon \int_\Omega \Delta\rho_t(\rho_t^- + l)^\sigma \mathrm{d}x - t\alpha \int_\Omega h(\rho_t^- + l)^\sigma \mathrm{d}x + t \int_\Omega \mathrm{div}(\rho_t \boldsymbol{u})(\rho_t^- + l)^\sigma \mathrm{d}x \\
&= -\varepsilon\sigma \int_\Omega |\nabla\rho_t^-|^2(\rho_t^- + l)^{\sigma-1}\mathrm{d}x - t\alpha \int_\Omega h(\rho_t^- + l)^\sigma \mathrm{d}x \\
&\quad - t\sigma \int_\Omega \rho_t(\rho_t^- + l)^{\sigma-1}\boldsymbol{u}\cdot\nabla\rho_t^- \mathrm{d}x。
\end{aligned} \tag{3.1.8}$$

直接计算可得

$$\begin{aligned}
&\left|\sigma \int_\Omega \rho_t(\rho_t^- + l)^{\sigma-1}\boldsymbol{u}\cdot\nabla\rho_t^- \mathrm{d}x\right| \\
&= \left|-\sigma \int_\Omega (\rho_t^- + l)^\sigma \boldsymbol{u}\cdot\nabla\rho_t^- \mathrm{d}x + l\sigma \int_\Omega (\rho_t^- + l)^{\sigma-1}\boldsymbol{u}\cdot\nabla\rho_t^- \mathrm{d}x\right| \\
&= \left|\frac{\sigma}{\sigma+1} \int_\Omega (\rho_t^- + l)^{\sigma+1}\mathrm{div}\boldsymbol{u}\mathrm{d}x - l \int_\Omega (\rho_t^- + l)^\sigma \mathrm{div}\boldsymbol{u}\mathrm{d}x\right| \\
&\leqslant \sigma K\|\rho_t^- + l\|_{\sigma+1}^{\sigma+1} + lK|\Omega|^{\frac{1}{\sigma+1}}\|\rho_t^- + l\|_{\sigma+1}^\sigma。
\end{aligned} \tag{3.1.9}$$

又因为$h \geqslant 0$，所以结合(3.1.8)和(3.1.9)，有

$$-\alpha \int_\Omega \rho_t(\rho_t^- + l)^\sigma \mathrm{d}x \leqslant \sigma K\|\rho_t^- + l\|_{\sigma+1}^{\sigma+1} + lK|\Omega|^{\frac{1}{\sigma+1}}\|\rho_t^- + l\|_{\sigma+1}^\sigma。 \tag{3.1.10}$$

令$l \to 0^+$，可得

$$(\alpha - \sigma K)\|\rho_t^-\|_{\sigma+1}^{\sigma+1} \leqslant 0。 \tag{3.1.11}$$

选取$\sigma < \alpha/K$，就有$\rho_t^- = 0$。因此由质量守恒条件$\int_\Omega \rho_t \mathrm{d}x = M$，可以得到

$$\|\rho_t\|_1 = M。$$

下面推导ρ_t关于t的一致估计。对等式(3.1.7)两边同乘以ρ_t，并在Ω上积分，由Sobolev插值不等式可得

$$\begin{aligned}
&\varepsilon \int_\Omega |\nabla\rho_t|^2 \mathrm{d}x = -t\alpha \int_\Omega \rho_t^2 \mathrm{d}x + t\alpha \int_\Omega h\rho_t \mathrm{d}x - \frac{t}{2} \int_\Omega \rho_t^2 \mathrm{div}\boldsymbol{u} \\
&\leqslant C(K,h)(\|\rho_t\|_2^2 + M) \\
&\leqslant C(K,h,\varepsilon,M) + \frac{\varepsilon}{2}\|\nabla\rho_t\|_2^2。
\end{aligned} \tag{3.1.12}$$

从而进一步有

$$\|\rho_t\|_{1,2} \leqslant C(K,h,\varepsilon,M)。 \tag{3.1.13}$$

根据椭圆方程(3.1.7)，可得

$$\|\rho_t\|_{2,2} \leqslant C(K,h)\|\rho_t\|_{1,2} \leqslant C(K,h,\varepsilon,M)。 \tag{3.1.14}$$

再次利用椭圆方程(3.1.7)，并结合Sobolev嵌入定理可得

$$\|\rho_t\|_{2,6} \leqslant C(K,h,\varepsilon,M)。 \tag{3.1.15}$$

重复上述过程可推出：对任意$1 < p < \infty$，

$$\|\rho_t\|_{2,p} \leqslant C(K,h,\varepsilon,M)。 \tag{3.1.16}$$

现令$D = \{\xi \in W^{1,p}(\Omega) | \|\xi\|_{1,p} \leqslant 2C(K,h,\varepsilon,M),\ \int_\Omega \xi \mathrm{d}x = M\}$，则由定理1.1.6可得，对任意给定$\boldsymbol{u} \in (W_0^{1,\infty}(\Omega))^3$满足$\|\boldsymbol{u}\|_{1,\infty} \leqslant K$，存在$\rho \in W^{2,p}(\Omega)$，满足(3.1.6) 和估计(3.1.16)。因此，可以定义映射：

$$\mathcal{S} : \boldsymbol{u} \in (W_0^{1,\infty}(\Omega))^3 \mapsto \rho \in W^{2,p}(\Omega), \tag{3.1.17}$$

其中$\rho = S(\boldsymbol{u})$是问题(3.1.6)的解。

第二步：类似地，考虑Lamé方程组：

$$\begin{cases} -\mu\triangle \boldsymbol{v}_t - \tilde{\mu}\nabla \mathrm{div} \boldsymbol{v}_t = -tF(\mathcal{S}(\boldsymbol{u}), \boldsymbol{u}), & \text{在}\,\Omega\,\text{中}, \\ \boldsymbol{v}_t|_{\partial\Omega} = 0, \end{cases} \tag{3.1.18}$$

其中

$$F(\rho, \boldsymbol{u}) = \alpha(h+\rho)\boldsymbol{u} + \frac{1}{2}(\mathrm{div}(\rho \boldsymbol{u} \otimes \boldsymbol{u}) + \rho \boldsymbol{u} \cdot \nabla \boldsymbol{u}) + \nabla P_\delta(\rho) - \rho \boldsymbol{f}。$$

由线性椭圆方程组理论，给定$\boldsymbol{u} \in (W_0^{1,\infty}(\Omega))^3$，$t \in [0,1]$，方程组(3.1.18)存在唯一的解$\boldsymbol{v}_t \in (W_0^{2,p}(\Omega))^3$，$1 < p < \infty$。进一步，注意对$p > 3$，$W_0^{2,p}(\Omega) \hookrightarrow\hookrightarrow W_0^{1,\infty}(\Omega)$。所以，通过方程组(3.1.18)，可以定义紧映射：

$$\Pi_t : \boldsymbol{u} \in (W_0^{1,\infty}(\Omega))^3 \to \boldsymbol{v}_t \in (W_0^{2,p}(\Omega))^3, \quad p > 3。 \tag{3.1.19}$$

现设$\boldsymbol{v}_t$，$\rho = \mathcal{S}(\boldsymbol{v}_t)$满足下列边值问题：

$$\alpha(\rho - h) + \mathrm{div}(\rho \boldsymbol{v}_t) - \varepsilon\Delta\rho = 0，\ 在\,\Omega\,中， \tag{3.1.20}$$

$$\begin{aligned} -\mu\triangle \boldsymbol{v}_t - \tilde{\mu}\nabla \mathrm{div} \boldsymbol{v}_t = -t\Big(&\alpha(h+\rho)\boldsymbol{v}_t + \frac{1}{2}(\mathrm{div}(\rho \boldsymbol{v}_t \otimes \boldsymbol{v}_t) \\ &+ \rho \boldsymbol{v}_t \cdot \nabla \boldsymbol{v}_t)\Big) + t\nabla P_\delta + t\rho \boldsymbol{f}，\ 在\,\Omega\,中， \end{aligned} \tag{3.1.21}$$

$$\left.\frac{\partial \rho}{\partial \boldsymbol{n}}\right|_{\partial\Omega} = 0, \quad \boldsymbol{v}_t|_{\partial\Omega} = 0。 \tag{3.1.22}$$

分别对等式(3.1.20)和(3.1.21)两边同乘以ρ和$\boldsymbol{v}_t$，并在Ω上积分。当$\gamma > 1$ 时，由于

$$\nabla P_\delta \cdot \boldsymbol{v}_t = \rho \boldsymbol{v}_t \cdot \nabla \left(\frac{a\gamma}{\gamma - 1} \rho^{\gamma-1} + \frac{\delta\beta}{\beta - 1} \rho^{\beta-1} \right), \tag{3.1.23}$$

所以利用(3.1.20)和Hölder不等式，并注意$\alpha < 1$，直接计算可得出

$$\begin{aligned} &\alpha \int_\Omega \rho^2 \mathrm{d}x + \varepsilon \int_\Omega |\nabla\rho|^2 \mathrm{d}x + \int_\Omega (\mu|\nabla \boldsymbol{v}_t|^2 + \tilde{\mu}(\mathrm{div}\boldsymbol{v}_t)^2)\mathrm{d}x \\ &\quad + t\alpha \int_\Omega (h+\rho)\boldsymbol{v}_t^2 \mathrm{d}x + \int_\Omega \left(\frac{t\alpha a\gamma}{\gamma-1}\rho^\gamma + \frac{t\alpha\delta\beta}{\beta-1}\rho^\beta \right) \mathrm{d}x \\ &\quad + 4t\alpha \int_\Omega \left(\frac{a}{\gamma}|\nabla\rho^{\frac{\gamma}{2}}|^2 + \frac{\delta}{\beta}|\nabla\rho^{\frac{\beta}{2}}|^2 \right) \mathrm{d}x \\ &= \int_\Omega \left(\frac{t\alpha a\gamma}{\gamma-1} h\rho^{\gamma-1} + \frac{t\alpha\delta\beta}{\beta-1} h\rho^{\beta-1} \right) \mathrm{d}x + \int_\Omega \left(t\rho \boldsymbol{f}\cdot\boldsymbol{v}_t + \alpha\rho h - \frac{1}{2}\rho^2 \mathrm{div}\boldsymbol{v}_t \right) \mathrm{d}x \\ &\leqslant \frac{1}{2}\int_\Omega \left(\frac{t\alpha a\gamma}{\gamma-1}\rho^\gamma + \frac{t\alpha\delta\beta}{\beta-1}\rho^\beta \right) \mathrm{d}x + C(\beta,\delta,\gamma,a,\|h\|_\infty) \\ &\quad + C(\|\boldsymbol{f}\|_\infty, \|h\|_\infty)(\|\rho\boldsymbol{v}_t\|_1 + \|\rho\|_1 + \|\rho\|_4\|\nabla\boldsymbol{v}_t\|_2)。 \end{aligned} \tag{3.1.24}$$

又由Sobolev插值不等式：

$$\|\rho\|_q \leqslant C(\epsilon)\|\rho\|_1 + \epsilon\|\nabla\rho\|_2，1 < q < 6, \tag{3.1.25}$$

取ϵ充分小，再利用(3.1.24)、(3.1.25)、Hölder和Young不等式，可得：对任意$t \in [0,1]$，有

$$\begin{aligned} &\alpha \int_\Omega \rho^2 \mathrm{d}x + \varepsilon \int_\Omega |\nabla\rho|^2 \mathrm{d}x + \int_\Omega (\mu|\nabla \boldsymbol{v}_t|^2 + \tilde{\mu}(\mathrm{div}\boldsymbol{v}_t)^2)\mathrm{d}x \\ &\quad + t\alpha \int_\Omega (h+\rho)\boldsymbol{v}_t^2 \mathrm{d}x + \int_\Omega \left(\frac{t\alpha a\gamma}{\gamma-1}\rho^\gamma + \frac{t\alpha\delta\beta}{\beta-1}\rho^\beta \right) \mathrm{d}x \\ &\quad + 4t\alpha \int_\Omega \left(\frac{a}{\gamma}|\nabla\rho^{\frac{\gamma}{2}}|^2 + \frac{\delta}{\beta}|\nabla\rho^{\frac{\beta}{2}}|^2 \right) \mathrm{d}x \\ &\leqslant C(\beta,\delta,\gamma,a,\varepsilon,\mu,\tilde{\mu},\|h\|_\infty,\|\boldsymbol{f}\|_\infty)。 \end{aligned} \tag{3.1.26}$$

若$\gamma = 1$，则$\int_\Omega \nabla\rho_t \cdot \boldsymbol{v}_t \mathrm{d}x = \int_\Omega \rho_t \mathrm{div}\boldsymbol{v}_t \mathrm{d}x$，重复上述过程可得

$$\begin{aligned} &\alpha \int_\Omega \rho^2 \mathrm{d}x + \varepsilon \int_\Omega |\nabla\rho|^2 \mathrm{d}x + \int_\Omega (\mu|\nabla \boldsymbol{v}_t|^2 + \tilde{\mu}(\mathrm{div}\boldsymbol{v}_t)^2)\mathrm{d}x \\ &\quad + t\alpha \int_\Omega (h+\rho)\boldsymbol{v}_t^2 \mathrm{d}x + \int_\Omega \frac{t\alpha\delta\beta}{\beta-1}\rho^\beta \mathrm{d}x + 4t\alpha \int_\Omega \frac{\delta}{\beta}|\nabla\rho^{\frac{\beta}{2}}|^2 \mathrm{d}x \\ &\leqslant C(\beta,\delta,a,\varepsilon,\mu,\tilde{\mu},\|h\|_\infty,\|\boldsymbol{f}\|_\infty), \end{aligned} \tag{3.1.27}$$

从而可得到

$$\|\rho\|_{1,2} + \|\boldsymbol{v}_t\|_{1,2} \leqslant C(\beta,\delta,\gamma,a,\varepsilon,\mu,\tilde{\mu},\|h\|_\infty,\|\boldsymbol{f}\|_\infty) =: C_1。 \tag{3.1.28}$$

因此$\alpha(\rho - h) + \operatorname{div}(\rho \boldsymbol{v}_t) \in L^{3/2}(\Omega)$。

由方程(3.1.20)，可得

$$\|\rho\|_{2,\frac{3}{2}} \leqslant C(\beta, \delta, \gamma, a, \varepsilon, \mu, \tilde{\mu}, \|h\|_\infty, \|\boldsymbol{f}\|_\infty)。 \tag{3.1.29}$$

进一步由Sobolev嵌入定理可推出：

$$\nabla\rho \in (L^3(\Omega))^3，\rho \in L^p(\Omega), 1 < p < \infty,$$

从而有

$$-t\left(\alpha(h+\rho)\boldsymbol{v}_t + \frac{1}{2}(\operatorname{div}(\rho\boldsymbol{v}_t \otimes \boldsymbol{v}_t) + \rho\boldsymbol{v}_t \cdot \nabla\boldsymbol{v}_t) + \nabla P_\delta\right) + t\rho\boldsymbol{f} \in (L^q(\Omega))^3,$$

其中$1 \leqslant q < 3/2$。再由方程(3.1.21)可推出：对于任意$q \in [1, 3/2)$，

$$\|\boldsymbol{v}_t\|_{2,q} \leqslant C(\beta, \delta, \gamma, a, \varepsilon, \mu, \tilde{\mu}, \|h\|_\infty, \|\boldsymbol{f}\|_\infty)。 \tag{3.1.30}$$

所以，

$$\nabla\boldsymbol{v}_t \in (L^3(\Omega))^9，\boldsymbol{v}_t \in (L^p(\Omega))^3，1 < p < \infty。$$

重复上述过程，可以得到：对任意$1 \leqslant q < \infty$，

$$\|\boldsymbol{v}_t\|_{2,q} \leqslant C(\beta, \delta, \gamma, a, \varepsilon, \mu, \tilde{\mu}, \|h\|_\infty, \|\boldsymbol{f}\|_\infty)。 \tag{3.1.31}$$

从而证明了：对任意$t \in [0, 1]$，有

$$\|\boldsymbol{v}_t\|_{1,\infty} \leqslant C(\beta, \delta, \gamma, a, \varepsilon, \mu, \tilde{\mu}, \|h\|_\infty, \|\boldsymbol{f}\|_\infty)。 \tag{3.1.32}$$

因此，由Schaefer不动点定理1.1.4可得：存在不动点$\boldsymbol{v} \in (W_0^{2,p}(\Omega))^3$ 以及$\rho = S(\boldsymbol{v}) \in W^{2,p}$满足问题(3.1.1)–(3.1.5)。 □

§3.1.2 极限过程$\alpha \to 0$

本节开始对问题(3.1.1)–(3.1.3)关于$\alpha := 1/n \to 0$取极限。首先由命题3.1.3 可知存在$(\rho_\varepsilon, \boldsymbol{v}_\varepsilon) \in W^{2,p}(\Omega) \times (W_0^{2,p}(\Omega))^3$ 以及$\{(\rho_\alpha, \boldsymbol{v}_{\boldsymbol{\alpha}})\}$的子列，仍记为$\{(\rho_\alpha, \boldsymbol{v}_{\boldsymbol{\alpha}})\}$，使得当$\alpha \to 0$ 时，有

$$\begin{cases} \boldsymbol{v}_\alpha \to \boldsymbol{v}_\varepsilon, & \text{在}\ (W^{1,p}(\Omega))^3\ \text{中}, \\ \rho_\alpha \to \rho_\varepsilon, & \text{在}\ W^{1,p}(\Omega)\ \text{中}, \\ \Delta\boldsymbol{v}_\alpha \rightharpoonup \Delta\boldsymbol{v}_\varepsilon, & \text{在}\ (L^p(\Omega))^3\ \text{中}, \\ \Delta\rho_\alpha \rightharpoonup \Delta\rho_\varepsilon, & \text{在}\ L^p(\Omega)\ \text{中}, \end{cases} \tag{3.1.33}$$

其中$1 \leqslant p < \infty$。因此，在方程(3.1.1)–(3.1.3)中令$\alpha \to 0$，并结合(3.1.5)，即可得到$(\rho_\alpha, \boldsymbol{v}_\alpha)$ 的极限$(\rho_\varepsilon, \boldsymbol{v}_\varepsilon)$满足

$$\int_\Omega \rho_\varepsilon \mathrm{d}x = M，\rho_\varepsilon \geqslant 0， \tag{3.1.34}$$

$$\operatorname{div}(\rho \boldsymbol{v}_\varepsilon) - \varepsilon \Delta \rho_\varepsilon = 0， \tag{3.1.35}$$

$$\frac{1}{2}(\operatorname{div}(\rho_\varepsilon \boldsymbol{v}_\varepsilon \otimes \boldsymbol{v}_\varepsilon) + \rho \boldsymbol{v}_\varepsilon \cdot \nabla \boldsymbol{v}_\varepsilon) + \nabla P_\delta - \mu \Delta \boldsymbol{v}_\varepsilon - \tilde{\mu} \nabla \operatorname{div} \boldsymbol{v}_\varepsilon = \rho_\varepsilon \boldsymbol{f}， \tag{3.1.36}$$

$$\left.\frac{\partial \rho_\varepsilon}{\partial \boldsymbol{n}}\right|_{\partial\Omega} = 0，\boldsymbol{v}_\varepsilon|_{\partial\Omega} = 0， \tag{3.1.37}$$

其中$P_\delta = a\rho_\varepsilon^\gamma + \delta \rho_\varepsilon^\beta$，$\boldsymbol{v}_\varepsilon = (v_\varepsilon^1, v_\varepsilon^2, v_\varepsilon^3)$。

命题 3.1.4 令$(\rho_\varepsilon, \boldsymbol{v}_\varepsilon) \in W^{2,p}(\Omega) \times (W_0^{2,p}(\Omega))^3$ 为上述极限过程(3.1.33)所得到的问题(3.1.34)–(3.1.37)的解，则下面的估计成立：

$$\|\boldsymbol{v}_{\boldsymbol{\varepsilon}}\|_{1,2} \leqslant C(\Omega, \boldsymbol{f}, M)(1 + \|\rho_\varepsilon\|_{2\beta}), \tag{3.1.38}$$

$$\varepsilon \|\nabla \rho_\varepsilon\|_2^2 \leqslant C(\Omega, \delta, \boldsymbol{f}, M)(1 + \|\rho_\varepsilon\|_{2\beta}), \tag{3.1.39}$$

$$\|\rho_\varepsilon\|_{2\beta} \leqslant C(\Omega, \delta, \boldsymbol{f}, M), \tag{3.1.40}$$

其中C是与ε无关的正常数。

证明 分别对等式(3.1.35)和(3.1.36)两边同乘以ρ_ε和$\boldsymbol{v}_\varepsilon$，并在$\Omega$上积分，可以得到

$$\begin{aligned}
&\varepsilon \int_\Omega |\nabla \rho|^2 \mathrm{d}x + \int_\Omega (\mu |\nabla \boldsymbol{v}_\varepsilon|^2 + \tilde{\mu}(\operatorname{div}\boldsymbol{v}_\varepsilon)^2)\mathrm{d}x \\
&= \int_\Omega \left(\rho \boldsymbol{f} \cdot \boldsymbol{v}_\varepsilon - \frac{1}{2}\rho^2 \operatorname{div}\boldsymbol{v}_\varepsilon \right) \mathrm{d}x \\
&\leqslant C(1 + \|\rho \boldsymbol{v}_\varepsilon\|_1 + \|\rho_\varepsilon\|_4^2 \|\nabla \boldsymbol{v}_\varepsilon\|_2),
\end{aligned} \tag{3.1.41}$$

其中C依赖于$\|\boldsymbol{f}\|_\infty$，但与$\varepsilon$无关。

下面考虑函数ω满足

$$\begin{cases} \operatorname{div}\boldsymbol{\omega} = f， & \text{在} \ \Omega \ \text{中}， \\ \boldsymbol{\omega} = 0， & \text{在} \ \partial\Omega \ \text{上}。 \end{cases} \tag{3.1.42}$$

如果取

$$f = \rho^\beta - (\rho^\beta)_\Omega，\quad p = 2，$$

则由定理2.2.4，至少存在一个$\boldsymbol{\omega}$满足

$$\|\boldsymbol{\omega}\|_{1,2} \leqslant C \left\| \rho^\beta - (\rho^\beta)_\Omega \right\|_2 \leqslant C(\Omega) \|\rho\|_{2\beta}^\beta。 \tag{3.1.43}$$

用ω乘以等式(3.1.36)，并在Ω上积分，即得

$$\begin{aligned}
\delta\int_\Omega \rho^{2\beta}\mathrm{d}x &= -a\int_\Omega \rho^{\gamma+\beta}\mathrm{d}x+\int_\Omega \rho^\beta\mathrm{d}x\int_\Omega(a\rho^\gamma+\delta\rho^\beta)\mathrm{d}x \\
&-\int_\Omega \rho\boldsymbol{f}\omega\mathrm{d}x+\frac{1}{2}\int_\Omega(\rho v_iv_j\partial_i\omega_j+\rho v_i\partial_iv_j\omega_j)\mathrm{d}x \\
&+\mu\int_\Omega \partial_iv_j\partial_i\omega_j\mathrm{d}x+\tilde{\mu}\int_\Omega \mathrm{div}\boldsymbol{v}\mathrm{div}\omega\mathrm{d}x \qquad (3.1.44)\\
&\leqslant C\Big(\|\rho\|_{\gamma+\beta}^{\gamma+\beta}+\|\rho\|_\beta^\beta(\|\rho\|_\gamma^\gamma+\|\rho\|_\beta^\beta)+\|\rho\omega\|_1 \\
&\quad+\|\rho\boldsymbol{v}^2\|_2\|D\omega\|_2+\|\rho\boldsymbol{v}\cdot\nabla\boldsymbol{v}\|_{\frac{6}{5}}\|\omega\|_6+\|D\boldsymbol{v}\|_2\|D\omega\|_2\Big),
\end{aligned}$$

因为$\|\rho\|_1=M$，所以对任意$1<p<2\beta$，由Sobolev插值不等式可得

$$\|\rho\|_p\leqslant\epsilon^{-\kappa}\|\rho\|_1+\epsilon\|\rho\|_{2\beta}, \qquad (3.1.45)$$

其中$\kappa=(1-1/2\beta)/(1/p-1/2\beta)$。

在(3.1.45)中取ϵ适当小，并代入(3.1.44)。注意到$\beta>\max\{\gamma,3\}$，由Hölder和Young不等式可得

$$\|\rho\|_{2\beta}^{2\beta}\leqslant C(\delta,\Omega,\boldsymbol{f},M)(1+\|\boldsymbol{v}\|_{1,2}^2+\|\rho\boldsymbol{v}^2\|_2^2+\|\rho\boldsymbol{v}\cdot\nabla\boldsymbol{v}\|_{6/5}^2), \qquad (3.1.46)$$

从而（注意$\beta>\max\{\gamma,3\}$），

$$\|\rho\|_{2\beta}\leqslant C(\delta,\Omega,\boldsymbol{f},M)(1+\|\boldsymbol{v}\|_{1,2})。 \qquad (3.1.47)$$

将(3.1.47)代入(3.1.41)，则由(3.1.45)可得到

$$\begin{aligned}
\varepsilon\int_\Omega|\nabla\rho|^2\mathrm{d}x+\int_\Omega\mu|\nabla\boldsymbol{v}|^2+\tilde{\mu}(\mathrm{div}\boldsymbol{v})^2\mathrm{d}x &\leqslant C(1+\|\rho\|_4^2)\\
&\leqslant C(1+\epsilon\|\rho\|_{2\beta}^2)\\
&\leqslant C(1+\epsilon\|\boldsymbol{v}\|_{1,2}^2), \qquad (3.1.48)
\end{aligned}$$

其中ϵ为适当小的正数，C依赖于$M,\beta,\delta,\mu,\tilde{\mu},\gamma,\|h\|_\infty,\|\boldsymbol{f}\|_\infty$，但与$\varepsilon$无关。由(3.1.47) 和(3.1.48)可以得到(3.1.38)–(3.1.40)成立。 □

§3.2 消失黏性极限$\varepsilon\to 0$

§3.2.1 $\varepsilon\to 0$的极限过程

本节开始对问题(3.1.35)–(3.1.37)关于$\varepsilon:=1/n\to 0$取极限。

由命题3.1.4可得：存在$(\rho_\varepsilon, \boldsymbol{v}_\varepsilon) \in L^{2\beta}(\Omega) \times (H_0^1(\Omega))^3$ 以及$\{(\rho_\varepsilon, \boldsymbol{v}_\varepsilon)\}$的子列，仍记为$\{(\rho_\varepsilon, \boldsymbol{v}_\varepsilon)\}$，使得当$\varepsilon \to 0$ 时，有

$$\begin{cases} \boldsymbol{v}_\varepsilon \to \boldsymbol{v}, \quad 在\,(L^p(\Omega))^3\,中， \quad 1 \leqslant p < 6, \\ \rho_\varepsilon \rightharpoonup \rho, \quad 在\,L^{2\beta}(\Omega)\,中， \\ \rho_\varepsilon^\gamma \rightharpoonup \overline{\rho^\gamma}, \quad 在\,L^{\frac{2\beta}{\gamma}}(\Omega)\,中， \\ \rho_\varepsilon^\beta \rightharpoonup \overline{\rho^\beta}, \quad 在\,L^2(\Omega)\,中， \\ \varepsilon\nabla\rho_\varepsilon \to 0, \quad 在\,(L^2(\Omega))^3\,中， \\ \rho_\varepsilon \boldsymbol{v}_\varepsilon \rightharpoonup \rho\boldsymbol{v}, \quad 在\,(L^r(\Omega))^3\,中， \quad r/2\beta + r/6 \leqslant 1, \\ \rho_\varepsilon \boldsymbol{v}_\varepsilon \otimes \boldsymbol{v}_\varepsilon \rightharpoonup \rho\boldsymbol{v} \otimes \boldsymbol{v}, \quad 在\,(L^p(\Omega))^9\,中， \quad p/2\beta + p/3 \leqslant 1。 \end{cases} \tag{3.2.1}$$

这里及下文$\overline{f(\rho)}$记为$f(\rho_\varepsilon)$的弱极限，$\boldsymbol{v}_\varepsilon = (v_\varepsilon^1, v_\varepsilon^2, v_\varepsilon^3)$ ，$\boldsymbol{v} = (v_1, v_2, v_3)$。

在方程(3.1.34)–(3.1.37)中取$\varepsilon \to 0$，并利用(3.2.1) 可得：极限函数$(\rho, \boldsymbol{v})$满足

$$\int_\Omega \rho \mathrm{d}x = M, \quad \rho \geqslant 0$$

和

$$\mathrm{div}(\rho\boldsymbol{v}) = 0, \quad 在\,\mathcal{D}'(\Omega)\,中, \tag{3.2.2}$$

$$\mathrm{div}(\rho\boldsymbol{v} \otimes \boldsymbol{v}) + \nabla\overline{P} - \mu\Delta\boldsymbol{v} - \tilde{\mu}\nabla\mathrm{div}\boldsymbol{v} = \rho\boldsymbol{f}, \quad 在\,(\mathcal{D}'(\Omega))^3\,中， \tag{3.2.3}$$

其中$\overline{P} = a\overline{\rho^\gamma} + \delta\overline{\rho^\beta}$。

下面证明$\overline{P} = a\rho^\gamma + \delta\rho^\beta$，这是本节证明中的主要步骤和主要难点之一。该难点体现在如何排除密度ρ_ε在弱收敛过程中奇异性的振荡和集中，使得弱收敛成为强收敛。

由弱下半连续性（见定理2.2.11）可以推出$a\rho^\gamma + \delta\rho^\beta \leqslant \overline{P}$。所以下面只需证明$\overline{P} \leqslant a\rho^\gamma + \delta\rho^\beta$。为此，需要引进所谓的“有效黏性通量”（effective viscous flux）的概念。

§3.2.2 有效黏性通量

定义“有效黏性通量”如下：

$$H_\varepsilon := a\rho_\varepsilon^\gamma + \delta\rho_\varepsilon^\beta - (\mu + \tilde{\mu})\mathrm{div}\boldsymbol{v}_\varepsilon, \tag{3.2.4}$$

以及它的弱极限

$$H := \overline{P} - (\mu + \tilde{\mu})\mathrm{div}\boldsymbol{v}。$$

有效黏性通量H_ε的正则性体现在下面的引理中。

引理 3.2.1 对任意$\phi \in C_0^\infty(\Omega)$，成立

$$\lim_{\varepsilon \to 0} \int_\Omega \phi(x) H_\varepsilon \rho_\varepsilon \mathrm{d}x = \int_\Omega \phi(x) H \rho \mathrm{d}x。 \tag{3.2.5}$$

备注 3.2.2 由现有的估计只能得到$H_\varepsilon \rightharpoonup H$，$\rho_\varepsilon \rightharpoonup \rho$（在某个$L^p$ 空间），一般来说不能得到$H_\varepsilon \rho_\varepsilon \rightharpoonup H\rho$。因此，引理3.2.1说明$H_\varepsilon$应该具有某些更高的正则性。一般来说，压力可能有间断，速度散度也可能有间断，但两者的间断相互抵消，使得有效黏性通量具有了某种正则性。

备注 3.2.3 由稠密技术(density argument，也称逼近方法)，实际上可取$\phi = 1$，即

$$\lim_{\varepsilon \to 0} \int_\Omega H_\varepsilon \rho_\varepsilon \mathrm{d}x = \int_\Omega H \rho \mathrm{d}x。$$

为了证明引理3.2.1，需要下面一些准备工作。

首先需要将$(\rho_\varepsilon, \boldsymbol{v}_\varepsilon)$和$(\rho, \boldsymbol{v})$分别零延拓到$\mathbb{R}^3$。因为对任意$1 < p < \infty$，$(\rho_\varepsilon, \boldsymbol{v}_\varepsilon) \in W^{2,p}(\Omega) \times (W^{2,p}(\Omega))^3$，以及边值条件$\boldsymbol{v}_{\boldsymbol{\varepsilon}}|_{\partial\Omega} = 0$，$\nabla \rho_\varepsilon \cdot \boldsymbol{n}|_{\partial\Omega} = 0$，所以由弱导数的定义，通过零延拓以后可得

$$D(\rho_\varepsilon \boldsymbol{v}_{\boldsymbol{\varepsilon}}) = \begin{cases} D(\rho_\varepsilon \boldsymbol{v}_{\boldsymbol{\varepsilon}}), & \text{在}\,\Omega\,\text{中}, \\ 0, & \text{在}\,\mathbb{R}^3 \backslash \Omega\,\text{中}, \end{cases}$$

以及

$$\operatorname{div}(1_\Omega \nabla \rho_\varepsilon) = \begin{cases} \triangle \rho_\varepsilon, & \text{在}\,\Omega\,\text{中}, \\ 0, & \text{在}\,\mathbb{R}^3 \backslash \Omega\,\text{中}。 \end{cases}$$

但是取极限以后$\rho\boldsymbol{v}$仅在某个$(L^q(\Omega))^3$空间，因此弱导数的定义不再适用。

下面的引理表明零延拓以后的$(\rho, \boldsymbol{v})$仍然在分布意义下满足质量守恒方程。

引理 3.2.4 令$(\rho, \boldsymbol{v}) \in L^2(\Omega) \times (H_0^1(\Omega))^3$在$\mathcal{D}'(\Omega)$的意义下满足方程(3.2.2)。将$(\rho, \boldsymbol{v})$在$\Omega$外零延拓至$\mathbb{R}^3$中，即

$$(\rho, \boldsymbol{v}) = \begin{cases} (\rho, \boldsymbol{v}), & \text{在}\,\Omega\,\text{中}, \\ (0, 0), & \text{在}\,\mathbb{R}^3 \backslash \Omega\,\text{中}, \end{cases} \tag{3.2.6}$$

则零延拓后的$(\rho, \boldsymbol{v})$在$\mathcal{D}'(\mathbb{R}^3)$意义下满足$\operatorname{div}(\rho\boldsymbol{v}) = 0$。

证明 为了证明引理3.2.4，只需证明：对于任意$\Phi \in \mathcal{D}(\mathbb{R}^3)$，

$$\int_{\mathbb{R}^3} \rho \boldsymbol{v} \cdot \nabla \Phi \mathrm{d}x = 0。 \tag{3.2.7}$$

设$\phi_m(x) \in \mathcal{D}(\Omega)$，满足：

$$\begin{cases} 0 \leqslant \phi_m \leqslant 1;\ \phi_m(x) = 1，\text{其中}\,x \in \Omega\,\text{且}\,\operatorname{dist}(x, \partial\Omega) \geqslant 1/m; \\ \phi_m \to 1，\text{当}\,m \to \infty；\text{对于任意}\,x \in \Omega，|\nabla \phi_m(x)| \leqslant 2m。 \end{cases} \tag{3.2.8}$$

则有

$$\operatorname{dist}(x,\partial\Omega)|\nabla\phi_m(x)|\leqslant 2,\qquad \forall\, x\in\Omega,\tag{3.2.9}$$

且

$$\begin{aligned}&\int_{\mathbb{R}^3}\rho\boldsymbol{v}\cdot\nabla\Phi\mathrm{d}x\\&=\int_\Omega(\rho\boldsymbol{v}\cdot\nabla(\phi_m\Phi)+\rho(1-\phi_m)\boldsymbol{v}\cdot\nabla\Phi-\rho\boldsymbol{v}\cdot(\nabla\phi_m)\Phi)\mathrm{d}x。\end{aligned}\tag{3.2.10}$$

由于$(\rho,\boldsymbol{v})$在$\mathcal{D}'(\Omega)$中满足(3.2.2)，易推出

$$\int_\Omega\rho\boldsymbol{v}\cdot\nabla(\phi_m\Phi)\mathrm{d}x=0。\tag{3.2.11}$$

又由$\boldsymbol{v}\in H_0^1(\Omega)$及定理1.3.15可以得到

$$\operatorname{dist}(x,\partial\Omega)^{-1}\boldsymbol{v}\in(L^2(\Omega))^3。\tag{3.2.12}$$

于是，(3.2.8)，(3.2.11)，(3.2.12)式和Cauchy–Schwarz不等式给出

$$\begin{aligned}\left|\int_\Omega\rho\boldsymbol{v}\cdot(\nabla\phi_m)\Phi\mathrm{d}x\right|&\leqslant C\int_\Omega\rho|\boldsymbol{v}|\operatorname{dist}(x,\partial\Omega)^{-1}\operatorname{dist}(x,\partial\Omega)|\nabla\phi_m|\mathrm{d}x\\&\leqslant C\int_{\{x,\,\operatorname{dist}(x,\partial\Omega)\leqslant 1/m\}}\rho|\boldsymbol{v}|\operatorname{dist}(x,\partial\Omega)^{-1}\mathrm{d}x\\&\leqslant C\Big(\int_{\{x,\,\operatorname{dist}(x,\partial\Omega)\leqslant 1/m\}}\rho^2\mathrm{d}x\mathrm{d}t\Big)^{1/2}。\end{aligned}\tag{3.2.13}$$

当$m\to\infty$，上式最后项将趋于0。此外，当$m\to\infty$时，显然有

$$\left|\int_\Omega\rho(1-\phi_m)\cdot\nabla\Phi\mathrm{d}x\right|\leqslant C\int_{\{x,\,\operatorname{dist}(x,\partial\Omega)\leqslant 1/m\}}\rho\mathrm{d}x\to 0。\tag{3.2.14}$$

因此，在(3.2.10)中取$m\to\infty$，并利用(3.2.11)，(3.2.13)和(3.2.14)即可得到(3.2.7)。引理证毕。 □

有了前面的准备，现在可以证明引理3.2.1。

引理3.2.1的证明

在Ω外对ρ_ε进行零延拓，仍记为ρ_ε，并取$\Phi=\phi(x)\mathcal{A}(\rho_\varepsilon)$（$\phi\in\mathcal{D}(\Omega)$，算子$\mathcal{A}$的定义见第2.2.3节）作为(3.1.36)的检验函数，并注意到$\operatorname{div}\mathcal{A}(\rho_\varepsilon)=\rho_\varepsilon$ 和$\Delta\mathcal{A}_j=\partial_j$，

直接计算并利用(3.1.35)可推得

$$\begin{aligned}
&\int_\Omega \phi H_\varepsilon \rho_\varepsilon \mathrm{d}x \\
&= \tilde{\mu}\int_\Omega \operatorname{div}\boldsymbol{v}_\varepsilon \nabla\phi\cdot\mathcal{A}(\rho_\varepsilon)\mathrm{d}x - \int_\Omega (a\rho_\varepsilon^\gamma + \delta\rho_\varepsilon^\beta)\nabla\phi\cdot\mathcal{A}(\rho_\varepsilon)\mathrm{d}x \\
&\quad - \mu\int_\Omega \nabla v_\varepsilon^i\cdot\nabla\phi\mathcal{A}_i(\rho_\varepsilon)\mathrm{d}x + \mu\int_\Omega \rho_\varepsilon\boldsymbol{v}_\varepsilon\cdot\nabla\phi\mathrm{d}x \\
&\quad - \mu\int_\Omega v_\varepsilon^i\partial_j\phi\cdot\partial_j\mathcal{A}_i(\rho_\varepsilon)\mathrm{d}x - \int_\Omega \phi(x)\rho_\varepsilon\boldsymbol{f}\cdot\mathcal{A}(\rho_\varepsilon)\mathrm{d}x \\
&\quad - \int_\Omega \rho_\varepsilon v_\varepsilon^i v_\varepsilon^j\partial_j\phi\mathcal{A}_i(\rho_\varepsilon)\mathrm{d}x - \int_\Omega \phi\rho_\varepsilon v_\varepsilon^i v_\varepsilon^j\partial_i\mathcal{A}_j(\rho_\varepsilon) \\
&\quad - \frac{1}{2}\int_\Omega \phi v_\varepsilon^j\mathcal{A}_j(\rho_\varepsilon)\varepsilon\Delta\rho_\varepsilon。
\end{aligned} \tag{3.2.15}$$

现在，把ρ零延拓到整个$\mathbb{R}^3$，仍记为ρ。类似于上述过程，取$\Phi = \phi(x)\mathcal{A}(\rho) \in (W_0^{1,\beta}(\Omega))^3$,从而$\Phi$可作为(3.2.3)的检验函数。完全类似(3.2.15)，并利用引理3.2.4，可得

$$\begin{aligned}
\int_\Omega \phi H\rho\mathrm{d}x &= \tilde{\mu}\int_\Omega \operatorname{div}\boldsymbol{v}\nabla\phi\cdot\mathcal{A}(\rho)\mathrm{d}x - \int_\Omega \overline{P}\nabla\phi\cdot\mathcal{A}(\rho)\mathrm{d}x \\
&\quad - \mu\int_\Omega \nabla v_i\cdot\nabla\phi\mathcal{A}_i(\rho)\mathrm{d}x + \mu\int_\Omega \rho\boldsymbol{v}\cdot\nabla\phi\mathrm{d}x - \mu\int_\Omega v_i\partial_j\phi\partial_j\mathcal{A}_i(\rho)\mathrm{d}x \\
&\quad - \int_\Omega \rho\phi(x)\boldsymbol{f}\cdot\mathcal{A}(\rho)\mathrm{d}x - \int_\Omega \rho v_i v_j\partial_j\phi\mathcal{A}_i(\rho)\mathrm{d}x - \int_\Omega \phi\rho v_i v_j\partial_i\mathcal{A}_j(\rho)\mathrm{d}x。
\end{aligned} \tag{3.2.16}$$

由(2.2.14)和Sobolev嵌入定理可得

$$\mathcal{R}_{ij}(\rho_\varepsilon) \to \mathcal{R}_{ij}(\rho),\quad 在\ L^p(\Omega)\ 中；\ \mathcal{A}(\rho_\varepsilon) \to \mathcal{A}(\rho),\quad 在\ (C^0(\overline{\Omega}))^3\ 中， \tag{3.2.17}$$

其中$1 < p < 2\beta$。另一方面，根据(3.2.1)和(3.2.17)，可推出

$$\begin{aligned}
&\lim_{\varepsilon\to 0}\int_\Omega \rho_\varepsilon v_\varepsilon^i v_\varepsilon^j\partial_i\phi\mathcal{A}_j(\rho_\varepsilon)\mathrm{d}x = \int_\Omega \rho v_i v_j\partial_i\phi\mathcal{A}_j(\rho)\mathrm{d}x, \\
&\lim_{\varepsilon\to 0}\int_\Omega P(\rho_\varepsilon)\nabla\phi\cdot\mathcal{A}(\rho_\varepsilon)\mathrm{d}x = \int_\Omega \overline{P(\rho)}\nabla\phi\cdot\mathcal{A}(\rho)\mathrm{d}x, \\
&\lim_{\varepsilon\to 0}\int_\Omega \operatorname{div}\boldsymbol{v}_\varepsilon\nabla\phi\cdot\mathcal{A}(\rho_\varepsilon)\mathrm{d}x = \int_\Omega \operatorname{div}\boldsymbol{v}\nabla\phi\cdot\mathcal{A}(\rho)\mathrm{d}x, \\
&\lim_{\varepsilon\to 0}\int_\Omega \rho_\varepsilon\phi(x)\boldsymbol{f}\cdot\mathcal{A}(\rho_\varepsilon)\mathrm{d}x = \int_\Omega \rho\phi(x)\boldsymbol{f}\cdot\mathcal{A}(\rho)\mathrm{d}x, \\
&\lim_{\varepsilon\to 0}\int_\Omega \Big(\boldsymbol{v}_\varepsilon\cdot\nabla\phi\rho_\varepsilon + \nabla\phi\cdot\nabla v_\varepsilon^i\mathcal{A}_i(\rho_\varepsilon) + v_\varepsilon^i\partial_j\phi\mathcal{R}_{ij}(\rho_\varepsilon)\Big)\mathrm{d}x \\
&\qquad = \int_\Omega \Big(\boldsymbol{v}\cdot\nabla\phi\rho + \nabla\phi\cdot\nabla v_i\mathcal{A}_i(\rho) + v_i\partial_j\phi\mathcal{R}_{ij}(\rho)\Big)\mathrm{d}x。
\end{aligned}$$

另一方面由定理2.2.14可得，当$\varepsilon \to 0$时，

$$\int_\Omega \phi v_\varepsilon^i \left(\rho_\varepsilon \mathcal{R}_{ij}(\rho_\varepsilon v_\varepsilon^j) - \rho_\varepsilon v_\varepsilon^j \mathcal{R}_{ij}(\rho_\varepsilon)\right) \mathrm{d}x$$
$$\to \int_\Omega \phi v_i \left(\rho \mathcal{R}_{ij}(\rho v_j) - \rho v_j \mathcal{R}_{ij}(\rho)\right) \mathrm{d}x。\tag{3.2.18}$$

此外，因为$\varepsilon\|\nabla\rho_\varepsilon\|_2^2+\|\rho_\varepsilon\|_{2\beta}^2 \leqslant C$，其中$C$与$\varepsilon$无关。所以对任意给定的$u \in H_0^1(\Omega)$，当$\varepsilon \to 0$时，有

$$\left|\int_\Omega \varepsilon\nabla\rho_\varepsilon \cdot \nabla u \mathrm{d}x\right| \leqslant \varepsilon\|\nabla\rho_\varepsilon\|_2\|\nabla u\|_2 \leqslant C\sqrt{\varepsilon}\|\nabla u\|_2 \to 0,\tag{3.2.19}$$

即

$$\mathrm{div}(\rho_\varepsilon \boldsymbol{v}_\varepsilon) = \varepsilon\Delta\rho \to \mathrm{div}(\rho \boldsymbol{v}) = 0 \text{ 在}W^{-1,2}(\Omega)\text{中强收敛。}\tag{3.2.20}$$

注意到，对任意给定的j，$\mathrm{curl}\nabla\mathcal{A}_j(\phi\rho_\varepsilon v_\varepsilon^j) = 0$。故对$1 < r < 6\beta/(4\beta+3)$，由定理2.2.12有对给定的$j$，

$$-\int_\Omega \phi v_\varepsilon^i \rho_\varepsilon R_{ij}(\rho_\varepsilon v_\varepsilon^j)\mathrm{d}x = -\int_\Omega v_\varepsilon^i \rho_\varepsilon R_{ij}(\phi\rho_\varepsilon v_\varepsilon^j)\mathrm{d}x$$
$$\rightharpoonup -\int_\Omega v^i \rho R_{ij}(\phi\rho v^j)\mathrm{d}x = -\int_\Omega \phi v^i \rho R_{ij}(\rho v^j)\mathrm{d}x, \quad \text{在 } L^r(\Omega) \text{ 中。}\tag{3.2.21}$$

最后，由命题3.1.4可推出下式成立：

$$\begin{aligned}&\left|\frac{1}{2}\int_\Omega \phi v_\varepsilon^j \mathcal{A}_j(\rho_\varepsilon)\varepsilon\Delta\rho_\varepsilon \mathrm{d}x\right| = \left|\frac{1}{2}\varepsilon\int_\Omega \phi v_\varepsilon^j \mathcal{A}_j(\rho_\varepsilon)\mathrm{div}(1_\Omega\nabla\rho_\varepsilon)\mathrm{d}x\right|\\ &= \left|-\frac{1}{2}\varepsilon\int_\Omega \nabla(\phi v_\varepsilon^j \mathcal{A}_j(\rho_\varepsilon))\cdot\nabla\rho_\varepsilon \mathrm{d}x\right|\\ &\leqslant C\varepsilon\|\nabla\rho_\varepsilon\|_2\|\boldsymbol{v}_\varepsilon\|_{1,2}\|\rho_\varepsilon\|_{2\beta} \leqslant C\sqrt{\varepsilon} \to 0,\text{ 当 } \varepsilon \to 0。\end{aligned}\tag{3.2.22}$$

将上述有关(3.2.15)中各项的收敛结果代入(3.2.15)，然后对所得等式与(3.2.16)相减即得所要结果。这就完成了引理3.2.1的证明。 □

§3.2.3 密度$\boldsymbol{\rho_\varepsilon}$的强收敛性

本节开始证明$\overline{P} = a\rho^\gamma + \delta\rho^\beta$（于是有：$\rho_\varepsilon \to \rho$的强收敛性）。

注意$(\rho_\varepsilon, \boldsymbol{v}_\varepsilon)$ 在Ω上满足方程$\mathrm{div}(\rho_\varepsilon \boldsymbol{v}_\varepsilon) = \varepsilon\Delta\rho_\varepsilon$ a.e.，故在它两端同乘以$b'(\rho_\varepsilon)$，从而可得：对任何在$\mathbb{R}^+$上凸的，且全局Lipschitz 连续的函数$b \in C^2$，

$$\mathrm{div}(b(\rho_\varepsilon)\boldsymbol{v}_\varepsilon) + (b'(\rho_\varepsilon)\rho_\varepsilon - b(\rho_\varepsilon))\mathrm{div}\boldsymbol{v}_\varepsilon - \varepsilon\Delta b(\rho_\varepsilon) = -\varepsilon b''(\rho_\varepsilon)|\nabla\rho_\varepsilon|^2 \leqslant 0。$$

在Ω上积分上式并利用边值条件即得

$$\int_\Omega (b'(\rho_\varepsilon)\rho_\varepsilon - b(\rho_\varepsilon))\mathrm{div}\boldsymbol{v}_\varepsilon \mathrm{d}x \leqslant 0。\tag{3.2.23}$$

根据第二章备注2.1.1，通过稠密技术，(3.2.23)式中的$b(z)$可直接取为$b(z)=z\ln z$。为方便读者阅读，下面简要给出其证明.取全局Lipschitz连续的凸函数$b_n(z)\in C^2(\mathbb{R})$满足：

$$b_n(z)=\begin{cases} z\ln(z+\frac{1}{n}), & 0\leqslant z\leqslant n, \\ (n+1)\ln(n+1+\frac{1}{n}), & z\geqslant n+1, \end{cases}$$

则$b_n(z)$在$\mathbb{R}$中任意紧集上一致收敛到$z\ln z$，即$b_n(z)\to z\ln z$。

由于$\rho_\varepsilon\in L^{2\beta}(\Omega)$，知$\rho_\varepsilon$是几乎处处有限函数，从而在$\Omega$内$b_n(\rho_\varepsilon)\to\rho_\varepsilon\ln\rho_\varepsilon$几乎处处成立。所以，通过Lebesgue控制收敛定理可看出(3.2.23)式中的$b(z)$可取为$b(z)=z\ln z$，从而推出

$$\int_\Omega \rho_\varepsilon \mathrm{div}\boldsymbol{v}_\varepsilon \mathrm{d}x \leqslant 0。\tag{3.2.24}$$

关于重整化解，人们自然会问：在什么情况下，$(\rho,\boldsymbol{v})$是一重整化解？下面将给出一个简单的充分条件。为此，需要如下辅助引理：

引理 3.2.5 设区域$\Omega\subset\mathbb{R}^N$，$\rho\in L^p(\Omega)$，$\boldsymbol{u}=(u_1,\cdots,u_N)\in(W^{1,q}(\Omega))^N$，$1\leqslant p,\ q\leqslant\infty$，则对$K\subset\subset\Omega$（当$\Omega=\mathbb{R}^N$时，$K$可以取为$K=\mathbb{R}^N$），成立：

(1) $\|S_\epsilon(\mathrm{div}(\rho\boldsymbol{u}))-\mathrm{div}(S_\epsilon(\rho)\boldsymbol{u})\|_{L^\lambda(K)}\leqslant C(K)\|\rho\|_p\|\boldsymbol{u}\|_{1,q}$，其中$\epsilon$充分小，以及$1/\lambda=1/p+1/q$；

(2) 当$\epsilon\to 0$时，$S_\epsilon(\mathrm{div}(\rho\boldsymbol{u}))-\mathrm{div}(S_\epsilon(\rho)\boldsymbol{u})\to 0$，在$L^\lambda(K)$中，其中，当$p<\infty$，我们取$1/\lambda=1/p+1/q$；当$p=\infty$，我们取$1/\lambda>1/q$。

上述$S_\epsilon(f)$为f的正则化函数，S_ϵ表示磨光算子。

证明 (1) 由磨光算子的性质知

$$\begin{aligned} G_\epsilon(\rho) :=& S_\epsilon(\mathrm{div}(\rho\boldsymbol{u}))-\mathrm{div}(S_\epsilon(\rho)\boldsymbol{u}) \\ =& S_\epsilon(\mathrm{div}(\rho\boldsymbol{u}))-\boldsymbol{u}\cdot\nabla S_\epsilon(\rho)-S_\epsilon(\rho)\mathrm{div}\boldsymbol{u} \\ =& g_\epsilon - S_\epsilon(\rho)\mathrm{div}\boldsymbol{u}, \end{aligned}\tag{3.2.25}$$

其中$g_\epsilon=S_\epsilon(\mathrm{div}(\rho\boldsymbol{u}))-\boldsymbol{u}\cdot\nabla S_\epsilon(\rho)$。通过对$S_\epsilon(\mathrm{div}(\rho\boldsymbol{u}))$分部积分，$g_\epsilon$可写为

$$\int_{\mathbb{R}^N}\rho(y)\frac{1}{\epsilon}(\boldsymbol{u}(y)-\boldsymbol{u}(x))\frac{1}{\epsilon^N}\nabla\omega_0(\frac{x-y}{\epsilon})\mathrm{d}y,$$

其中ω_0表示满足(1.3.37)的函数。则由Hölder不等式得

$$|g_\epsilon(x)| \leqslant \left(\frac{1}{\epsilon^N}\int_{B_\epsilon(x)} \frac{|\boldsymbol{u}(y)-\boldsymbol{u}(x)|^{s_1}}{\epsilon^{s_1}}\mathrm{d}y\right)^{1/s_1}\left(\frac{1}{\epsilon^N}\int_{B_\epsilon(x)}|\rho|^{s_2}\mathrm{d}y\right)^{1/s_2}, \tag{3.2.26}$$

其中$1/s_1+1/s_2=1$，$1\leqslant s_1\leqslant q$，以及$1\leqslant s_2\leqslant p$。利用中值定理以及积分变换，可推出

$$\begin{aligned}
&\frac{1}{\epsilon^N}\int_{B_\epsilon(x)} \frac{|\boldsymbol{u}(y)-\boldsymbol{u}(x)|^{s_1}}{\epsilon^{s_1}}\mathrm{d}y\\
&\leqslant \frac{1}{\epsilon^N}\int_{B_\epsilon(x)}\int_0^1 |\nabla\boldsymbol{u}(x+\tau(y-x))|^{s_1}\frac{|y-x|^{s_1}}{\epsilon^{s_1}}\mathrm{d}y\mathrm{d}\tau\\
&=\int_0^1\int_{B_1}|\nabla\boldsymbol{u}(x+\tau\epsilon w)|^{s_1}|w|^{s_1}\mathrm{d}w\mathrm{d}\tau\\
&\leqslant\int_0^1\int_{B_1}|\nabla\boldsymbol{u}(x+\tau\epsilon w)|^{s_1}\mathrm{d}w\mathrm{d}\tau\\
&=\int_{\mathbb{R}^N}|\nabla\boldsymbol{u}(x-y)|^{s_1}\int_0^1\frac{1_{B_{\tau\epsilon}}(y)}{(\tau\epsilon)^N}\mathrm{d}\tau\mathrm{d}y=:|\nabla\boldsymbol{u}|^{s_1}*J_\epsilon,
\end{aligned}\tag{3.2.27}$$

其中

$$J_\epsilon(y):=\int_0^1\frac{1_{B_{\tau\epsilon}}(y)}{(\tau\epsilon)^N}\mathrm{d}\tau\geqslant 0。$$

易证$\|J_\epsilon\|_{L^1(\mathbb{R}^N)}=|B_1|$。类似地可得到

$$\frac{1}{\epsilon^N}\int_{B_\epsilon(x)}|\rho|^{s_2}\mathrm{d}y=|\rho|^{s_2}*\widetilde{J}_\epsilon, \tag{3.2.28}$$

其中

$$\widetilde{J}_\epsilon:=\frac{1}{\epsilon^N}1_{B_\epsilon}(y)\geqslant 0。$$

易证$\|\widetilde{J}_\epsilon\|_{L^1(\mathbb{R}^N)}=|B_1|$。将(3.2.26)–(3.2.28)代入(3.2.25)得

$$|G_\epsilon(\rho)|\leqslant C\left((|\nabla\boldsymbol{u}|^{s_1}*J_\epsilon)^{\frac{1}{s_1}}\left(|\rho|^{s_2}*\widetilde{J}_\epsilon\right)^{\frac{1}{s_2}}+|\nabla\boldsymbol{u}||S_\epsilon(\rho)|\right)。$$

对上式应用Hölder不等式可知

$$\begin{aligned}
\|G_\epsilon(\rho)\|_{L^\lambda(K)}\leqslant &C\left(\left\|(|\nabla\boldsymbol{u}|^{s_1}*J_\epsilon)^{\frac{1}{s_1}}\right\|_{L^q(K)}\left\|\left(|\rho|^{s_2}*\widetilde{J}_\epsilon\right)^{\frac{1}{s_2}}\right\|_{L^p(K)}\right)\\
&+C\|\nabla\boldsymbol{u}\|_{L^q(K)}\|S_\epsilon(\rho)\|_{L^p(K)}。
\end{aligned}\tag{3.2.29}$$

由卷积的经典性质可得

$$\begin{aligned}
&\|S_\epsilon(\rho)\|_{L^p(K)} \leqslant \|\rho\|_{L^p(K)},\\
&\|(|\nabla \boldsymbol{u}|^{s_1} * J_\epsilon)^{1/s_1}\|_{L^q(K)} \leqslant \|\nabla \boldsymbol{u}\|_q \|J_\epsilon\|_{L^1(\mathbb{R}^N)}^{1/s_1} \leqslant C\|\nabla \boldsymbol{u}\|_q,\\
&\|(|\rho|^{s_2} * \widetilde{J}_\epsilon)^{1/s_2}\|_{L^p(K)} \leqslant \|\rho\|_p \|\widetilde{J}_\epsilon\|_{L^1(\mathbb{R}^N)}^{1/s_2} \leqslant C\|\rho\|_p。
\end{aligned}$$

将上面的式子代入(3.2.29)即得结论(1)。

下面用结论(1)和稠密技术证明(2)。由(2)中关于λ的条件可看出λ可写为$1/\widetilde{p}+1/q=1/\lambda$，其中

$$\widetilde{p}=\begin{cases}p, & 当p<\infty,\\ q\lambda/(q-\lambda)<\infty, & 当p=\infty。\end{cases}$$

对$\rho\in L^p(\Omega)$，存在$\rho_n\in C_0^\infty(\Omega)$，使得当$n\to\infty$时，有$\rho_n\to\rho$，在$L^{\widetilde{p}}(\Omega)$中。所以，$\mathrm{div}(\rho_n\boldsymbol{u})\in L^\lambda(\Omega)$和$\rho_n\in W^{1,\widetilde{p}}(\Omega)$。因此，当$\epsilon\to 0$时，有下列极限：

$$S_\epsilon(\mathrm{div}(\rho_n\boldsymbol{u}))\to \mathrm{div}(\rho_n\boldsymbol{u}),\ 在\ L^\lambda(K)\ 中；S_\epsilon(\rho_n)\to\rho_n,\ 在\ W^{1,\widetilde{p}}(K)\ 中。$$

故对任意n，当$\epsilon\to 0$时，$G_\epsilon(\rho_n)\to 0$，在$L^\lambda(K)$中。结果，我们有

$$\begin{aligned}
\|G_\epsilon(\rho)\|_{L^\lambda(K)} &\leqslant \|G_\epsilon(\rho-\rho_n)\|_{L^\lambda(K)}+\|G_\epsilon(\rho_n)\|_{L^\lambda(K)}\\
&\leqslant C\|\rho-\rho_n\|_{\widetilde{p}}\|u\|_{1,q}+\|G_\epsilon(\rho_n)\|_\lambda\\
&\leqslant C\|\rho-\rho_n\|_{\widetilde{p}}+\|G_\epsilon(\rho_n)\|_\lambda\\
&\to 0,\quad 当\epsilon\to 0,\ n\to\infty。
\end{aligned}$$

这就完成了引理的证明。 □

由引理3.2.5，易得如下结论（判别重整化解的一个充分条件）：

引理 3.2.6 设区域$\Omega\subset\mathbb{R}^3$，$\rho\in L^2(\Omega)$，$\boldsymbol{v}\in(H_0^1(\Omega))^3$满足

$$\mathrm{div}(\rho\boldsymbol{v})=0,\quad 在\ \mathcal{D}'(\Omega)\ 中。\tag{3.2.30}$$

则对任意满足(2.1.52)和(2.1.53)的$b(t)$，下式成立：

$$\mathrm{div}(b(\rho)\boldsymbol{v})+(b'(\rho)\rho-b(\rho))\mathrm{div}\boldsymbol{v}=0,\quad 在\ \mathcal{D}'(\Omega)\ 中,\tag{3.2.31}$$

即$(\rho,\boldsymbol{v})$是一重整化解。

证明 令$K\subset\Omega$为有界开集，$\omega_\epsilon(x)$由(1.3.39)定义，则对任意$x\in K$，$\omega_\epsilon(x-y)\in C_0^\infty(\Omega)$, y为自变量，ϵ充分小。现以$\omega_\epsilon(x-\cdot)$为(3.2.30)的检验函数，得

$$\nabla S_\epsilon(\rho)\cdot\boldsymbol{v}+S_\epsilon(\rho)\mathrm{div}\boldsymbol{v}=R_\epsilon,\quad \text{a.e. 在}\ K\ 上,\tag{3.2.32}$$

其中（由引理3.2.5），

$$R_\epsilon := \operatorname{div}(S_\epsilon(\rho)\boldsymbol{v}) - S_\epsilon(\operatorname{div}(\rho\boldsymbol{v})) \to 0, \quad \text{在 } L^1(K) \text{ 中，当 } \epsilon \to 0\text{。}$$

定义

$$b_h(\cdot) = b(\cdot + h), \quad h \in (0,1)\text{。} \tag{3.2.33}$$

注意到，对于任意的$v \in W^{1,p}(K)$和Lipschitz函数b_h，

$$\partial_{x_i} b_h(v) = b_h'(v)\partial_{x_i} v, \quad \text{a.e. 在 } K \text{ 上，}$$

结果，在(3.2.32)两端同乘以$b_h'(S_\epsilon(\rho))$即得，从而

$$\operatorname{div}(b_h(S_\epsilon(\rho)\boldsymbol{v}) + (b_h'(S_\epsilon(\rho)S_\epsilon(\rho) - b_h(S_\epsilon(\rho))\operatorname{div}\boldsymbol{v} = b_h'(S_\epsilon(\rho))R_\epsilon\text{。} \tag{3.2.34}$$

在(3.2.34)中让$\varepsilon \to 0$，因为$\|S_\epsilon(\rho) - \rho\|_{2\beta} \to 0$，且给定$h > 0$, $b_h'(S_\epsilon(\rho)) \in L^\infty(\Omega)$，所以

$$\operatorname{div}(b_h(\rho)\boldsymbol{v}) + (b_h'(\rho)\rho - b_h(\rho))\operatorname{div}\boldsymbol{v} = 0, \quad \text{在 } \mathcal{D}'(\Omega) \text{ 中。} \tag{3.2.35}$$

由$b(z)$和$b_h(z)$的定义知$b_h(z)$, $b_h'(z)z \in L^\infty([0,\infty))$，且当$h \to 0$时，$b_h(\rho) \to b(\rho)$, $b_h'(\rho)\rho \to b'(\rho)\rho$在$\Omega$内几乎处处成立。因此由Lebesgue控制收敛定理，可知(3.2.31)成立。 □

现在已知$(\rho_\epsilon, \boldsymbol{v}_\epsilon)$的极限$(\rho, \boldsymbol{v}) \in L^{2\beta}(\Omega) \times (H_0^1(\Omega))^3$，即弱极限$(\rho, \boldsymbol{v})$ 满足引理3.2.6的条件，故$(\rho, \boldsymbol{v})$满足(3.2.31)。现在取b_n如下：

$$b_n(z) = \begin{cases} z \ln z, & \text{当} |z| \leqslant n, \\ (n+1)\ln(n+1), & \text{当} |z| \geqslant n+1, \end{cases}$$

则$b_n(z) \to z\ln z$在$\mathbb{R}_0^+ = [0,\infty)$中的紧集上一致收敛。将$b_n$代入(3.2.31)并对$n \to \infty$取极限，由Lebesgue控制收敛定理即得

$$\operatorname{div}[(\rho\ln\rho)\boldsymbol{v}] + \rho\operatorname{div}\boldsymbol{v} = 0, \quad \text{在 } \mathcal{D}'(\Omega) \text{ 中。} \tag{3.2.36}$$

现再次应用稠密技术，即选取$\phi_n \in \mathcal{D}(\Omega)$，其满足

$$\phi \geqslant 0;\ \phi_n \to 1;\ \text{当}\operatorname{dist}(x,\partial\Omega) \geqslant 1/n\text{时，}\phi_n(x) = 1\text{。}$$

用上述ϕ_n作(3.2.36)的检验函数，并取$n \to \infty$即得

$$\int_\Omega \rho\operatorname{div}\boldsymbol{v}\mathrm{d}x = 0\text{。} \tag{3.2.37}$$

所以，利用3.2.37，引理3.2.1以及(3.2.24)，即可得

$$\begin{aligned}
&\overline{\lim_{\epsilon\to 0}}\int_\Omega (a\rho_\epsilon^\gamma+\delta\rho_\epsilon^\beta)\rho_\epsilon \mathrm{d}x\\
&=\overline{\lim_{\epsilon\to 0}}\int_\Omega ((a\rho_\epsilon^\gamma+\delta\rho_\epsilon^\beta)\rho_\epsilon-(\mu+\tilde{\mu})\rho_\epsilon \mathrm{div}\boldsymbol{v}_\epsilon+(\mu+\tilde{\mu})\rho_\epsilon \mathrm{div}\boldsymbol{v}_\epsilon)\mathrm{d}x\\
&\leqslant \overline{\lim_{\epsilon\to 0}}\int_\Omega H_\epsilon\rho_\epsilon \mathrm{d}x+(\mu+\tilde{\mu})\overline{\lim_{\epsilon\to 0}}\int_\Omega \rho_\epsilon \mathrm{div}\boldsymbol{v}_\epsilon \mathrm{d}x\\
&=\int_\Omega H\rho \mathrm{d}x+(\mu+\tilde{\mu})\overline{\lim_{\epsilon\to 0}}\int_\Omega \rho_\epsilon \mathrm{div}\boldsymbol{v}_\epsilon \mathrm{d}x\\
&\leqslant \int_\Omega H\rho \mathrm{d}x=\int_\Omega \overline{P}\rho \mathrm{d}x。
\end{aligned} \tag{3.2.38}$$

由于函数ρ^θ关于$\theta>0$是严格单调的，且$(x-y)^\theta\leqslant x^\theta-y^\theta$，$\forall\, x\geqslant y\geqslant 0$，故有

$$(\rho_\epsilon^\theta-\rho^\theta)(\rho_\epsilon-\rho)\geqslant|\rho_\epsilon-\rho|^{\beta+1},\ \text{a.e. 在}\,\Omega\,\text{中。}$$

注意$\rho_\epsilon\rightharpoonup\rho$, $P(\rho_\epsilon)\rightharpoonup\overline{P}$，利用(3.2.38)，可推出

$$\begin{aligned}
&\overline{\lim_{\epsilon\to 0}}|\rho_\epsilon-\rho|_{\beta+1}^{\beta+1}=\overline{\lim_{\epsilon\to 0}}\int_\Omega |\rho_\epsilon-\rho|^{\beta+1}\mathrm{d}x\\
&\leqslant\overline{\lim_{\epsilon\to 0}}\int_\Omega (\rho_\epsilon^\beta-\rho^\beta)(\rho_\epsilon-\rho)\mathrm{d}x\\
&\leqslant\overline{\lim_{\epsilon\to 0}}\frac{1}{\delta}\int_\Omega (\delta(\rho_\epsilon^\beta-\rho^\beta)(\rho_\epsilon-\rho)+a(\rho_\epsilon^\gamma-\rho^\gamma)(\rho_\epsilon-\rho))\mathrm{d}x\\
&=\frac{1}{\delta}\overline{\lim_{\epsilon\to 0}}\int_\Omega (P(\rho_\epsilon)-P(\rho))(\rho_\epsilon-\rho)\mathrm{d}x\\
&=\frac{1}{\delta}\overline{\lim_{\epsilon\to 0}}\left(\int_\Omega P(\rho_\epsilon)\rho_\epsilon-\int_\Omega (P(\rho)\rho_\epsilon+P(\rho_\epsilon)\rho-P(\rho)\rho)\mathrm{d}x\right)\\
&\leqslant\frac{1}{\delta}\left(\int_\Omega \overline{P}\rho \mathrm{d}x-\int_\Omega (P(\rho)\rho+\overline{P}\rho-P(\rho)\rho)\mathrm{d}x\right)=0。
\end{aligned}$$

因而，对于任意$s<\beta+1$，

$$\rho_\epsilon\to\rho,\ \text{在}\,L^s(\Omega)\,\text{中。} \tag{3.2.39}$$

从而得出

$$\overline{P}=P(\rho),\ \text{a.e. 在}\,\Omega\,\text{上。}$$

最后，由弱下半连续性（见定理2.2.11）即得能量不等式:

$$\int_\Omega \left(\mu|\nabla\boldsymbol{v}|^2+\tilde{\mu}|\mathrm{div}\boldsymbol{v}|^2\right)\mathrm{d}x\leqslant\int_\Omega \rho\boldsymbol{f}\cdot\boldsymbol{v}\mathrm{d}x。$$

综上所述，本节证明了如下结果:

命题 3.2.7 设$\beta > \max\{3,\gamma\}$，令$P_\delta(\rho_\delta) = a\rho_\delta^\gamma + \delta\rho_\delta^\beta$，则问题

$$\operatorname{div}(\rho_\delta \boldsymbol{v}_\delta) = 0, \tag{3.2.40}$$

$$-\mu\triangle\boldsymbol{v}_\delta - \tilde{\mu}\nabla\operatorname{div}\boldsymbol{v}_\delta + \operatorname{div}(\rho_\delta\boldsymbol{v}_\delta\otimes\boldsymbol{v}_\delta) + \nabla P_\delta(\rho_\delta) = \rho_\delta\boldsymbol{f}, \tag{3.2.41}$$

$$\boldsymbol{v_\delta}|_{\partial\Omega} = 0 \tag{3.2.42}$$

存在有界能量弱解$(\rho_\delta, \boldsymbol{v}_\delta) \in L^{2\beta}(\Omega) \times (H_0^1(\Omega))^3$，满足：

$$\boldsymbol{v}_\delta \in (W_0^{1,2}(\Omega))^3,\quad \int_\Omega \rho_\delta \mathrm{d}x = M, \tag{3.2.43}$$

$$\operatorname{div}(b(\rho_\delta)\boldsymbol{v}_\delta) + \big(b'(\rho_\delta)\rho_\delta - b(\rho_\delta)\big)\operatorname{div}\boldsymbol{v}_\delta = 0,\quad \text{在 } \mathcal{D}'(\Omega) \text{ 中}, \tag{3.2.44}$$

$$\int_\Omega (\mu|\nabla\boldsymbol{v}_\delta|^2 + \tilde{\mu}|\operatorname{div}\boldsymbol{v}_\delta|^2)\mathrm{d}x \leqslant \int_\Omega \rho_\delta\boldsymbol{f}\cdot\boldsymbol{v}_\delta\mathrm{d}x, \tag{3.2.45}$$

其中b满足(2.1.52)和(2.1.53)。

§3.3 消失人工压力极限$\delta \to 0$

本节将对问题(3.2.40)–(3.2.42)取极限$\delta \to 0$，从而得到定常等熵可压缩NS方程组弱解的存在性。

若密度的可积性足够高，如$\rho \in L^2(\Omega)$，则由(3.2.45)可以得到$\boldsymbol{v} \in (H_0^1(\Omega))^3$，从而$\rho|\boldsymbol{v}|^2 \in L^{\frac{6}{5}}(\Omega)$, 且$(\rho,\boldsymbol{v})$满足重整化连续方程(3.2.31)，重复上节中$\varepsilon \to 0$的极限过程就可以得到弱解的存在性。

但如果密度的可积性不够高，即不能得到$\rho \in L^2(\Omega)$，则不能直接得到$(\rho,\boldsymbol{v})$满足重整化连续方程(3.2.31)。因此对此情形，上节的方法不能直接应用到$\delta \to 0$的极限过程中。事实上，密度的可积性和绝热指数γ密切相关。一般来说，绝热指数越大，密度的可积性越高。特别地，在二维空间当$\gamma > 1$ 时，或在三维空间当$\gamma > 3$时，可以得到$\rho \in L^\infty_{\mathrm{loc}}(\Omega)$。本节只研究密度的可积性较低的情形，即已有的先验估计不能推出$\rho \in L^2(\Omega)$。本节将证明只要能够得到压力和对流项大于1的可积性，则由Lions、Feireisl等人在研究非定常情形时所使用的证明框架，就可以得到定常情形的弱解存在性。

定理 3.3.1 设$\gamma > 1$, $\boldsymbol{f} \in (L^\infty(\mathbb{R}^3))^3$，令$(\rho_\delta,\boldsymbol{v}_\delta)$为逼近问题(3.2.40)–(3.2.42)满足 (3.2.43) – (3.2.45) 的弱解。若存在一个与δ无关的常数C，以及正常数$\theta_i > 0$（$i = 1,2,3$），使得$(\rho_\delta,\boldsymbol{v}_\delta)$满足

$$\|\boldsymbol{v}_\delta\|_{1,2} + \|P_\delta\|_{1+\theta_1} + \|\rho_\delta|\boldsymbol{v}_\delta|^2\|_{1+\theta_2} + \|\rho_\delta\boldsymbol{v}_\delta\|_{1+\theta_3} \leqslant C, \tag{3.3.1}$$

$$\delta\int_\Omega \rho_\delta^\beta \mathrm{d}x \to 0,\quad \text{在 } \mathcal{D}'(\Omega) \text{ 中，当 } \delta \to 0\text{。} \tag{3.3.2}$$

则问题(3.0.1)–(3.0.2)存在重整化有界能量弱解。

备注 3.3.2 相比于非定常情形，在定常NS方程组中，由能量不等式(3.2.45)不能直接得到$\boldsymbol{v} \in (H_0^1(\Omega))^3$。当绝热指数$\gamma$比较小，特别是充分靠近1时，得到估计(3.3.1)和(3.3.2) 是困难的。粗略地讲，γ越靠近1，密度ρ的可积性也越靠近1。而若直接用Hölder不等式和Sobolev嵌入定理，在$\boldsymbol{v} \in (H_0^1(\Omega))^3$的条件下，$\rho\boldsymbol{v} \in (L^1(\Omega))^3$需要$\rho \in L^{3/2}(\Omega)$，这对于$\gamma$ 靠近1时是做不到的。所以，此时若用类似于非定常情形的方法甚至不能得到$\boldsymbol{v} \in (H_0^1(\Omega))^3$。下面两节将对不同边值条件分别证明估计(3.3.1)和(3.3.2)。

现在开始证明定理3.3.1。

§3.3.1 $\delta \to 0$的极限过程

本节先对问题(3.2.40)–(3.2.42)关于$\delta \to 0$取极限。证明思路类似于上节，但需要更精细分析。首先注意当$\theta_i > 0$充分小时，若应用Hölder 不等式，定理3.3.1的条件不足以能够得到非线性项的弱极限。因此，在下面的取极限过程中将用定理2.2.13。

现研究弱收敛性。由(3.3.1)，(3.3.2)以及紧嵌入$W^{1,2}(\Omega) \hookrightarrow\hookrightarrow L^p(\Omega)$ $(p \in [1,6))$，存在子列（仍记为$\{(\rho_\delta, \boldsymbol{v}_\delta)\}$）满足：

$$\boldsymbol{v}_\delta \to \boldsymbol{v}, \quad 在\,(L^p(\Omega))^3,\, 1 \leqslant p < 6\,中， \tag{3.3.3}$$

$$\boldsymbol{v}_\delta \rightharpoonup \boldsymbol{v}, \quad 在\,(H^1(\Omega))^3\,中， \tag{3.3.4}$$

$$\rho_\delta \rightharpoonup \rho, \quad 在\,L^{(1+\theta_1)\gamma}(\Omega)\,中， \tag{3.3.5}$$

$$\rho_\delta^\gamma \rightharpoonup \overline{\rho^\gamma},\ 在\,L^{1+\theta_1}(\Omega),\,\rho \geqslant 0\,中，\ \text{a.e.}\ 在\,\Omega\,中， \tag{3.3.6}$$

$$\delta\rho_\delta^\beta \to 0, \quad 在\,\mathcal{D}'(\Omega)\,中。 \tag{3.3.7}$$

这里及下文$\overline{f(\rho, \boldsymbol{v})}$记为$f(\rho_\delta, \boldsymbol{v}_\delta)$的弱极限。

由定理2.2.13，可从(3.3.3)–(3.3.7)推出

$$\rho_\delta \boldsymbol{v}_\delta \rightharpoonup \rho\boldsymbol{v}, \quad 在\,(L^{1+\theta_3}(\Omega))^3\,中， \tag{3.3.8}$$

$$\rho_\delta \boldsymbol{v}_\delta \otimes \boldsymbol{v}_\delta \rightharpoonup \rho\boldsymbol{v} \otimes \boldsymbol{v}, \quad 在\,(L^{1+\theta_3}(\Omega))^9\,中。 \tag{3.3.9}$$

在(3.2.40)–(3.2.42)和(3.2.44)中令$\delta \to 0$，并利用(3.3.3)–(3.3.9)可得

$$\operatorname{div}(\rho\boldsymbol{v}) = 0, \quad 在\,\mathcal{D}'(\Omega)\,中， \tag{3.3.10}$$

$$\operatorname{div}(\rho\boldsymbol{u} \otimes \boldsymbol{v}) - \operatorname{div}\mathbb{S}(\boldsymbol{v}) + a\nabla\overline{\rho^\gamma} = \rho\boldsymbol{f}, \quad 在\,(\mathcal{D}'(\Omega))^3\,中， \tag{3.3.11}$$

$$\operatorname{div}(\overline{b(\rho)}\boldsymbol{v}) + \overline{(\rho b'(\rho) - b(\rho))\operatorname{div}\boldsymbol{v}} = 0, \quad 在\,\mathcal{D}'(\Omega)\,中， \tag{3.3.12}$$

$$\int_\Omega (\mu|\nabla\boldsymbol{v}|^2 + \tilde{\mu}|\operatorname{div}\boldsymbol{v}|^2)\mathrm{d}x \leqslant \int_\Omega \rho\boldsymbol{f}\cdot\boldsymbol{v}\mathrm{d}x。 \tag{3.3.13}$$

为了证明$(\rho,\boldsymbol{v})$是原问题(3.0.1)–(3.0.2)的弱解，还需要证明

$$\overline{\rho^{\gamma}}=\rho^{\gamma},\ \text{a.e. 在}\,\Omega\,\text{中。} \tag{3.3.14}$$

对于一般的非线性函数，此关系式并不成立。但要$(\rho,\boldsymbol{v})$是弱解，此等式必须成立。因为ρ_δ是逼近方程的解，不是任意的函数序列，必须要满足方程。所以，要充分利用方程的性质和结构去证明此关系式成立。

从本章第3.2节的证明过程来看，需要$(\rho,\boldsymbol{v})$是(3.3.10)的重整化解。如果$\rho\in L^2(\Omega)$，则$(\rho,\boldsymbol{v})$自动是重整化解。但这一点当γ和θ_1充分小时并不成立。由定义可看出，重整化解可保证弱解进行复合函数运算。若$(\rho,\boldsymbol{v})$不是重整化解，如何对弱解进行必要的复合函数运算? 答案: 利用截断函数技巧可以克服由于ρ不属于$L^2(\Omega)$所引起的困难。

如上所述，为克服$\rho\notin L^2(\Omega)$的困难，引入截断函数

$$T_k(z)=kT(z/k),\quad k=1,\ 2,\ \cdots, \tag{3.3.15}$$

其中$T\in C^\infty(\mathbb{R})$是凹的，$|T'(x)|\leqslant 1$，且满足

$$T(z)=\begin{cases} z, & z\leqslant 1,\\ 2, & z\geqslant 3。\end{cases}$$

下面用$T_k(\rho)$代替ρ进行本章第3.2节中的运算，最后再让$k\to 0$，结合Lebesgue控制收敛定理推导所要结论。

§3.3.2 有效黏性通量

类似于本章第3.2节内容，需要引入有效黏性通量，并研究它的正则化性质。为此定义有效黏性通量:

$$\widetilde{H}_\delta:=a\rho_\delta^{\gamma}-(\mu+\tilde{\mu})\mathrm{div}\boldsymbol{v}_\delta\rightharpoonup\widetilde{H}:=a\overline{\rho^{\gamma}}-(\mu+\tilde{\mu})\mathrm{div}\boldsymbol{v}, \tag{3.3.16}$$

则有下面的结论:

定理 3.3.3 对任意$\phi\in C_0^\infty(\Omega)$，下式成立

$$\lim_{\delta\to 0}\int_\Omega\phi(x)\tilde{H}_\delta T_k(\rho_\delta)\mathrm{d}x=\int_\Omega\phi(x)\tilde{H}\overline{T_k(\rho)}\mathrm{d}x。 \tag{3.3.17}$$

备注 3.3.4 由稠密技术，实际上在(3.3.17) 中可以取$\phi(x)=1$。此外，与定理3.2.1 类似，证明定理3.3.3的主要困难在于如何对动量方程中的对流项关于δ取极限，这里的关键在于应用定理2.2.12 和2.2.13。

证明　对给定$\phi,\xi\in C_0^\infty(\Omega)$，记

$$
\begin{aligned}
\Phi_\delta&=(\Phi_{1\delta},\Phi_{2\delta},\Phi_{3\delta})=\phi(x)\mathcal{A}(\xi(x)T_k(\rho_\delta)),\\
\Phi&=(\Phi_1,\Phi_2,\Phi_3)=\phi(x)\mathcal{A}(\xi(x)T_k(\rho))。
\end{aligned}
$$

分别用Φ_δ和Φ作用于(3.2.41)和$(3.0.1)_2$，直接计算可得（注意$\boldsymbol{v_\delta}=(v_\delta^1,v_\delta^2,v_\delta^3)$：

$$
\begin{aligned}
&\int_\Omega \phi(x)\xi(x)\tilde{H}_\delta T_k(\rho_\delta)\mathrm{d}x+\delta\int_\Omega \phi(x)\xi(x)\rho_\delta^\beta T_k(\rho_\delta)\mathrm{d}x\\
=&-\int_\Omega \rho_\delta v_\delta^i v_\delta^j\partial_i\phi\mathcal{A}_j(\xi T_k(\rho_\delta))\mathrm{d}x-\int_\Omega \rho_\delta v_\delta^i v_\delta^j\phi\mathcal{R}_{ij}(\xi T_k(\rho_\delta))\mathrm{d}x\\
&-\int_\Omega (a\rho_\delta^\gamma+\delta\rho_\delta^\beta)\nabla\phi\cdot\mathcal{A}(\xi(x)T_k(\rho_\delta))\mathrm{d}x+\tilde{\mu}\int_\Omega \mathrm{div}\boldsymbol{v}_\delta\nabla\phi\cdot\mathcal{A}(\xi(x)T_k(\rho_\delta))\mathrm{d}x\\
&+\mu\int_\Omega\Big(\boldsymbol{v}_\delta\cdot\nabla\phi\xi(x)T_k(\rho_\delta)+\nabla\phi\cdot\nabla v_\delta^i\mathcal{A}_i(\xi(x)T_k(\rho_\delta))\Big)\mathrm{d}x\\
&+\mu\int_\Omega v_\delta^i\partial_j\phi\mathcal{R}_{ij}(\xi(x)T_k(\rho_\delta))\mathrm{d}x-\int_\Omega\rho_\delta\phi(x)\boldsymbol{f}\cdot\mathcal{A}(\xi T_k(\rho_\delta))\mathrm{d}x,
\end{aligned}
\tag{3.3.18}
$$

$$
\begin{aligned}
&\int_\Omega \phi(x)\xi(x)\tilde{H}\overline{T_k(\rho)}\mathrm{d}x\\
=&-\int_\Omega \rho v_i v_j\partial_i\phi\mathcal{A}_j(\xi\overline{T_k(\rho)})\mathrm{d}x-\int_\Omega \rho v_i v_j\phi\mathcal{R}_{ij}(\xi\overline{T_k(\rho)})\mathrm{d}x\\
&-\int_\Omega a\overline{\rho^\gamma}\nabla\phi\cdot\mathcal{A}(\xi(x)\overline{T_k(\rho)})\mathrm{d}x+\tilde{\mu}\int_\Omega \mathrm{div}\boldsymbol{v}\nabla\phi\cdot\mathcal{A}(\xi(x)\overline{T_k(\rho)})\mathrm{d}x\\
&+\mu\int_\Omega\{\boldsymbol{v}\cdot\nabla\phi\xi(x)\overline{T_k(\rho)}+\nabla\phi\cdot\nabla v^i\mathcal{A}_i(\xi(x)\overline{T_k(\rho)})\}\mathrm{d}x\\
&+\mu\int_\Omega v_i\partial_j\phi\mathcal{R}_{ij}(\xi(x)\overline{T_k(\rho)})\mathrm{d}x-\int_\Omega\rho\phi(x)\boldsymbol{f}\cdot\mathcal{A}(\xi\overline{T_k(\rho)})\mathrm{d}x。
\end{aligned}
\tag{3.3.19}
$$

下面将对(3.3.18)关于$\delta\to 0$ 取极限。

首先对给定k以及任意δ，有

$$
\|T_k(\rho_\delta)\|_\infty\leqslant 2k。
$$

因此，利用定理2.2.10和Sobolev嵌入定理，可得出

$$
\begin{cases}
\mathcal{R}_{ij}(\xi T_k(\rho_\delta))\rightharpoonup\mathcal{R}_{ij}(\xi\overline{T_k(\rho)}), & \text{在 } L^p(\Omega)\text{ 中}, \quad \forall 1<p<\infty,\\
\mathcal{A}(\xi T_k(\rho_\delta))\to\mathcal{A}(\xi\overline{T_k(\rho)}), & \text{在 } (C^0(\overline{\Omega}))^3\text{ 中}。
\end{cases}
\tag{3.3.20}
$$

由(3.3.1)–(3.3.9)和(3.3.20)，我们即可推出

$$
\begin{aligned}
&\lim_{\delta\to 0}\delta\int_\Omega \phi(x)\xi(x)\rho_\delta^\beta T_k(\rho_\delta)\mathrm{d}x=0,\\
&\lim_{\delta\to 0}\int_\Omega \rho_\delta v_\delta^i v_\delta^j\partial_i\phi\mathcal{A}_j(\xi T_k(\rho_\delta))\mathrm{d}x=\int_\Omega \rho v_i v_j\partial_i\phi\mathcal{A}_j(\xi\overline{T_k(\rho)})\mathrm{d}x,\\
&\lim_{\delta\to 0}\int_\Omega (a\rho_\delta^\gamma+\delta\rho_\delta^6)\nabla\phi\cdot\mathcal{A}(\xi T_k(\rho_\delta))\mathrm{d}x=\int_\Omega a\overline{\rho^\gamma}\nabla\phi\cdot\mathcal{A}(\xi\overline{T_k(\rho)})\mathrm{d}x,\\
&\lim_{\delta\to 0}\int_\Omega \mathrm{div}\boldsymbol{v}_\delta\nabla\phi\cdot\mathcal{A}(\xi T_k(\rho_\delta))\mathrm{d}x=\int_\Omega \mathrm{div}\boldsymbol{v}\nabla\phi\cdot\mathcal{A}(\xi\overline{T_k(\rho)})\mathrm{d}x,\\
&\lim_{\delta\to 0}\int_\Omega \rho_\delta\phi(x)\boldsymbol{f}\cdot\mathcal{A}(\xi T_k(\rho_\delta))\mathrm{d}x=\int_\Omega \rho\phi(x)\boldsymbol{f}\cdot\mathcal{A}(\xi\overline{T_k(\rho)})\mathrm{d}x,\\
&\lim_{\delta\to 0}\int_\Omega \Big(\boldsymbol{v}_\delta\cdot\nabla\phi\xi T_k(\rho_\delta)+\nabla\phi\cdot\nabla v_\delta^i\mathcal{A}_i(\xi T_k(\rho_\delta))+v_\delta^i\partial_j\phi\mathcal{R}_{ij}(\xi T_k(\rho_\delta))\Big)\mathrm{d}x\\
&\quad=\int_\Omega \Big(\boldsymbol{v}\cdot\nabla\phi\xi\overline{T_k(\rho)}+\nabla\phi\cdot\nabla v_i\mathcal{A}_i(\xi\overline{T_k(\rho)})+v_i\partial_j\phi\mathcal{R}_{ij}(\xi\overline{T_k(\rho)})\Big)\mathrm{d}x。
\end{aligned}
$$

下面将利用定理2.2.12–2.2.14来证明(3.3.18)右端第二项的收敛性。

首先对任意给定j，有

$$\mathrm{curl}\mathcal{R}_{ij}(\xi T_k(\rho_\delta))=0\ \text{且}\mathrm{div}(\rho_\delta\boldsymbol{v_\delta})=0。$$

结合(3.3.8)，(3.3.20)和定理2.2.12可以得到

$$\rho_\delta v_\delta^i\mathcal{R}_{ij}(\xi T_k(\rho_\delta))\rightharpoonup\rho v_i\mathcal{R}_{ij}(\xi\overline{T_k(\rho)},\quad \text{在}\,L^{\tilde r}(\Omega)\,\text{中，}\forall\, 1<\tilde r<1+\theta_3。\tag{3.3.21}$$

另一方面，

$$\boldsymbol{v}_\delta\to\boldsymbol{v},\quad \text{在}\,(L^p(\Omega))^3\,\text{中，}\ 1\leqslant p<6,\tag{3.3.22}$$

且

$$\|\rho_\delta v_\delta^i v_\delta^j\mathcal{R}_{ij}(\xi T_k(\rho))\|_{\hat r}\leqslant C,\ \forall\, 1<\hat r<1+\theta_2。\tag{3.3.23}$$

故由(3.3.21)–(3.3.23)和定理2.2.13，得

$$\rho_\delta v_\delta^i v_\delta^j\mathcal{R}_{ij}(\xi T_k(\rho_\delta))\rightharpoonup\rho v_i v_j\mathcal{R}_{ij}(\xi\overline{T_k(\rho)}),\quad \text{在}\,L^{\hat r}(\Omega)\,\text{中。}\tag{3.3.24}$$

最后在(3.3.18)中取$\delta\to 0$，并利用上述关于(3.3.18)中各项收敛结果，(3.3.19)，以及稠密技术（即可允许取$\xi=1$），即得所要结果。 □

§3.3.3 密度振荡的控制

当$\delta=0$时，如果γ和θ_1较小，此时$\rho\in L^{\gamma(1+\theta_1)}(\Omega)\not\subset L^2(\Omega)$。引理3.2.6指出：$\rho$的平方可积性可以保证$(\rho,\boldsymbol{v})$是重整化解。因此，若直接从$\rho\in L^{\gamma(1+\theta_1)}(\Omega)$出发，并不能得到$(\rho,\boldsymbol{v})$是重整化解。实际上，虽然$\rho$不是平方可积的，但可期待$T_k(\rho)-\overline{T_k(\rho)}$ 是平方可积的（实际上为零），即下引理。

引理 3.3.5 下式成立:

$$\limsup_{\delta\to 0}\|T_k(\rho_\delta)-T_k(\rho)\|_{\gamma+1}\leqslant C,$$

其中C是不依赖于k的常数。

证明 首先注意到：对任意x，$y\geqslant 0$，

$$|T_k(x)-T_k(y)|^{\gamma+1}\leqslant (x^\gamma-y^\gamma)(T_k(x)-T_k(y))。\tag{3.3.25}$$

实际上，由于x和y的对称性，以及T_k的单调性，只需对$x\geqslant y\geqslant 0$证明(3.3.25) 即可。注意到，对于任意$x\geqslant 0$，$|T_k'(x)|\leqslant 1$，且对于任意的$x\geqslant y\geqslant 0$，

$$(x-y)^\gamma\leqslant x^\gamma-y^\gamma,$$

因而有

$$|T_k(x)-T_k(y)|^\gamma\leqslant |T_k'(\xi)|^\gamma|x-y|^\gamma\leqslant |x-y|^\gamma\leqslant (x^\gamma-y^\gamma)。$$

因此(3.3.25)成立。从而由

$$(\rho_\delta^\gamma-\rho^\gamma)(T_k(\rho_\delta)-T_k(\rho))\in L^{1+\theta_1}(\Omega),$$

可推出极限（存在子列收敛）

$$\lim_{\delta\to 0}\int_\Omega(\rho_\delta^\gamma-\rho^\gamma)(T_k(\rho_\delta)-T_k(\rho))\mathrm{d}x\text{是存在的。}$$

所以有

$$\begin{aligned}&\limsup_{\delta\to 0}\|T_k(\rho_\delta)-T_k(\rho)\|_{\gamma+1}^{\gamma+1}\leqslant \limsup_{\delta\to 0}\int_\Omega(\rho_\delta^\gamma-\rho^\gamma)(T_k(\rho_\delta)-T_k(\rho))\mathrm{d}x\\&=\lim_{\delta\to 0}\int_\Omega(\rho_\delta^\gamma-\rho^\gamma)(T_k(\rho_\delta)-T_k(\rho))\mathrm{d}x。\end{aligned}\tag{3.3.26}$$

又因为ρ^γ是凸的，而$T_k(\rho)$是凹的，所以

$$\overline{\rho^\gamma}\geqslant\rho^\gamma,\quad T_k(\rho)\geqslant\overline{T_k(\rho)},$$

从而，

$$\begin{aligned}&\lim_{\delta\to 0}\int_\Omega(\rho_\delta^\gamma-\rho^\gamma)(T_k(\rho_\delta)-T_k(\rho))\mathrm{d}x\\&\leqslant\lim_{\delta\to 0}\int_\Omega(\rho_\delta^\gamma-\rho^\gamma)(T_k(\rho_\delta)-T_k(\rho))\mathrm{d}x+\int_\Omega(\overline{\rho^\gamma}-\rho^\gamma)(T_k(\rho)-\overline{T_k(\rho)})\mathrm{d}x\\&=\lim_{\delta\to 0}\int_\Omega(\rho_\delta^\gamma T_k(\rho_\delta)-\rho^\gamma\overline{T_k(\rho)}-\overline{\rho^\gamma}T_k(\rho)+\rho^\gamma T_k(\rho))\mathrm{d}x\\&\quad+\int_\Omega(\overline{\rho^\gamma}T_k(\rho)-\rho^\gamma T_k(\rho)-\overline{\rho^\gamma}\,\overline{T_k(\rho)}+\rho^\gamma\overline{T_k(\rho)})\mathrm{d}x\\&=\lim_{\delta\to 0}\int_\Omega(\rho_\delta^\gamma T_k(\rho_\delta)-\overline{\rho^\gamma}\,\overline{T_k(\rho)})\mathrm{d}x。\end{aligned}\tag{3.3.27}$$

根据(3.3.17)，有

$$
\begin{aligned}
&\lim_{\delta\to 0}\int_\Omega(\rho_\delta^\gamma T_k(\rho_\delta)-\overline{\rho^\gamma T_k(\rho)})\mathrm{d}x\\
&=\frac{1}{a}\lim_{\delta\to 0}\int_\Omega((a\rho_\delta^\gamma-(\mu+\tilde{\mu})\mathrm{div}\boldsymbol{v}_\delta+(\mu+\tilde{\mu})\mathrm{div}\boldsymbol{v}_\delta)T_k(\rho_\delta)\\
&\quad-(a\overline{\rho}^\gamma-(\mu+\tilde{\mu})\mathrm{div}\boldsymbol{v}+(\mu+\tilde{\mu})\mathrm{div}\boldsymbol{v})\overline{T_k(\rho)})\mathrm{d}x\\
&=\frac{1}{a}\lim_{\delta\to 0}\int_\Omega((\widetilde{H}_\delta+(\mu+\tilde{\mu})\mathrm{div}\boldsymbol{v}_\delta)T_k(\rho_\delta)-(\widetilde{H}+(\mu+\tilde{\mu})\mathrm{div}\boldsymbol{v})\overline{T_k(\rho)})\mathrm{d}x\\
&=\frac{\mu+\tilde{\mu}}{a}\lim_{\delta\to 0}\int_\Omega(\mathrm{div}\boldsymbol{v}_\delta T_k(\rho_\delta)-\mathrm{div}\boldsymbol{v}\overline{T_k(\rho)})\mathrm{d}x。
\end{aligned}
\tag{3.3.28}
$$

注意到，

$$\lim_{\delta\to 0}\int_\Omega \mathrm{div}\boldsymbol{v}_\delta\overline{T_k(\rho)}\mathrm{d}x=\int_\Omega\mathrm{div}\boldsymbol{v}\ \overline{T_k(\rho)}\mathrm{d}x,$$

所以

$$
\begin{aligned}
&\frac{\mu+\tilde{\mu}}{a}\lim_{\delta\to 0}\int_\Omega(\mathrm{div}\boldsymbol{v}_\delta T_k(\rho_\delta)-\mathrm{div}\boldsymbol{v}\overline{T_k(\rho)})\mathrm{d}x\\
&=\frac{\mu+\tilde{\mu}}{a}\lim_{\delta\to 0}\int_\Omega(\mathrm{div}\boldsymbol{v}_\delta T_k(\rho_\delta)-\mathrm{div}\boldsymbol{v}_\delta\overline{T_k(\rho)})\mathrm{d}x\\
&\leqslant C\Big|\lim_{\delta\to 0}\int_\Omega\mathrm{div}\boldsymbol{v}_\delta(T_k(\rho_\delta)-\overline{T_k(\rho)})\mathrm{d}x\mathrm{d}t\Big|\\
&\leqslant C\Big|\lim_{\delta\to 0}\int_\Omega\mathrm{div}\boldsymbol{v}_\delta(T_k(\rho_\delta)-T_k(\rho)+T_k(\rho)-\overline{T_k(\rho)})\mathrm{d}x\mathrm{d}t\Big|\\
&\leqslant C\sup_{\delta>0}\|\mathrm{div}\boldsymbol{v}_\delta\|_2\limsup_{\delta\to 0}(\|T_k(\rho_\delta)-T_k(\rho)\|_2+\|T_k(\rho)-\overline{T_k(\rho)}\|_2)\\
&\leqslant C\limsup_{\delta\to 0}(\|T_k(\rho_\delta)-T_k(\rho)\|_2+\|T_k(\rho)-T_k(\rho_\delta)\|_2)\\
&\leqslant C\limsup_{\delta\to 0}\|T_k(\rho_\delta)-T_k(\rho)\|_2。
\end{aligned}
\tag{3.3.29}
$$

注意$\gamma+1>2$，对上式应用Young不等式即得所要的结论。 □

§3.3.4 重整化解

本节将利用引理3.3.5和截断函数技巧证明: 虽然γ和θ_1较小时，$\rho\in L^{\gamma(1+\theta_1)}(\Omega)$ $\not\subseteq L^2(\Omega)$，但弱极限函数$(\rho,\boldsymbol{v})$仍是重整化解。

引理 3.3.6 将弱极限函数$(\rho,\boldsymbol{v})$零延拓到全空间，延拓后的函数仍记为$(\rho,\boldsymbol{v})$。则$(\rho,\boldsymbol{v})$是(3.3.10)在$\mathbb{R}^3$上的重整化解，即: 对任意满足(2.1.52)和(2.1.53)的函数$b(t)$，有

$$\mathrm{div}(b(\rho)\boldsymbol{v})+(\rho b'(\rho)-b(\rho))\mathrm{div}\boldsymbol{v}=0,\quad 在\ \mathcal{D}'(\mathbb{R}^3)\ 中。\tag{3.3.30}$$

证明 首先，由于逼近解$(\rho_\delta, \boldsymbol{v}_\delta)$是问题(3.2.40)–(3.2.42)的重整化解，则只要取$b(z) = T_k(z)$，就得到

$$\mathrm{div}(T_k(\rho_\delta)\boldsymbol{v}_\delta) + (T_k'(\rho_\delta)\rho_\delta - T_k(\rho_\delta))\mathrm{div}\boldsymbol{v}_\delta = 0, \quad 在\,\mathcal{D}'(\Omega)\,中。 \tag{3.3.31}$$

注意，对任意固定的k，$T_k(\rho_\delta) \in L^\infty(\Omega)$，从而可推出当$\delta \to 0$时，下式成立：

$$T_k(\rho_\delta) \to \overline{T_k(\rho)}, \quad 在\,L^p(\Omega)\,中，1 \leqslant p < \infty。 \tag{3.3.32}$$

因此，在(3.3.31)中让$\delta \to 0$并利用(3.3.32)就得出

$$\mathrm{div}(\overline{T_k(\rho)}\boldsymbol{v}) + \overline{(T_k'(\rho)\rho - T_k(\rho))\mathrm{div}\boldsymbol{v}} = 0, \quad 在\,\mathcal{D}'(\Omega)\,中, \tag{3.3.33}$$

其中

$$(T_k'(\rho_\delta)\rho_\delta - T_k(\rho_\delta))\mathrm{div}\boldsymbol{v}_\delta \rightharpoonup \overline{(T_k'(\rho)\rho - T_k(\rho))\mathrm{div}\boldsymbol{v}}, \quad 在\,L^2(\Omega)\,中。$$

通过对(3.3.33)正则化可得

$$\mathrm{div}(S_\epsilon(\overline{T_k(\rho)})\boldsymbol{v}) + S_\epsilon(\overline{(T_k'(\rho)\rho - T_k(\rho))\mathrm{div}\boldsymbol{v}}) = r_\epsilon, \tag{3.3.34}$$

其中利用引理3.2.5可以得到$r_\epsilon = \mathrm{div}(S_\epsilon(\overline{T_k(\rho)})\boldsymbol{v}) - S_\varepsilon(\mathrm{div}(\overline{T_k(\rho)}\boldsymbol{v})) \in L^p(\Omega)$（$1 \leqslant p < 2$）满足：对任何固定的$k$有$r_\epsilon \to 0$，在$L^p(\Omega)$中。另一方面，经过磨光后(3.3.34)几乎处处满足。用$b_h'(S_\epsilon(\overline{T_k(\rho)}))$乘以(3.3.34)，得

$$\begin{aligned}&\mathrm{div}(b_h(S_\epsilon(\overline{T_k(\rho)})\boldsymbol{v}) + b_h'(S_\epsilon(\overline{T_k(\rho)})S_\epsilon(\overline{T_k(\rho)})) - b_h(S_\epsilon(\overline{T_k(\rho)})))\mathrm{div}\boldsymbol{v}\\&\quad + b_h'(S_\epsilon(\overline{T_k(\rho)}))S_\epsilon(\overline{(T_k'(\rho)\rho - T_k(\rho))\mathrm{div}\boldsymbol{v}}) = b_h'(S_\epsilon(\overline{T_k(\rho)}))r_\epsilon,\end{aligned} \tag{3.3.35}$$

其中$b_h'(z)$如(3.2.33)定义，

让上式中的$\epsilon \to 0$，得

$$\begin{aligned}&\mathrm{div}(b_h(\overline{T_k(\rho)})\boldsymbol{v}) + (b_h'(\overline{T_k(\rho)})\overline{T_k(\rho)} - b_h(\overline{T_k(\rho)}))\mathrm{div}\boldsymbol{v}\\&\quad = -b_h'(\overline{T_k(\rho)})\overline{(T_k'(\rho)\rho - T_k(\rho))\mathrm{div}\boldsymbol{v}}, \quad 在\,\mathcal{D}'(\Omega)\,中。\end{aligned} \tag{3.3.36}$$

令$h \to 0$，类似于引理3.2.6，推出

$$\begin{aligned}&\mathrm{div}(b(\overline{T_k(\rho)})\boldsymbol{v}) + (b'(\overline{T_k(\rho)})\overline{T_k(\rho)} - b(\overline{T_k(\rho)}))\mathrm{div}\boldsymbol{v}\\&\quad = -b'(\overline{T_k(\rho)})\overline{(T_k'(\rho)\rho - T_k(\rho))\mathrm{div}\boldsymbol{v}}, \quad 在\,\mathcal{D}'(\Omega)\,中。\end{aligned} \tag{3.3.37}$$

注意到，$kT(\rho_\delta/k)\leqslant 2\rho_\delta$，结果对于$1\leqslant p<\gamma\theta_1$，我们有

$$\begin{aligned}
&\|T_k(\rho_\delta)-\rho_\delta\|_p^p\\
&=\int_{\{\rho_\delta\geqslant k\}}\left|kT(\frac{\rho_\delta}{k})-\rho_\delta\right|^p\mathrm{d}x\\
&\leqslant\int_{\{\rho_\delta\geqslant k\}}\left(|kT(\frac{\rho_\delta}{k})|+|\rho_\delta|\right)^p\mathrm{d}x\leqslant 3^p\int_{\{\rho_\delta\geqslant k\}}|\rho_\delta|^p\mathrm{d}x\\
&=3^p\int_{\{\rho_\delta\geqslant k\}}\frac{\rho_\delta^{\gamma\theta_1}}{\rho_\delta^{\gamma\theta_1-p}}\mathrm{d}x\leqslant 3^pk^{-(\gamma\theta_1-p)}\int_{\{\rho_\delta\geqslant k\}}\rho_\delta^{\gamma\theta_1}\mathrm{d}x\\
&\leqslant C3^pk^{-(\gamma\theta_1-p)}\to 0,\text{当}k\to\infty\text{（关于}\delta\text{一致收敛）。}
\end{aligned}\tag{3.3.38}$$

因此，

$$\begin{aligned}
\|\overline{T_k(\rho)}-\rho\|_p&\leqslant\liminf_{\delta\to0^+}\|T_k(\rho_\delta)-\rho_\delta\|_p\\
&\leqslant\limsup_{\delta\to0^+}\|T_k(\rho_\delta)-\rho_\delta\|_p\\
&\leqslant C3^pk^{-(\gamma\theta_1-p)}\to 0,\text{当}k\to\infty\text{。}
\end{aligned}\tag{3.3.39}$$

从而

$$\overline{T_k(\rho)}\to\rho,\ \text{在}\ L^p\ \text{中，}1\leqslant p<\gamma\theta_1\text{。}$$

因此由Lebesgue控制收敛定理可以得到，当$k\to\infty$时，(3.3.37)式的左边项收敛于

$$\mathrm{div}(b(\rho)\boldsymbol{v})+(\rho b'(\rho)-b(\rho))\mathrm{div}\boldsymbol{v},\quad \text{在}\ \mathcal{D}'(\Omega)\ \text{中。}$$

下面将证明

$$b'(\overline{T_k(\rho)})\overline{(T_k'(\rho)\rho-T_k(\rho))\mathrm{div}\boldsymbol{v}}\to 0,\quad \text{在}\ L^1(\Omega)\ \text{中。}\tag{3.3.40}$$

现在记$Q_{k,M}=\{x\in\Omega\mid\overline{T_k(\rho)}\leqslant M\}$，其中$M$充分大，使得$b'(z)=0$，当$z\geqslant M$。因此，

$$\begin{aligned}
&\int_\Omega|b'(\overline{T_k(\rho)})\overline{(T_k'(\rho)\rho-T_k(\rho))\mathrm{div}\boldsymbol{v}}|\mathrm{d}x\\
&=\int_{Q_{k,M}}|b'(\overline{T_k(\rho)})\overline{(T_k'(\rho)\rho-T_k(\rho))\mathrm{div}\boldsymbol{v}}|\mathrm{d}x\\
&\leqslant\sup_{Q_{k,M}}|b'(\overline{T_k(\rho)})|\int_{Q_{k,M}}|\overline{(T_k'(\rho)\rho-T_k(\rho))\mathrm{div}\boldsymbol{v}}|\mathrm{d}x\\
&\leqslant\sup_{0\leqslant z\leqslant M}|b'(z)|\liminf_{\delta\to0}\int_{Q_{k,M}}|(T_k'(\rho_\delta)\rho_\delta-T_k(\rho_\delta))\mathrm{div}u_\delta|\mathrm{d}x\\
&\leqslant C\sup_\delta\|\mathrm{div}v_\delta\|_2\liminf_{\delta\to0}\|T_k'(\rho_\delta)\rho_\delta-T_k(\rho_\delta)\|_{L^2(Q_{k,M})},
\end{aligned}\tag{3.3.41}$$

其中，由插值定理可得，

$$\begin{aligned}&\|T_k'(\rho_\delta)\rho_\delta - T_k(\rho_\delta)\|^2_{L^2(Q_{k,M})}\\ &\leqslant \|T_k'(\rho_\delta)\rho_\delta - T_k(\rho_\delta)\|_1^{1-\frac{1}{\gamma}}\|T_k'(\rho_\delta)\rho_\delta - T_k(\rho_\delta)\|^{1+\frac{1}{\gamma}}_{L^{\gamma+1}(Q_{k,M})}。\end{aligned} \tag{3.3.42}$$

另一方面，完全类似于(3.3.38)可推出

$$\begin{aligned}&\|T_k'(\rho_\delta)\rho_\delta - T_k(\rho_\delta)\|_1\\ &\leqslant 3k^{1-\gamma\theta_1}\sup_\delta \|\rho_\delta\|^{\gamma\theta_1}_{\gamma\theta_1} \leqslant Ck^{1-\gamma\theta_1} \to 0。\end{aligned} \tag{3.3.43}$$

注意，由$T_k(z)$的构造，不等式$T_k'(z)z \leqslant T_k(z)$成立。事实上，由$T_k''(z) \leqslant 0$就得出$0 = T_k(0) = T_k(z) - T_k'(z)z + T_k''(\xi z)z^2/2$，对某一个$\xi \in (0,1)$。从而推出$0 \leqslant T_k(z) - T_k'(z)z$。所以，

$$\begin{aligned}&\|T_k'(\rho_\delta)\rho_\delta - T_k(\rho_\delta)\|_{L^{\gamma+1}(Q_{k,M})} \leqslant 2\|T_k(\rho_\delta)\|_{L^{\gamma+1}(Q_{k,M})}\\ &\leqslant 2(\|T_k(\rho_\delta) - T_k(\rho)\|_{\gamma+1} + \|T_k(\rho)\|_{L^{\gamma+1}(Q_{k,M})})\\ &\leqslant 2\Big(\|T_k(\rho_\delta) - T_k(\rho)\|_{\gamma+1} + \|T_k(\rho) - \overline{T_k(\rho)}\|_{\gamma+1} + \|\overline{T_k(\rho)}\|_{L^{\gamma+1}(Q_{k,M})}\Big)\\ &\leqslant 2\Big(\|T_k(\rho_\delta) - T_k(\rho)\|_{\gamma+1} + \|T_k(\rho) - \overline{T_k(\rho)}\|_{\gamma+1} + M|Q_{k,M}|^{\frac{1}{\gamma+1}}\Big)。\end{aligned}$$

利用引理3.3.5，由上式可得:

$$\begin{aligned}&\limsup_{\delta\to 0}\|T_k'(\rho_\delta)\rho_\delta - T_k(\rho_\delta)\|_{L^{\gamma+1}(Q_{k,M})}\\ &\leqslant 2(2C + M|\Omega|^{1/(\gamma+1)}|) \leqslant C,\end{aligned} \tag{3.3.44}$$

其中C与δ和k无关。将(3.3.42)–(3.3.44)代入(3.3.41)就得到

$$b'(\overline{T_k(\rho)})\overline{(T_k'(\rho)\rho - T_k(\rho))\mathrm{div}\boldsymbol{v}} \to 0, \quad 在\, L^1(\Omega)\, 中。 \tag{3.3.45}$$

最后，在(3.3.36)中让$k \to \infty$，并利用(3.3.40), (3.3.45), 立即得到引理3.3.6。引理证毕。 □

§3.3.5　逼近密度函数的强收敛

在前三小节的基础上，现在可以证明逼近密度函数的强收敛性。

对于任意给定的$k > 1$，记

$$L_k(z) = \begin{cases} z\ln z, & 当0 \leqslant z \leqslant k;\\ z\ln k + z\int_k^z \frac{T_k(s)}{s^2}\mathrm{d}s, & 当z \geqslant k。\end{cases}$$

则$L_k(z) \in C^1(\mathbb{R}_+) \cap C^0(\mathbb{R}_0^+)$。且对充分大的$z$，$L_k(z)$是一线性函数，即对$z \geqslant 3k$,

$$L_k(z) = \beta_k z - 2k,$$

其中

$$\beta_k=\ln k+\int_k^{3k}\frac{T_k(s)}{s^2}\mathrm{d}s+\frac{2}{3}.$$

因此，若记$b_k(z):=L_k(z)-\beta_k z$，则$b_k(z)\in C^1(\mathbb{R}_+)\cap C^0(\mathbb{R}_0^+)$, $b_k'(z)=0$，当z充分大时。容易看出

$$b_k'(z)z-b_k(z)=T_k(z).$$

由(3.3.12)有

$$\int_\Omega \overline{T_k(\rho)\mathrm{div}\boldsymbol{v}}\mathrm{d}x=0。\tag{3.3.46}$$

类似地，由(3.2.44)和(3.3.30)可得

$$\int_\Omega T_k(\rho_\delta)\mathrm{div}\boldsymbol{v}_\delta\mathrm{d}x=0,\tag{3.3.47}$$

$$\int_\Omega T_k(\rho)\mathrm{div}\boldsymbol{v}\mathrm{d}x=0。\tag{3.3.48}$$

利用(3.3.17)和(3.3.46)–(3.3.48)，类似于(3.3.26)–(3.3.28)可推得

$$\begin{aligned}
&\limsup_{\delta\to 0}\|T_k(\rho_\delta)-T_k(\rho)\|_{\gamma+1}^{\gamma+1}\\
\leqslant&\lim_{\delta\to 0}\int_\Omega(\rho_\delta^\gamma T_k(\rho_\delta)-\overline{\rho^\gamma}\,\overline{T_k(\rho)})\mathrm{d}x\\
=&\frac{1}{a}\lim_{\delta\to 0}\int_\Omega((a\rho_\delta^\gamma-(\mu+\tilde{\mu})\mathrm{div}\boldsymbol{v}_\delta)T_k(\rho_\delta)+(\mu+\tilde{\mu})T_k(\rho)\mathrm{div}\boldsymbol{v}\\
&\quad-(a\overline{\rho}^\gamma-(\mu+\tilde{\mu})\mathrm{div}\boldsymbol{u}+(\mu+\tilde{\mu})\mathrm{div}\boldsymbol{v})\overline{T_k(\rho)})\mathrm{d}x\\
=&\frac{1}{a}\lim_{\delta\to 0}\int_\Omega(\widetilde{H}_\delta T_k(\rho_\delta)+(\mu+\tilde{\mu})T_k(\rho)\mathrm{div}\boldsymbol{v}-(\widetilde{H}+(\mu+\tilde{\mu})\mathrm{div}\boldsymbol{v})\overline{T_k(\rho)})\mathrm{d}x\\
=&\frac{\mu+\tilde{\mu}}{a}\int_\Omega(T_k(\rho)-\overline{T_k(\rho)})\mathrm{div}\boldsymbol{v}\mathrm{d}x\\
\leqslant&C\|\mathrm{div}\boldsymbol{v}\|_2\|T_k(\rho)-\overline{T_k(\rho)}\|_2\\
\leqslant&C\|T_k(\rho)-\overline{T_k(\rho)}\|_1^{\frac{\gamma-1}{2\gamma}}\|T_k(\rho)-\overline{T_k(\rho)}\|_{\gamma+1}^{\frac{\gamma+1}{2\gamma}}。
\end{aligned}\tag{3.3.49}$$

类似于(3.3.38)，有

$$\|T_k(\rho)-\rho\|_1\leqslant ck^{-(\gamma\theta_1-1)}。\tag{3.3.50}$$

结果，利用(3.3.39)，(3.3.49), (3.3.50)以及引理3.3.5，可得

$$\lim_{k\to\infty}\limsup_{\delta\to 0^+}\|T_k(\rho_\delta)-T_k(\rho)\|_{\gamma+1}=0。\tag{3.3.51}$$

注意到

$$\begin{aligned}
\|\rho_\delta-\rho\|_1\leqslant&\|\rho_\delta-T_k(\rho_\delta)\|_1\\
&+\|T_k(\rho_\delta)-T_k(\rho)\|_1+\|T_k(\rho)-\rho\|_1,
\end{aligned}$$

使用(3.3.38)，(3.3.50)以及(3.3.51)可看出，存在ρ_δ的一个子序列（仍记为ρ_δ），使得$\lim\limits_{\delta\to 0}\|\rho_\delta-\rho\|_1=0$，即

$$\rho_\delta\to\rho,\quad 在\ L^1(\Omega)\ 中。$$

又由$\|\rho_\delta\|_{1+\gamma}$的一致有界性，可得

$$\rho_\delta^\gamma\to\rho^\gamma,\quad 在\ L^{(1+\theta_1)}(\Omega)\ 中。\tag{3.3.52}$$

因此，$\rho^\gamma=\overline{\rho^\gamma}$。

最后，由弱下半连续性即得到等量不等式，这就完成了定理3.3.1 的证明。

§3.4 三维等熵周期边值问题弱解的存在性

本节将考虑三维周期问题(3.0.1)，(3.0.4)在$\boldsymbol{f}\in H^1_{\rm sym}(\Omega,\mathbb{R}^3)$条件下弱解的存在性。注意到定理3.3.1对于周期情形同样成立，为此要证明周期问题弱解的存在性，只需证明估计(3.3.1)、(3.3.2)即可。类似于命题3.1.4的证明，可以得到当绝热指数$\gamma\geqslant 2$时，估计(3.3.1)已经成立。因此，本节将只考虑绝热指数$1<\gamma<2$的情形。正如备注3.3.2所提到的，与非定态情形相比，在稳态情形能量不等式并不能直接导出$\boldsymbol{v}\in(H_0^1(\Omega))^3$。当$\gamma$靠近1时，若直接用Hölder不等式，用类似于非定常情形的方法甚至不能得到$\boldsymbol{v}\in(H_0^1(\Omega))^3$。为此本节中定义辅助量

$$A=\|P_\delta|\boldsymbol{v}_\delta|^2+\rho_\delta^\alpha|\boldsymbol{v}_\delta|^{2+2\alpha}\|_1,\qquad 0<\alpha<1,\tag{3.4.1}$$

并通过脱靴方法证明下面的定理。

定理 3.4.1 设A由(3.4.1)定义，则对任意$1<r<2-1/\gamma$，下列估计成立：

$$A+\|\boldsymbol{v}_\delta\|_{1,2}+\|P_\delta\|_r+\|\rho_\delta|\boldsymbol{v}_\delta|^2\|_r+\|\rho_\delta\boldsymbol{v}_\delta\|_r\leqslant C,\tag{3.4.2}$$

$$\delta\int_\Omega\rho_\delta^\beta{\rm d}x\to 0\ 当\delta\to 0,\tag{3.4.3}$$

其中C只依赖于$\|\boldsymbol{f}\|_\infty$，$\mu$，$\tilde{\mu}$，$M$，$\gamma$和$\beta$（与$\delta$无关）。

在证明定理3.4.1之前先证明下面几个引理。

引理 3.4.2 令A由3.4.1定义，$(\rho_\delta,\boldsymbol{v}_\delta)$ 是命题3.2.7给出的逼近解。则有下面的估计：

$$A\leqslant C\|\boldsymbol{v}_\delta\|_{1,2}^2\left(1+\|\boldsymbol{v}_\delta\|_{1,2}+\|\rho_\delta\boldsymbol{v}_\delta\|_1^2+\|P_\delta\|_1\right),\tag{3.4.4}$$

其中常数C可依赖于α。

证明 第一步是先建立下列位势估计：对于任意给定的$\alpha \in (0,1)$，存在常数C（可依赖于α），使得对于任意单位球$B_1(x_0)$，有以下估计成立：

$$\int_{B_1(x_0)} \frac{P_\delta + (\rho_\delta |\boldsymbol{v}_\delta|^2)^\alpha}{|x-x_0|} \mathrm{d}x \leqslant C\big(1 + \|\boldsymbol{v}_\delta\|_{1,2} + \|\rho_\delta \boldsymbol{v}_\delta\|_1^2 + \|P_\delta\|_1\big)。 \tag{3.4.5}$$

对于$x_0 \in \mathbb{R}^3$，定义$\boldsymbol{\phi} = (\phi^1, \phi^2, \phi^3)$满足

$$\boldsymbol{\phi}^i(x) = \frac{(x-x_0)^i}{|x-x_0|^\alpha} \eta\big(|x-x_0|\big),$$

其中$\alpha \in (0,1)$，$\eta(\tau) \in C_0^\infty(\mathbb{R})$是一个截断函数，满足$|D\eta(\tau)| \leqslant 2$且

$$\eta(\tau) = \begin{cases} 1，当|\tau| \leqslant 1, \\ 0，当|\tau| \geqslant 2。\end{cases}$$

用$\boldsymbol{\phi}$作为(3.2.41)的检验函数，即得

$$\begin{aligned} &\int_{B_2(x_0)} P_\delta \mathrm{div}\phi \mathrm{d}x + \int_{B_2(x_0)} \rho_\delta v_\delta^i v_\delta^j \partial_j \phi^i \mathrm{d}x \\ &= \mu \int_{B_2(x_0)} \nabla \boldsymbol{v}_\delta : \nabla \phi \mathrm{d}x + \tilde{\mu} \int_{B_2(x_0)} \mathrm{div}\boldsymbol{v}_\delta \mathrm{div}\phi \mathrm{d}x + \int_{B_2(x_0)} \rho_\delta \boldsymbol{f} \phi \mathrm{d}x。 \end{aligned} \tag{3.4.6}$$

因为

$$\mathrm{div}\phi(x) = \frac{3-\alpha}{|x-x_0|^\alpha}\eta + \frac{(x-x_0)\cdot\nabla\eta}{|x-x_0|^\alpha}, \tag{3.4.7}$$

所以有

$$\begin{aligned} &\int_{B_2(x_0)} \rho_\delta v_\delta^i v_\delta^j \partial_j \phi^i \mathrm{d}x = \int_{B_2(x_0)} \frac{\rho_\delta |\boldsymbol{v}_\delta|^2}{|x-x_0|^\alpha} \eta \mathrm{d}x \\ &\quad - \alpha \int_{B_2(x_0)} \frac{\rho_\delta (\boldsymbol{v}_\delta \cdot (x-x_0)]^2}{|x-x_0|^{2+\alpha}} \eta \mathrm{d}x + \int_{B_2(x_0)} \rho_\delta v_\delta^i v_\delta^j \frac{(x-x_0)^i}{|x-x_0|^\alpha} \partial_j \eta \mathrm{d}x \\ &\geqslant (1-\alpha) \int_{B_2(x_0)} \frac{\rho_\delta |\boldsymbol{v}_\delta|^2}{|x-x_0|^\alpha} \eta \mathrm{d}x + \int_{B_2(x_0)} \rho_\delta v_\delta^i v_\delta^j \frac{(x-x_0)^i}{|x-x_0|^\alpha} \partial_j \eta \mathrm{d}x。 \end{aligned} \tag{3.4.8}$$

现把(3.4.7)和(3.4.8)代入(3.4.6)，通过直接计算可得

$$\begin{aligned} &(3-\alpha) \int_{B_1(x_0)} \frac{P_\delta}{|x-x_0|^\alpha} \mathrm{d}x + (1-\alpha) \int_{B_1(x_0)} \frac{\rho_\delta |\boldsymbol{v}_\delta|^2}{|x-x_0|^\alpha} \mathrm{d}x \\ &\leqslant C(1 + \|P_\delta\|_1 + \|\rho_\delta |\boldsymbol{v}_\delta|^2\|_1 + \|\boldsymbol{v}_\delta\|_{1,2}), \end{aligned} \tag{3.4.9}$$

其中C与α无关。进一步使用Hölder不等式，可得：对于任意$\alpha \in (0,1)$，有

$$\begin{aligned} &\int_{B_1(x_0)} \frac{(\rho_\delta |\boldsymbol{v}_\delta|^2)^\alpha}{|x-x_0|} \mathrm{d}x \\ &\leqslant C(\alpha)\big(1 + \|P_\delta\|_1 + \|\rho_\delta |\boldsymbol{v}_\delta|^2\|_1 + \|\boldsymbol{v}_\delta\|_{1,2}\big)。 \end{aligned} \tag{3.4.10}$$

所以，就可从(3.4.9)和(3.4.10) 推出所要估计(3.4.5)。

有了预备性估计(3.4.5)，就可以开始推导所要估计(3.4.4)。考虑Ω的一个周期核$\Upsilon(x_0,\pi)=\{x\in\mathbb{R}^3\mid |x_i-x_i^0|<\pi,\ i=1,2,3\}$，显然$\Upsilon(x_0,\pi)$是Lipschitz区域，即$C^{0,1}$区域。根据延拓定理1.3.7，存在有界的$C^2$ 区域$\Omega'\supset\mathbb{K}$及函数$E(\boldsymbol{v})\in H_0^1(\Omega')$，满足

$$\|E(\boldsymbol{v})\|_{H^1(\Omega')}\leqslant c\|\boldsymbol{v}\|_{H^1(\mathbb{K})}=c\|\boldsymbol{v}\|_{1,2},\tag{3.4.11}$$

其中常数c仅与$\mathbb{K}$有关系。由(3.4.5)可知：对于任意$x_0\in\Omega'$，

$$\int_{\Omega'}\frac{P_\delta+(\rho_\delta|\boldsymbol{v}^\delta|^2)^\alpha}{|x-x_0|}\mathrm{d}x\leqslant C\big(1+\|P_\delta\|_1+\|\rho_\delta|\boldsymbol{v}_\delta|^2\|_1+\|\boldsymbol{v}_\delta\|_{1,2}\big)。$$

故定理2.2.18立即给出

$$\begin{aligned}&\|(P_\delta+(\rho_\delta|\boldsymbol{v}_\delta|^2)^\alpha)|\boldsymbol{v}_\delta|^2\|_{L^1(\Omega')}\\ \leqslant\ & C\|\boldsymbol{v}_\delta\|_{1,2}^2\big(1+\|P_\delta\|_1+\|\rho_\delta|\boldsymbol{v}_\delta|^2\|_1+\|\boldsymbol{v}_\delta\|_{1,2}\big)。\end{aligned}$$

因此，结论(3.4.4)成立。 □

下面进一步说明逼近压强和逼近动能的L^r范数（对于某个$r>1$）以及逼近速度的H^1范数可被A的幂次方控制（幂次要小于1）。

引理 3.4.3 令$\alpha\in(0,1)$，$q\in(1,\alpha+1-\alpha/\gamma)$，$(\rho_\delta,\boldsymbol{v}_\delta)$为命题3.2.7 中的逼近解，则有

$$\|\boldsymbol{v}_\delta\|_{1,2}\leqslant CA^{\frac{\gamma-\alpha}{4(\gamma\alpha+\gamma-2\alpha)}},\tag{3.4.12}$$

$$\|\rho_\delta|\boldsymbol{v}_\delta|^2\|_q^q\leqslant CA^{\frac{\gamma q-\alpha}{\gamma\alpha+\gamma-2\alpha}},\tag{3.4.13}$$

$$\|P_\delta\|_q^q\leqslant C\left(1+A^{\frac{\gamma-\alpha}{\gamma\alpha+\gamma-2\alpha}}\right),\tag{3.4.14}$$

其中常数C可依赖于α。

证明 （1）根据Hölder不等式，有

$$\int_\Omega\rho_\delta\boldsymbol{f}\cdot\boldsymbol{v}_\delta\mathrm{d}x\leqslant\|\boldsymbol{f}\|_\infty\|\rho_\delta\boldsymbol{v}_\delta\|_1。$$

注意$\alpha\in(0,1)$和$\gamma>1$，若利用Hölder不等式和$\int_\Omega\rho_\delta=M$，就可推出

$$\begin{aligned}\|\rho_\delta\boldsymbol{v}_\delta\|_1=&\int_\Omega(\rho_\delta^\gamma|\boldsymbol{v}_\delta|^2)^{\frac{1-\alpha}{2(\gamma\alpha+\gamma-2\alpha)}}(\rho_\delta^\alpha|\boldsymbol{v}_\delta|^{2\alpha+2})^{\frac{\gamma-1}{2(\gamma\alpha+\gamma-2\alpha)}}\rho_\delta^{\frac{2\gamma\alpha+\gamma-3\alpha}{2(\gamma\alpha+\gamma-2\alpha)}}\mathrm{d}x\\ \leqslant\ & CA^{\frac{\gamma-\alpha}{2(\gamma\alpha+\gamma-2\alpha)}}。\end{aligned}$$

将上面两个估计与能量不等式（见(3.3.13)）相结合，就可推出

$$\begin{aligned}&\mu\int_\Omega|\nabla\boldsymbol{v}_\delta|^2\mathrm{d}x+\left(\nu+\frac{\mu}{3}\right)\int_\Omega|\mathrm{div}\boldsymbol{v}_\delta|^2\mathrm{d}x\leqslant C\|\rho_\delta\boldsymbol{v}_\delta\|_1\\ \leqslant\ & CA^{\frac{\gamma-\alpha}{2(\gamma\alpha+\gamma-2\alpha)}}。\end{aligned}\tag{3.4.15}$$

因此(3.4.12)成立。

（2）根据α，γ和q的取值范围，可使用Hölder不等式推出

$$\begin{aligned}\|\rho_\delta|\boldsymbol{v}_\delta|^2\|_q^q &= \int_\Omega (\rho_\delta^\gamma|\boldsymbol{v}_\delta|^2)^{\frac{2q-\alpha-1}{\gamma\alpha+\gamma-2\alpha}}(\rho^\alpha|\boldsymbol{v}_\delta|^{2\alpha+2})^{\frac{\gamma q+1-2q}{\gamma\alpha+\gamma-2\alpha}}\rho_\delta^{\frac{\gamma\alpha+\gamma-\alpha-\gamma q}{\gamma\alpha+\gamma-2\alpha}}\mathrm{d}x\\ &\leqslant C\|\rho_\delta^\gamma|\boldsymbol{v}_\delta|^2\|_1^{\frac{2q-\alpha-1}{\gamma\alpha+\gamma-2\alpha}}\|\rho_\delta^\alpha|\boldsymbol{v}_\delta|^{2\alpha+2}\|_1^{\frac{\gamma q+1-2q}{\gamma\alpha+\gamma-2\alpha}}\\ &\leqslant CA^{\frac{\gamma q-\alpha}{\gamma\alpha+\gamma-2\alpha}}。\end{aligned}\tag{3.4.16}$$

上式即为所要估计(3.4.13)。

（3）最后估计(3.4.14)。注意到$q>1$且$\rho_\delta\in L^{2\beta}(\Omega)$，所以

$$P_\delta^{q-1}-(P_\delta^{q-1})_\Omega\in L^{\frac{2}{q-1}}(\Omega)。$$

利用定理2.2.4可得到一个函数$\boldsymbol{\varphi}_\delta\in H_0^1(\Omega)$满足

$$\begin{cases}\operatorname{div}\boldsymbol{\varphi}_\delta = P_\delta^{q-1}-\left(P_\delta^{q-1}\right)_\Omega, & 在\,\Omega\,中,\\ \boldsymbol{\varphi}_\delta=0, & 在\,\partial\Omega\,上,\end{cases}\tag{3.4.17}$$

且

$$\|\boldsymbol{\varphi}_\delta\|_{1,q'}\leqslant C(q,\Omega)\|P_\delta^{q-1}\|_{q'}=C(q,\mathbb{K})\|P_\delta\|_q^{q-1},\tag{3.4.18}$$

其中$q'=q/(q-1)$。用$\boldsymbol{\varphi}_\delta$作为$(\rho_\delta,\boldsymbol{v}_\delta)$检验函数作用在动量方程(3.2.41)上，类似于命题3.1.4中的证明过程，可推导出

$$\begin{aligned}\|P_\delta\|_q^q &\leqslant C(1+\|\boldsymbol{v}_\delta\|_{1,2}^q+\|\rho_\delta|\boldsymbol{v}_\delta|^2\|_q^q)\\ &\leqslant C(1+A^{\frac{q(\gamma-\alpha)}{4(\gamma\alpha+\gamma-2\alpha)}}+A^{\frac{\gamma q-\alpha}{\gamma\alpha+\gamma-2\alpha}})。\end{aligned}\tag{3.4.19}$$

注意到

$$\frac{q(\gamma-\alpha)}{4(\gamma\alpha+\gamma-2\alpha)}<\frac{\gamma q-\alpha}{\gamma\alpha+\gamma-2\alpha},$$

若应用Young不等式，则即得所要结论(3.4.14)。 □

命题 3.4.4 对于任意的$r\in(1,2-1/\gamma)$，有

$$\|\boldsymbol{v}_\delta\|_{1,2}\leqslant C,\tag{3.4.20}$$

$$\|P_\delta\|_r\leqslant C,\tag{3.4.21}$$

$$\|\rho_\delta|\boldsymbol{v}_\delta|^2\|_r\leqslant C\tag{3.4.22}$$

$$\|\rho_\delta\boldsymbol{v}_\delta\|_r\leqslant C,\tag{3.4.23}$$

$$\delta\int_\Omega\rho_\delta^\beta\mathrm{d}x\leqslant C\delta^{\frac{q-1}{4q-1}},\tag{3.4.24}$$

其中正常数C依赖于q。

证明 首先证明存在适当的$\alpha \in (0,1)$，使得

$$A = \|(P_\delta + \rho_\delta^\alpha |\boldsymbol{v}_\delta|^{2\alpha})|\boldsymbol{v}_\delta|^2\|_1 \leqslant C。 \tag{3.4.25}$$

令$s = 1+\varepsilon \in (1, \alpha+1-\alpha/\gamma)$，其中$\varepsilon$的取值将在后面确定。根据(3.4.4)，(3.4.12)–(3.4.14)，可推导出

$$\begin{aligned} A &\leqslant C\|\boldsymbol{v}_\delta\|_{1,2}^2 (1 + \|\boldsymbol{v}_\delta\|_{H^1(\Omega)} + \|\rho_\delta|\boldsymbol{v}_\delta|^2\|_1 + \|P_\delta\|_1) \\ &\leqslant CA^{\frac{\gamma-\alpha}{2(\gamma\alpha+\gamma-2\alpha)}} (1 + A^{\frac{\gamma-\alpha}{4(\gamma\alpha+\gamma-2\alpha)}} + A^{\frac{\gamma s-\alpha}{\gamma\alpha+\gamma-2\alpha}\cdot\frac{1}{s}}) \\ &\leqslant C(1 + A^{\frac{3(\gamma-\alpha)}{2(\gamma\alpha+\gamma-2\alpha)} + O(\varepsilon)}), \end{aligned} \tag{3.4.26}$$

其中

$$O(\varepsilon) := \frac{\gamma\varepsilon}{\gamma\alpha+\gamma-2\alpha} \cdot \frac{1}{1+\varepsilon} - \frac{\gamma-\alpha}{\gamma\alpha+\gamma-2\alpha} \cdot \frac{\varepsilon}{1+\varepsilon}。$$

注意(3.4.26)式中的$\alpha \in (0,1)$，记$\delta = 1-\alpha > 0$，则

$$\gamma > \frac{1-\delta}{1-2\delta} \Leftrightarrow \frac{3(\gamma-\alpha)}{2(\gamma\alpha+\gamma-2\alpha)} < 1。$$

这意味着，对于给定的γ，可取δ充分小，使得

$$\frac{3(\gamma-\alpha)}{2(\gamma\alpha+\gamma-2\alpha)} < 1。$$

然后，进一步选取ε和$O(\varepsilon)$ 适当小，使得

$$\frac{3(\gamma-\alpha)}{2(\gamma\alpha+\gamma-2\alpha)} + O(\varepsilon) < 1。$$

所以，由(3.4.26)可推出(3.4.25)成立。注意到，只要$1-\alpha > 0$充分小，就有(3.4.25)。因而可进一步从(3.4.25) 和(3.4.12)–(3.4.14) 推导出(3.4.20)–(3.4.22)。

最后，由(3.4.21)，Hölder不等式及插值不等式，可得

$$\|\rho_\delta \boldsymbol{v}_\delta\|_r^r = \int_\Omega (\rho_\delta^r |\boldsymbol{v}_\delta|^{2r})^{\frac{1}{2}} (\rho_\delta^r)^{\frac{1}{2}} \mathrm{d}x \leqslant C\|\rho_\delta^q |\boldsymbol{v}_\delta|^{2r}\|_1^{\frac{1}{2}} \|\rho_\delta^r\|_1^{\frac{1}{2}} \leqslant C,$$

$$\delta \int_\Omega \rho_\delta^\beta \mathrm{d}x \to 0,\ 当\delta \to 0。$$

因此，(3.4.23)和(3.4.24)成立。 □

结合定理3.3.1和定理3.4.1就可以得到下面的存在性定理。

定理 3.4.5 设$\gamma > 1$，$\boldsymbol{f} \in (L^\infty(\mathbb{R}^3))^3$满足(1.3.55)，则周期边值问题(3.0.1)，(3.0.4)存在一个重整化有界能量弱解$(\rho, \boldsymbol{v}) \in L_{M,\mathrm{sym}}^{\gamma r}(\Omega) \times H_{\mathrm{sym}}^1(\Omega, \mathbb{R}^3)$，其中$r \in (1, 2-1/\gamma)$。

§3.5 三维等熵Dirichlet边值问题弱解的存在性

本节将考虑三维Dirichlet边值问题(3.0.1)，(3.0.2)弱解的存在性。由定理3.3.1可知，要证明Dirichlet边值问题弱解的存在性，只要证明估计(3.3.1)即可。同样类似于定理3.1.4的证明可知当绝热指数$\gamma \geqslant 2$时，估计(3.3.1)已经成立。因此，本节将研究当绝热指数$1 < \gamma < 2$时三维有界区域内Dirichlet边值问题解的存在性。和上节周期边值问题相比较，本节困难在于边界附近解的先验一致估计。如果能够得到压力P_δ和动能$\rho_\delta \boldsymbol{v}_\delta^2$在边界$\partial\Omega$ 附近的形如(3.4.5)的一致估计，那么由上节的方法直接可以得到解的存在性。但遗憾的是在边界附近得到上述估计似乎比较困难。为此本节中考虑两个较“小”的量$A := \int_\Omega \rho|\boldsymbol{v}|^{2(2-\theta)}\psi^{2\beta}\mathrm{d}x$，$B := \int_\Omega \rho^\gamma \psi^{-\beta}\mathrm{d}x$，其中$\theta$, β由(3.5.3)给出，ψ由(2.2.40)给出。此时只需得到压力P_δ在边界附近的一致加权估计以及相关估计就可以得到A和B 的有界性，从而得到所需的正则性估计。

本节约定，对于给定的$\gamma > 1$，θ，β，s和q，总是定义如下的参数：

$$\theta = \frac{1}{8}(1-\gamma^{-1}), \quad \beta = \frac{3(1-8\theta^2)}{2(3-8\theta^2)}, \tag{3.5.1}$$

$$s = 1 + 2\theta^2, \quad q = 1 + \frac{\beta(s-1)}{\beta + (1-\beta)s}。 \tag{3.5.2}$$

很容易验证，当γ 比较靠近1时，s及q同样比较靠近1；并且

$$0 < \theta < 1/8，0 < \beta < 1/2，0 < s < 33/32。 \tag{3.5.3}$$

本节的主要定理为

定理 3.5.1 令$(\rho_\delta, \boldsymbol{v}_\delta)$是命题3.2.7中的逼近解，则其满足下列估计：

$$\|\boldsymbol{v}_\delta\|_{1,2} + \|P_\delta(\rho_\delta)\|_q + \|\rho_\delta|\boldsymbol{v}_\delta|^2\|_s \leqslant C, \tag{3.5.4}$$

其中正常数C仅依赖于Ω以及物理参数$\|\boldsymbol{f}\|_\infty$，$\mu$，$\nu$，$\gamma$和$M$。

为简单起见，本节从下面开始，将把$(\rho_\delta, \boldsymbol{v}_\delta)$全简记为$(\rho, \boldsymbol{v})$。

在证明定理3.5.1之前首先在2.2.6节定义的函数ψ的基础上进一步构造辅助函数$\boldsymbol{\sigma}$（向量函数）。

令$\alpha \in (0,1)$和$x_0 \in D_t$（见(2.2.38)关于D_t的定义）定义

$$\boldsymbol{\sigma}(x, x_0) := \left(\frac{\psi(x)-\psi(x_0)}{\Xi_-^\alpha(x,x_0)} + \frac{\psi(x)+\psi(x_0)}{\Xi_+^\alpha(x,x_0)}\right)\boldsymbol{\beta}(x), \tag{3.5.5}$$

其中

$$\Xi_\pm(x,x_0) := |\psi(x) \pm \psi(x_0)| + |x-x_0|^2,$$

$$\boldsymbol{\beta}(x) := \nabla\psi(x)，\boldsymbol{\beta} \in (C^1(\overline{D}_{2t}))^3，|\boldsymbol{\beta}(x)| = 1，\text{ 在 } \overline{D}_{2t} \text{ 中。}$$

辅助函数$\boldsymbol{\sigma}$最重要作用在于推导逼近压强函数在近边情形的位势估计，从而可得逼近动能函数在Ω上的一致L^p-估计。有关$\boldsymbol{\sigma}$函数的性质列举如下：

引理 3.5.2 令$\alpha \in (0,1)$，σ由(3.5.5)定义，则对于任意$x, x_0 \in D_t$以及向量$\boldsymbol{u} \in \mathbb{R}^3$，有

$$|\boldsymbol{\sigma}(x,x_0)| \leqslant c, \tag{3.5.6}$$

$$|\nabla\boldsymbol{\sigma}(x,x_0)| \leqslant c\left(\frac{1}{\Xi_-^\alpha(x,x_0)} + \frac{1}{\Xi_+^\alpha(x,x_0)} + 1\right), \tag{3.5.7}$$

$$\frac{\partial\sigma_i}{\partial x_j}(x,x_0)u_iu_j \geqslant \frac{1-\alpha}{2}\left(\frac{1}{\Xi_-^\alpha(x,x_0)} + \frac{1}{\Xi_+^\alpha(x,x_0)}\right)|\boldsymbol{u}\cdot\boldsymbol{\beta}|^2 - c|\boldsymbol{u}|^2, \tag{3.5.8}$$

$$\sum_{i=1}^3 \partial_{x_i}\sigma_i(x,x_0) \geqslant \frac{1-\alpha}{2}\left(\frac{1}{\Xi_-^\alpha(x,x_0)} + \frac{1}{\Xi_+^\alpha(x,x_0)}\right) - c, \tag{3.5.9}$$

其中常数$c > 0$只依赖于α和Ω。

证明 首先注意在$\overline{D}_{2t}$内$\psi(x) = \mathrm{dist}(x, \partial\Omega)$，有

$$|\psi(x) - \psi(x_0)| \leqslant |x - x_0|, \tag{3.5.10}$$

因而

$$|\boldsymbol{\sigma}| \leqslant |x-x_0|^{1-2\alpha} \leqslant c。$$

所以，(3.5.6)成立。

为了验证估计(3.5.7)，需要写出$\boldsymbol{\sigma}$ 的偏导数表达式：

$$\frac{\partial\sigma_i}{\partial x_j}(x,x_0) = P(x,x_0)\beta_i(x)\beta_j(x) + Q_j(x,x_0)\beta_i(x) + R(x,x_0)\frac{\partial\beta_i}{\partial x_j}(x), \tag{3.5.11}$$

其中

$$\begin{aligned} P(x,x_0) :=& \frac{(1-\alpha)|\psi(x)-\psi(x_0)| + |x-x_0|^2}{\Xi_-^{1+\alpha}(x,x_0)} \\ &+ \frac{(1-\alpha)|\psi(x)+\psi(x_0)| + |x-x_0|^2}{\Xi_+^{1+\alpha}(x,x_0)}, \end{aligned} \tag{3.5.12}$$

$$Q_j(x,x_0) := -2\alpha\left(\frac{\psi(x)-\psi(x_0)}{\Xi_-^{1+\alpha}(x,x_0)} + \frac{\psi(x)+\psi(x_0)}{\Xi_+^{1+\alpha}(x-x_0)}\right)(x^j - x_0^j), \tag{3.5.13}$$

$$R(x,x_0) := \frac{\psi(x)-\psi(x_0)}{\Xi_-^\alpha(x,x_0)} + \frac{\psi(x)+\psi(x_0)}{\Xi_+^\alpha(x,x_0)}。 \tag{3.5.14}$$

根据P及R的定义，有

$$(1-\alpha)\left(\frac{1}{\Xi_-^\alpha} + \frac{1}{\Xi_+^\alpha}\right) \leqslant P(x,x_0) \leqslant \left(\frac{1}{\Xi_-^\alpha} + \frac{1}{\Xi_+^\alpha}\right), \tag{3.5.15}$$

$$|R| \leqslant c。 \tag{3.5.16}$$

注意到，

$$
\begin{aligned}
&|\psi(x)\pm\psi(x_0)||(x-x_0)_j|\leqslant c|\psi(x)\pm\psi(x_0)|^{1/2}|(x-x_0)|\\
&\leqslant\frac{c}{2}\left(|\psi(x)\pm\psi(x_0)|+|x-x_0|^2\right)\leqslant c\Xi_\pm(x,x_0)。
\end{aligned}\tag{3.5.17}
$$

使用上述关系式，可得

$$
|Q_j|\leqslant c\left(\frac{1}{\Xi_-^\alpha}+\frac{1}{\Xi_+^\alpha}\right)。
$$

将此不等式(3.5.15)、(3.5.16)代入(3.5.11)，可得(3.5.7)。

使用(3.5.11)和(3.5.12)，有

$$
\frac{\partial\sigma_i}{\partial x_j}u_iu_j=P(\boldsymbol{u}\cdot\boldsymbol{\beta})^2-(N_-+N_+)((x-x_0)\cdot\boldsymbol{u})(\boldsymbol{u}\cdot\boldsymbol{\beta})+R\frac{\partial\beta_i}{\partial x_j}u_iu_j,\tag{3.5.18}
$$

其中

$$
N_\pm(x,x_0)=2\alpha(\psi(x)\pm\psi(x_0))\Xi_\pm^{-1-\alpha}(x,x_0)。
$$

由(3.5.15)，(3.5.16)及(3.5.18)，可知

$$
\begin{aligned}
\frac{\partial\sigma_i}{\partial x_j}u_iu_j\geqslant&(1-\alpha)\left(\frac{1}{\Xi_-^\alpha}+\frac{1}{\Xi_+^\alpha}\right)(\boldsymbol{u}\cdot\boldsymbol{\beta})^2\\
&-(|N_-|+|N_+|)|x-x_0||\boldsymbol{u}||\boldsymbol{\beta}\cdot\boldsymbol{u}|-c|\boldsymbol{u}|^2。
\end{aligned}\tag{3.5.19}
$$

由$N_\pm$的定义及Cauhcy–Schwarz不等式，知

$$
\begin{aligned}
&(|N_-|+|N_+|)|x-x_0||\boldsymbol{u}||\boldsymbol{\beta}\cdot\boldsymbol{u}|\\
&\leqslant c\left(\frac{|\psi(x)-\psi(x_0)||x-x_0|}{\Xi_-^{1+\alpha}}+\frac{|\psi(x)+\psi(x_0)||x-x_0|}{\Xi_+^{1+\alpha}}\right)|\boldsymbol{u}||\boldsymbol{\beta}\cdot\boldsymbol{u}|\\
&\leqslant\frac{1-\alpha}{2}\left(\frac{|x-x_0|^2}{\Xi_-^{1+\alpha}}+\frac{|x-x_0|^2}{\Xi_+^{1+\alpha}}\right)(\boldsymbol{u}\cdot\boldsymbol{\beta})^2\\
&\quad+c\left(\frac{|\psi(x)-\psi(x_0)|^2}{\Xi_-^{1+\alpha}}+\frac{|\psi(x)+\psi(x_0)|^2}{\Xi_+^{1+\alpha}}\right)|\boldsymbol{u}|^2。
\end{aligned}
$$

注意到

$$
\frac{|x-x_0|^2}{\Xi_\pm}\leqslant 1,
$$

以及

$$
\frac{|\psi(x)-\psi(x_0)|^2}{\Xi_-^{1+\alpha}}+\frac{|\psi(x)+\psi(x_0)|^2}{\Xi_+^{1+\alpha}}\leqslant c,
$$

可得

$$
(|N_-|+|N_+|)|x-x_0||\boldsymbol{u}||\boldsymbol{\beta}\cdot\boldsymbol{u}|\leqslant\frac{1-\alpha}{2}\left(\frac{1}{\Xi_-^\alpha}+\frac{1}{\Xi_+^\alpha}\right)(\boldsymbol{u}\cdot\boldsymbol{\beta})^2+c|\boldsymbol{u}|^2。
$$

将此不等式代入(3.5.19)，即得所要不等式(3.5.8)。

最后，令$\boldsymbol{u}=\boldsymbol{e}_k\in\mathbb{R}^3$，其中$\boldsymbol{e}_k$的第$k$分量为1。将$\boldsymbol{u}$代入(3.5.8)，可得

$$\frac{\partial\sigma_k}{\partial x_k}(x)\geqslant\frac{1-\alpha}{2}\left(\frac{1}{\Xi_-^{\alpha}}+\frac{1}{\Xi_+^{\alpha}}\right)\beta_k^2-c。$$

对上式两边关于k求和，并注意到$|\boldsymbol{\beta}|=1$，即得(3.5.9)。 □

引理 3.5.3 设$\Omega_t=\Omega\cap D_t$，$\boldsymbol{\sigma}$如(3.5.5)定义，则对于任意$x_0\in\Omega_t$，有

$$\|\nabla\boldsymbol{\sigma}\|_{L^2(\Omega_t)}\leqslant c, \tag{3.5.20}$$

其中常数$c>0$只依赖于α和Ω。

证明 首先注意对于任意x，$x_0\in\Omega_t$，有

$$\Xi_-(x,x_0)\leqslant\Xi_+(x,x_0),$$

因此，可从(3.5.7)推出

$$|\nabla\boldsymbol{\sigma}(x)|^2\leqslant c\left(\frac{1}{\Xi_-^{2\alpha}(x,x_0)}+1\right)。$$

另一方面，$\Omega_t\subset D_t$。因此，为了得到(3.5.20)，只需要证明：对于任意$x_0\in D_t$，

$$\int_{D_t}\Xi_-^{-2\alpha}(x,x_0)\mathrm{d}x\leqslant c。\tag{3.5.21}$$

下面验证这个事实。

对任意给定点$x_0\in D_t$，并记$B_t(x_0)$表示以x_0为中心、t为半径的球，则

$$\int_{D_t}\Xi_-^{-2\alpha}(x,x_0)\mathrm{d}x\leqslant\int_{D_t\setminus B_t(x_0)}\Xi_-^{-2\alpha}(x,x_0)\mathrm{d}x+\int_{B_t(x_0)}\Xi_-^{-2\alpha}(x,x_0)\mathrm{d}x。\tag{3.5.22}$$

先估计上式右边第一项积分。显然，对于所有的$x\in D_t\setminus B_t$，有$\Xi_-(x,x_0)\geqslant t^2$。结果有

$$\int_{D_t\setminus B_t(x_0)}\Xi_-^{-2\alpha}(x,x_0)\mathrm{d}x\leqslant ct^{-4\alpha}|D_t|\leqslant c。\tag{3.5.23}$$

现转向估计(3.5.22)右边第二项积分。已知$B_t(x_0)\subset D_{2t}$，函数ψ属于$C^2(\overline{D}_{2t})$，故由多元函数Taylor展开定理知，对于任意$x\in B_t(x_0)$，

$$\psi(x)-\psi(x_0)=\boldsymbol{\beta}_0\cdot(x-x_0)+R(x,x_0),$$

其中$\boldsymbol{\beta}_0 := \boldsymbol{\beta}(x_0) := \nabla\psi(x_0)$，Taylor余项$R(x,x_0)$满足估计

$$|R(x,x_0)| \leqslant m|x-x_0|^2, \qquad m := \sup_{x\in D_{2t}} |\nabla^2\psi(x)|。$$

从而，进一步有

$$\begin{aligned}(m+1)\Xi_-(x,x_0) &\geqslant |\psi(x)-\psi(x_0)| + (m+1)|x-x_0|^2\\ &\geqslant |\boldsymbol{\beta}_0\cdot(x-x_0)| - |R(x,x_0)| + (m+1)|x-x_0|^2\\ &\geqslant |\boldsymbol{\beta}_0\cdot(x-x_0)| + |x-x_0|^2。\end{aligned}$$

引入正交投影算子$\mathcal{P} = \mathbb{I} - \boldsymbol{\beta}_0\otimes\boldsymbol{\beta}_0$，则有$|\mathcal{P}(x-x_0)| \leqslant |x-x_0|$。代入上述不等式可得

$$\Xi_-(x,x_0) \geqslant (m+1)^{-1}(|\boldsymbol{\beta}_0\cdot(x-x_0)| + |\mathcal{P}(x-x_0)|^2)。$$

因此，有

$$\int_{B_t(x_0)} \Xi_-^{-2\alpha}(x,x_0)\mathrm{d}x \leqslant c\int_{B_t(x_0)} (|\boldsymbol{\beta}_0\cdot(x-x_0)| + |\mathcal{P}(x-x_0)|^2)^{-2\alpha}\mathrm{d}x。\quad(3.5.24)$$

现在在$\mathbb{R}^3$中选择一个正交基$\boldsymbol{b}_i$，$i=1,2,3$，满足$\boldsymbol{b}_3 = \boldsymbol{\beta}_0$，则有

$$x - x_0 = \sum_{i=1}^3 y_i\boldsymbol{b}_i，\quad y_3 = \boldsymbol{\beta}_0\cdot(x-x_0)，\quad |\mathcal{P}(x-x_0)|^2 = y_1^2+y_2^2。$$

结果可推导出:

$$\begin{aligned}&\int_{B_t(x_0)} (|\boldsymbol{\beta}_0\cdot(x-x_0)| + |\mathcal{P}(x-x_0)|^2)^{-2\alpha}\mathrm{d}x\\ &= \int_{|y|\leqslant t} (|y_3| + y_1^2 + y_2^2)^{-2\alpha}\mathrm{d}y\\ &\leqslant \int_{-t}^{t}\int_{y_1^2+y_2^2<t^2} (|y_3| + y_1^2 + y_2^2)^{-2\alpha}\mathrm{d}y\\ &= 4\pi\int_0^t\int_0^t (z+r^2)^{-2\alpha} r\mathrm{d}r\mathrm{d}z = 2\pi\int_0^t\int_0^{t^2} (z+v)^{-2\alpha}\mathrm{d}v\mathrm{d}z \leqslant c。\end{aligned}$$

将上式代入(3.5.24)，有

$$\int_{B_t(x_0)} \Xi_-^{-2\alpha}(x,x_0)\mathrm{d}x \leqslant c。\quad(3.5.25)$$

最后再将(3.5.23)以及(3.5.25)代入(3.5.22)，即得(3.5.21)。 □

§3.5.1 先验估计

让ψ由(2.2.40)给出，定义

$$A := \int_\Omega \rho|\boldsymbol{v}|^{2(2-\theta)}\psi^{2\beta}\mathrm{d}x，\quad B := \int_\Omega \rho^\gamma\psi^{-\beta}\mathrm{d}x。\quad(3.5.26)$$

本小节主要建立有关逼近压强、动能及耗散项关于A的估计。积分量B主要在逼近动能及耗散项估计中起辅助作用。首先，需推导有关逼近压强、动能及耗散项的预备性估计，即下述三个引理。

引理 3.5.4 设$f \in (L^\infty(\Omega))^3$，$(\rho, \boldsymbol{v})$是命题3.2.7中的逼近解，则

$$\begin{aligned} &\|P_\delta(\rho)\psi^{-\beta}\|_1 + \|\rho(\boldsymbol{v}\cdot\nabla\psi)^2\psi^{-\beta}\|_1 \\ &\quad \leqslant C(1 + \|P_\delta(\rho)\psi^{1-\beta}\|_1 + \|\boldsymbol{v}\|_{1,2} + \|\rho|\boldsymbol{v}|^2\psi^{1-\beta}\|_1), \end{aligned} \tag{3.5.27}$$

其中β由(3.5.1)给出。

证明 定义向量函数

$$\boldsymbol{\varphi}(x) = \psi^{1-\beta}(x)\nabla\psi(x),\ x \in \Omega, \tag{3.5.28}$$

显然

$$\nabla\boldsymbol{\varphi} = \psi^{1-\beta}\nabla^2\psi + (1-\beta)\psi^{-\beta}\nabla\psi\otimes\nabla\psi。$$

由于$\beta \in (0, 1/2)$，

$$|\psi^{1-\beta}\nabla^2\psi| \leqslant C,\quad |\psi^{-\beta}\nabla\psi\otimes\nabla\psi| \leqslant C\psi^{-\beta},$$

因此，对于任意$r \in [1, 1/\beta)$，$\boldsymbol{\varphi} \in W_0^{1,r}(\Omega)$。

注意$C_0^\infty(\Omega)$在$W_0^{1,r}(\Omega)$中是稠密的，因此可从逼近动量方程的弱形式中推出

$$\begin{aligned} &\int_\Omega (\rho\boldsymbol{v}\otimes\boldsymbol{v} : \nabla\boldsymbol{\varphi} + P_\delta(\rho)\mathrm{div}\boldsymbol{\varphi})\mathrm{d}x = \int_\Omega (\mu\nabla\boldsymbol{v}\cdot\nabla\boldsymbol{\varphi} + \tilde{\mu}\,\mathrm{div}\boldsymbol{v}\,\mathrm{div}\boldsymbol{\varphi} - \rho\boldsymbol{f}\cdot\boldsymbol{\varphi})\mathrm{d}x \\ &\leqslant C\left(\|\nabla\boldsymbol{v}\|_2 + \int_\Omega \rho\mathrm{d}x\right) \leqslant C(1 + \|\boldsymbol{v}\|_{1,2})。 \end{aligned} \tag{3.5.29}$$

另一方面，直接计算可得

$$P_\delta\mathrm{div}\boldsymbol{\varphi} = (1-\beta)P_\delta\psi^{-\beta}|\nabla\psi|^2 + P_\delta\psi^{1-\beta}\Delta\psi \geqslant 2^{-1}\psi^{-\beta}P_\delta 1_{\Omega_{2t}} - C\psi^{1-\beta}P_\delta,$$

以及

$$\begin{aligned} \rho\boldsymbol{v}\otimes\boldsymbol{v} : \nabla\boldsymbol{\varphi} &= (1-\beta)\psi^{-\beta}\rho(\boldsymbol{v}\cdot\nabla\psi)^2 + \psi^{1-\beta}\rho v_i v_j\partial_i\partial_j\psi \\ &\geqslant (1-\beta)\psi^{-\beta}\rho(\boldsymbol{v}\cdot\nabla\psi)^2 - C\psi^{1-\beta}\rho|\boldsymbol{v}|^2。 \end{aligned}$$

将上述两个不等式代入(3.5.29)，并使用(2.2.40)，即得(3.5.27)。 □

引理 3.5.5 在引理3.5.4假设条件下，有

$$\|P_\delta(\rho)\psi^{1-\beta}\|_s \leqslant C\left(1 + \|P_\delta(\rho)\psi^{-\beta}\|_1 + \|\boldsymbol{v}\|_{1,2} + \|\rho|\boldsymbol{v}|^2\psi^{1-\beta}\|_s\right), \tag{3.5.30}$$

其中(β, s)按(3.5.1)和(3.5.2)定义。

证明 对于任意给定的函数$g \in L^{s/(s-1)}(\Omega)$，由Bogovskii解的存在性定理知，存在$\boldsymbol{\omega} \in W_0^{1,s/(s-1)}(\Omega)$ 满足

$$\mathrm{div}\boldsymbol{\omega} = g - (g)_\Omega, \quad 在\,\Omega\,中, \tag{3.5.31}$$

以及不等式

$$\|\boldsymbol{\omega}\|_{1,s/(s-1)} \leqslant C\|g\|_{s/(s-1)}。 \tag{3.5.32}$$

注意到$s/(s-1) > 3$，由Sobolev嵌入不等式可知

$$\|\boldsymbol{\omega}\|_\infty \leqslant C\|g\|_{s/(s-1)}。 \tag{3.5.33}$$

此外，由(1.3.32)，知

$$\|\psi^{-1}\boldsymbol{\omega}\|_{s/(s-1)} \leqslant C\|g\|_{s/(s-1)}。 \tag{3.5.34}$$

定义向量场

$$\boldsymbol{\varphi}(x) = \psi^{1-\beta}(x)\boldsymbol{\omega}(x), \quad 在\,\Omega\,中, \tag{3.5.35}$$

有

$$\partial_j\varphi_i = \psi^{1-\beta}H_{ij},$$

其中$H_{ij} = \partial_j\omega_i + (1-\beta)\psi^{-1}\partial_j\psi w_i$。根据不等式(3.5.32)和(3.5.34)，有估计

$$\|H_{ij}\|_{s/(s-1)} \leqslant C\|g\|_{s/(s-1)}。 \tag{3.5.36}$$

从而，

$$\|\boldsymbol{\varphi}\|_{1,s/(s-1)} + \|\boldsymbol{\varphi}\|_\infty \leqslant C\|g\|_{s/(s-1)}。 \tag{3.5.37}$$

注意$C_0^\infty(\Omega)$在$W_0^{1,s/(s-1)}(\Omega)$中是稠密的，故可从逼近动量方程的弱形式推出

$$\begin{aligned}
&\int_\Omega P_\delta(\rho)\mathrm{div}\boldsymbol{\varphi}\mathrm{d}x \qquad (3.5.38)\\
&= \int_\Omega (\mu\nabla\boldsymbol{v}\cdot\nabla\boldsymbol{\varphi} + \tilde{\mu}\,\mathrm{div}\boldsymbol{v}\,\mathrm{div}\boldsymbol{\varphi} : \nabla\boldsymbol{\varphi} - \rho\boldsymbol{f}\cdot\boldsymbol{\varphi})\mathrm{d}x - \int_\Omega \psi^{1-\beta}\rho H_{ij}v_iv_j\mathrm{d}x\\
&\leqslant C\left(\|\boldsymbol{v}\|_{1,2}\|\boldsymbol{\varphi}\|_{1,2} + \|\boldsymbol{\varphi}\|_\infty + \|\rho|\boldsymbol{v}|^2\psi^{1-\beta}\|_s\|\boldsymbol{H}\|_{s/(s-1)}\right)\\
&\leqslant C\left(1 + \|\boldsymbol{v}\|_{1,2} + \|\rho|\boldsymbol{v}|^2\psi^{1-\beta}\|_s\right)\|g\|_{s/(s-1)}, \qquad (3.5.39)
\end{aligned}$$

其中$\boldsymbol{H} := (H_{ij})_{3\times3}$。下面，需要估计上述不等式的最左端积分项。

根据$\boldsymbol{\varphi}$定义，可算出

$$\begin{aligned}
\int_\Omega P_\delta(\rho)\mathrm{div}\boldsymbol{\varphi}\mathrm{d}x &= \int_\Omega \psi^{1-\beta}P_\delta(\rho)g\mathrm{d}x - \frac{1}{|\Omega|}\int_\Omega g\mathrm{d}x\int_\Omega \psi^{1-\beta}P_\delta(\rho)\mathrm{d}x\\
&\quad + (1-\beta)\int_\Omega \psi^{-\beta}P_\delta(\rho)\boldsymbol{\omega}\cdot\nabla\psi\mathrm{d}x。
\end{aligned} \tag{3.5.40}$$

根据不等式(3.5.33)，可得

$$\left|\int_\Omega \psi^{-\beta} P_\delta(\rho)\boldsymbol{\omega}\cdot\nabla\psi \mathrm{d}x\right| \leqslant C\|g\|_{s/(s-1)}\int_\Omega \psi^{-\beta}P_\delta(\rho)\mathrm{d}x,$$

从而可从(3.5.40)推导出

$$\begin{aligned}&\int_\Omega P_\delta(\rho)\mathrm{div}\boldsymbol{\varphi}\mathrm{d}x\\ \geqslant&\int_\Omega \psi^{1-\beta}P_\delta(\rho)g\mathrm{d}x - C\left(\int_\Omega \psi^{1-\beta}P_\delta(\rho)\mathrm{d}x+\int_\Omega \psi^{-\beta}P_\delta(\rho)\mathrm{d}x\right)\|g\|_{s/(s-1)}\\ \geqslant&\int_\Omega \psi^{1-\beta}P_\delta(\rho)g\mathrm{d}x - C\int_\Omega \psi^{-\beta}P_\delta(\rho)\mathrm{d}x\|g\|_{s/(s-1)}。\end{aligned}$$

利用上述不等式，即可从(3.5.39)推出

$$\int_\Omega \psi^{1-\beta}P_\delta(\rho)g\mathrm{d}x \leqslant C(1+\|\boldsymbol{v}\|_{H_0^1}+\|\psi^{1-\beta}\rho|\boldsymbol{v}|^2\|_s+\|P_\delta(\rho)\psi^{-\beta}\|_1)\|g\|_{s/(s-1)}。$$

取$g=(P_\delta(\rho)\psi^{1-\beta})^{s-1}$，就可得到(3.5.30)。 □

引理 3.5.6 在引理3.5.4假设条件下，有

$$\|\boldsymbol{v}\|_{1,2}\leqslant CA^{\frac{1}{4(2-\theta)}}B^{\frac{1}{2(2-\theta)(2\gamma-1)}}, \tag{3.5.41}$$

$$\|\rho|\boldsymbol{v}|^2\psi^{1-\beta}\|_s\leqslant CA^{\frac{1}{2-\theta}}B^{\frac{\theta}{(2-\theta)(2\gamma-1)}}, \tag{3.5.42}$$

其中(θ,β,s)由关系式(3.5.1)和(3.5.2)给出。

证明 可从$(\rho,\boldsymbol{v})$所满足的能量等式推出

$$\int_\Omega\left(\mu|\nabla\boldsymbol{v}|^2+\tilde{\mu}|\mathrm{div}\boldsymbol{v}|^2\right)\mathrm{d}x=\int_\Omega\rho\boldsymbol{v}\cdot\boldsymbol{f}\mathrm{d}x\leqslant C\|\rho\boldsymbol{v}\|_1。$$

因为$\mu>0$及$\tilde{\mu}>0$，有

$$\|\boldsymbol{v}\|_{1,2}^2\leqslant C\|\rho\boldsymbol{v}\|_1. \tag{3.5.43}$$

记参数量

$$\alpha_1:=\frac{1}{2(2-\theta)},\quad \alpha_2:=\frac{1}{(2-\theta)(2\gamma-1)},$$

$$\alpha_3:=\frac{\gamma-1}{(2-\theta)(2\gamma-1)},\quad \alpha_4=\frac{4\gamma-3-2\theta(2\gamma-1)}{2(2-\theta)(2\gamma-1)}。$$

因为$\gamma>1$且$0<\theta<1/8$，可知α_i是正的，且

$$\alpha_1+\alpha_2+\alpha_3+\alpha_4=1，\alpha_1+\gamma\alpha_2+\alpha_4=1，2\beta\alpha_1-\beta\alpha_2-2\beta\alpha_3=0。$$

从而，

$$|\rho\boldsymbol{v}| = (\rho|\boldsymbol{v}|^{2(2-\theta)}\psi^{2\beta})^{\alpha_1}(\rho^\gamma\psi^{-\beta})^{\alpha_2}(\psi^{-2\beta})^{\alpha_3}\rho^{\alpha_4}。$$

注意到$\beta \in (0,1/2)$，利用Hölder不等式和(3.5.26)就可推出

$$\|\rho\boldsymbol{v}\|_1 \leqslant A^{\alpha_1}B^{\alpha_2}\|\psi^{-2\beta}\|_1^{\alpha_3}M^{\alpha_4} \leqslant CA^{\frac{1}{2(2-\theta)}}B^{\frac{1}{(2-\theta)(2\gamma-1)}}。$$

将此估计代入(3.5.43)可得(3.5.41)。

下面推导(3.5.42)。首先注意有

$$(\rho|\boldsymbol{v}|^2\psi^{1-\beta})^s = (\rho|\boldsymbol{v}|^{2(2-\theta)}\psi^{2\beta})^{\beta_1}(\rho^\gamma\psi^{-\beta})^{\beta_2}(\psi^{-2\beta})^{\beta_3}\rho^{\beta_4}\psi^\kappa, \tag{3.5.44}$$

其中

$$\beta_1 = \frac{s}{2-\theta},\ \beta_2 = \frac{s\theta}{(2-\theta)(2\gamma-1)},\ \beta_3 = 1 - s\left(1 - \frac{\theta(\gamma-1)}{(2-\theta)(2\gamma-1)}\right),$$
$$\beta_4 = s\frac{(1-\theta)(2\gamma-1)-\gamma\theta}{(2-\theta)(2\gamma-1)},\ \kappa = s(1-\beta)+\beta\beta_2+2\beta\beta_3-2\beta\beta_1,$$

根据(s,θ)的定义，及其取值范围(3.5.3)，β_i是正的，并且

$$\beta_1+\beta_2+\beta_3+\beta_4 = 1。$$

此外，有

$$\begin{aligned}2\beta_3+\beta_2-2\beta_1 =& 2-2s+\frac{2s\theta(\gamma-1)}{(2-\theta)(2\gamma-1)}\\ &+\frac{s\theta}{(2-\theta)(2\gamma-1)}-\frac{2s(2\gamma-1)}{(2-\theta)(2\gamma-1)} = 2-3s。\end{aligned}$$

因此

$$\kappa = s+\beta(2-4s) = \frac{1}{3-8\theta^2}(10\theta^2+80\theta^4) > 0。$$

结果，从(3.5.44)推出

$$(\rho|\boldsymbol{v}|^2\psi^{1-\beta})^s \leqslant C(\rho|\boldsymbol{v}|^{2(2-\theta)}\psi^{2\beta})^{\beta_1}(\rho^\gamma\psi^{-\beta})^{\beta_2}(\psi^{-2\beta})^{\beta_3}\rho^{\beta_4}。$$

利用Hölder不等式，进一步有

$$\begin{aligned}\|\rho|\boldsymbol{v}|^2\psi^{1-\beta}\|_s \leqslant& CA^{\frac{1}{2-\theta}}B^{\frac{\theta}{(2-\theta)(2\gamma-1)}}M^{\beta_4/s}\left(\int_\Omega \psi^{-2\beta}\mathrm{d}x\right)^{\beta_3/s}\\ \leqslant& CA^{\frac{1}{2-\theta}}B^{\frac{\theta}{(2-\theta)(2\gamma-1)}},\end{aligned}$$

即(3.5.42)成立。 □

现在，推导如下有关逼近压强、动能及耗散项关于A 的估计。

命题 3.5.7 在引理3.5.4的假设条件下，有

$$\begin{aligned}&\|P_\delta(\rho)\psi^{1-\beta}\|_s+\|P_\delta(\rho)\psi^{-\beta}\|_1+\|\rho(\nabla\psi\cdot\boldsymbol{v})^2\psi^{-\beta}\|_1\\&\quad\leqslant C(1+A^{(1+\theta)/2}),\end{aligned}\tag{3.5.45}$$

$$\|\boldsymbol{v}\|_{1,2}\leqslant C(1+A^{(1-2\theta)/4}),\tag{3.5.46}$$

$$\|\rho|\boldsymbol{v}|^2\psi^{1-\beta}\|_s\leqslant C(1+A^{(1+\theta)/2}),\tag{3.5.47}$$

其中θ, β和s由关系式(3.5.1)和(3.5.2)给出。

证明 由估计(3.5.27)和(3.5.30)，可得

$$\begin{aligned}&\|P_\delta(\rho)\psi^{1-\beta}\|_s+\|P_\delta(\rho)\psi^{-\beta}\|_1+\|\rho(\nabla\psi\cdot\boldsymbol{v})^2\psi^{-\beta}\|_1\\&\leqslant C(1+\|P_\delta(\rho)\psi^{1-\beta}\|_1+\|\boldsymbol{v}\|_{1,2}+\|\rho|\boldsymbol{v}|^2\psi^{1-\beta}\|_s)。\end{aligned}\tag{3.5.48}$$

先估计上式右边中的第一积分项。令$1\leqslant\sigma\leqslant\tau\leqslant\infty$，$\upsilon\in(0,1)$。由Hölder不等式，有

$$\|g\|_r\leqslant\|g\|_\sigma^{\nu\sigma/r}\|g\|_\tau^{(1-\upsilon)\tau/r},\tag{3.5.49}$$

其中$r=\upsilon\sigma+(1-\upsilon)\tau$，并假设$g$在上式右边的两个积分项存在。现在考虑

$$g=(P_\delta(\rho)\psi^{1-\beta})^{1/4},\ \ r=4,\ \ \sigma=1,\ \ \tau=4s,\ \ \upsilon=\frac{4s-4}{4s-1}。$$

则

$$\|g\|_r=\|P_\delta(\rho)\psi^{1-\beta}\|_1^{1/4},\ \|g\|_\tau=\|P_\delta(\rho)\psi^{1-\beta}\|_s^{1/4}。\tag{3.5.50}$$

此外，

$$\|g\|_1=\|P_\delta^{1/4}\psi^{(1-\beta)/4}\|_1\leqslant C\|\rho\|_1\leqslant C。\tag{3.5.51}$$

将估计(3.5.50)–(3.5.51)代入(3.5.49)，可得

$$\|P_\delta(\rho)\psi^{1-\beta}\|_1\leqslant\|P_\delta(\rho)\psi^{1-\beta}\|_s^{(1-\upsilon)\tau/r}。$$

将上述估计代入(3.5.48)，并注意$(1-\upsilon)\tau/r<1$，可得

$$\begin{aligned}&\|P_\delta(\rho)\psi^{1-\beta}\|_s+\|P_\delta(\rho)\psi^{-\beta}\|_1+\|\rho(\nabla\psi\cdot\boldsymbol{v})^2\psi^{-\beta}\|_1\\&\quad\leqslant C(1+\|\boldsymbol{v}\|_{1,2}+\|\rho|\boldsymbol{v}|^2\psi^{1-\beta}\|_s)。\end{aligned}$$

再将(3.5.41)–(3.5.42)代入上面不等式即得

$$\begin{aligned}&\|P_\delta(\rho)\psi^{1-\beta}\|_s+\|P_\delta(\rho)\psi^{-\beta}\|_1+\|\rho(\nabla\psi\cdot\boldsymbol{v})^2\psi^{-\beta}\|_1\\&\leqslant C(1+A^{\frac{1}{4(2-\theta)}}B^{\frac{1}{2(2-\theta)(2\gamma-1)}}+A^{\frac{1}{2-\theta}}B^{\frac{\theta}{(2-\theta)(2\gamma-1)}})。\end{aligned}\tag{3.5.52}$$

下面估计不等式(3.5.52)的右边项。由Young不等式可知，对于$\varepsilon > 0$，

$$A^{\frac{1}{4(2-\theta)}} B^{\frac{1}{2(2-\theta)(2\gamma-1)}} \leqslant \varepsilon B + C(\varepsilon) A^{\kappa_1},$$

其中

$$\kappa_1 = \frac{1}{2}\frac{2\gamma-1}{2(2-\theta)(2\gamma-1)-1} = \frac{1}{2}\frac{1+8\theta}{2(2-\theta)(1+8\theta)-(1-8\theta)} < 1/2。$$

类似地，有

$$A^{\frac{1}{2-\theta}} B^{\frac{\theta}{(2-\theta)(2\gamma-1)}} \leqslant \varepsilon B + C(\varepsilon) A^{\kappa_2},$$

其中

$$\kappa_2 = \frac{2\gamma-1}{(2-\theta)(2\gamma-1)-\theta} = \frac{1}{2} + \frac{\theta}{2}\frac{1}{1+7\theta} < \frac{1}{2} + \frac{\theta}{2}.$$

因此，可得到

$$\begin{aligned} &A^{\frac{1}{4(2-\theta)}} B^{\frac{1}{2(2-\theta)(2\gamma-1)}} \leqslant \varepsilon B + C(\varepsilon)(1 + A^{1/2}), \\ &A^{\frac{1}{2-\theta}} B^{\frac{\theta}{(2-\theta)(2\gamma-1)}} \leqslant \varepsilon B + C(\varepsilon)(1 + A^{1/2+\theta/2})。\end{aligned}$$

将这些不等式代入(3.5.52)，即得

$$\begin{aligned} &\|P_\delta(\rho)\psi^{1-\beta}\|_s + \|P_\delta(\rho)\psi^{-\beta}\|_1 + \|\rho(\nabla\psi\cdot\boldsymbol{v})^2\psi^{-\beta}\|_1 \\ &\leqslant C\varepsilon B + C(\varepsilon)(1 + A^{1/2+\theta/2})。\end{aligned}$$

注意到

$$B = \|\rho^\gamma\psi^{-\beta}\|_1 \leqslant C\|P_\delta(\rho)\psi^{-\beta}\|_1, \tag{3.5.53}$$

若取ε适当地小，则进一步有

$$\begin{aligned} &\|P_\delta(\rho)\psi^{1-\beta}\|_s + (1-c\varepsilon)\|P_\delta(\rho)\psi^{-\beta}\|_1 + \|\rho(\nabla\psi\cdot\boldsymbol{v})^2\psi^{-\beta}\|_1 \\ &\leqslant C(\varepsilon)(1 + A^{1/2+\theta/2}),\end{aligned}$$

即得所要估计(3.5.45)。

现在转向推导估计(3.5.46)和(3.5.47)。首先，由(3.5.45)和(3.5.53)可得

$$B \leqslant C(1 + A^{1/2+\theta/2})。 \tag{3.5.54}$$

将此估计代入(3.5.41)即得

$$\begin{aligned} \|\boldsymbol{v}\|_{1,2} &\leqslant C A^{1/(4(2-\theta))}(1 + A^{1/2+\theta/2})^{1/(2(2-\theta)(2\gamma-1))} \\ &\leqslant C(1 + A^{\kappa_3}), \end{aligned} \tag{3.5.55}$$

其中

$$\kappa_3 = \frac{1}{4(2-\theta)} + \frac{1+\theta}{4}\frac{1}{(2-\theta)(2\gamma-1)} = \frac{1}{4(2-\theta)}\frac{2\gamma+\theta}{2\gamma-1}。$$

利用关系$2-\gamma^{-1}=1+8\theta$和$\gamma^{-1}<1$，有

$$\kappa_3 \leqslant \frac{1}{4(2-\theta)}\frac{2+\theta}{1+8\theta}。$$

从而，进一步有

$$\frac{1-2\theta}{4}-\kappa_3 \geqslant \frac{1}{4(2-\theta)}h(\theta),$$

其中$h(\theta)=(2-\theta)(1-2\theta)-2+\theta/(1+8\theta)$。注意$\theta\in(0,1/8)$，则

$$(1+8\theta)h(\theta)=2\theta(5-19\theta+8\theta^2)>0。$$

从而$\kappa_3\leqslant 1/4-\theta/2$，因此(3.5.55)立即推出(3.5.46)。

本小节最后推导估计式(3.5.47)。由估计(3.5.42)和(3.5.54)，可得

$$\|\rho|\boldsymbol{v}|^2\psi^{1-\beta}\|_s \leqslant CA^{\frac{1}{2-\theta}}B^{\frac{\theta}{(2-\theta)(2\gamma-1)}} \leqslant C(1+A^{\kappa_4}), \tag{3.5.56}$$

其中

$$\kappa_4=\frac{1}{2-\theta}+\frac{1+\theta}{2}\frac{\theta}{(2-\theta)(2\gamma-1)}。$$

通过简单计算，可得

$$\begin{aligned}\frac{1+\theta}{2}-\kappa_4 &= \frac{\theta(1+\theta)}{2(2-\theta)}\left(\frac{1-\theta}{1+\theta}-\frac{1}{2\gamma-1}\right)\\ &= \frac{\theta(1+\theta)}{2(2-\theta)}\left(\frac{1-\theta}{1+\theta}-\frac{1-8\theta}{1+8\theta}\right)>0。\end{aligned}$$

因此$\kappa_4\leqslant(1+\theta)/2$，从而由(3.5.56)可推出(3.5.47)。 □

§3.5.2 逼近压强与动能的位势估计

先建立逼近压强与动能函数带权ψ的位势估计。

命题 3.5.8 在引理3.5.4假设条件下，令$\alpha\in(0,1)$，则存在常数C，使得对于任意$x_0\in\Omega$，有

$$\int_\Omega \frac{(P_\delta(\rho)+\rho|\boldsymbol{v}|^2)(x)\psi(x)^{3/2-\beta}}{|x-x_0|^\alpha}\mathrm{d}x \leqslant C(1+A^{(1+\theta)/2})。 \tag{3.5.57}$$

证明 对于给定的$\alpha\in(0,1)$和$x_0\in\Omega$，定义

$$\boldsymbol{\varpi}(x)=\psi(x)^{3/2-\beta}|x-x_0|^{-\alpha}(x-x_0)。 \tag{3.5.58}$$

则

$$\begin{aligned}\nabla\boldsymbol{\varpi}=&\frac{\psi(x)^{3/2-\beta}}{|x-x_0|^\alpha}\left(\mathbb{I}-\frac{\alpha}{|x-x_0|^2}(x-x_0)\otimes(x-x_0)\right.\\&\left.+\frac{3-2\beta}{2\psi}(x-x_0)\otimes\nabla\psi\right)。\end{aligned}$$

因为$\beta\in(0,1/2)$，则

$$|\nabla\boldsymbol{\varpi}|\leqslant c|x-x_0|^{-\alpha}。$$

从而，对于任意给定的$r\in[1,3/\alpha)$，$\boldsymbol{\varpi}\in W_0^{1,r}(\Omega)$。特别地，有

$$\|\boldsymbol{\varpi}\|_{1,2}+\|\boldsymbol{\varpi}\|_\infty\leqslant C。$$

注意到，$C_0^\infty(\Omega)$在$W_0^{1,r}(\Omega)$中是稠密的，就可从逼近动量方程弱形式推出

$$\begin{aligned}&\int_\Omega(\rho\boldsymbol{v}\otimes\boldsymbol{v}:\nabla\boldsymbol{\varpi}+P_\delta(\rho)\mathrm{div}\boldsymbol{\varpi})\mathrm{d}x=\int_\Omega(\mu\nabla\boldsymbol{v}\cdot\nabla\boldsymbol{\varpi}+\tilde{\mu}\,\mathrm{div}\boldsymbol{v}\,\mathrm{div}\boldsymbol{\varpi}+\rho\boldsymbol{f}\cdot\boldsymbol{\varpi})\mathrm{d}x\\&\leqslant C\left(\|\boldsymbol{v}\|_{1,2}\|\boldsymbol{\varpi}\|_{1,2}+M\|\boldsymbol{\varpi}\|_\infty\right)。\end{aligned}$$

因此，

$$\int_\Omega(\rho\boldsymbol{v}\otimes\boldsymbol{v}:\nabla\boldsymbol{\varpi}+P_\delta(\rho)\mathrm{div}\boldsymbol{\varpi})\mathrm{d}x\leqslant C(1+\|\boldsymbol{v}\|_{1,2})。\tag{3.5.59}$$

另一方面，

$$\begin{aligned}\mathrm{div}\boldsymbol{\varpi}&=\frac{(3-\alpha)\psi^{3/2-\beta}}{|x-x_0|^\alpha}-\frac{(3-2\beta)\psi^{1/2-\beta}}{2|x-x_0|^\alpha}(x-x_0)\cdot\nabla\psi\\&\geqslant\frac{(3-\alpha)\psi^{3/2-\beta}}{|x-x_0|^\alpha}-C\psi^{-\beta},\end{aligned}\tag{3.5.60}$$

且

$$\begin{aligned}\rho\boldsymbol{v}\otimes\boldsymbol{v}:\nabla\boldsymbol{\varpi}=&\frac{\psi^{3/2-\beta}\rho}{|x-x_0|^\alpha}\left(|\boldsymbol{v}|^2-\frac{\alpha}{|x-x_0|^2}(\boldsymbol{v}\cdot(x-x_0))^2\right)\\&+\rho\frac{(3-2\beta)\psi^{1/2-\beta}}{2|x-x_0|^\alpha}((x-x_0)\cdot\boldsymbol{v})(\nabla\psi\cdot\boldsymbol{v})\\\geqslant&\frac{(1-\alpha)\psi^{3/2-\beta}}{|x-x_0|^\alpha}\rho|\boldsymbol{v}|^2-C\rho|\boldsymbol{v}||\nabla\psi\cdot\boldsymbol{v}|\psi^{1/2-\beta}\\\geqslant&\frac{(1-\alpha)\psi^{3/2-\beta}}{|x-x_0|^\alpha}\rho|\boldsymbol{v}|^2-C\rho|\boldsymbol{v}|^2\psi^{1-\beta}-C\rho(\nabla\psi\cdot\boldsymbol{v})^2\psi^{-\beta}。\end{aligned}\tag{3.5.61}$$

将(3.5.60)和(3.5.61)代入(3.5.59) 即得

$$\begin{aligned}\int_\Omega\frac{(P_\delta+\rho|\boldsymbol{v}|^2)\psi^{3/2-\beta}}{|x-x_0|^\alpha}\mathrm{d}x\leqslant&C\left(1+\int_\Omega P_\delta\psi^{-\beta}\mathrm{d}x+\int_\Omega\rho|\boldsymbol{v}|^2\psi^{1-\beta}\mathrm{d}x\right.\\&\left.+\int_\Omega\rho(\nabla\psi\cdot\boldsymbol{v})^2\psi^{-\beta}\mathrm{d}x+\|\boldsymbol{v}\|_{1,2}\right)。\end{aligned}$$

最后把(3.5.45)–(3.5.47)代入上面的不等式，即得

$$\int_\Omega \frac{(P_\delta+\rho|\boldsymbol{v}|^2)\psi^{3/2-\beta}}{|x-x_0|^\alpha}\mathrm{d}x \leqslant C(1+A^{(1+\theta)/2}+A^{(1-2\theta)/4}) \leqslant C(1+A^{(1+\theta)/2})。$$

因此(3.5.57)成立。 □

命题 3.5.9 在引理3.5.4假设条件下，令(θ,β)由关系(3.5.1)给出，则存在常数C，使得对于任意$x_0\in\Omega$,

$$\int_\Omega \frac{\rho(x)|\boldsymbol{v}|^{2(1-\theta)}(x)\psi(x)^{2\beta}}{|x-x_0|}\mathrm{d}x \leqslant C(1+A^{(1+\theta)/2})。\tag{3.5.62}$$

证明 由关系式(3.5.1)，知

$$2\beta=\frac{\theta}{\gamma}\left(\frac{3}{2}-\beta\right)+(1-\theta)\left(\frac{3}{2}-\beta\right)。$$

记

$$\alpha=\frac{1-16\theta}{1-8\theta}\in(0,1)。$$

则有

$$\frac{\rho|\boldsymbol{v}|^{2(1-\theta)}\psi^{2\beta}}{|x-x_0|}=\left(\frac{\rho^\gamma\psi^{3/2-\beta}}{|x-x_0|^\alpha}\right)^{\theta/\gamma}\left(\frac{\rho|\boldsymbol{v}|^2\psi^{3/2-\beta}}{|x-x_0|^\alpha}\right)^{1-\theta}\left(\frac{1}{|x-x_0|^2}\right)^{\theta-\theta/\gamma}。$$

利用Young不等式及$\rho^\gamma\leqslant a^{-1}P_\delta(\rho)$，可得

$$\frac{\rho|\boldsymbol{v}|^{2(1-\theta)}\psi^{2\beta}}{|x-x_0|}\leqslant C\left(\frac{P_\delta\psi^{3/2-\beta}+\rho|\boldsymbol{v}|^2\psi^{3/2-\beta}}{|x-x_0|^\alpha}+\frac{1}{|x-x_0|^2}\right)。$$

对上述不等式两边积分，并使用估计(3.5.57)，即得(3.5.62)。 □

为了给出逼近压强的位势估计，需要先建立起下列两个引理。

引理 3.5.10 在引理3.5.4假设条件下，令$\alpha\in(0,1)$，并设$\zeta\in C^\infty(\overline{\Omega})$ 满足：

$$\zeta\geqslant 0,\quad 在\,\Omega\,中；\quad \zeta=0,\quad 在\,\Omega\backslash\Omega_{t/2}\,中。\tag{3.5.63}$$

则存在常数C（可依赖于ζ），使得对于任意的$x_0\in\Omega$，有

$$\int_\Omega \frac{\zeta P_\delta(\rho)(x)}{|x-x_0|^\alpha}\mathrm{d}x\leqslant C(\|P_\delta(\rho)\|_1+\|\rho|\boldsymbol{v}|^2\|_1+\|\boldsymbol{v}\|_{1,2}+1)。\tag{3.5.64}$$

证明 首先考虑$x_0\in D_t$的情形。在这种情况下，由引理3.5.2 和3.5.3 可得

$$\|\zeta\boldsymbol{\sigma}\|_{1,2}\leqslant C。\tag{3.5.65}$$

从而可从逼近动量方程弱形式中推出

$$\begin{aligned}&\int_\Omega(\zeta\rho\boldsymbol{v}\otimes\boldsymbol{v}:\nabla\boldsymbol{\sigma}+\zeta P_\delta(\rho)\mathrm{div}\boldsymbol{\sigma})\mathrm{d}x\\&=\int_\Omega(\mu\nabla\boldsymbol{v}\cdot\nabla(\zeta\boldsymbol{\sigma})+\tilde{\mu}\,\mathrm{div}\boldsymbol{v}\,\mathrm{div}(\zeta\boldsymbol{\sigma})-\rho\boldsymbol{f}\cdot\zeta\boldsymbol{\sigma})\mathrm{d}x\\&-\int_\Omega(\rho(\nabla\zeta\cdot\boldsymbol{v})(\boldsymbol{v}\cdot\boldsymbol{\sigma})+P_\delta(\rho)\nabla\zeta\cdot\boldsymbol{\sigma})\mathrm{d}x。\end{aligned}\tag{3.5.66}$$

根据(3.5.65)及Hölder不等式，有

$$\int_\Omega(\mathbb{S}(\boldsymbol{v}):\nabla(\zeta\boldsymbol{\sigma})-\rho\boldsymbol{f}\cdot\zeta\boldsymbol{\sigma})\mathrm{d}x\leqslant C(1+\|\boldsymbol{v}\|_{1,2})$$

且

$$\int_\Omega(\rho(\nabla\zeta\cdot\boldsymbol{v})(\boldsymbol{v}\cdot\boldsymbol{\sigma})+P_\delta(\rho)\nabla\zeta\cdot\boldsymbol{\sigma})\mathrm{d}x\leqslant C(\|P_\delta(\rho)\|_1+\|\rho|\boldsymbol{v}|^2\|_1)。$$

把上述结果代入(3.5.66)即得，对于任意的$x_0\in D_t$，

$$\begin{aligned}&\int_\Omega(\zeta\rho\boldsymbol{v}\otimes\boldsymbol{v}:\nabla\boldsymbol{\sigma}+\zeta P_\delta(\rho)\mathrm{div}\boldsymbol{\sigma})\mathrm{d}x\\&\leqslant C(1+\|P_\delta(\rho)\|_1+\|\rho|\boldsymbol{v}|^2\|_1+\|\boldsymbol{v}\|_{1,2})。\end{aligned}\tag{3.5.67}$$

根据(3.5.8)，知

$$\begin{aligned}\rho\boldsymbol{v}\otimes\boldsymbol{v}:\nabla\boldsymbol{\sigma}&=\rho\frac{\partial\sigma_i}{\partial x_j}(x)v_iv_j\\&\geqslant\frac{1-\alpha}{2}\left(\frac{1}{\Xi_-^\alpha(x,x_0)}+\frac{1}{\Xi_+^\alpha(x,x_0)}\right)\rho|\boldsymbol{v}\cdot\boldsymbol{\beta}(x)|^2-c\rho|\boldsymbol{v}|^2。\end{aligned}$$

所以，可从(3.5.67)推出：对于任意的$x_0\in D_t$，

$$\begin{aligned}&\int_\Omega\zeta P_\delta(\rho)\left(\frac{1}{\Xi_-^\alpha(x,x_0)}+\frac{1}{\Xi_+^\alpha(x,x_0)}\right)\mathrm{d}x\\&\qquad\leqslant C\left(1+\|P_\delta(\rho)\|_1+\|\rho|\boldsymbol{v}|^2\|_1+\|\boldsymbol{v}\|_{1,2}\right)。\end{aligned}\tag{3.5.68}$$

由(3.5.10)，知$\Xi_-(x,x_0)\leqslant c|x-x_0|$。将此不等式代入(3.5.68)即得，对于任意的$x_0\in D_t$，

$$\int_\Omega\frac{\zeta P_\delta(\rho)}{|x-x_0|^\alpha}\mathrm{d}x\leqslant c(\|P_\delta(\rho)\|_1+\|\rho|\boldsymbol{v}|^2\|_1+\|\boldsymbol{v}\|_{1,2})。\tag{3.5.69}$$

现在考虑$x_0\in\Omega\backslash D_t$的情况。在此情形下，$\zeta$在区域$\Omega\backslash D_{t/2}$内为0，并且，对于任意的$x\in\mathrm{supp}\zeta$，有不等式$2|x-x_0|\geqslant t$。结果很容易推出，对于所有的$x_0\in\Omega\backslash D_t$，

$$\int_\Omega\frac{\zeta P_\delta(\rho)}{|x-x_0|^\alpha}\mathrm{d}x\leqslant C\|P_\delta(\rho)\|_1。$$

由上述不等式和(3.5.69)，即得所要估计(3.5.64)。 □

完全类似于周期问题，可以得到在Ω内部关于压力的加权估计：

引理 3.5.11 在引理3.5.4假设条件下，对于任意给定的非负函数$\eta \in C_0^\infty(\Omega)$，存在一个可依赖于$\eta$的常数$C$，使得对于任意的$x_0 \in \Omega$，有

$$\int_\Omega \frac{\eta P_\delta(\rho)(x)}{|x-x_0|}\mathrm{d}x \leqslant C(1+\|P_\delta(\rho)\|_1+\|\rho|\boldsymbol{v}|^2\|_1+\|\boldsymbol{v}\|_{1,2})。\tag{3.5.70}$$

现在开始推导逼近压强的位势估计。

命题 3.5.12 在引理3.5.4假设条件下，令$\alpha \in (0,1)$，则存在常数C，使得对于任意$x_0 \in \Omega$，

$$\int_\Omega \frac{P_\delta^\alpha(\rho)}{|x-x_0|}\mathrm{d}x \leqslant C(1+\|P_\delta(\rho)\|_1+\|\rho|\boldsymbol{v}|^2\|_1+\|\boldsymbol{v}\|_{1,2})。\tag{3.5.71}$$

证明 选择一个非负函数$\zeta \in C^\infty(\Omega)$，其在$\partial\Omega$的附近恒等于1，而在$\Omega\backslash\Omega_{t/2}$内为0。特别地，有$1-\zeta \in C_0^\infty(\Omega)$。从而，利用引理3.5.10 和3.5.11可得

$$\begin{aligned}\int_\Omega \frac{P_\delta(\rho)}{|x-x_0|^\alpha}\mathrm{d}x &\leqslant \int_\Omega \frac{\zeta P_\delta(\rho)}{|x-x_0|^\alpha}\mathrm{d}x + C\int_\Omega \frac{(1-\zeta)P_\delta(\rho)}{|x-x_0|}\mathrm{d}x \\ &\leqslant C(1+\|P_\delta(\rho)\|_1+\|\rho|\boldsymbol{v}|^2\|_1+\|\boldsymbol{v}\|_{1,2})。\end{aligned}\tag{3.5.72}$$

另一方面，根据Young不等式，

$$\frac{P_\delta(\rho)^\alpha}{|x-x_0|} = \left(\frac{P_\delta(\rho)}{|x-x_0|^\alpha}\right)^\alpha \left(\frac{1}{|x-x_0|^{1+\alpha}}\right)^{1-\alpha} \leqslant \frac{CP_\delta(\rho)}{|x-x_0|^\alpha}+\frac{C}{|x-x_0|^{1+\alpha}}.$$

对上式两边积分，并注意到$1+\alpha \leqslant 2$，可得

$$\int_\Omega \frac{P_\delta^\alpha(\rho)}{|x-x_0|}\mathrm{d}x \leqslant C\int_\Omega \frac{P_\delta(\rho)}{|x-x_0|^\alpha}\mathrm{d}x + C。$$

将此不等式代入(3.5.72)即得(3.5.71)。 □

§3.5.3 存在性定理

这一节开始证明定理3.5.1中的所要结论。先推导积分量A的一致有界性：

$$A \leqslant C。\tag{3.5.73}$$

由引理2.2.18和命题3.5.9，知

$$\begin{aligned}A &= \int_\Omega |\boldsymbol{v}|^2(|\boldsymbol{v}|^{2(1-\theta)}\psi^{2\beta})\mathrm{d}x \\ &\leqslant C\|\boldsymbol{v}\|_{1,2}^2 \sup_{x_0\in\Omega}\int_\Omega |\boldsymbol{v}|^{2(1-\theta)}\psi^{2\beta}|x-x_0|^{-1}\mathrm{d}x \\ &\leqslant C(1+A^{(1+\theta)/2})\|\boldsymbol{v}\|_{1,2}^2。\end{aligned}\tag{3.5.74}$$

由估计(3.5.74)，条件$\theta \in (0,1/8)$及(3.5.46)，可得

$$A \leqslant C(1+A^{1/2-\theta})(1+A^{(1+\theta)/2}) \leqslant C(1+A^{1-\theta/2});$$

进一步应用Young不等式即得(3.5.73)。把(3.5.73)代入(3.5.46)得出

$$\|\boldsymbol{v}\|_{1,2}^2 \leqslant C。\tag{3.5.75}$$

根据q的定义(3.5.2)及Young不等式，有

$$P_\delta^q = \left((P_\delta\psi^{1-\beta})^s\right)^{\frac{\beta}{\beta+(1-\beta)s}} \left(P_\delta\psi^{-\beta}\right)^{\frac{(1-\beta)s}{\beta+(1-\beta)s}} \leqslant (P_\delta\psi^{1-\beta})^s + P_\delta\psi^{-\beta}。$$

对上式两边积分，并利用估计(3.5.45)和(3.5.73)，得到关于逼近压强的一致估计：

$$\begin{aligned}\int_\Omega P_\delta^q \mathrm{d}x \leqslant& \int_\Omega (P_\delta\psi^{1-\beta})^s \mathrm{d}x + \int_\Omega P_\delta\psi^{-\beta}\mathrm{d}x \leqslant C(1+A^{(1+\theta)(1+2\theta^2)/2}) \\ \leqslant& C。\end{aligned}\tag{3.5.76}$$

最后推导逼近动能函数的一致L^p估计。根据s和θ定义，以及条件$\theta \in (0,1/8)$，有

$$2\gamma^{-1}s-(3-s) = 2(1-8\theta)(1+2\theta^2)-2+2\theta^2 = 2\theta(3\theta+16\theta^2-8) < 0。$$

现在取$\alpha = 2\gamma^{-1}s/(3-s) \in (0,1)$，则由引理2.2.18，(3.5.71)和估计(3.5.75)–(3.5.76)，可得

$$\int_\Omega P_\delta^\alpha(\rho)|\boldsymbol{v}|^2\mathrm{d}x \leqslant C(1+\|\rho|\boldsymbol{v}|^2\|_1)\|\boldsymbol{v}\|_{1,2}^2 \leqslant C(1+\|\rho|\boldsymbol{v}|^2\|_1)。$$

另一方面，有

$$\rho^{2s/(3-s)} = \rho^{\alpha\gamma} \leqslant CP_\delta^\alpha(\rho)。$$

因此，进一步有

$$\int_\Omega \rho^{2s/(3-s)}|\boldsymbol{v}|^2\mathrm{d}x \leqslant C(1+\|\rho|\boldsymbol{v}|^2\|_1)。\tag{3.5.77}$$

注意到

$$\rho^s|\boldsymbol{v}|^{2s} = (\rho^{2s/(3-s)}|\boldsymbol{v}|^2)^{(3-s)/2}(|\boldsymbol{v}|^6)^{(s-1)/2},$$

利用Hölder不等式和(3.5.77)，可得

$$\int_\Omega \rho^s|\boldsymbol{v}|^{2s}\mathrm{d}x \leqslant \left(\int_\Omega \rho^{2s/(3-s)}|\boldsymbol{v}|^2\mathrm{d}x\right)^{(3-s)/2}\left(\int_\Omega |\boldsymbol{v}|^6\mathrm{d}x\right)^{(s-1)/2}。$$

由嵌入不等式，知

$$\|\boldsymbol{v}\|_6 \leqslant C\|\boldsymbol{v}\|_{1,2} \leqslant C,$$

因此，有下列估计：

$$\|\rho|\boldsymbol{v}|^2\|_s^s \leqslant C\left(\int_\Omega \rho^{2s/(3-s)}|\boldsymbol{v}|^2\mathrm{d}x\right)^{(3-s)/2}。\tag{3.5.78}$$

将(3.5.77)代入(3.5.78)即得

$$\|\rho|\boldsymbol{v}|^2\|_s^s \leqslant C(1+\|\rho|\boldsymbol{v}|^2\|_1)^{(3-s)/2}。\tag{3.5.79}$$

注意到

$$\|\rho|\boldsymbol{v}|^2\|_1+1 \leqslant 1+C\left(\int_\Omega \rho^s|\boldsymbol{v}|^{2s}\mathrm{d}x\right)^{1/s}。$$

以及$3-s<2s$，结果将上式代入(3.5.79)，并用Young不等式，即得

$$\|\rho|\boldsymbol{v}|^2\|_s \leqslant C。$$

这就完成了定理3.5.1的证明。

结合定理3.3.1和定理3.5.1就可以得到下面的存在性定理。

定理 3.5.13 *假设$\gamma>1$，$\boldsymbol{f}\in(L^\infty(\mathbb{R}^3))^3$，则Dirichlet边值问题(3.0.1), (3.0.2)至少存在一个重整化有界能量弱解$(\rho,\boldsymbol{v})$满足(3.5.4)的估计式。*

§3.6 注记

本章所介绍的结果主要摘自[72, 38]。这些结果的证明框架来自Lions[45]和Feireisl等[21, 24]。密度振荡的控制的思想最早出现在江松和张平对球对称情形的研究中[37]，后被Feireisl等推广到一般的高维情形[21, 24]。当外力很小时，高维定常可压缩等熵NS方程的适定性理论已被研究得比较透彻（例如参见专著[45, 60]）。关于大外力情形下解的存在性，突破性的结果首先由Lions得到[45]，他首先证明了当$\gamma>5/3$时，三维定常等熵可压缩NS方程组弱解的存在性（二维只要求$\gamma>5/3$）。随后，经过许多数学家的不懈努力，在解的适定性理论研究方面已取得许多重要进展，参见本书的引言关于这方面的综述。在一般大外力的情况下，尽管适定性理论的研究有很大进展，但还有许多数学理论问题没有得到解决，例如弱解在什么物理合理的条件下是唯一的？三维情形下当$\gamma=1$时弱解的存在性、一般大外力下强解或光滑解是否存在等等还没有得到解决。此外，若考虑非齐次边值条件，例如流入/流出（inflow/outflow）问题，弱解的存在性问题也是一个困难的公开问题，感兴趣的读者可从文献[33, 39, 40, 41, 42, 43, 62, 63, 64, 67] 中了解这方向的部分相关结果。当然，在某些特殊情况下（例如Mach数很小，或小外力时），还是能得到强解的存在性的，这是后面第六、七、八章中要介绍的内容。进一步，在二维情形，弱解在$\gamma=1$ 时仍然存在，下一章将介绍这方面的内容。

第四章
等温情形、不唯一性以及正则性

本节主要介绍有关二维等温（$\gamma = 1$）情形弱解的存在性。同时，也将给出例子说明一般高维情形下重整化有界能量弱解的不唯一性，以及简要介绍一个关于弱解正则性的结果。

§4.1　二维等温流弱解的存在性

对于二维非等温的情形，即$\gamma > 1$时，应用第3.2节的推导过程即可得到弱解的存在性。而对于$\gamma = 1$（即等温情形），此时压力$P = a\rho$为线性项。所以，如果解的先验估计能够保证$\|\boldsymbol{v}\|_{1,2} \leqslant C$，$\rho_\delta \rightharpoonup \rho$，$\rho_\delta \boldsymbol{v}_\delta \rightharpoonup \rho \boldsymbol{v}$和$\rho_\delta \boldsymbol{v}_\delta \otimes \boldsymbol{v}_\delta \rightharpoonup \rho \boldsymbol{v} \otimes \boldsymbol{v}$，则直接对$\delta$取极限即可得到解的存在性。但此时数学上对应着临界情形，仅由能量估计和Hölder不等式等不能得到足够的先验估计以满足前述要求，需要更加精细的方法证明弱解的存在性。具体来说，本节中将在二维有界区域$\Omega \subset \mathbb{R}^2$上研究如下方程：

$$\begin{cases} \operatorname{div}(\rho \boldsymbol{v}) = 0, \\ \operatorname{div}(\rho \boldsymbol{v} \otimes \boldsymbol{v}) - \mu \Delta \boldsymbol{v} - \tilde{\mu} \nabla \operatorname{div} \boldsymbol{v} + a \nabla \rho = \rho \boldsymbol{f}, \end{cases} \tag{4.1.1}$$

并考虑如下两类边值条件：

(1) 滑移边值条件

$$\boldsymbol{v} \cdot \boldsymbol{n} = 0, \quad \operatorname{curl} \boldsymbol{v} := \partial_1 v_2 - \partial_2 v_1 = 0, \quad 在\ \partial\Omega\ 上, \tag{4.1.2}$$

该条件允许流体在边界滑移运动。

(2) 固定（非滑移）边值条件

$$\boldsymbol{v} = 0, \quad 在\ \partial\Omega\ 上。 \tag{4.1.3}$$

一般来说，考虑弱解的存在性，如果可以证明 Dirichlet 边值问题 (4.1.1) 和 (4.1.3) 解的存在性，那么相应的方法也可以证明滑移边值问题 (4.1.1)，(4.1.2) 解的存在性，但反过来不一定成立。本章将先考虑在矩形区域内滑移边值问题解的存在性，然后研究在一般区域内Dirichlet边值问题解的存在性。本节中研究的矩形区域内滑移边值问题解的存在性的过程十分依赖于方程和区域的结构，不适用于一般区域内的Dirichlet边值问题。

备注 4.1.1 由备注3.1.2，本章中将取$\beta = 2$。

§4.1.1 基本先验估计

本小节将推导对上述两种边值问题都适用的一些先验估计。

命题 4.1.2 设$(\rho_\delta, \boldsymbol{v}_\delta) \in L^4(\Omega) \times (H_0^1(\Omega))^2$ 是由命题3.2.7给出的Dirichlet边值问题(4.1.1), (4.1.3)的解，则下列估计成立：

$$\|\boldsymbol{v}_\delta\|_{1,2} + \|\rho_\delta |\boldsymbol{v}_\delta|^2\|_1 \leqslant C, \tag{4.1.4}$$

其中常数C和δ无关，$\boldsymbol{v}_\delta = (v_\delta^1, v_\delta^2)$。

证明 首先由能量不等式可得

$$\mu\|\nabla \boldsymbol{v}_\delta\|_2^2 + (\mu + \tilde{\mu})\|\mathrm{div}\boldsymbol{v}_\delta\|_2^2 \leqslant C\|\rho_\delta \boldsymbol{v}_\delta\|_1。 \tag{4.1.5}$$

为了估计上面不等式右边项$\|\rho_\delta \boldsymbol{v}_\delta\|_1$，引入流函数$\psi$ 满足

$$\rho_\delta v_\delta^1 = \partial_2 \psi_\delta,\ \rho_\delta v_\delta^2 = -\partial_1 \psi_\delta,\ \ \text{在}\ \Omega\ \text{中};\ \psi_\delta = 0,\ \ \text{在}\ \partial\Omega\ \text{上}。 \tag{4.1.6}$$

利用流函数ψ_δ性质，分部积分公式以及Hölder不等式，可得

$$\begin{aligned}\int_\Omega \rho_\delta |\boldsymbol{v}_\delta|^2 \mathrm{d}x &= \int_\Omega v_\delta^1 \partial_2 \psi_\delta - v_\delta^2 \partial_1 \psi_\delta \ \mathrm{d}x = \int_\Omega \psi_\delta (\partial_1 v_\delta^2 - \partial_2 v_\delta^1) \mathrm{d}x \\ &\leqslant \sqrt{2}\|\psi_\delta\|_2 \|\nabla \boldsymbol{v}_\delta\|_2。\end{aligned} \tag{4.1.7}$$

注意到$\|\rho_\delta\|_1 = M$，利用Hölder不等式，可从(4.1.7)推出

$$\begin{aligned}\int_\Omega \rho_\delta |\boldsymbol{v}_\delta| \mathrm{d}x \leqslant & \|\rho_\delta\|_1^{\frac{1}{2}} \|\sqrt{\rho_\delta}\boldsymbol{v}_\delta\|_2 \\ \leqslant & 2^{\frac{1}{4}} M^{\frac{1}{2}} \|\psi_\delta\|_2^{\frac{1}{2}} \|\nabla \boldsymbol{v}_\delta\|_2^{\frac{1}{2}}。\end{aligned} \tag{4.1.8}$$

另一方面，根据(4.1.6)，Friedrichs不等式(1.3.30)及嵌入不等式，有

$$\|\psi_\delta\|_2 \leqslant C\|\psi_\delta\|_{W^{1,1}(\Omega)} \leqslant C\|\nabla \psi_\delta\|_1 = c\|\rho_\delta \boldsymbol{v}_\delta\|_1。 \tag{4.1.9}$$

结果，联立估计(4.1.8)与(4.1.9)，可得

$$\|\rho_\delta \boldsymbol{v}_\delta\|_1 + \|\psi_\delta\|_2 \leqslant C\|\nabla \boldsymbol{v}_\delta\|_2。 \tag{4.1.10}$$

根据估计(4.1.7)及(4.1.10)，有

$$\|\sqrt{\rho_\delta}\boldsymbol{v}_\delta\|_2 \leqslant C\|\nabla \boldsymbol{v}_\delta\|_2。 \tag{4.1.11}$$

结果，使用Cauhcy–Schwarz不等式，可从估计(4.1.5)，(4.1.10)与(4.1.11)推出所要结论(4.1.4)。 □

和上述过程完全类似，可以得到滑移边值问题的能量估计。

命题 4.1.3 设$(\rho_\delta, \boldsymbol{v}_\delta) \in L^{2\beta}(\Omega) \times H^1_{\mathrm{s}}(\Omega, \mathbb{R}^2)$ 是由命题3.2.7给出的滑移边值问题(4.1.1), (4.1.2)的解，则下列估计成立:

$$\|\boldsymbol{v}_\delta\|_{1,2} + \|\rho_\delta|\boldsymbol{v}_\delta|^2\|_1 \leqslant C。 \tag{4.1.12}$$

其中常数C和δ无关。

下面引理说明压力在$L^r(\Omega)$ $(r>1)$的范数可由流函数所控制。

引理 4.1.4 假设$(\rho_\delta, \boldsymbol{v}_\delta)$是由命题3.2.7给出的方程组(4.1.1)在Dirichlet边值条件(4.1.3)或滑移边值条件(4.1.2)下的解，则对于任意给定的$r \in (1,2)$，有

$$\|P_\delta\|_r \leqslant C\left(1 + \|\psi_\delta\|_{\frac{2r}{2-r}}\right), \tag{4.1.13}$$

其中ψ_δ满足(4.1.6)，常数C有依赖于r。

证明 令$r \in (1,2)$，因为$\rho_\delta \in L^4(\Omega)$，所以，对于$q \in (1, 2/(r-1))$，

$$P_\delta^{r-1} - (P_\delta^{r-1})_\Omega \in L^q(\Omega)。$$

根据定理2.2.4，存在函数$\boldsymbol{\varphi}_\delta \in (W_0^{1,q}(\Omega))^2$，满足

$$\begin{cases} \mathrm{div}\boldsymbol{\varphi}_\delta = P_\delta^{r-1} - \left(P_\delta^{r-1}\right)_\Omega, & 在\,\Omega\,中, \\ \boldsymbol{\varphi}_\delta = 0, & 在\,\partial\Omega\,上, \end{cases} \tag{4.1.14}$$

且

$$\|\nabla \boldsymbol{\varphi}_\delta\|_q \leqslant c\|P_\delta^{r-1}\|_q = c\|P_\delta\|_{q(r-1)}^{r-1}。 \tag{4.1.15}$$

用φ_δ 作为检验函数作用到$(4.1.1)_2$可得

$$\begin{aligned} \int_\Omega P_\delta^r \mathrm{d}x =& \int_\Omega \rho_\delta(\boldsymbol{v}_\delta \otimes \boldsymbol{v}_\delta) : \nabla\boldsymbol{\varphi}_\delta \mathrm{d}x + (P_\delta^{r-1})_\Omega \int_\Omega P_\delta \mathrm{d}x - \int_\Omega \rho_\delta \boldsymbol{f}\cdot\boldsymbol{\varphi}_\delta \mathrm{d}x \\ &+ \mu\int_\Omega \nabla\boldsymbol{v}_\delta : \nabla\boldsymbol{\varphi}_\delta \mathrm{d}x + (\mu+\tilde{\mu})\int_\Omega \mathrm{div}\boldsymbol{v}_\delta \mathrm{div}\varphi_\delta \mathrm{d}x。 \end{aligned} \tag{4.1.16}$$

下面首先估计最困难的对流项。使用(4.1.15)和分部积分，其中$q = r/(r-1) \in (1, 2/(r-1))$，推出

$$\begin{aligned}&\left|\int_\Omega \rho_\delta(\boldsymbol{v}_\delta \otimes \boldsymbol{v}_\delta) : \nabla \boldsymbol{\varphi}_\delta \mathrm{d}x\right| = \left|\int_\Omega \rho_\delta v_\delta^j v_\delta^i \partial_j \varphi_\delta^i \mathrm{d}x\right| = \left|\int_\Omega \rho_\delta v_\delta^j \partial_j v_\delta^i \varphi_\delta^i \mathrm{d}x\right| \\ &= \left|\int_\Omega [\partial_2 \psi_\delta \partial_1 v_\delta^i \varphi_\delta^i - \partial_1 \psi_\delta \partial_2 v_\delta^i \varphi_\delta^i] \mathrm{d}x\right| = \left|\int_\Omega \psi_\delta [\partial_1 \varphi_\delta^i \partial_2 v_\delta^i - \partial_2 \varphi_\delta^i \partial_1 v_\delta^i] \mathrm{d}x\right| \\ &\leqslant C\|\psi_\delta \nabla \varphi_\delta\|_2 \|\nabla \boldsymbol{v}_\delta\|_2 \leqslant C\|\nabla \varphi_\delta\|_{\frac{r}{r-1}} \|\psi_\delta\|_{\frac{2r}{2-r}} \\ &\leqslant C\|P_\delta\|_r^{r-1} \|\psi_\delta\|_{\frac{2r}{2-r}}。\end{aligned} \tag{4.1.17}$$

又因为$\rho_\delta \in L'$，所以$\|\sqrt{P_\delta}\|_1 \leqslant C$，使用插值不等式，可得

$$\|P_\delta\|_1 \leqslant C\|P_\delta\|_r^{\frac{r}{2r-1}}。 \tag{4.1.18}$$

此外，由Hölder不等式得，$(P_\delta^{r-1})_\Omega \leqslant C\|P_\delta\|_r^{r-1}$。结果，

$$\left|(P_\delta^{r-1})_\Omega \int_\Omega P_\delta \mathrm{d}x\right| \leqslant C\|P_\delta\|_r^\beta，其中\beta := \frac{2r^2 - 2r + 1}{2r - 1} \in (0, r)。$$

注意到$r \in (1, 2)$，则$r/(r-1) \in (2, +\infty)$。结果，利用Sobolev嵌入不等式及取$q = r/(r-1)$的估计(4.1.15)，有

$$\left|\int_\Omega \rho_\delta \boldsymbol{f} \cdot \boldsymbol{\varphi}_\delta \mathrm{d}x\right| \leqslant CM\|\boldsymbol{f}\|_\infty \|\boldsymbol{\varphi}_\delta\|_\infty \leqslant C\|P_\delta\|_r^{r-1}。$$

使用Hölder不等式，注意$r \in (1, 2)$时，$\frac{r}{r-1} > 2$，可如下估计：

$$\begin{aligned}&\left|\mu \int_\Omega \nabla \boldsymbol{v}_\delta : \nabla \boldsymbol{\varphi}_\delta \mathrm{d}x + (\mu + \tilde{\mu}) \int_\Omega \mathrm{div} \boldsymbol{v}_\delta \mathrm{div} \varphi_\delta \mathrm{d}x\right| \\ &\leqslant C\|\nabla \boldsymbol{v}_\delta\|_2 \|\nabla \boldsymbol{\varphi}_\delta\|_2 \leqslant C\|P_\delta\|_{2(r-1)}^{r-1} \leqslant C\|P_\delta\|_r^{r-1}。\end{aligned} \tag{4.1.19}$$

由(4.1.16)–(4.1.19)，并使用Young不等式，即得所要结论。 □

§4.1.2 滑移边值问题解的存在性

本节将在上节估计的基础上证明滑移边值问题弱解的存在性定理。

定理 4.1.5 假设$\Omega = (0, l_1) \times (0, l_2)$是一个二维有界区域，$M > 0$，$\boldsymbol{f} \in (L^\infty(\Omega))^2$，则边值问题(4.1.1) 和(4.1.3)至少存在一个有界能量弱解$(\rho, \boldsymbol{v}) \in L^{\frac{4}{3}}(\Omega) \times (H_{\mathrm{s}}^1(\Omega), \mathbb{R}^2)$。

为了证明定理4.1.5, 首先证明下面的引理和命题。

引理 4.1.6 在命题4.1.2的假设下，有

$$\int_0^{l_2}\left(\int_0^{l_1}\left(P_\delta+\rho_\delta|v_\delta^2|^2\right)\mathrm{d}x_1\right)^2\mathrm{d}x_2\leqslant C\left(1+\|\psi_\delta\|_4^{\frac{8}{5}}\right), \tag{4.1.20}$$

$$\int_0^{l_1}\left(\int_0^{l_2}\left(P_\delta+\rho_\delta|v_\delta^1|^2\right)\mathrm{d}x_2\right)^2\mathrm{d}x_1\leqslant C\left(1+\|\psi_\delta\|_4^{\frac{8}{5}}\right)。 \tag{4.1.21}$$

证明 首先考虑函数

$$\begin{aligned}\varphi_1:=&\int_0^{x_1}\int_0^{l_2}(P_\delta+\rho_\delta|v_\delta^1|^2)\mathrm{d}x_2\mathrm{d}x_1\\&-\frac{x_1}{l_1}\int_0^{l_1}\int_0^{l_2}(P_\delta+\rho_\delta|v_\delta^1|^2)\mathrm{d}x_2\mathrm{d}x_1,\end{aligned}$$

则$(\varphi_1,0)\in H_{\mathrm{s}}^1(\Omega,\mathbb{R}^2)$①。用$(\varphi_1,0)$作为$(4.1.1)_2$的检验函数，结合边值条件直接计算可得

$$\begin{aligned}&\int_0^{l_1}\left(\int_0^{l_2}(P_\delta+\rho_\delta|v_\delta^1|^2)\mathrm{d}x_2\right)^2\mathrm{d}x_1\\&=(\mu+\tilde{\mu})\int_\Omega \mathrm{div}\boldsymbol{v}_\delta\partial_1\varphi_1\mathrm{d}x-\int_\Omega\rho_\delta f_1\varphi_1\mathrm{d}x\\&+\frac{1}{l_1}\left(\int_0^{l_1}\int_0^{l_2}(P_\delta+\rho_\delta|v_\delta^1|^2)\mathrm{d}x_2\mathrm{d}x_1\right)^2=:\sum_{j=1}^3 I_j。\end{aligned} \tag{4.1.22}$$

利用Hölder不等式，可得

$$I_1\leqslant C\left(\int_0^{l_1}\left(\int_0^{l_2}\left(P_\delta+\rho_\delta|v_\delta^1|^2\right)\mathrm{d}x_2\right)^2\mathrm{d}x_1\right)^{\frac{1}{2}}。$$

根据φ_1的定义，有

$$I_2\leqslant M\|\boldsymbol{f}\|_\infty\|\varphi_1\|_\infty\leqslant C\int_\Omega(P_\delta+\rho_\delta|v_\delta^1|^2)\mathrm{d}x。$$

把上述两个估计代入(4.1.22)，并使用Cauchy–Schwarz不等式，可得

$$\begin{aligned}&\int_0^{l_1}\left(\int_0^{l_2}\left(P_\delta+\rho_\delta|v_\delta^1|^2\right)\mathrm{d}x_2\right)^2\mathrm{d}x_1\\&\leqslant C\left(1+\int_0^{l_1}\int_0^{l_2}(P_\delta+\rho_\delta|v_\delta^1|^2)\mathrm{d}x_2\mathrm{d}x_1\right)^2。\end{aligned} \tag{4.1.23}$$

① 在推导(4.1.20) 中，需要取$(0,\varphi_2)\in H_{\mathrm{s}}^1(\Omega,\mathbb{R}^2)$ 作为检验函数，其中φ_2如下定义：

$$\varphi_2:=\int_0^{x_2}\int_0^{l_1}(P_\delta+\rho_\delta|v_\delta^2|^2)\mathrm{d}x_1\mathrm{d}x_2-\frac{x_2}{l_2}\int_0^{l_2}\int_0^{l_1}(P_\delta+\rho_\delta|v_\delta^2|^2)\mathrm{d}x_1\mathrm{d}x_2,$$

最后，在引理4.1.4中取$r = 4/3$，并利用(4.1.12)和(4.1.18)，可得

$$\begin{aligned}\sqrt{l_1 I_3} &\leqslant C\left(\int_0^{l_1}\int_0^{l_2} P_\delta \mathrm{d}x_2\mathrm{d}x_1 + 1\right)\\ &\leqslant C\left(1 + \|P_\delta\|_{\frac{4}{3}}^{\frac{4}{5}}\right) \leqslant C\left(1 + \|\psi_\delta\|_4^{\frac{4}{5}}\right)。\end{aligned} \tag{4.1.24}$$

把(4.1.24)代入(4.1.23)，即得(4.1.20)。完全类似的，定义

$$\varphi_2 := \int_0^{x_2}\int_0^{l_2}(P_\delta + \rho_\delta|v_\delta^1|^2)\mathrm{d}x_2\mathrm{d}x_1 - \frac{x_2}{l_1}\int_0^{l_1}\int_0^{l_2}(P_\delta + \rho_\delta|v_\delta^1|^2)\mathrm{d}x_2\mathrm{d}x_1,$$

并用$(0, \varphi_2)$作为$(4.1.1)_2$的检验函数，重复上面的过程可得(4.1.21)。 □

命题 4.1.7 在命题4.1.2的假设下，有

$$\|P_\delta\|_{\frac{4}{3}} \leqslant C, \tag{4.1.25}$$

$$\delta\int_\Omega \rho_\delta^2 \mathrm{d}x \leqslant C\sqrt[5]{\delta}。 \tag{4.1.26}$$

证明 根据(4.1.6)及Cauchy–Schwarz不等式，有

$$|\partial_1\psi_\delta| = \rho_\delta|v_\delta^2| \leqslant (\rho_\delta + \rho_\delta|v_\delta^2|^2)/2 \leqslant C(P_\delta + \rho_\delta|v_\delta^2|^2), \tag{4.1.27}$$

$$|\partial_2\psi_\delta| = \rho_\delta|v_\delta^1| \leqslant (\rho_\delta + \rho_\delta|v_\delta^1|^2)/2 \leqslant C(P_\delta + \rho_\delta|v_\delta^1|^2)。 \tag{4.1.28}$$

使用引理4.1.6，可从上述不等式推出

$$\begin{aligned}&\int_0^{l_1}\left(\int_0^{l_2}|\partial_2\psi_\delta|\mathrm{d}x_2\right)^2\mathrm{d}x_1 + \int_0^{l_2}\left(\int_0^{l_1}|\partial_1\psi_\delta|\mathrm{d}x_1\right)^2\mathrm{d}x_2\\ &\leqslant C\left(1 + \|\psi_\delta\|_4^{\frac{8}{5}}\right)。\end{aligned} \tag{4.1.29}$$

由定理2.2.17，进一步有

$$\|\psi_\delta\|_4 \leqslant C\left(1 + \|\psi_\delta\|_4^{\frac{4}{5}}\right)。 \tag{4.1.30}$$

在引理4.1.4中取$r = 4/3$，并使用Young不等式就得出

$$\|\psi_\delta\|_4 + \|P_\delta\|_{\frac{4}{3}} \leqslant C。$$

而由估计(4.1.25)，可得

$$\delta^{1/2}\|\rho_\delta\|_{\frac{8}{3}} \leqslant C。$$

结果，使用插值不等式，有

$$\delta\int_\Omega \rho_\delta^2\mathrm{d}x \leqslant M^{2/5}\delta\|\rho_\delta\|_{8/3}^{8/5} \leqslant C\sqrt[5]{\delta}。$$

因此(4.1.25)成立。 □

使用Hölder不等式以及嵌入不等式，很容易从(4.1.4)和(4.1.25)推出逼近动能和动量函数L^p范数的一致估计：

$$\|\rho_\delta \boldsymbol{v}_\delta\|_p \leqslant C, \tag{4.1.31}$$

$$\|\rho_\delta |\boldsymbol{v}_\delta|^2\|_p \leqslant C, \tag{4.1.32}$$

其中$1 < p < 4/3$，且上两式中的两个正常数C依赖于p。

在命题3.2.7中取极限$\delta \to 0$，由命题4.1.3和命题4.1.7即可得

$$\rho_\delta \rightharpoonup \rho, \quad \text{在 } L^{4/3} \text{ 中}, \tag{4.1.33}$$

$$\boldsymbol{v}_\delta \to \boldsymbol{v}, \quad \text{在 } (L^p(\Omega))^2 \text{ 中}, \ 1 < p < \infty, \tag{4.1.34}$$

$$\nabla \boldsymbol{v}_\delta \rightharpoonup \nabla \boldsymbol{v}, \quad \text{在 } (L^2(\Omega))^4 \text{ 中。} \tag{4.1.35}$$

并且上述极限函数就是定理4.1.5 所要的弱解。

§4.1.3 Dirichlet边值问题弱解的存在性

本节将研究固定边值问题(4.1.1), (4.1.3)弱解的存在性，主要结果为：

定理 4.1.8 令$r \in (1,2)$，$\Omega \subset \mathbb{R}^2$是有界$C^2$区域，$\boldsymbol{f} \in (L^\infty(\Omega))^2$，则边值问题(4.1.1), (4.1.3)至少存在一个有限能量弱解$(\rho, \boldsymbol{v}) \in L^r(\Omega) \times (H_0^1(\Omega))^2$。

和三维$\gamma > 1$的情形类似，为了得到一般的C^2 区域内Dirichlet边值问题解的存在性，在4.1.1节估计的基础上还需要得到压强在Ω内的一致加权估计，并充分结合Morrey空间的性质来证明定理4.1.8.

首先，完全类似于引理3.5.11，可以得到在Ω内部关于压强的加权估计：

引理 4.1.9 在定理4.1.8的假设条件下，对于任意给定$\alpha \in (0,1)$，以及非负函数$\eta \in C_0^\infty(\Omega)$，存在一个可依赖于$\eta$的常数$C$ ，使得对于任意的$x_0 \in \Omega$，有

$$\int_\Omega \frac{\eta P_\delta(\rho)(x)}{|x-x_0|^\alpha} \mathrm{d}x \leqslant C(1 + \|P_\delta(\rho)\|_1 + \|\rho|\boldsymbol{v}|^2\|_1 + \|\boldsymbol{v}\|_{1,2})\text{。} \tag{4.1.36}$$

备注 4.1.10 因为证明过程中需要试验函数的梯度属于$L^2(\Omega)$,因此在二维情形，引理4.1.9中的α不能取1。

为了得到压强在边界附近的加权估计，需要对引理3.5.11中的试验函数做如下的调整：令κ, $\alpha \in (0,1)$ 满足$(1+\kappa)\alpha < 1$，$x_0 \in D_t$（见(2.2.38)关于D_t的定义），定义

$$\boldsymbol{\sigma}(x, x_0) := \left(\frac{\psi(x)-\psi(x_0)}{\Xi_-^\alpha(x,x_0)} + \frac{\psi(x)+\psi(x_0)}{\Xi_+^\alpha(x,x_0)}\right)\boldsymbol{\beta}(x), \tag{4.1.37}$$

其中

$$\Xi_\pm(x,x_0) := |\psi(x) \pm \psi(x_0)| + |x-x_0|^{1+\kappa},$$

$$\boldsymbol{\beta}(x) := \nabla\psi(x),\ \boldsymbol{\beta} \in (C^1(\overline{D}_{2t}))^3,\ |\boldsymbol{\beta}(x)| = 1,\ \text{在 } \overline{D}_{2t} \text{ 中。}$$

直接验证可以得到(4.1.37)定义的σ仍满足(3.5.6)–(3.5.9)。

引理 4.1.11 设$\Omega_t = \Omega \cap D_t$，$\boldsymbol{\sigma}$如(4.1.37)定义，则对于任意$x_0 \in \Omega_t$，有

$$\|\nabla\boldsymbol{\sigma}\|_{L^2(\Omega_t)} \leqslant c, \tag{4.1.38}$$

其中常数$c > 0$只依赖于α和Ω。

证明 首先类似于引理3.5.3的证明，对于任意x，$x_0 \in \Omega_t$，有

$$\Xi_-(x,x_0) \leqslant \Xi_+(x,x_0),$$

因此，

$$|\nabla\boldsymbol{\sigma}(x)|^2 \leqslant c\left(\frac{1}{\Xi_-^{2\alpha}(x,x_0)} + 1\right)。$$

为了得到(4.1.38)，只需要证明：对于任意$x_0 \in D_t$，

$$\int_{D_t} \Xi_-^{-2\alpha}(x,x_0)\mathrm{d}x \leqslant c。 \tag{4.1.39}$$

对任意给定点$x_0 \in D_t$，并记$B_t(x_0)$表示以x_0为中心、t为半径的球，则

$$\int_{D_t} \Xi_-^{-2\alpha}(x,x_0)\mathrm{d}x \leqslant \int_{D_t\setminus B_t(x_0)} \Xi_-^{-2\alpha}(x,x_0)\mathrm{d}x + \int_{B_t(x_0)} \Xi_-^{-2\alpha}(x,x_0)\mathrm{d}x, \tag{4.1.40}$$

且

$$\int_{D_t\setminus B_t(x_0)} \Xi_-^{-2\alpha}(x,x_0)\mathrm{d}x \leqslant ct^{-4\alpha}|D_t| \leqslant c, \tag{4.1.41}$$

因此下面只要估计(4.1.40)式右边第二项。已知$B_t(x_0) \subset D_{2t}$，函数ψ属于$C^2(\overline{D}_{2t})$，故对(4.1.37)中定义的$\kappa \in (0,1)$，$\psi \in C^{1,\kappa}(\overline{D}_{2t})$。对于任意$x \in B_t(x_0)$，令

$$R(x,x_0) = \psi(x) - \psi(x_0) - \boldsymbol{\beta}_0 \cdot (x - x_0),$$

其中$\boldsymbol{\beta}_0 := \boldsymbol{\beta}(x_0) := \nabla\psi(x_0)$，由中值定理以及Hölder范数的定义知，存在$\xi \in B_{|x-x_0|}(x_0)$满足

$$
\begin{aligned}
|R(x,x_0)| &= |\nabla\psi(\xi)\cdot(x-x_0) - \nabla\psi(x_0)\cdot(x-x_0)| \\
&\leqslant [\nabla\psi]_{\kappa;D_{2t}}|x-x_0|^{1+\kappa} \\
&\leqslant M|x-x_0|^{1+\kappa},
\end{aligned}
$$

其中$M>0$ 只依赖$m := \sup_{x\in D_{2t}}|\nabla^2\psi(x)|$。从而，进一步有

$$
\begin{aligned}
(M+1)\Xi_-(x,x_0) &\geqslant |\psi(x)-\psi(x_0)| + (M+1)|x-x_0|^{1+\kappa} \\
&\geqslant |\boldsymbol{\beta}_0\cdot(x-x_0)| - |R(x,x_0)| + (M+1)|x-x_0|^{1+\kappa} \\
&\geqslant |\boldsymbol{\beta}_0\cdot(x-x_0)| + |x-x_0|^{1+\kappa}。
\end{aligned}
$$

注意到$(1+\kappa)\alpha<1$，因此有

$$
\begin{aligned}
\int_{B_t(x_0)} \Xi_-^{-2\alpha}(x,x_0)\mathrm{d}x &\leqslant c\int_{B_t(x_0)} (|\boldsymbol{\beta}_0\cdot(x-x_0)| + |x-x_0|^{1+\kappa})^{-2\alpha}\mathrm{d}x \\
&\leqslant c\int_{B_t(x_0)} (|x-x_0|^{1+\kappa})^{-2\alpha}\mathrm{d}x \leqslant c。
\end{aligned} \tag{4.1.42}
$$

最后将(4.1.41)和4.1.42代入(4.1.40)，即得(4.1.38)。 □

因此完全类似于引理3.5.10, 可以得到二维情形压力在边界附近的加权估计：

引理 4.1.12 在定理4.1.8假设条件下，令$\alpha\in(0,1)$，并设$\zeta\in C^\infty(\overline{\Omega})$ 满足

$$
\zeta\geqslant 0,\quad 在\,\Omega\,中；\quad \zeta=0,\quad 在\,\Omega\backslash\Omega_{t/2}\,中。 \tag{4.1.43}
$$

则存在常数C（可依赖于ζ），使得对于任意的$x_0\in\Omega$，有

$$
\int_\Omega \frac{\zeta P_\delta(\rho)(x)}{|x-x_0|^\alpha}\mathrm{d}x \leqslant C(\|P_\delta(\rho)\|_1 + \|\rho|\boldsymbol{v}|^2\|_1 + \|\boldsymbol{v}\|_{1,2}+1)。 \tag{4.1.44}
$$

最后，在二维情形也可以得到关于压强的加权估计：

命题 4.1.13 令$\alpha\in(0,1)$，则存在常数C，使得对于任意$x_0\in\Omega$，$0<R<R_0$，

$$
\int_{\Omega\cap B_R(x_0)} \frac{P_\delta(\rho_\delta)}{|x-x_0|^\alpha}\mathrm{d}x \leqslant C(1+\|P_\delta(\rho_\delta)\|_1)。 \tag{4.1.45}
$$

其中C与x_0，δ，R无关。

证明 由引理4.1.9和引理4.1.12可得对于任意$x_0\in\Omega$，存在一个和δ, x_0无关的常数C满足：

$$
\int_\Omega \frac{P_\delta(\rho_\delta)}{|x-x_0|^\alpha}\mathrm{d}x \leqslant C(1+\|P_\delta(\rho)\|_1 + \|\rho|\boldsymbol{v}_\delta|^2\|_1 + \|\boldsymbol{v}_\delta\|_{1,2})。 \tag{4.1.46}
$$

再由命题4.1.2即可得到(4.1.45)。 □

定理4.1.8的证明 由命题4.1.13，对任意给定的$\alpha \in (0,1)$，存在与δ，R无关的常数C，使得下式成立：

$$\int_{\Omega\cap B_R(x_0)} P_\delta \mathrm{d}x \leqslant CR^\alpha(1+\|P_\delta\|_1)。\tag{4.1.47}$$

根据定理1.3.26和命题4.1.2，可进一步推出对于任意给定的$\beta \in (0,\alpha)$，存在（可依赖于α,β的）常数C，使得下式成立：

$$\int_{\Omega\cap B_R(x_0)} P_\delta|\boldsymbol{v}_\delta| \mathrm{d}x \leqslant CR^\beta(1+\|P_\delta\|_1)。\tag{4.1.48}$$

注意到$P_\delta \geqslant a\rho_\delta$，结果有

$$\int_{\Omega\cap B_R(x_0)} |\nabla\psi_\delta| \mathrm{d}x \leqslant CR^\beta(1+\|P_\delta\|_1)。\tag{4.1.49}$$

现在取$\beta = 4(r-1)/(3r-2) \in (0,1)$，把定理1.3.27（取$n=2$，$p=1$和$\alpha=\beta$）应用到上述不等式，即得存在常数$C$（可依赖于$r$），使得下式成立：

$$\int_{\Omega\cap B_R(x_0)} |\psi_\delta|^{\frac{2r}{2-r}} \mathrm{d}x \leqslant C(1+\|P_\delta\|_1)。\tag{4.1.50}$$

故由有限区域覆盖定理，进一步有：

$$\|\psi_\delta\|_{\frac{2r}{2-r}} \leqslant C(1+\|P_\delta\|_1)。\tag{4.1.51}$$

注意到$\|\sqrt{P_\delta}\|_1 \leqslant C$，则由(4.1.13) 和插值不等式可以推出：对任意$r \in (1,2)$，

$$\|P_\delta\|_r + \|\psi_\delta\|_{\frac{2r}{2-r}} \leqslant C,\tag{4.1.52}$$

其中常数C可依赖于r。

利用$(\rho_\delta,\boldsymbol{v}_\delta)$的一致估计，通过取极限$\delta\to 0$，即得定理4.1.8。 □

§4.2 弱解的不唯一性

本小节简要讨论重整化有界能量弱解的不唯一性问题。

如果没有约束条件(3.0.6)（质量守恒条件），则所考虑的问题的解可能只有平凡解。事实上，考虑$\rho=0$，则问题转化为求解关于$\boldsymbol{v}$的椭圆问题：

$$\begin{cases} -\mu\triangle\boldsymbol{v} - \tilde{\mu}\nabla\mathrm{div}\boldsymbol{v} = \boldsymbol{g}, & \text{在}\ \Omega\ \text{中},\\ \boldsymbol{v}=0, & \text{在}\ \partial\Omega\ \text{上}。\end{cases}$$

若$\boldsymbol{g}=0$，则$\boldsymbol{v}=0$。

此外，如果没有约束条件(3.0.6)，则所考虑的问题也可能是超定的。例如，取$\boldsymbol{f}$为一个位势力（potential force），即$\boldsymbol{f} = \nabla\phi$，且$\boldsymbol{g} = 0$。并考虑$\boldsymbol{v} = 0$，则问题可变成下列的静止解问题：

$$a\nabla\rho^{\gamma} = \rho\nabla\phi,\quad \rho \geqslant 0,\quad 在\,\Omega\,中。 \tag{4.2.1}$$

直接计算可得对任意$C \in \mathbb{R}$，

$$\rho = \Big(\frac{\gamma-1}{a\gamma}\phi + C\Big)_+^{\frac{1}{\gamma-1}}$$

也是(4.2.1)的解（这种解称为静止解或平衡态解），其中$(\cdot)_+ := \max\{\cdot, 0\}$。也就是说边值问题(3.0.1)–(3.0.2)是超定的。由上述可看出，需要(3.0.6)确定(4.2.1)中的常数值C。

进一步，下面将通过构造一个简单的例子来说明重整化有界能量弱解的不唯一性。

假设函数$\Phi \in W^{1,\infty}(\Omega)$ 满足下面的性质：

(1) 存在s，$t \in \mathbb{R}$，$s < t$，使得对任意的$k \in (s,t)$，存在两个不相交的非空区域$\mathcal{O}_i^{(k)}$ $(i = 1, 2)$，使得Φ的水平集$\{x \in \Omega \mid \Phi(x) > k\} = \mathcal{O}_1^{(k)} \cup \mathcal{O}_2^{(k)}$。

(2) $\mathcal{O}_i^{(t)} = \varnothing$，且若$k_1$，$k_2 \in (s,t)$，$k_1 < k_2$，则$\mathcal{O}_i^{(k_2)} \subset \mathcal{O}_i^{(k_1)}$，$i = 1$，2。此时函数

$$\rho_i^k(x) = \Big(\frac{\gamma-1}{\gamma}(\phi(x) - k)^+\Big)^{\frac{1}{\gamma-1}} I_{\mathcal{O}_i^{(k)}},\ \boldsymbol{v} = 0,\ k \in (s,t) \tag{4.2.2}$$

即为问题(3.0.1)–(3.0.2) 的解，这个时候取$\boldsymbol{g} = 0$，$f = \nabla\Phi$，质量$m_i^{(k)} = \int_\Omega \rho_i^{(k)}\mathrm{d}x$。函数$k \to m_i^{(k_i)}$ （$i = 1, 2$）是(s,t)上的连续减函数，且$m_i^{(t)} = 0$。因此对任意$m \in (0, m_c)$，其中$m_c = \min_{i=1,2} m_i^{(s)}$，只有一个$k_i \in (s,t)$满足$m_i^{(k_i)} = m$。

由上述构造知，对任意的$m \in (0, m_c)$，取$\boldsymbol{g} = 0$，$\boldsymbol{f} = \nabla\Phi$，则问题(3.0.1)–(3.0.2)有两个不同的重整化有界能量弱解：

$$(\rho = \rho_1^{(k_1)}, \boldsymbol{v} = 0)和(\rho = \rho_2^{(k_2)}, \boldsymbol{v} = 0)。$$

§4.3 弱解的正则性

下面，进一步讨论弱解的正则性，即使绝热指数γ足够大，Ω，$\boldsymbol{f}$，$\boldsymbol{g}$足够光滑，也不一定能够得到ρ的连续性以及$\boldsymbol{v}$ 的C^1光滑性，或者对任意$p > 1$，ρ属于$W^{1,p}(\Omega)$，$\boldsymbol{v}$属于$(W^{2,p}(\Omega))^N$。特别的，在三维区域内，密度可能会在Ω内的二维曲面上出现间断。下面的反例阐述了这一现象。

取

$$\Omega = B_1 \subset \mathbb{R}^3, \quad \rho = 1_{B_{1/2}}, \quad \boldsymbol{v} = \begin{cases} \boldsymbol{u}, & x \in B_{1/2}, \\ \boldsymbol{w}, & x \in B_1 \backslash \overline{B_{1/2}}, \end{cases} \tag{4.3.1}$$

其中

$$\boldsymbol{u} \in \mathcal{D}(B_{1/2}), \quad \operatorname{div}\boldsymbol{u} = 0 \text{ 是给定的函数,} \tag{4.3.2}$$

$\boldsymbol{w}$是下列问题的解:

$$\Delta^2 \boldsymbol{w} = 0, \quad \text{在 } B_1 \backslash \overline{B_{1/2}} \text{ 中;} \quad \boldsymbol{w} = 0, \quad \text{在 } \partial B_1 \cup \partial B_{1/2} \text{ 中;} \tag{4.3.3}$$

$$\mu \frac{x}{|x|} \cdot \nabla \boldsymbol{w} + \tilde{\mu} \operatorname{div}\boldsymbol{w} \frac{x}{|x|} = -\frac{x}{|x|}, \quad \text{在 } \partial B_1 \cup \partial B_{1/2} \text{ 中。} \tag{4.3.4}$$

问题(4.3.3)，(4.3.4)是一个Agmon–Douglis–Nirenberg型椭圆问题，因此由椭圆方程组理论可得存在解$\boldsymbol{w} \in C^\infty(\overline{B_1} \backslash B_{1/2})$[4, 51]。从而由(4.3.1)–(4.3.4) 可以得到$(\rho, \boldsymbol{v}) \in L^\infty(\Omega) \times (W^{1,\infty}(\Omega))^3$，但是不能得到$(\rho, \boldsymbol{v}) \in W^{1,1}_{\text{loc}}(\Omega) \times (W^{2,1}_{\text{loc}}(\Omega))^3$。

现在取$\boldsymbol{f} \in \mathcal{D}(B_1)$，$\boldsymbol{g} \in C^\infty(\overline{B_1})$ 满足

$$\boldsymbol{f} = \begin{cases} \rho \boldsymbol{u} \cdot \nabla \boldsymbol{u} - \mu \Delta \boldsymbol{u} - \tilde{\mu} \nabla \operatorname{div}\boldsymbol{u}, & \text{在 } B_{1/2} \text{ 中,} \\ 0, & \text{在 } \overline{B_1} \backslash B_{1/2} \text{ 中,} \end{cases}$$

且

$$\boldsymbol{g} = \begin{cases} 0, & \text{在 } B_{1/2} \text{ 中,} \\ -\mu \triangle \boldsymbol{w} - \tilde{\mu} \nabla \operatorname{div}\boldsymbol{w}, & \text{在 } \overline{B_1} \backslash B_{1/2} \text{ 中。} \end{cases}$$

直接验证可知$(\rho, \boldsymbol{v})$是问题(3.0.1)–(3.0.2)的重整化有界能量解。

上面例子中正则性的损失和出现真空有关。对于没有真空，即

$$\inf \operatorname{ess}_{x \in \Omega} \rho > 0, \tag{4.3.5}$$

且$\rho \in L^\infty$的情形，Lions在[45] 中研究了有界能量弱解的一些正则性。

§4.4 注记

本章内容主要摘自于文献[26, 28, 45]。本章所介绍的不唯一的弱解含有真空；如果没有真空时以及在什么物理合理的条件下，弱解是唯一的问题仍然未得到解决。此外，正如上一章所指出，三维等温流的弱解的存在性还有待进一步探讨。

第五章
黏性与热传导系数依赖于温度的定常可压缩NSF方程组的变分熵解

§5.1　数学问题及主要结果

第二章2.1节已介绍了用于描述区域$\Omega \subset \mathbb{R}^3$上的可压缩黏性热传导流体运动的方程组(2.1.1)–(2.1.3)，并称之为非定常可压缩NSF方程组。本节进一步把前章关于弱解的存在性理论推广到具有热传导情形的定常可压缩NSF方程组，其具有如下形式：

$$\begin{cases}\mathrm{div}(\rho \boldsymbol{v}) = 0, \\ \mathrm{div}(\rho \boldsymbol{v} \otimes \boldsymbol{v}) - \mathrm{div}\mathcal{T} = \rho \boldsymbol{f}, \\ \mathrm{div}(\rho E \boldsymbol{v}) = \rho \boldsymbol{f} \cdot \boldsymbol{v} + \mathrm{div}(\mathcal{T} \boldsymbol{v}) - \mathrm{div}\boldsymbol{q},\end{cases} \tag{5.1.1}$$

其中$E = \rho|\boldsymbol{v}|^2/2 + \rho e$。上述运动方程组中数学符号的物理意义见第2.1节，但需要注意，这里的物理量都不依赖于时间。由于本章考虑的是有黏性情形，故应力张量形如：

$$\mathcal{T} = -P\mathbb{I} + \mathbb{S},$$

其中P表示定常流压强，$\mathbb{S}$表示黏性应力张量，$\mathbb{I}$表示单位矩阵。

考虑方程组(5.1.1)耦合下列边值条件：速度满足非滑移边值条件

$$\boldsymbol{v} = 0, \tag{5.1.2}$$

温度满足混合边值条件（或Newton型边值条件）

$$-\boldsymbol{q} \cdot \boldsymbol{n} + L(\theta)(\theta - \Theta_0) = 0, \tag{5.1.3}$$

其中θ表示定常流体的（绝对）温度，$\Theta_0 > 0$表示定常流体区域Ω外固定的介质温度，$L(\theta)$刻画由θ和Θ温度差导致的热交换速率。此外，还设定常流体总质量为M，即

$$M := \int_\Omega \rho \mathrm{d}x > 0。 \tag{5.1.4}$$

需要注意，混合边值条件(5.1.3)中的L 不能取零。如果L为零，则意味着定常流体与外界是绝热的。在此情形下，$\boldsymbol{f}$如果不是势函数，则定常流体的能量将可能会增长到无穷大；如果$\boldsymbol{f}$是势函数，则定常流体存在平凡解，其速度为零，温度为常数，密度满足一个简单的一阶偏微分方程，见[25]。

为了使边值问题(5.1.1)–(5.1.3)具有可解性，还需要对方程组(5.1.1)中的物理量作进一步假设。设定常流是Newton流体且应力张量的黏性部分服从Stokes假设，则黏性应力张量具有下述形式：

$$\mathbb{S} := \mathbb{S}(\theta, \boldsymbol{v}) := \mu(\theta)\left(2\mathbb{D}(\boldsymbol{v}) - 2\mathrm{div}\boldsymbol{v}\mathbb{I}/3\right) + \nu(\theta)\mathrm{div}\boldsymbol{v}\mathbb{I}。\tag{5.1.5}$$

注意，本章进一步考虑黏性依赖于温度，并设黏性系数$\mu(\cdot)$，$\nu(\cdot)$是连续函数，且满足

$$c_1(1+\theta)^\alpha \leqslant \mu(\theta) \leqslant c_2(1+\theta)^\alpha，\quad 0 \leqslant \nu(\theta) \leqslant c_2(1+\theta)^\alpha，\tag{5.1.6}$$

其中$0 \leqslant \alpha \leqslant 1$，$c_1$和$c_2$ 表示某两个正常数。由于数学技术上的需要，一般还要求$\mu(\cdot)$在$\mathbb{R}_0^+$上是全局Lipschitz函数。不过，为简单起见，本章只考虑$\alpha = 1$情形。

设热流$\boldsymbol{q}$满足Fourier热传导定律，即

$$\boldsymbol{q} = -\kappa(\theta)\nabla\theta,\tag{5.1.7}$$

其中热传导系数κ依赖于温度，并满足

$$\kappa(\cdot) \in C(\mathbb{R}_0^+)，\quad c_3(1+\theta^m) \leqslant \kappa(\theta) \leqslant c_4(1+\theta^m)。\tag{5.1.8}$$

这里m，c_3和c_4表示某些正常数。注意，Novotný和Pokorný在文献[58]中还考虑形如$\kappa(x,\theta) = \alpha(x)k(\theta)$ 的热传导系数。这里，为表述简单起见，只考虑κ依赖于θ的情形。混合边值条件(5.1.3)中的系数$L(\theta)$满足

$$L(\cdot) \in C[0,\infty)，\quad c_5(1+\theta)^l \leqslant L(\theta) \leqslant c_6(1+\theta)^l，\ l \in \mathbb{R}，\tag{5.1.9}$$

其中c_5和c_6表示某两个正常数。

考虑定常流体的压强满足下列气体定律：

$$P(\rho,\theta) = (\gamma - 1)\rho e(\rho,\theta)，\quad \text{其中 } \gamma > 1。\tag{5.1.10}$$

由第2.1.2节内容知，存在一个熵函数$s(\rho,\theta)$（假设是可微的）满足

$$\mathrm{d}s(\rho,\theta) = \frac{1}{\theta}\left(\mathrm{d}e(\rho,\theta) + P(\rho,\theta)\mathrm{d}(\frac{1}{\rho})\right)。\tag{5.1.11}$$

并且熵服从如下熵方程（由运动方程组(5.1.1)及关系式(5.1.11)推出）：

$$\mathrm{div}(\rho s\boldsymbol{v}) + \mathrm{div}\left(\boldsymbol{q}/\theta\right) = \mathscr{D}(\boldsymbol{v})/\theta - \boldsymbol{q}\cdot\nabla\theta/\theta^2,\tag{5.1.12}$$

其中$\mathscr{D}(\boldsymbol{v}) = \mathbb{S} : \nabla \boldsymbol{v}$。

可以证明函数P和e与熵的存在是相容的，当且仅当它们满足Maxwell关系：

$$\frac{\partial e(\rho,\theta)}{\partial \rho} = \frac{1}{\rho^2}\left(P(\rho,\theta) - \theta\frac{\partial P(\rho,\theta)}{\partial \theta}\right)。 \tag{5.1.13}$$

因此，如果$P \in C^1(\mathbb{R}_+^2)$，那么它具有如下形式：

$$P(\rho,\theta) = \theta^{\frac{\gamma}{\gamma-1}} p\left(\frac{\rho}{\theta^{\frac{1}{\gamma-1}}}\right), \tag{5.1.14}$$

其中$p \in C^1(\mathbb{R}_+)$。

假设

$$\begin{cases} p(\cdot) \in C^1(\mathbb{R}_0^+) \cap C^2(\mathbb{R}_+^2), \\ p(0) = 0, \quad p'(0) = p_0 > 0, \quad p'(Z) > 0, \quad Z > 0, \\ \lim\limits_{Z\to\infty} \dfrac{p(Z)}{Z^\gamma} = p_\infty > 0, \\ 0 < \dfrac{1}{\gamma - 1}\dfrac{\gamma p(Z) - Zp'(Z)}{Z} \leqslant c_7 < \infty, \ Z > 0。 \end{cases} \tag{5.1.15}$$

关于上述假设的物理意义见[23, 第1.4.2节和第3.2 节]。

需指出的是如果考虑如下状态关系式[20]：

$$P(\rho,\theta) = a_1\rho^\gamma + a_2\rho\theta, \quad e(\rho,\theta) = \frac{a_1\rho^{\gamma-1}}{\gamma-1} + c_v\theta, \tag{5.1.16}$$

其中a_1，a_2和c_v为正常数，熵由Gibbs关系式(5.1.11)确定，则本章所获得的结果对于满足上述关系式(5.1.16)的P和e也同样成立。利用质量方程，还可从能量方程进一步推出

$$\operatorname{div}(c_v\rho\theta\boldsymbol{v}) - \operatorname{div}(\kappa(\theta)\nabla\theta) = \mathbb{S}(\boldsymbol{v}) : \nabla\boldsymbol{v} - c_v\rho\theta\operatorname{div}\boldsymbol{v}。 \tag{5.1.17}$$

一般称(5.1.16)中的$a_1\rho^\gamma$ 为“弹性”部分，$a_2\rho\theta$ 称为理想气体部分。

由$P(\rho,\theta)$和$e(\rho,\theta)$的假设性条件，其中熵$s(\rho,\theta)$由Gibbs关系式(5.1.11)确定，我们可推出一系列有关(P,e,s)的性质。下面只列出本章所需要的性质，详细推导见文[23, 第3.2节]。

首先，P具有下列估计：

$$\text{对}\rho \leqslant K\theta^{\frac{1}{\gamma-1}}\text{有：} \quad c_8\rho\theta \leqslant P(\rho,\theta) \leqslant c_9\rho\theta; \tag{5.1.18}$$

$$c_{10}\rho^\gamma \leqslant P(\rho,\theta) \leqslant c_{11}\begin{cases} \theta^{\frac{\gamma}{\gamma-1}}, & \text{对于}\rho \leqslant K\theta^{\frac{1}{\gamma-1}}, \\ \rho^\gamma, & \text{对于}\rho > K\theta^{\frac{1}{\gamma-1}}, \end{cases} \tag{5.1.19}$$

以及

$$\frac{\partial P(\rho,\theta)}{\partial\rho}\geqslant 0,\ P=d\rho^{\gamma}+P_m(\rho,\theta),\quad 在\,\mathbb{R}_+^2\,中, \tag{5.1.20}$$

其中K及d表示正常数，P_m满足$\partial_\rho P_m(\rho,\theta)>0$。

由(5.1.10)定义的内能e在$\mathbb{R}_+^2$上具有如下估计：

$$\begin{cases}\dfrac{1}{\gamma-1}p_\infty\rho^{\gamma-1}\leqslant e(\rho,\theta)\leqslant c_{12}(\rho^{\gamma-1}+\theta),\\ \dfrac{\partial e(\rho,\theta)}{\partial\rho}\rho\leqslant c_{13}(\rho^{\gamma-1}+\theta)。\end{cases} \tag{5.1.21}$$

对于由关系式(5.1.11)确定的熵（相差一个常数），满足下列关系：

$$\begin{cases}\dfrac{\partial s(\rho,\theta)}{\partial\rho}=\dfrac{1}{\theta}\left(-\dfrac{P(\rho,\theta)}{\rho^2}+\dfrac{\partial e(\rho,\theta)}{\partial\rho}\right)=-\dfrac{1}{\rho^2}\dfrac{\partial P(\rho,\theta)}{\partial\theta},\\ \dfrac{\partial s(\rho,\theta)}{\partial\theta}=\dfrac{1}{\theta}\dfrac{\partial e(\rho,\theta)}{\partial\theta}\\ \quad=\dfrac{1}{\gamma-1}\dfrac{\theta^{\frac{1}{\gamma-1}}}{\rho}\left(\gamma p\left(\dfrac{\rho}{\theta^{\frac{1}{\gamma-1}}}\right)-\dfrac{\rho}{\theta^{\frac{1}{\gamma-1}}}p'\left(\dfrac{\rho}{\theta^{\frac{1}{\gamma-1}}}\right)\right)>0,\end{cases} \tag{5.1.22}$$

以及

$$\begin{cases}|s(\rho,\theta)|\leqslant c_{14}(1+|\ln\rho|+|\ln\theta|), & 在\,\mathbb{R}_+^2\,中,\\ |s(\rho,\theta)|\leqslant c_{14}(1+|\ln\rho|), & 在\,\mathbb{R}_+\times(1,\infty)\,中,\\ s(\rho,\theta)\geqslant c_{16}>0, & 在\,(0,1)\times[1,\infty)\,中,\\ s(\rho,\theta)\geqslant c_{17}(1+\ln\theta), & 在\,(0,1)\times(0,1)\,中。\end{cases} \tag{5.1.23}$$

下面引入定常可压缩黏性热传导流的弱解和变分熵解的定义。

定义 5.1.1 三元组$(\rho,\boldsymbol{v},\theta)$称为方程组(5.1.1)–(5.1.15)的弱解，如果$(\rho,\boldsymbol{v},\theta)$满足：

（1）正则性：$\rho\in L_M^{6\gamma/5}(\Omega)$，$\boldsymbol{v}\in(H_0^1(\Omega))^3$，$\theta\in W^{1,r}(\Omega)\cap L^{3m}(\Omega)\cap L^{l+1}(\partial\Omega)$，其中$r>1$。并且，$\rho\boldsymbol{v}\theta\in(L^1(\Omega))^3$，$\theta^m\nabla\theta\in(L^1(\Omega))^3$，$\mathbb{S}(\theta,\boldsymbol{v})\boldsymbol{v}\in(L^1(\Omega))^3$，$\rho|\boldsymbol{v}|^2\in L^{6/5}(\Omega)$。

（2）质量方程的弱形式：

$$\int_\Omega\rho\boldsymbol{v}\cdot\nabla\psi\mathrm{d}x=0,\quad\forall\psi\in C^1(\overline{\Omega})。 \tag{5.1.24}$$

（3）动量方程的弱形式：

$$\begin{aligned}&\int_\Omega\Big(-\rho(\boldsymbol{v}\otimes\boldsymbol{v}):\nabla\varphi-P(\rho,\theta)\mathrm{div}\varphi+\mathbb{S}(\theta,\boldsymbol{v}):\nabla\varphi\Big)\mathrm{d}x\\ &\quad=\int_\Omega\rho\boldsymbol{f}\cdot\varphi\mathrm{d}x,\quad\forall\varphi\in(C_0^1(\Omega))^3。\end{aligned} \tag{5.1.25}$$

(4) 能量方程的弱形式:

$$\int_{\Omega}-\left(\frac{1}{2}\rho|\boldsymbol{v}|^{2}+\rho e(\rho,\theta)\right)\boldsymbol{v}\cdot\nabla\psi\mathrm{d}x=\int_{\Omega}(\rho\boldsymbol{f}\cdot\boldsymbol{v}\psi+P(\rho,\theta)\boldsymbol{v}\cdot\nabla\psi)\mathrm{d}x$$
$$-\int_{\Omega}((\mathbb{S}(\theta,\boldsymbol{v})\boldsymbol{v})\cdot\nabla\psi+\kappa(\theta)\nabla\theta\cdot\nabla\psi)\mathrm{d}x$$
$$-\int_{\partial\Omega}L(\theta)(\theta-\Theta_{0})\psi\mathrm{d}\sigma,\quad\forall\psi\in C^{1}(\overline{\Omega})。\tag{5.1.26}$$

定义 5.1.2 三元组$(\rho,\boldsymbol{v},\theta)$称为系统(5.1.1)–(5.1.15)的变分熵解,如果$(\rho,\boldsymbol{v},\theta)$满足:

(1) 正则性:$\rho\in L^{\gamma}_{M}(\Omega)$,$\boldsymbol{v}\in(H^{1}_{0}(\Omega))^{3}$,$\theta\in W^{1,r}(\Omega)\cap L^{3m}(\Omega)\cap L^{l+1}(\partial\Omega)$,其中$r>1$。并且$\rho\boldsymbol{v}\in(L^{6/5}(\Omega))^{3}$,$\rho\theta\in L^{1}(\Omega)$,$\theta^{-1}\mathbb{S}(\theta,\boldsymbol{v})\boldsymbol{v}\in(L^{1}(\Omega))^{3}$,$L(\theta)$,$L(\theta)/\theta\in L^{1}(\partial\Omega)$,$\kappa(\theta)|\nabla\theta|^{2}/\theta^{2}\in L^{1}(\Omega)$ 以及$\kappa(\theta)\nabla\theta/\theta\in(L^{1}(\Omega))^{3}$。

(2) 质量方程的弱形式(5.1.24)和动量方程的弱形式(5.1.25)。

(3) 熵不等式:对于所有非负函数$\psi\in C^{1}(\overline{\Omega})$,

$$\int_{\Omega}\left(\frac{\mathbb{S}(\theta,\boldsymbol{v}):\nabla\boldsymbol{v}}{\theta}+\kappa(\theta)\frac{|\nabla\theta|^{2}}{\theta^{2}}\right)\psi\mathrm{d}x+\int_{\partial\Omega}\frac{L(\theta)}{\theta}\Theta_{0}\psi\mathrm{d}\sigma$$
$$\leqslant\int_{\partial\Omega}L(\theta)\psi\mathrm{d}\sigma+\int_{\Omega}\left(\kappa(\theta)\frac{\nabla\theta\cdot\nabla\psi}{\theta}-\rho s(\rho,\theta)\boldsymbol{v}\cdot\nabla\psi\right)\mathrm{d}x。\tag{5.1.27}$$

(4) 总能量平衡关系式:

$$\int_{\partial\Omega}L(\theta)(\theta-\Theta_{0})\mathrm{d}\sigma=\int_{\Omega}\rho\boldsymbol{f}\cdot\boldsymbol{v}\mathrm{d}x。\tag{5.1.28}$$

备注 5.1.3 注意,定义5.1.2意义下的弱解如果进一步是光滑的,则该解是边值问题(5.1.1)–(5.1.15) 的经典解。对应的非定常情形见[23, 第二章]。

下面介绍本章的主要结果[50]。

定理 5.1.4 设$\Omega\subset\mathbb{R}^{3}$是$C^{2}$有界区域,$\boldsymbol{f}\in(L^{\infty}(\Omega))^{3}$,$\Theta_{0}\geqslant K_{0}>0$, a.e. 在$\partial\Omega$上,且$\Theta_{0}\in L^{1}(\partial\Omega)$。设

$$\gamma>1,\ m>\max\left\{\frac{2}{3},\ \frac{2}{3(\gamma-1)}\right\},\quad\alpha=1,\ \ l=0,\quad L为常数。$$

则边值问题 (5.1.1)–(5.1.15)存在一个在定义5.1.2意义下的变分熵解。并且在Ω上,$\rho\geqslant0$,$\theta>0$几乎处处成立,$(\rho,\boldsymbol{v})$满足重整化弱形式(2.1.55)。

此外,如果

$$m>\max\left\{1,\frac{2\gamma}{3(3\gamma-4)}\right\},\qquad\gamma>\frac{4}{3},$$

则存在一个在定义5.1.1意义下的弱解。

为证明简单起见，本章简化的Sobolev范数仍按第三章中(3.0.9)的方式约定，并且记$\|\cdot\|_{L^p(\partial\Omega)}$为$\|\cdot\|_{p,\partial\Omega}$。

§5.2 逼近问题解的存在性

类似于第三章弱解存在性的证明，首先需要构造原问题的逼近问题（也称第一次逼近问题）的解。下面分四步建立起逼近问题的解。

§5.2.1 Galerkin逼近问题解的存在性

首先构造Galerkin逼近问题（也称第四次逼近问题）的解，证明想法主要基于文献[23, 第三章] 和[48]的内容。

令N为任意给定的正整数，ε，δ和η为正实数，并要求ε相对于δ充分小（在后面的内容中，将对$N\to\infty$，$\eta\to 0^+$，$\varepsilon\to 0^+$和$\delta\to 0^+$依次取极限）。由定理2.2.7知，$(H_0^1(\Omega))^3$中存在一组标准正交基$\{\boldsymbol{w}_i\}_{i=1}^\infty$（注意以(2.2.7)形式为内积）。并且对于任意的$1\leqslant q<\infty$成立：$\boldsymbol{w}_i\in(W^{2,q}(\Omega))^3$。记

$$X_N:=\{\boldsymbol{w}_1,\cdots,\boldsymbol{w}_N\}\subset(H_0^1(\Omega))^3。$$

令$h=M/|\Omega|$, $\beta\geqslant\max\{8,3\gamma,(3m+2)/(3m-2)\}$, $\max\{2m+2,2/(\gamma-1)\}\leqslant B\leqslant 6\beta-8$。对函数$\mu$，$\nu$和$\kappa$分别在负轴上进行常数$\mu(0)$，$\nu(0)$和$\kappa(0)$延拓，然后用磨光算子对所得函数进行正则化，就可构造出定义在$\mathbb{R}$上的光滑函数$\mu_\eta\geqslant c_1$, $\nu_\eta\geqslant 0$和$\kappa_\eta\geqslant c_3$，其满足(5.1.6) 和(5.1.8)，并且在$\mathbb{R}_0^+$的任意有界闭集中，μ_η, ν_η和κ_η分别一致收敛到μ，ν和κ。同样地，也可构造出Θ_0的逼近光滑函数Θ_0^η，使得Θ_0^η在$\partial\Omega$上有正下界。此外，记

$$\mathbb{S}_\eta(\theta,\boldsymbol{v})=\frac{\mu_\eta(\theta)}{1+\eta\theta}\left(2\mathbb{D}(\boldsymbol{v})-\frac{2}{3}\mathrm{div}\boldsymbol{v}\mathbb{I}\right)+\frac{\nu_\eta(\theta)}{1+\eta\theta}\mathrm{div}\boldsymbol{v}\mathbb{I}。$$

现在，考虑如下Galerkin逼近问题：

$$\varepsilon\rho-\varepsilon\Delta\rho+\mathrm{div}(\rho\boldsymbol{v})=\varepsilon h,\ \text{a.e. 在}\,\Omega\,\text{中},\tag{5.2.1}$$

$$\begin{aligned}&\int_\Omega\left(\frac{1}{2}\rho(\boldsymbol{v}\cdot\nabla\boldsymbol{v})\cdot\boldsymbol{w}_i-\frac{1}{2}\rho(\boldsymbol{v}\otimes\boldsymbol{v}):\nabla\boldsymbol{w}_i+\mathbb{S}_\eta(\theta,\boldsymbol{v}):\nabla\boldsymbol{w}_i\right)\mathrm{d}x\\&-\int_\Omega(P(\rho,\theta)+\delta(\rho^\beta+\rho^2))\mathrm{div}\boldsymbol{w}_i\mathrm{d}x=\int_\Omega\rho\boldsymbol{f}\cdot\boldsymbol{w}_i\mathrm{d}x,\ \forall\ 1\leqslant i\leqslant N,\end{aligned}\tag{5.2.2}$$

$$\begin{aligned}&-\mathrm{div}\left((\kappa_\eta(\theta)+\delta\theta^B+\delta\theta^{-1})\frac{\varepsilon+\theta}{\theta}\nabla\theta\right)+\mathrm{div}(\rho e(\rho,\theta)\boldsymbol{v})=\delta\theta^{-1}\\&+\mathbb{S}_\eta(\theta,\boldsymbol{v}):\nabla\boldsymbol{v}-P(\rho,\theta)\mathrm{div}\boldsymbol{v}+\delta\varepsilon|\nabla\rho|^2(\beta\rho^{\beta-2}+2),\ \text{a.e. 在}\,\Omega\,\text{中},\end{aligned}\tag{5.2.3}$$

耦合以下的边值条件：在$\partial\Omega$上，

$$\boldsymbol{v}=0, \tag{5.2.4}$$

$$\frac{\partial\rho}{\partial\boldsymbol{n}}=0, \tag{5.2.5}$$

$$(\kappa_\eta(\theta)+\delta\theta^B+\delta\theta^{-1})\frac{\varepsilon+\theta}{\theta}\frac{\partial\theta}{\partial\boldsymbol{n}}+(L+\delta\theta^{B-1})(\theta-\Theta_0^\eta)+\varepsilon\ln\theta=0。 \tag{5.2.6}$$

则上述Galerkin逼近问题存在半强解，具体地说，有如下命题：

命题 5.2.1 令N为任意给定的正整数，ε，δ和η为正实数，并要求ε相对于δ充分小。进一步假设$\beta>\max\{8,2\gamma\}$，$B\geqslant\max\{2m+2,2/(\gamma-1)\}$。则在定理5.1.4中关于$\Omega,\boldsymbol{f},\gamma,m,\alpha,l$以及$L$的假设条件下，Galerkin逼近问题(5.2.1)–(5.2.6)存在一个半强解$(\rho,\boldsymbol{v},\theta)\in W^{2,q}(\Omega)\times X_N\times W^{2,q}(\Omega)$，$\forall q\in(3,\infty)$；即$(\rho,\boldsymbol{v},\theta)$满足(5.2.1)–(5.2.3)，以及(5.2.4)–(5.2.6)（在迹意义下）。此外$\rho\geqslant0$，$\int_\Omega\rho\mathrm{d}x=M$，$\theta$有不依赖于$N$的正下界。

在证明此命题前，先把(5.2.3)和(5.2.6)分别改写成

$$\begin{aligned}&-\operatorname{div}((\kappa_\eta(e^r)+\delta e^{rB}+\delta e^{-r})(\varepsilon+e^r)\nabla r)=-\operatorname{div}(\rho e(\rho,e^r)\boldsymbol{v})+\delta e^{-r}\\&+\mathbb{S}_\eta(e^r,\boldsymbol{v}):\nabla\boldsymbol{v}-P(\rho,e^r)\operatorname{div}\boldsymbol{v}+\delta\varepsilon|\nabla\rho|^2(\beta\rho^{\beta-2}+2),\ \text{a.e. 在}\,\Omega\,\text{中}，\end{aligned} \tag{5.2.7}$$

和

$$(\kappa_\eta(e^r)+\delta e^{rB}+\delta e^{-r})(\varepsilon+e^r)\frac{\partial r}{\partial\boldsymbol{n}}+(L+\delta e^{(B-1)r})(e^r-\Theta_0^\eta)+\varepsilon r=0， \tag{5.2.8}$$

其中$\theta=e^r$。注意，由于考虑了$\theta>0$并且$\theta\in W^{2,q}$（$q>3$），因此，(5.2.7)和(5.2.8)分别和(5.2.3)和(5.2.6)等价。

下面我们将应用Schauder不动点定理证明命题5.2.1。为此，考虑如下的线性化Galerkin 逼近问题：

$$\varepsilon\rho-\varepsilon\Delta\rho+\operatorname{div}(\rho\boldsymbol{v})=\varepsilon h,\ \text{a.e. 在}\,\Omega\,\text{中}， \tag{5.2.9}$$

$$\begin{aligned}&\int_\Omega(\mathbb{S}_\eta(e^z,\boldsymbol{u}):\nabla\boldsymbol{w}_i)\,\mathrm{d}x=\int_\Omega\left(\frac{1}{2}\rho(\boldsymbol{v}\otimes\boldsymbol{v}):\nabla\boldsymbol{w}_i-\frac{1}{2}\rho(\boldsymbol{v}\cdot\nabla\boldsymbol{v})\cdot\boldsymbol{w}_i\right)\mathrm{d}x\\&+\int_\Omega(P(\rho,e^z)+\delta(\rho^\beta+\rho^2))\operatorname{div}\boldsymbol{w}_i\mathrm{d}x+\int_\Omega\rho\boldsymbol{f}\cdot\boldsymbol{w}_i\mathrm{d}x，\ \forall\,1\leqslant i\leqslant N，\end{aligned} \tag{5.2.10}$$

$$\begin{aligned}&-\operatorname{div}((\kappa_\eta(e^z)+\delta e^{zB}+\delta e^{-z})(\varepsilon+e^z)\nabla r)=-\operatorname{div}(\rho e(\rho,e^z)\boldsymbol{v})+\delta e^{-z}\\&+\mathbb{S}_\eta(e^z,\boldsymbol{v}):\nabla\boldsymbol{v}-P(\rho,e^z)\operatorname{div}\boldsymbol{v}+\delta\varepsilon|\nabla\rho|^2(\beta\rho^{\beta-2}+2),\ \ \text{a.e. 在}\,\Omega\,\text{中}，\end{aligned} \tag{5.2.11}$$

并满足如下的边值条件：

$$\frac{\partial\rho}{\partial\boldsymbol{n}}=0, \tag{5.2.12}$$

$$(\kappa_\eta(e^z)+\delta e^{zB}+\delta e^{-z})(\varepsilon+e^z)\frac{\partial r}{\partial\boldsymbol{n}} \\ +(L+\delta e^{(B-1)z})(e^z-\Theta_0^\eta)+\varepsilon r=0,\quad 在\,\partial\Omega\,上, \tag{5.2.13}$$

其中$(\boldsymbol{v},z)\in X_N\times W^{2,q}(\Omega)$ 是给定的。注意$\boldsymbol{v}\in X_N$，因此$\boldsymbol{v}$满足(5.2.4)。

根据椭圆方程理论，对于给定的$\boldsymbol{v}\in X_N$，Neumann边值问题(5.2.9)和(5.2.12)确定唯一强解ρ。具体地说，有下列结果：

引理 5.2.2 设$\varepsilon>0$, $p\in(1,\infty)$, $h=M/|\Omega|$。如果$\boldsymbol{v}\in X_N$，则Neumann边值问题(5.2.9)和(5.2.12)存在一个强解$\rho\in W^{2,p}(\Omega)$，并且

$$\int_\Omega \rho\mathrm{d}x=M,\qquad \rho\geqslant 0,\quad 在\,\Omega\,中。$$

证明 见[60, 命题4.29]。 □

类似地，对于给定的$(\boldsymbol{v},z)\in X_N\times W^{2,q}(\Omega)$，边值问题(5.2.11)和(5.2.13) 确定唯一强解r，即下列结果。

引理 5.2.3 在命题5.2.1的假设下，如果$(\boldsymbol{v},z)\in X_N\times W^{2,q}(\Omega)$，$\rho$由引理5.2.2提供，则Neumann边值问题(5.2.11)和(5.2.13)存在一个强解$r\in W^{2,q}(\Omega)$。

此外，还有下列结论：

引理 5.2.4 在命题5.2.1的假设下，如果ρ 由引理5.2.2提供，并且$(\boldsymbol{v},z)\in X_N\times W^{2,q}(\Omega)$，则问题(5.2.10)存在唯一弱解$\boldsymbol{u}\in X_N$。

证明 直接用Lax–Milgram定理可推导出上述结论，由于弱形式(5.2.10)比较复杂，导致推导有些繁琐，故这里从略。但在下章引理6.3.3的证明中会介绍如何用Lax–Milgram 定理证明相对比较简单的椭圆问题弱解的存在性，供读者参考。 □

根据上述结果可知，对于给定的$\boldsymbol{v}\in X_N$，可通过引理5.2.2确定一个解ρ，这相当于可以得到一个解算子：$S_\rho:X_N\mapsto W^{2,p}(\Omega)$，然后利用椭圆方程正则性理论，可以证明解算子$S_\rho(\boldsymbol{v})$是全连续算子。类似地，对于给定的$(\boldsymbol{v},z)\in X_N\times W^{2,q}(\Omega)$，由引理5.2.3，同样可得到一个全连续解算子：$S_r:X_N\times W^{2,q}(\Omega)\mapsto W^{2,q}(\Omega)$；对于给定的$(\boldsymbol{v},z)\in X_N\times W^{2,q}(\Omega)$，由引理5.2.4，还可得到一个全连续的解算子：$S_{\boldsymbol{u}}:X_N\times W^{2,q}(\Omega)\mapsto X_N$。现在利用前面三个解算子，可复合定义算子$\mathfrak{T}$如下：

$$\mathfrak{T}:(\boldsymbol{v},z)\mapsto(S_{\boldsymbol{u}}(\boldsymbol{v},z),S_r(\boldsymbol{v},z))。$$

则有下述结论：

引理 5.2.5 在命题5.2.1的假设下，对于$q>3$，算子$\mathfrak{T}$是从$X_N\times W^{2,q}(\Omega)$ 到自身的全连续算子。

显然，对于给定的$(\boldsymbol{v},z)$，$(\rho=S_\rho(\boldsymbol{v}),\mathfrak{T}(\boldsymbol{v},z))$是线性化问题(5.2.9)–(5.2.13)的唯一解。因此，如果上述解算子存在不动点$(\boldsymbol{v},r)$，则$(\rho=S_\rho(\boldsymbol{v}),\boldsymbol{v},\theta:=e^r)$ 就是命题5.2.1中所要找的解。为此，只需要验证$\mathfrak{T}$满足Schauder不动点定理1.1.4中的有界性条件即可。

引理 5.2.6 在命题5.2.1假设条件下，设$q>3$，$t\in[0,1]$，则存在$C>0$，使得

$$t\mathfrak{T}(\boldsymbol{v},r)=(\boldsymbol{v},r) \tag{5.2.14}$$

的所有解满足

$$\|\boldsymbol{v}\|_{2,q}+\|r\|_{2,q}+\|\theta\|_{2,q}\leqslant C,$$

其中$\theta:=e^r$，且C与t无关。

证明 (1) 首先，需要从(5.2.14)推导出一些预备性的不等式。由(5.2.14) 可导出下面两个等式：

$$\begin{aligned}\int_\Omega \mathbb{S}_\eta(\theta,\boldsymbol{v}):\nabla\boldsymbol{w}_i\mathrm{d}x=t\int_\Omega\Big(&\frac{1}{2}\rho(\boldsymbol{v}\otimes\boldsymbol{v}):\nabla\boldsymbol{w}_i-\frac{1}{2}\rho(\boldsymbol{v}\cdot\nabla\boldsymbol{v})\cdot\boldsymbol{w}_i\\&+(P(\rho,\theta)+\delta(\rho^\beta+\rho^2))\mathrm{div}\boldsymbol{w}_i+\rho\boldsymbol{f}\cdot\boldsymbol{w}_i\Big)\mathrm{d}x,\end{aligned} \tag{5.2.15}$$

和

$$\begin{aligned}&-\mathrm{div}\left((\kappa_\eta(\theta)+\delta\theta^B+\delta\theta^{-1})\frac{\varepsilon+\theta}{\theta}\nabla\theta\right)+t\mathrm{div}(\rho e(\rho,\theta)\boldsymbol{v})\\&=t\mathbb{S}_\eta(\theta,\boldsymbol{v}):\nabla\boldsymbol{v}+t\delta\theta^{-1}-tP(\rho,\theta)\mathrm{div}\boldsymbol{v}+t\delta\varepsilon|\nabla\rho|^2(\beta\rho^{\beta-2}+2),\end{aligned} \tag{5.2.16}$$

其中$\theta=e^r$。

等式(5.2.16)伴随着如下边值条件：

$$\begin{aligned}&(\kappa_\eta(\theta)+\delta\theta^B+\delta\theta^{-1})\frac{\varepsilon+\theta}{\theta}\frac{\partial\theta}{\partial\boldsymbol{n}}\\&\quad+t(L+\delta\theta^{B-1})(\theta-\Theta_0^\eta)+\varepsilon\ln\theta=0,\qquad \text{在 }\partial\Omega\text{ 上。}\end{aligned} \tag{5.2.17}$$

由于$\boldsymbol{v}$可用$\{\boldsymbol{w}^i\}_{i=1}^N$线性表示，因此可从(5.2.15)推出

$$\int_\Omega\mathbb{S}_\eta(\theta,\boldsymbol{v}):\nabla\boldsymbol{v}\mathrm{d}x=t\int_\Omega((P(\rho,\theta)+\delta(\rho^\beta+\rho^2))\mathrm{div}\boldsymbol{v}+\rho\boldsymbol{f}\cdot\boldsymbol{v})\mathrm{d}x。 \tag{5.2.18}$$

对(5.2.16)在Ω上积分，并使用$(\boldsymbol{v},\theta)$的边值条件，可得

$$\begin{aligned}&t\int_\Omega(\mathbb{S}_\eta(\theta,\boldsymbol{v}):\nabla\boldsymbol{v}+\delta\theta^{-1}-P(\rho,\theta)\mathrm{div}\boldsymbol{v}+\delta\varepsilon|\nabla\rho|^2(\beta\rho^{\beta-2}+2))\mathrm{d}x\\&=\int_{\partial\Omega}(t(L+\delta\theta^{B-1})(\theta-\Theta_0^\eta)+\varepsilon\ln\theta)\mathrm{d}\sigma。\end{aligned} \tag{5.2.19}$$

用$\beta\rho^{\beta-1}/(\beta-1)$乘以(5.2.1)，然后在$\Omega$积分，并使用分部积分，可推出

$$\varepsilon\beta\int_\Omega\left(\frac{1}{\beta-1}\rho^\beta+\rho^{\beta-2}|\nabla\rho|^2\right)\mathrm{d}x+\int_\Omega\rho^\beta\mathrm{div}\boldsymbol{v}\mathrm{d}x=\frac{\varepsilon\beta}{\beta-1}\int_\Omega h\rho^{\beta-1}\mathrm{d}x。\tag{5.2.20}$$

所以，可以从(5.2.18)–(5.2.20)以及β取2的(5.2.20)推出

$$\begin{aligned}&\int_{\partial\Omega}(t(L+\delta\theta^{B-1})(\theta-\Theta_0^\eta)+\varepsilon\ln\theta)\mathrm{d}\sigma+(1-t)\int_\Omega\mathbb{S}_\eta(\theta,\boldsymbol{v}):\nabla\boldsymbol{v}\mathrm{d}x\\&\quad+\varepsilon\delta t\int_\Omega\left(\frac{\beta}{\beta-1}\rho^\beta+2\rho^2\right)\mathrm{d}x\\&=t\int_\Omega\left(\rho\boldsymbol{f}\cdot\boldsymbol{v}+\frac{\varepsilon\delta\beta}{\beta-1}h\rho^{\beta-1}+2\varepsilon\delta h\rho+\delta\theta^{-1}\right)\mathrm{d}x。\end{aligned}\tag{5.2.21}$$

由熵的定义可知

$$\nabla s=\frac{1}{\theta}\left(\nabla e(\rho,\theta)+P(\rho,\theta)\nabla\left(\frac{1}{\rho}\right)\right),$$

从而可从(5.2.16)推导出如下的有关熵的等式：

$$\begin{aligned}&-\mathrm{div}\left((\kappa_\eta(\theta)+\delta\theta^B+\delta\theta^{-1})\frac{\varepsilon+\theta}{\theta}\frac{\nabla\theta}{\theta}\right)+\frac{t}{\rho\theta}(\rho e(\rho,\theta)+P(\rho,\theta)\\&-\rho\theta s(\rho,\theta))\mathrm{div}(\rho\boldsymbol{v})+t\mathrm{div}(\rho s(\rho,\theta)\boldsymbol{v})\\&=\frac{t}{\theta}\mathbb{S}_\eta(\theta,\boldsymbol{v}):\nabla\boldsymbol{v}+t\delta\theta^{-2}+(\kappa_\eta(\theta)+\delta\theta^B+\delta\theta^{-1})\frac{\varepsilon+\theta}{\theta}\frac{|\nabla\theta|^2}{\theta^2}\\&+\delta\varepsilon t(\beta\rho^{\beta-2}+2)|\nabla\rho|^2/\theta。\end{aligned}\tag{5.2.22}$$

积分上式可得

$$\begin{aligned}I_1:=&\int_{\partial\Omega}\frac{1}{\theta}(t(L+\delta\theta^{B-1})\Theta_0^\eta-\varepsilon\ln\theta)\mathrm{d}\sigma+t\varepsilon\delta\int_\Omega\frac{|\nabla\rho|^2}{\theta}(2+\beta\rho^{\beta-2})\mathrm{d}x\\&+\int_\Omega(\kappa_\eta(\theta)+\delta\theta^B+\delta\theta^{-1})\frac{\varepsilon+\theta}{\theta}\frac{|\nabla\theta|^2}{\theta^2}\mathrm{d}x+t\int_\Omega\left(\frac{1}{\theta}\mathbb{S}_\eta(\theta,\boldsymbol{v}):\nabla\boldsymbol{v}+\delta\theta^{-2}\right)\mathrm{d}x\\=&I_2+t\int_{\partial\Omega}(L+\delta\theta^{B-1})\mathrm{d}\sigma,\end{aligned}\tag{5.2.23}$$

其中

$$I_2:=t\int_\Omega\frac{1}{\rho\theta}(\rho e(\rho,\theta)+P(\rho,\theta)-\rho\theta s(\rho,\theta))\mathrm{div}(\rho\boldsymbol{v})\mathrm{d}x。$$

使用(5.2.9)，有

$$I_2=t\varepsilon(I_{2,1}+I_{2,2}+I_{2,3}),$$

其中

$$\begin{aligned}&I_{2,i}=\int_\Omega\frac{1}{\rho\theta}(\rho e(\rho,\theta)+P(\rho,\theta)-\rho\theta s(\rho,\theta))g_i\mathrm{d}x,\\&g_1=-\rho,\quad g_2=h,\quad g_3=\Delta\rho。\end{aligned}$$

下面分别估计$I_{2,1}$–$I_{2,3}$。

由$(5.1.21)_1$和P的定义可得

$$\int_\Omega \frac{\rho}{\theta}\left(e(\rho,\theta)+\frac{P(\rho,\theta)}{\rho}\right)\mathrm{d}x \geqslant c_0\int_\Omega \frac{\rho^\gamma}{\theta}\mathrm{d}x,$$

其中c_0与t，N，η，ε，δ无关。由$(5.1.23)_1$可得

$$\begin{aligned}\int_\Omega \rho s(\rho,\theta)\mathrm{d}x &\leqslant C\int_\Omega \rho(1+|\ln\rho|+|\ln\theta|)\mathrm{d}x\\ &\leqslant C+C\int_\Omega \rho^\gamma\mathrm{d}x+\frac{c_0}{4}\int_\Omega\frac{\rho^\gamma}{\theta}\mathrm{d}x+C\int_\Omega \theta^{\frac{2}{\gamma-1}}\mathrm{d}x。\end{aligned}$$

结合上述两个估计即得

$$I_{2,1}\leqslant -\frac{3c_0}{4}\int_\Omega\frac{\rho^\gamma}{\theta}\mathrm{d}x+C\left(1+\|\rho\|_\gamma^\gamma+\int_\Omega\theta^{\frac{2}{\gamma-1}}\mathrm{d}x\right)。\tag{5.2.24}$$

由(5.1.18)，(5.1.19)和$(5.1.21)_1$，可推出

$$\begin{aligned}h\int_\Omega\frac{1}{\rho\theta}(\rho e(\rho,\theta)+P(\rho,\theta))\mathrm{d}x &\leqslant Ch\int_\Omega\left(1+\frac{\rho^{\gamma-1}}{\theta}\right)\mathrm{d}x\\ &\leqslant \left(C+\frac{c_0}{4}\int_\Omega\frac{\rho^\gamma}{\theta}\mathrm{d}x+C\int_\Omega\frac{1}{\theta}\mathrm{d}x\right)。\end{aligned}$$

此外，

$$\begin{aligned}\int_\Omega s(\rho,\theta)\mathrm{d}x &= \int_{\{\rho\geqslant1\}}s(\rho,\theta)\mathrm{d}x+\int_{\{\rho<1\}\cap\{\theta\geqslant1\}}s(\rho,\theta)\mathrm{d}x\\ &\quad+\int_{\{\rho<1\}\cap\{\theta<1\}}(s(\rho,\theta)-c_{17}\ln\theta)\mathrm{d}x+\int_{\{\rho<1\}\cap\{\theta<1\}}c_{17}\ln\theta\mathrm{d}x,\end{aligned}$$

其中上式中右端的第一项及第四项可如下放大：

$$\begin{aligned}&\int_{\{\rho\geqslant1\}}s(\rho,\theta)\mathrm{d}x+c_{17}\int_{\{\rho<1\}\cap\{\theta<1\}}\ln\theta\mathrm{d}x\\ &\leqslant C\left(\int_{\{\rho\geqslant1\}}(1+\ln\rho)\mathrm{d}x+\int_\Omega|\ln\theta|\mathrm{d}x\right)\leqslant C(1+\|\rho\|_\gamma^\gamma+\|\theta\|_2^2+\|\theta^{-1}\|_1)。\end{aligned}$$

因此，使用$(5.1.23)_3$–$(5.1.23)_4$ 就可得出

$$I_{2,2}\leqslant C(1+\|\theta\|_2^2+\|\theta^{-1}\|_1+\|\rho\|_\gamma^\gamma)+\frac{c_0}{4}\int_\Omega\frac{\rho^\gamma}{\theta}\mathrm{d}x。\tag{5.2.25}$$

最后估计$I_{2,3}$。由Maxwell关系式(5.1.13)和(5.1.22)可得

$$\begin{aligned}I_{2,3} &= \int_\Omega|\nabla\rho|^2\frac{\partial}{\partial\rho}\left(s(\rho,\theta)-\frac{e(\rho,\theta)}{\theta}-\frac{P(\rho,\theta)}{\rho\theta}\right)\mathrm{d}x\\ &\quad+\int_\Omega\nabla\rho\cdot\nabla\theta\frac{\partial}{\partial\theta}\left(s(\rho,\theta)-\frac{e(\rho,\theta)}{\theta}-\frac{P(\rho,\theta)}{\rho\theta}\right)\mathrm{d}x\\ &=\int_\Omega\nabla\rho\cdot\nabla\theta\frac{1}{\theta^2}\left(e(\rho,\theta)+\rho\frac{\partial e(\rho,\theta)}{\partial\rho}\right)\mathrm{d}x-\int_\Omega|\nabla\rho|^2\frac{1}{\rho\theta}\frac{\partial P(\rho,\theta)}{\partial\rho}\mathrm{d}x\\ &=:I_{2,3,1}+I_{2,3,2}。\end{aligned}$$

由(5.1.21)易得

$$\begin{aligned}I_{2,3,1} \leqslant & \int_\Omega \nabla\rho\cdot\nabla\theta\frac{1}{\theta^2}(\rho^{\gamma-1}+\theta)\mathrm{d}x\\ \leqslant & \frac{\delta}{4}\int_\Omega\frac{|\nabla\rho|^2}{\theta}(1+\rho^{\beta-2})\mathrm{d}x+C(\delta)\int_\Omega\left(\frac{|\nabla\theta|^2}{\theta^3}+\frac{|\nabla\theta|^2}{\theta}\right)\mathrm{d}x。\end{aligned}$$

根据(5.1.20)，有

$$I_{2,3} \leqslant \frac{\delta}{4}\int_\Omega\frac{|\nabla\rho|^2}{\theta}(1+\rho^{\beta-2})\mathrm{d}x+C(\delta)\int_\Omega\left(\frac{|\nabla\theta|^2}{\theta^3}+\frac{|\nabla\theta|^2}{\theta}\right)\mathrm{d}x。\tag{5.2.26}$$

将关于$I_{2,1}$–$I_{2,3}$的估计(5.2.24)–(5.2.26)代入(5.2.23) 即得

$$\begin{aligned}I_1 \leqslant & \varepsilon t\left(C\left(1+\|\theta\|_2^2+\|\theta^{-1}\|_1+\|\rho\|_\gamma^\gamma+\int_\Omega\theta^{\frac{2}{\gamma-1}}\mathrm{d}x\right)\right.\\ & \left.+\frac{\delta}{4}\int_\Omega\frac{|\nabla\rho|^2}{\theta}(1+\rho^{\beta-2})\mathrm{d}x+C(\delta)\int_\Omega\left(\frac{|\nabla\theta|^2}{\theta^3}+\frac{|\nabla\theta|^2}{\theta}\right)\mathrm{d}x\right)\\ & +t\int_{\partial\Omega}(L+\delta\theta^{B-1})\mathrm{d}\sigma。\end{aligned}$$

因此，当ε对于δ足够小时，并利用β和B的条件，Poincaré不等式(1.3.31)和Young不等式，就可进一步从上式推出

$$\begin{aligned}&\frac{1}{2}\left(I_1+\int_{\partial\Omega}\frac{\varepsilon}{\theta}\ln\theta\mathrm{d}\sigma\right)\\ &\leqslant 2t\int_{\partial\Omega}(L+\delta\theta^{B-1})\mathrm{d}\sigma+\frac{t\varepsilon\beta}{\beta-1}\int_\Omega\rho^\beta\mathrm{d}x+Ct\varepsilon+\int_{\partial\Omega}\frac{\varepsilon}{\theta}\ln\theta\mathrm{d}\sigma。\end{aligned}\tag{5.2.27}$$

再次利用Young不等式，则可从等式(5.2.21)和估计(5.2.27)推出

$$\begin{aligned}&\int_\Omega(\kappa_\eta(\theta)+\delta\theta^B+\delta\theta^{-1})\frac{\varepsilon+\theta}{\theta}\frac{|\nabla\theta|^2}{\theta^2}\mathrm{d}x+t\int_\Omega\left(\frac{1}{\theta}\mathbb{S}_\eta(\theta,\boldsymbol{v}):\nabla\boldsymbol{v}+\delta\theta^{-2}\right)\mathrm{d}x\\ &+(1-t)\int_\Omega\mathbb{S}_\eta(\theta,\boldsymbol{v}):\nabla\boldsymbol{v}\mathrm{d}x+\frac{\varepsilon\delta t}{2}\int_\Omega\left(\frac{\beta}{\beta-1}\rho^\beta+2\rho^2\right)\mathrm{d}x\\ &+\int_{\partial\Omega}\left(t(L\theta+\delta\theta^B)+\varepsilon|\ln\theta|+t\frac{\Theta_0^\eta}{\theta}L\right)\mathrm{d}\sigma\\ &+t\varepsilon\delta\int_\Omega\frac{1}{\theta}\left(|\nabla\rho|^2(\beta\rho^{\beta-2}+2)\right)\mathrm{d}x\leqslant Ct\left(1+\left|\int_\Omega\rho\boldsymbol{f}\cdot\boldsymbol{v}\mathrm{d}x\right|\right)。\end{aligned}\tag{5.2.28}$$

（2）有了前面的预备性不等式，就能证明引理5.2.6中所要的结论。

由(5.2.20)可得

$$\frac{\varepsilon\beta}{\beta-1}\|\rho\|_\beta^\beta+\frac{4\varepsilon}{\beta}\|\nabla\rho^{\frac{\beta}{2}}\|_2^2+\int_\Omega(\rho^\beta+\rho^2)\mathrm{div}\boldsymbol{v}\mathrm{d}x\leqslant C(\varepsilon),$$

这里以及下文的$C(\varepsilon,\delta)$表示与t，N和η无关的一般的正常数。利用定理2.2.19，就可从(5.2.18)以及上式推导出

$$\begin{aligned}&\|\boldsymbol{v}\|_{1,2}^2+t\varepsilon\delta(\|\rho\|_\beta^\beta+\|\nabla\rho^{\beta/2}\|_2^2)\\&\leqslant tC(\varepsilon,\delta)\left(\left|\int_\Omega(P(\rho,\theta)\mathrm{div}\boldsymbol{v}+\rho\boldsymbol{f}\cdot\boldsymbol{v})\mathrm{d}x\right|+1\right)。\end{aligned}\tag{5.2.29}$$

充分利用(5.1.18)，(5.1.19)，β的条件，Young不等式和Sobolev不等式，则有

$$\|\boldsymbol{v}\|_{1,2}^2+t\varepsilon\delta(\|\rho\|_\beta^\beta+\|\nabla\rho^{\beta/2}\|_2^2)\leqslant tC(\varepsilon,\delta)\left(\|\theta\|_{8/3}^{8/3}+1\right)。\tag{5.2.30}$$

所以，进一步有

$$\begin{aligned}\left|\int_\Omega\rho\boldsymbol{f}\cdot\boldsymbol{v}\mathrm{d}x\right|&\leqslant C\|\rho\|_{6/5}\|\boldsymbol{v}\|_6\leqslant C(\varepsilon,\delta)\left(\|\rho\|_{6/5}\|\theta\|_{8/3}^{4/3}+1\right)\\&\leqslant\frac{\varepsilon\delta}{2}\|\rho\|_\beta^\beta+C(\varepsilon,\delta)\|\theta\|_{8/3}^{8/3}+C(\varepsilon,\delta)。\end{aligned}\tag{5.2.31}$$

注意到$B>8/3$，使用Poincaré不等式(1.3.31)及(5.2.31)，就可以从(5.2.28)推出

$$\|\rho\|_\beta+\|\theta\|_{3B}+\|(\theta,\theta^{B/2},\ln\theta,\theta^{-1})\|_{1,2}+\|\theta^{-1}\|_{1,\partial\Omega}\leqslant C(\varepsilon,\delta)。\tag{5.2.32}$$

与(5.2.30)联立即得

$$\|\boldsymbol{v}\|_{1,2}\leqslant C(\varepsilon,\delta)。\tag{5.2.33}$$

由于X_N是有限维空间，则$\boldsymbol{v}\in X_N$的任意范数都是等价的，从而有

$$\|\boldsymbol{v}\|_{2,q}\leqslant C(\varepsilon,\delta,N)。\tag{5.2.34}$$

因此，由椭圆方程(5.2.1)的正则性理论可得

$$\|\rho\|_{2,q}\leqslant C(\varepsilon,\delta,N,q)。\tag{5.2.35}$$

最后推导θ和r的一致估计。为此目的，引入Kirchhoff变换

$$\mathcal{K}(\theta):=\int_1^\theta(\kappa_\eta(\tau)+\delta\tau^B+\delta\tau^{-1})\frac{\varepsilon+\tau}{\tau}\mathrm{d}\tau,$$

则(5.2.16)和(5.2.17)可等价改写为

$$\begin{aligned}&-\Delta\mathcal{K}(\theta)+t\mathrm{div}(\rho e(\rho,\theta)\boldsymbol{v})+tP(\rho,\theta)\mathrm{div}\boldsymbol{v}\\&=t\mathbb{S}_\eta(\theta,\boldsymbol{v}):\nabla\boldsymbol{v}+t\delta\theta^{-1}+t\delta\varepsilon|\nabla\rho|^2(\beta\rho^{\beta-2}+2),\quad \text{a.e. 在}\,\Omega\,\text{中},\end{aligned}$$

和

$$\frac{\partial\mathcal{K}(\theta)}{\partial\boldsymbol{n}}+(L+\delta\theta^{B-1})(\theta-\Theta_0^\eta)+\varepsilon\ln\theta=0,\quad \text{在}\,\partial\Omega\,\text{上}。$$

由于$B\geqslant 2(m+1)$，根据已有的$(\rho,\boldsymbol{v},\theta)$的估计以及椭圆正则性理论，可从上述边值问题推出$\mathcal{K}(\theta)\in H^2(\Omega)\hookrightarrow L^\infty(\Omega)$。所以，$\theta$ 和θ^{-1}是有界的，且$\ln\theta\in W^{1,6}(\Omega)$。这意味着$\mathcal{K}(\theta)\in W^{2,q}(\Omega)$，其中$q<\infty$。最后，再次使用椭圆正则性理论，就可从(5.2.16)–(5.2.17) 推导出

$$\|r\|_{2,q}+\|\theta\|_{2,q}\leqslant C(\varepsilon,\delta,N,q)。$$

这就完成了引理5.2.6的证明。 □

§5.2.2 关于$N\to\infty$及$\eta\to 0$极限

本小节研究$N\to\infty$及$\eta\to 0$的极限过程。在命题5.2.1的假设条件下，本小节还进一步要求

$$\beta\geqslant\frac{3m+2}{3m-2},\ \beta\geqslant 3\gamma, \tag{5.2.36}$$

$$10/3\leqslant B\leqslant 6\beta-8。 \tag{5.2.37}$$

显然地，只要B关于m和γ取得足够大，以及β关于m、γ和B取得足够大时，上述要求以及命题5.2.1中的假设条件都是可以被满足的。

把命题5.2.1中所构造的半强解记为$(\rho_N,\boldsymbol{v}_N,\theta_N)$（有时也称为第四次逼近解）。由(5.2.32)–(5.2.33)知

$$\|\rho_N\|_\beta+\|\theta_N\|_{3B}+\|(\boldsymbol{v}_N,\theta_N,\theta_N^{B/2},\ln\theta_N,\theta_N^{-1})\|_{1,2}+\|\theta_N^{-1}\|_{1,\partial\Omega}\leqslant C(\varepsilon,\delta)。 \tag{5.2.38}$$

利用椭圆方程正则性理论，可从逼近质量方程(5.2.9)推出

$$\|\rho_N\|_{2,2}\leqslant C(\varepsilon,\delta)。 \tag{5.2.39}$$

此外，由(5.2.28)和(5.2.31) 可得出

$$\int_\Omega(\kappa_\eta(\theta_N)+\delta\theta_N^B+\delta\theta_N^{-1})\frac{\varepsilon+\theta_N}{\theta_N}\frac{|\nabla\theta_N|^2}{\theta_N^2}\mathrm{d}x+\int_\Omega\frac{1}{\theta_N}\mathbb{S}_\eta(\theta_N,\boldsymbol{v}_N):\nabla\boldsymbol{v}_N\mathrm{d}x\leqslant C(\varepsilon,\delta)。 \tag{5.2.40}$$

由估计(5.2.38)和(5.2.39)，并利用（紧）嵌入定理（定理1.3.6和1.3.16）、迹定理、逐点收敛定理以及Vitali收敛定理，可看出存在$\{(\rho_N,\boldsymbol{v}_N,\theta_N)\}$的子列（仍记

为$\{(\rho_N,\boldsymbol{v}_N,\theta_N)\}$)，使得

$$\begin{cases}\boldsymbol{v}_N\rightharpoonup\boldsymbol{v},\ \text{在}\,(H_0^1(\Omega))^3\,\text{中；} & \boldsymbol{v}_N\to\boldsymbol{v},\ \text{在}\,(L^{q_6}(\Omega))^3\,\text{中；}\\ \rho_N\rightharpoonup\rho,\ \text{在}\,H^2(\Omega)\,\text{中；} & \rho_N\to\rho,\ \text{在}\,W^{1,q_6}(\Omega)\ \text{或}L^\infty(\Omega)\,\text{中；}\\ \theta_N\rightharpoonup\theta,\ \text{在}\,H^1(\Omega)\,\text{中；} & \theta_N\to\theta,\ \text{在}\,L^{q_{3B}}(\Omega)\,\text{中；}\\ \ln\theta_N\rightharpoonup\ln\theta,\ \text{在}\,H^1(\Omega)\,\text{中；} & \ln\theta_N\to\ln\theta,\ \text{在}\,L^{q_6}(\Omega)\,\text{中；}\\ \theta_N^{-1}\rightharpoonup\theta^{-1},\ \text{在}\,H^1(\Omega)\,\text{中；} & \theta_N^{-1}\to\theta^{-1},\ \text{在}\,L^{q_6}(\Omega)\,\text{中；}\\ \ln\theta_N\to\ln\theta,\ \text{在}\,L^{q_4}(\partial\Omega)\,\text{中；} & \theta_N\to\theta,\ \text{在}\,L^{q_{2B}}(\partial\Omega)\,\text{中；}\\ \theta_N^{-1}\to\theta^{-1},\ \text{在}\,L^{q_4}(\partial\Omega)\,\text{中。}\end{cases}\tag{5.2.41}$$

其中q_a表示大于1且小于a的实数。注意由于$\theta^{-1}\in L^{q_6}(\Omega)$且$\theta^{-1}\in L^{q_4}(\partial\Omega)$，因而$\theta$分别在$\Omega$内和在$\partial\Omega$上几乎处处是正的。

注意到$(\rho_N,\boldsymbol{v}_N,\theta_N)$满足(5.2.1)和(5.2.2)，如果使用上述极限结果，则可推出

$$\begin{cases}\varepsilon\rho-\varepsilon\Delta\rho+\operatorname{div}(\rho\boldsymbol{v})=\varepsilon h, & \text{在}\,\Omega\,\text{中，}\\ \dfrac{\partial\rho}{\partial\boldsymbol{n}}=0, & \text{在}\,\partial\Omega\,\text{上，}\end{cases}\tag{5.2.42}$$

和

$$\begin{aligned}&\int_\Omega\left(\frac{1}{2}\rho(\boldsymbol{v}\cdot\nabla\boldsymbol{v})\cdot\varphi-\frac{1}{2}\rho(\boldsymbol{v}\otimes\boldsymbol{v}):\nabla\varphi+\mathbb{S}_\eta(\theta,\boldsymbol{v}):\nabla\varphi\right)\mathrm{d}x\\&-\int_\Omega(P(\rho,\theta)+\delta\rho^\beta+\delta\rho^2)\operatorname{div}\varphi\mathrm{d}x=\int_\Omega\rho\boldsymbol{f}\cdot\varphi\mathrm{d}x,\quad\forall\,\varphi\in(H_0^1(\Omega))^3\text{。}\end{aligned}\tag{5.2.43}$$

并且由(5.2.42)知

$$\varepsilon\int_\Omega(\rho\psi+\nabla\rho\cdot\nabla\psi)\mathrm{d}x-\int_\Omega\rho\boldsymbol{v}\cdot\nabla\psi\mathrm{d}x=\varepsilon h\int_\Omega\psi\mathrm{d}x,\quad\forall\,\psi\in W^{1,\frac{6}{5}}(\Omega)\text{。}\tag{5.2.44}$$

由于$(\rho_N,\boldsymbol{v}_N,z_N:=\ln\theta_N)$满足(5.2.19)，利用上式，就可从(5.2.19)推出

$$\begin{aligned}&\int_\Omega(\mathbb{S}_\eta(\theta_N,\boldsymbol{v}_N):\nabla\boldsymbol{v}_N+\delta\theta_N^{-1}-P(\rho_N,\theta_N)\operatorname{div}\boldsymbol{v}_N+\varepsilon\delta|\nabla\rho_N|^2(\beta\rho_N^{\beta-2}+2))\psi\mathrm{d}x\\&=\int_\Omega((\kappa_\eta(\theta_N)+\delta\theta_N^B+\delta\theta_N^{-1})\frac{\varepsilon+\theta_N}{\theta_N}\nabla\theta_N\cdot\nabla\psi-\rho_Ne(\rho_N,\theta_N)\boldsymbol{v}_N\cdot\nabla\psi)\mathrm{d}x\\&\quad+\int_{\partial\Omega}((L+\delta\theta_N^{B-1})(\theta_N-\Theta_0^\eta)+\varepsilon\ln\theta_N)\psi\mathrm{d}\sigma,\quad\forall\,\psi\in C^1(\overline{\Omega})\text{。}\end{aligned}\tag{5.2.45}$$

在(5.2.43)中φ取$\boldsymbol{v}_N\psi$ 后所得的等式与上式相加，并对相加后所得等式取极限可得

$$
\begin{aligned}
&\int_\Omega\left(-\frac{1}{2}\rho|\boldsymbol{v}|^2-\rho e(\rho,\theta)-(P(\rho,\theta)+\delta\rho^\beta+\delta\rho^2)\right)\boldsymbol{v}\cdot\nabla\psi\mathrm{d}x\\
&+\int_\Omega(\mathbb{S}(\theta,\boldsymbol{v})\boldsymbol{v}\cdot\nabla\psi-\delta\theta^{-1}\psi)\mathrm{d}x\\
&+\int_\Omega\left((\kappa(\theta)+\delta\theta^B+\delta\theta^{-1})\frac{\varepsilon+\theta}{\theta}\nabla\theta\cdot\nabla\psi\right)\mathrm{d}x\\
&+\int_{\partial\Omega}((L+\delta\theta^{B-1})(\theta-\Theta_0^\eta)+\varepsilon\ln\theta)\psi\mathrm{d}\sigma-\int_\Omega\rho\boldsymbol{f}\cdot\boldsymbol{v}\psi\mathrm{d}x\\
&=\delta\int_\Omega(\varepsilon|\nabla\rho|^2(\beta\rho^{\beta-2}+2)+\rho^\beta\mathrm{div}\boldsymbol{v}+\rho^2\mathrm{div}\boldsymbol{v})\psi\mathrm{d}x。
\end{aligned}
\tag{5.2.46}
$$

最后推导$(\rho,\boldsymbol{v},\theta)$所满足的熵不等式。类似于(5.2.27)–(5.2.28)，可从(5.2.22)推出：对于任意非负的$\psi\in C^1(\overline{\Omega})$，

$$
\begin{aligned}
&\int_\Omega\Bigg(\theta_N^{-1}\mathbb{S}_\eta(\theta_N,\boldsymbol{v}_N):\nabla\boldsymbol{v}_N+\delta\theta_N^{-2}\\
&\quad+(\kappa_\eta(\theta_N)+\delta\theta_N^B+\delta\theta_N^{-1})\frac{\varepsilon+\theta_N}{\theta_N}\frac{|\nabla\theta_N|^2}{\theta_N^2}\Bigg)\psi\mathrm{d}x\\
&\leqslant\int_\Omega((\kappa_\eta(\theta_N)+\delta\theta_N^B+\delta\theta_N^{-1})\frac{\varepsilon+\theta_N}{\theta_N}\frac{\nabla\theta_N:\nabla\psi}{\theta_N}\\
&\quad-\rho_N s(\rho_N,\theta_N)\boldsymbol{v}_N\cdot\nabla\psi)\mathrm{d}x\\
&\quad+\int_{\partial\Omega}\left(\frac{L+\delta\theta_N^{B-1}}{\theta_N}(\theta_N-\Theta_0^\eta)+\varepsilon\ln\theta_N\right)\psi\mathrm{d}\sigma\\
&\quad+C(\psi)\varepsilon\left(1+\int_\Omega\left(\rho_N^\gamma+\theta_N^{3B}+\theta_N^{-1}+\frac{|\nabla\theta_N|^2}{\theta_N}+\frac{|\nabla\theta_N|^2}{\theta_N^3}\right)\mathrm{d}x\right)\\
&\quad+\varepsilon\int_\Omega\nabla\rho_N:\nabla\psi\left(\frac{e(\rho_N,\theta_N)}{\theta_N}+\frac{P(\rho_N,\theta_N)}{\rho_N\theta_N}-s(\rho_N,\theta_N)\right)\mathrm{d}x,
\end{aligned}
\tag{5.2.47}
$$

其中$C(\psi)$是一个依赖于函数ψ，但与η 和ε无关的常数。由估计式(5.2.40)，$(\theta_N,\boldsymbol{v}_N)$所满足的极限结果以及弱下半连续性，可得出

$$
\begin{aligned}
&\int_\Omega\left|\sqrt{\kappa_\eta(\theta)+\delta\theta^B+\frac{\delta}{\theta}}\sqrt{\frac{\varepsilon+\theta}{\theta}}\frac{\nabla\theta}{\theta}\right|^2\mathrm{d}x\\
&\qquad\leqslant\liminf_{N\to\infty}\int_\Omega\left|\sqrt{\kappa_\eta(\theta_N)+\delta\theta_N^B+\frac{\delta}{\theta_N}}\sqrt{\frac{\varepsilon+\theta_N}{\theta_N}}\frac{\nabla\theta_N}{\theta_N}\right|^2\mathrm{d}x,\\
&\int_\Omega\left|\sqrt{\theta^{-1}\mathbb{S}_\eta(\theta,\boldsymbol{v}):\nabla\boldsymbol{v}}\right|^2\mathrm{d}x\leqslant\liminf_{N\to\infty}\int_\Omega\left|\sqrt{\theta_N^{-1}\mathbb{S}_\eta(\theta_N,\boldsymbol{v}_N):\nabla\boldsymbol{v}_N}\right|^2\mathrm{d}x。
\end{aligned}
$$

因此，可从(5.2.47)推出：对任意非负的$\psi \in C^1(\overline{\Omega})$，

$$\begin{aligned}
&\int_\Omega \left(\theta^{-1}\mathbb{S}_\eta(\theta,\boldsymbol{v}):\nabla\boldsymbol{v}+\delta\theta^{-2}+(\kappa_\eta(\theta)+\delta\theta^B+\delta\theta^{-1})\frac{\varepsilon+\theta}{\theta}\frac{|\nabla\theta|^2}{\theta^2}\right)\psi\mathrm{d}x\\
&\leqslant \int_\Omega \left((\kappa_\eta(\theta)+\delta\theta^B+\delta\theta^{-1})\frac{\varepsilon+\theta}{\theta}\frac{\nabla\theta:\nabla\psi}{\theta}-\rho s(\rho,\theta)\boldsymbol{v}\cdot\nabla\psi\right)\mathrm{d}x\\
&\quad+\int_{\partial\Omega}\left(\frac{L+\delta\theta^{B-1}}{\theta}(\theta-\Theta_0^\eta)+\varepsilon\ln\theta\right)\psi\mathrm{d}\sigma+\varepsilon F_\psi,
\end{aligned}\tag{5.2.48}$$

其中

$$\begin{aligned}
F_\psi=\limsup_{N\to\infty}&\left(C(\psi)\left(1+\int_\Omega\left(\rho_N^\gamma+\theta_N^{3B}+\theta_N^{-1}+\frac{|\nabla\theta_N|^2}{\theta_N}+\frac{|\nabla\theta_N|^2}{\theta_N^3}\right)\mathrm{d}x\right)\right.\\
&\left.+\int_\Omega\nabla\rho_N:\nabla\psi\left(\frac{e(\rho_N,\theta_N)}{\theta_N}+\frac{P(\rho_N,\theta_N)}{\rho_N\theta_N}-s(\rho_N,\theta_N)\right)\mathrm{d}x\right)。
\end{aligned}$$

现在，把通过上述$\{(\rho_N,\boldsymbol{v}_N,\theta_N)\}$的子列取极限所得到的极限函数记为$(\rho_\eta,\boldsymbol{v}_\eta,\theta_\eta)$（称为第三次逼近解）。接下来，我们将对函数列$\{(\rho_\eta,\boldsymbol{v}_\eta,\theta_\eta)\}$关于$\eta:=1/n\to 0^+$取极限。

首先，注意估计(5.2.38)–(5.2.39)对序列$\{(\rho_\eta,\boldsymbol{v}_\eta,\theta_\eta)\}$仍然成立。所以，$\{(\rho_\eta,\boldsymbol{v}_\eta,\theta_\eta)\}$ 存在一个子列（仍记为$\{(\rho_\eta,\boldsymbol{v}_\eta,\theta_\eta)\}$），其满足(5.2.41) 中$N$用$\eta$替换后的极限结果（注意关于$\eta\to 0$）。现在重新把$\{(\rho_\eta,\boldsymbol{v}_\eta,\theta_\eta)\}$的极限函数记为$\{(\rho_\varepsilon,\boldsymbol{v}_\varepsilon,\theta_\varepsilon)\}$，并称其为第二次逼近解。

此外，μ_η，ν_η和κ_η在$\mathbb{R}_0^+$的任意紧子集上是一致收敛的。利用这个事实以及$\{(\rho_\eta,\boldsymbol{v}_\eta,\theta_\eta)\}$的极限结果，就可分别从(5.2.42)–(5.2.44)和(5.2.48)推出

(1) $(\rho_\varepsilon,\boldsymbol{v}_\varepsilon)$ 满足：

$$\begin{cases}\varepsilon\rho_\varepsilon-\varepsilon\Delta\rho_\varepsilon+\mathrm{div}(\rho_\varepsilon\boldsymbol{v}_\varepsilon)=\varepsilon h, & \text{在}\,\Omega\,\text{中},\\ \dfrac{\partial\rho_\varepsilon}{\partial\boldsymbol{n}}=0, & \text{在}\,\partial\Omega\,\text{上。}\end{cases}\tag{5.2.49}$$

(2) 对于任意$\varphi\in\left(W_0^{1,\frac{6B}{3B-2}}(\Omega)\right)^3$，

$$\begin{aligned}
&\int_\Omega\left(\frac{1}{2}\rho_\varepsilon(\boldsymbol{v}_\varepsilon\cdot\nabla\boldsymbol{v}_\varepsilon)\cdot\varphi-\frac{1}{2}\rho_\varepsilon(\boldsymbol{v}_\varepsilon\otimes\boldsymbol{v}_\varepsilon):\nabla\varphi+\mathbb{S}(\theta_\varepsilon,\boldsymbol{v}_\varepsilon):\nabla\varphi\right)\mathrm{d}x\\
&\quad-\int_\Omega(P(\rho_\varepsilon,\theta_\varepsilon)+\delta\rho_\varepsilon^\beta+\delta\rho_\varepsilon^2)\mathrm{div}\varphi\mathrm{d}x=\int_\Omega\rho_\varepsilon\boldsymbol{f}\cdot\varphi\mathrm{d}x。
\end{aligned}\tag{5.2.50}$$

(3) 对于任意$\psi\in W^{1,6/5}(\Omega)$，

$$\varepsilon\int_\Omega(\rho_\varepsilon\psi+\nabla\rho_\varepsilon\cdot\nabla\psi)\mathrm{d}x-\int_\Omega\rho_\varepsilon\boldsymbol{v}_\varepsilon\cdot\nabla\psi\mathrm{d}x=\varepsilon h\int_\Omega\psi\mathrm{d}x。\tag{5.2.51}$$

(4) 对于任意的$0 \leqslant \psi \in C^1(\overline{\Omega})$，

$$\begin{aligned}&\int_\Omega \Big(\theta^{-1}\mathbb{S}(\theta_\varepsilon, \boldsymbol{v}_\varepsilon) : \nabla \boldsymbol{v}_\varepsilon + \delta\theta_\varepsilon^{-2} + (\kappa(\theta_\varepsilon) + \delta\theta_\varepsilon^B + \delta\theta_\varepsilon^{-1})\frac{\varepsilon + \theta_\varepsilon}{\theta_\varepsilon}\frac{|\nabla\theta_\varepsilon|^2}{\theta_\varepsilon^2}\Big)\psi \mathrm{d}x \\ &\leqslant \int_\Omega \Big((\kappa(\theta_\varepsilon) + \delta\theta_\varepsilon^B + \delta\theta_\varepsilon^{-1})\frac{\varepsilon + \theta_\varepsilon}{\theta_\varepsilon}\frac{\nabla\theta_\varepsilon \cdot \nabla\psi}{\theta_\varepsilon} - \rho_\varepsilon s(\rho_\varepsilon, \theta_\varepsilon)\boldsymbol{v}_\varepsilon \cdot \nabla\psi\Big) \mathrm{d}x \\ &\quad + \int_{\partial\Omega}\Big(\frac{L + \delta\theta_\varepsilon^{B-1}}{\theta_\varepsilon}(\theta_\varepsilon - \Theta_0) + \varepsilon \ln\theta_\varepsilon\Big)\psi \mathrm{d}\sigma + \varepsilon G, \qquad (5.2.52)\end{aligned}$$

其中

$$G := \limsup_{\eta\to\infty} F_\psi。$$

由于无法得到速度梯度的强收敛性，因此不能证明$(\rho_\varepsilon, \boldsymbol{v}_\varepsilon, \theta_\varepsilon)$ 满足能量方程（见(5.2.3)）的弱形式。下面转向推导$(\rho_\varepsilon, \boldsymbol{v}_\varepsilon, \theta_\varepsilon)$ 满足总能量方程的弱形式。

类似于(5.2.20)，可从(5.2.42)推出

$$\begin{aligned}&\int_\Omega (\varepsilon|\nabla\rho_\eta|^2(\beta\rho_\eta^{\beta-2} + 2) + (\rho_\eta^\beta + \rho_\eta^2)\mathrm{div}\boldsymbol{v}_\eta)\psi \mathrm{d}x \\ &= \frac{1}{\beta - 1}\int_\Omega (\varepsilon h\beta\rho_\eta^{\beta-1}\psi + \rho_\eta^\beta \boldsymbol{v}_\eta \cdot \nabla\psi - \varepsilon\beta\rho_\eta^\beta\psi)\mathrm{d}x \\ &\quad + \int_\Omega (2\varepsilon h\rho_\eta\psi + \rho_\eta^2\boldsymbol{v}_\eta \cdot \nabla\psi - 2\varepsilon\rho_\eta^2\psi\psi)\mathrm{d}x。\end{aligned}$$

将上式代入(5.2.46)后，并对$\eta \to 0$ 取极限即得：对于任意$\psi \in C^1(\overline{\Omega})$，

$$\begin{aligned}&\int_\Omega \Big(\Big(-\frac{1}{2}\rho_\varepsilon|\boldsymbol{v}_\varepsilon|^2 - \rho_\varepsilon e(\rho_\varepsilon, \theta_\varepsilon)\Big)\boldsymbol{v}_\varepsilon \cdot \nabla\psi \\ &\quad + (\kappa(\theta_\varepsilon) + \delta\theta_\varepsilon^B + \delta\theta_\varepsilon^{-1})\frac{\varepsilon + \theta_\varepsilon}{\theta_\varepsilon}\nabla\theta_\varepsilon : \nabla\psi\Big)\mathrm{d}x \\ &+ \int_{\partial\Omega}((L + \delta\theta_\varepsilon^{B-1})(\theta_\varepsilon - \Theta_0) + \varepsilon\ln\theta_\varepsilon)\psi \mathrm{d}\sigma \\ &= \int_\Omega \rho_\varepsilon \boldsymbol{f} \cdot \boldsymbol{v}_\varepsilon\psi \mathrm{d}x + \int_\Omega \Big((-\mathbb{S}(\theta_\varepsilon, \boldsymbol{v}_\varepsilon)\boldsymbol{v}_\varepsilon + P(\rho_\varepsilon, \theta_\varepsilon)\boldsymbol{v}_\varepsilon \\ &\quad + \delta(\rho_\varepsilon^\beta + \rho_\varepsilon^2)\boldsymbol{v}_\varepsilon) \cdot \nabla\psi + \delta\theta_\varepsilon^{-1}\psi\Big)\mathrm{d}x \\ &\quad + \delta\int_\Omega \frac{1}{\beta - 1}(\varepsilon\beta h\rho_\varepsilon^{\beta-1}\psi + \rho_\varepsilon^\beta \boldsymbol{v}_\varepsilon \cdot \nabla\psi - \varepsilon\beta\rho_\varepsilon^\beta\psi)\mathrm{d}x \\ &\quad + \delta\int_\Omega (2\varepsilon h\rho_\varepsilon\psi + \rho_\varepsilon^2\boldsymbol{v}_\varepsilon \cdot \nabla\psi - 2\varepsilon\rho_\varepsilon^2\psi)\mathrm{d}x。 \qquad (5.2.53)\end{aligned}$$

最后，注意到$(\rho_N, \boldsymbol{v}_N, \theta_N)$满足(5.2.28)，因此通过依次取$N \to \infty$和$\eta \to 0^+$后，可得

$$
\begin{aligned}
&\int_\Omega \left(\kappa(\theta_\varepsilon) + \delta\theta_\varepsilon^B + \delta\theta_\varepsilon^{-1}\right) \frac{\varepsilon + \theta_\varepsilon}{\theta_\varepsilon} \frac{|\nabla\theta_\varepsilon|^2}{\theta_\varepsilon^2} \mathrm{d}x + \int_\Omega \left(\frac{1}{\theta_\varepsilon} \mathbb{S}(\theta_\varepsilon, \boldsymbol{v}_\varepsilon) : \nabla \boldsymbol{v}_\varepsilon + \delta\theta_\varepsilon^{-2}\right) \mathrm{d}x \\
&+ \frac{\varepsilon\delta}{2} \int_\Omega \left(\frac{\beta}{\beta - 1}\rho_\varepsilon^\beta + 2\rho_\varepsilon^2\right) \mathrm{d}x + \varepsilon\delta \int_\Omega \frac{1}{\theta_\varepsilon} |\nabla\rho_\varepsilon|^2 (\beta\rho_\varepsilon^{\beta-2} + 2) \mathrm{d}x \\
&+ \int_{\partial\Omega} \left(L\theta_\varepsilon + \delta\theta_\varepsilon^B + \varepsilon|\ln\theta_\varepsilon| + L\frac{\Theta_0}{\theta_\varepsilon}\right) \mathrm{d}\sigma \\
&\leqslant C\left(1 + \left|\int_\Omega \rho_\varepsilon \boldsymbol{f} \cdot \boldsymbol{v}_\varepsilon \mathrm{d}x\right|\right)。
\end{aligned}
\tag{5.2.54}
$$

§5.2.3 关于$\varepsilon \to 0$极限

令$\{(\rho_\varepsilon, \boldsymbol{v}_\varepsilon, \theta_\varepsilon)\}$ 为上小节所构造的第二次逼近解，则可从(5.2.54)推出

$$
\begin{aligned}
&\|\boldsymbol{v}_\varepsilon\|_{1,2}^2 + \|\theta_\varepsilon\|_{3B}^B + \|(\theta_\varepsilon^{B/2}, \theta_\varepsilon, \theta_\varepsilon^{-\frac{1}{2}}, \ln\theta_\varepsilon)\|_{1,2}^2 + \|\theta_\varepsilon^{-2}\|_1 + \|\theta_\varepsilon\|_{B,\partial\Omega}^B + \|\theta_\varepsilon^{-1}\|_{1,\partial\Omega} \\
&\quad \leqslant C(\delta)\left(1 + \|\rho_\varepsilon\|_{\frac{6}{5}}^2\right),
\end{aligned}
\tag{5.2.55}
$$

其中$C(\delta)$与ε无关。

下面我们用类似于引理3.5.5的方法估计$\|\rho_\varepsilon\|_{6/5}^2$。由Bogovskii 解的存在性定理（即定理2.2.4）知，对于任意的$1 < s < \infty$，存在$\boldsymbol{\omega} \in W_0^{1,s/(s-1)}(\Omega)$满足

$$
\begin{cases}
\mathrm{div}\boldsymbol{\omega} = \rho_\varepsilon^{(s-1)\beta} - (\rho_\varepsilon^{(s-1)\beta})_\Omega, & \text{在 } \Omega \text{ 中}, \\
\boldsymbol{\omega} = 0, & \text{在 } \partial\Omega \text{ 上},
\end{cases}
\tag{5.2.56}
$$

并且

$$
\|\boldsymbol{\omega}\|_{1,\frac{s}{s-1}}^{\frac{s}{s-1}} \leqslant C\|\rho_\varepsilon\|_{s\beta}^{s\beta}。
\tag{5.2.57}
$$

用$\boldsymbol{\omega}$作(5.2.50)的检验函数，则有

$$
\begin{aligned}
&\int_\Omega (P(\rho_\varepsilon, \theta_\varepsilon) + \delta(\rho_\varepsilon^\beta + \rho_\varepsilon^2))\rho_\varepsilon^{(s-1)\beta} \mathrm{d}x \\
&= \int_\Omega \left(\frac{1}{2}\rho_\varepsilon(\boldsymbol{v}_\varepsilon \cdot \nabla\boldsymbol{v}_\varepsilon) \cdot \boldsymbol{\omega} - \frac{1}{2}\rho_\varepsilon(\boldsymbol{v}_\varepsilon \otimes \boldsymbol{v}_\varepsilon) : \nabla\boldsymbol{\omega}\right) \mathrm{d}x \\
&\quad + \int_\Omega \mathbb{S}(\theta_\varepsilon, \boldsymbol{v}_\varepsilon) : \nabla\boldsymbol{\omega} \mathrm{d}x - \int_\Omega \rho_\varepsilon \boldsymbol{f} \cdot \boldsymbol{\omega} \mathrm{d}x \\
&\quad + (P(\rho_\varepsilon, \theta_\varepsilon) + \delta(\rho_\varepsilon^\beta + \rho_\varepsilon^2))_\Omega \int_\Omega \rho_\varepsilon^{(s-1)\beta} \mathrm{d}x =: \sum_{i=3}^{6} I_i。
\end{aligned}
\tag{5.2.58}
$$

注意到$\beta > \max\{8, 2\gamma\}$，上式右边四项可如下估计：

$$
\begin{aligned}
|I_3| &\leqslant C\|\boldsymbol{\omega}\|_{1,\frac{5}{2}}\|\boldsymbol{v}_\varepsilon\|_{1,2}^2\|\rho_\varepsilon\|_{\frac{15}{4}} \leqslant \lambda\delta\|\boldsymbol{\omega}\|_{1,\frac{5}{2}}^{\frac{5}{2}} + C(\delta,\lambda)\|\boldsymbol{v}_\varepsilon\|_{1,2}^{\frac{10}{3}}\|\rho_\varepsilon\|_{\frac{15}{4}}^{\frac{5}{3}},\\
|I_4| &\leqslant C\|\boldsymbol{\omega}\|_{1,\frac{5}{2}}\|\nabla\boldsymbol{v}_\varepsilon\|_2(1+\|\theta_\varepsilon\|_{10}) \leqslant \lambda\delta\|\boldsymbol{\omega}\|_{1,\frac{5}{2}}^{\frac{5}{2}} + C(\delta,\lambda)\|\boldsymbol{v}_\varepsilon\|_{1,2}^{\frac{5}{3}}\left(1+\|\theta_\varepsilon\|_{10}^{\frac{5}{3}}\right),\\
|I_5| &\leqslant C\|\boldsymbol{\omega}\|_{1,\frac{5}{2}}\|\rho_\varepsilon\|_{\frac{15}{14}} \leqslant \lambda\delta\|\boldsymbol{\omega}\|_{1,\frac{5}{2}}^{\frac{5}{2}} + C(\delta,\lambda)\|\rho_\varepsilon\|_{\frac{15}{14}}^{\frac{5}{3}},\\
|I_6| &\leqslant C(\delta)\left(1+\|\rho_\varepsilon\|_{\frac{10}{9}}\|\theta_\varepsilon\|_{10}+\|\rho_\varepsilon\|_\beta^\beta\right)\|\rho_\varepsilon\|_{(s-1)\beta}^{(s-1)\beta}, \quad \lambda > 0。
\end{aligned}
$$

将上述估计代入(5.2.58)，取$s = 5/3$及λ适当小，并使用(5.2.55)和条件$B \geqslant 10/3$，可得

$$
\begin{aligned}
\|\rho_\varepsilon\|_{\frac{5}{3}\beta}^{\frac{5}{3}\beta} \leqslant & C(\delta)\left(\|\rho_\varepsilon\|_{\frac{6}{5}}^{\frac{10}{3}}\left(1+\|\rho_\varepsilon\|_{\frac{15}{4}}^{\frac{5}{3}}\right)+\left(1+\|\rho_\varepsilon\|_{\frac{6}{5}}^{\frac{5}{3}}\right)\left(1+\|\rho_\varepsilon\|_{\frac{6}{5}}^{\frac{10}{3B}}\right)+\|\rho_\varepsilon\|_{\frac{15}{14}}^{\frac{5}{3}}\right.\\
&\left.+\left(1+\|\rho_\varepsilon\|_{\frac{10}{9}}\left(1+\|\rho_\varepsilon\|_{\frac{6}{5}}^{\frac{2}{B}}\right)+\|\rho_\varepsilon\|_\beta^\beta\right)\|\rho_\varepsilon\|_{2\beta/3}^{2\beta/3}\right)。
\end{aligned}
$$

如果应用Young不等式、插值不等式及事实$\int_\Omega \rho_\varepsilon \mathrm{d}x = M$，则就可以从上式推导出

$$
\|\rho_\varepsilon\|_{\frac{5}{3}\beta} \leqslant C(\delta)。
$$

将上述估计代入(5.2.55)，即得

$$
\|\boldsymbol{v}_\varepsilon\|_{1,2}+\|\theta_\varepsilon\|_{3B}+\|(\theta_\varepsilon,\theta_\varepsilon^{-\frac{1}{2}},\ln\theta_\varepsilon)\|_{1,2}+\|\theta_\varepsilon^{-1}\|_{1,\partial\Omega}+\|\rho_\varepsilon\|_{\frac{5}{3}\beta} \leqslant C(\delta)。\quad (5.2.59)
$$

最后在(5.2.51)中取检验函数为ρ_ε，即得到

$$
\sqrt{\varepsilon}\|\nabla\rho_\varepsilon\|_2 \leqslant C(\delta)。\quad (5.2.60)
$$

下面对人工压力项取极限，即取$\varepsilon := 1/n \to 0$极限。由估计(5.2.59)和(5.2.60)知$\{(\rho_\varepsilon, \boldsymbol{v}_\varepsilon, \theta_\varepsilon)\}$ 中存在子列满足：

$$
\begin{cases}
\boldsymbol{v}_\varepsilon \rightharpoonup \boldsymbol{v}, \ \text{在}\,(H_0^1(\Omega))^3\,\text{中}; & \boldsymbol{v}_\varepsilon \to \boldsymbol{v}, \ \text{在}\,(L^{q_6}(\Omega))^3\,\text{中};\\
\rho_\varepsilon \rightharpoonup \rho, \ \text{在}\,L^{\frac{5}{3}\beta}(\Omega)\,\text{中}; & \varepsilon\nabla\rho_\varepsilon \to 0, \ \text{在}\,L^2(\Omega)\,\text{中};\\
\theta_\varepsilon \rightharpoonup \theta, \ \text{在}\,H^1(\Omega)\,\text{中}; & \theta_\varepsilon \to \theta, \ \text{在}\,L^{q_{3B}}(\Omega)\,\text{中};\\
\theta_\varepsilon \to \theta, \ \text{在}\,L^{q_{2B}}(\partial\Omega)\,\text{中}; & \ln\theta_\varepsilon \rightharpoonup \ln\theta, \ \text{在}\,H^1(\Omega)\,\text{中};\\
\ln\theta_\varepsilon \to \ln\theta, \ \text{在}\,L^{q_6}(\Omega)\,\text{中}; & \ln\theta_\varepsilon \to \ln\theta, \ \text{在}\,L^{q_4}(\partial\Omega)\,\text{中};\\
\theta_\varepsilon^{-\frac{1}{2}} \to \theta^{-\frac{1}{2}}, \ \text{在}\,L^{q_6}(\Omega)\,\text{中}; & \theta_\varepsilon^{-\frac{1}{2}} \to \theta^{-\frac{1}{2}}, \ \text{在}\,L^{q_4}(\partial\Omega)\,\text{中}。
\end{cases}
\quad (5.2.61)
$$

其中$q_a < a$，并且θ在Ω内和在$\partial\Omega$上几乎处处是正的。此外，注意对任意$\psi \in C^1(\overline{\Omega})$，$\sqrt{\varepsilon}G$关于$\varepsilon$是一致有界的。因此有

$$
\varepsilon G \to 0。
$$

现在，对逼近质量方程(5.2.51)，逼近动量方程(5.2.50)，逼近能量方程(5.2.53)和熵不等式(5.2.52)分别取极限$\varepsilon \to 0^+$，并且利用上述极限结果，则很容易推出如下的结论:

$$\int_\Omega \rho \boldsymbol{v} \cdot \nabla \psi \mathrm{d}x = 0, \quad \forall\ \psi \in W^{1,\frac{30\beta}{25\beta-18}}(\Omega), \tag{5.2.62}$$

$$\begin{aligned}
&\int_\Omega (-\rho(\boldsymbol{v} \otimes \boldsymbol{v}) : \nabla \varphi + \mathbb{S}(\theta, \boldsymbol{v}) : \nabla \varphi - \overline{P(\rho,\theta) + \delta\rho^\beta + \delta\rho^2} \mathrm{div}\varphi) \mathrm{d}x \\
&= \int_\Omega \rho \boldsymbol{f} \cdot \varphi \mathrm{d}x, \quad \forall\ \varphi \in (W_0^{1,\frac{5}{2}}(\Omega))^3,
\end{aligned} \tag{5.2.63}$$

$$\begin{aligned}
&\int_\Omega \left(\left(-\frac{1}{2}\rho|\boldsymbol{v}|^2 - \overline{\rho e(\rho,\theta)} \right) \boldsymbol{v} \cdot \nabla\psi + (\kappa(\theta) + \delta\theta^B + \delta\theta^{-1}) \nabla\theta : \nabla\psi \right) \mathrm{d}x \\
&+ \int_{\partial\Omega} (L + \delta\theta^{B-1})(\theta - \Theta_0)\psi \mathrm{d}\sigma \\
&= \int_\Omega ((-\mathbb{S}(\theta,\boldsymbol{v})\boldsymbol{v} + \overline{P(\rho,\theta) + \delta\rho^\beta + \delta\rho^2}\boldsymbol{v}) \cdot \nabla\psi + \delta\theta^{-1}\psi) \mathrm{d}x \\
&\quad + \int_\Omega \rho \boldsymbol{f} \cdot \boldsymbol{v}\psi \mathrm{d}x + \delta \int_\Omega \left(\frac{1}{\beta - 1}\overline{\rho^\beta} + \overline{\rho^2} \right) \boldsymbol{v} \cdot \nabla\psi \mathrm{d}x, \quad \forall\ \psi \in C^1(\overline{\Omega}),
\end{aligned} \tag{5.2.64}$$

以及

$$\begin{aligned}
&\int_\Omega \left(\theta^{-1}\mathbb{S}(\theta,\boldsymbol{v}) : \nabla\boldsymbol{v} + \delta\theta^{-2} + (\kappa(\theta) + \delta\theta^B + \delta\theta^{-1}) \frac{|\nabla\theta|^2}{\theta^2} \right) \psi \mathrm{d}x \\
&\leqslant \int_\Omega \left((\kappa(\theta) + \delta\theta^B + \delta\theta^{-1}) \frac{\nabla\theta : \nabla\psi}{\theta} - \overline{\rho s(\rho,\theta)}\boldsymbol{v} \cdot \nabla\psi \right) \mathrm{d}x \\
&\quad + \int_{\partial\Omega} \frac{L(\theta) + \delta\theta^{B-1}}{\theta}(\theta - \Theta_0)\psi \mathrm{d}\sigma, \quad \forall\ 0 \leqslant \psi \in C^1(\overline{\Omega})。
\end{aligned} \tag{5.2.65}$$

上述$\overline{P(\rho,\theta) + \delta\rho^\beta + \delta\rho^2}$，$\overline{\rho e(\rho,\theta)}$，$\overline{\rho^\beta}$，$\overline{\rho^2}$和$\overline{\rho s(\rho,\theta)}$分别表示序列$\{P(\rho_\varepsilon,\theta_\varepsilon) + \delta\rho_\varepsilon^\beta + \delta\rho_\varepsilon^2\}$，$\{\rho_\varepsilon e(\rho_\varepsilon,\theta_\varepsilon)\}$，$\{\rho_\varepsilon^\beta\}$，$\{\rho_\varepsilon^2\}$和$\{\rho_\varepsilon s(\rho_\varepsilon,\theta_\varepsilon)\}$ 在某个$L^p(\Omega)$ （$p > 1$）中的弱极限。

为了使上述关系式(5.2.63)–(5.2.65)中的上划线能去掉，需要证明逼近密度函数的强收敛性。为此，类似于第3.3.2节内容，需要建立起关于有效黏性通量的等式。

引理 5.2.7 假设$(\rho_\varepsilon,\boldsymbol{v}_\varepsilon,\theta_\varepsilon)$ 是第5.2.2 节中构造的第二次逼近解，$(\rho,\boldsymbol{v},\theta)$由极限关系式(5.2.41)确定，则对于任意$\zeta\in C_0^\infty(\Omega)$，有

$$\begin{aligned}
&\lim_{\varepsilon\to0^+}\int_\Omega\zeta(x)((P(\rho_\varepsilon,\theta_\varepsilon)+\delta\rho_\varepsilon^\beta+\delta\rho_\varepsilon^2)\rho_\varepsilon-\mathbb{S}(\theta_\varepsilon,\boldsymbol{v}_\varepsilon):\mathcal{R}(1_\Omega\rho_\varepsilon))\mathrm{d}x\\
&=\int_\Omega\zeta(x)(\overline{P(\rho,\theta)+\delta\rho^\beta+\delta\rho^2}\rho-\mathbb{S}(\theta,\boldsymbol{v}):\mathcal{R}(1_\Omega\rho))\mathrm{d}x\\
&\quad+\lim_{\varepsilon\to0^+}\int_\Omega\zeta(x)(\rho_\varepsilon\boldsymbol{v}_\varepsilon\cdot\mathcal{R}(1_\Omega\rho_\varepsilon\boldsymbol{v}_\varepsilon)-\rho_\varepsilon(\boldsymbol{v}_\varepsilon\otimes\boldsymbol{v}_\varepsilon):\mathcal{R}(1_\Omega\rho_\varepsilon))\mathrm{d}x\\
&\quad-\int_\Omega\zeta(x)(\rho\boldsymbol{v}\cdot\mathcal{R}(1_\Omega\rho\boldsymbol{v})-\rho(\boldsymbol{v}\otimes\boldsymbol{v}):\mathcal{R}(1_\Omega\rho))\mathrm{d}x;
\end{aligned}\tag{5.2.66}$$

并且

$$\begin{aligned}
&\overline{(P(\rho,\theta)+\delta\rho^\beta+\delta\rho^2)\rho}-(\nu(\theta)+4\mu(\theta)/3)\,\overline{\rho\mathrm{div}\boldsymbol{v}}\\
&=\overline{P(\rho,\theta)+\delta\rho^\beta+\delta\rho^2}\rho-(\nu(\theta)+4\mu(\theta)/3)\,\rho\mathrm{div}\boldsymbol{v}。
\end{aligned}\tag{5.2.67}$$

证明　(1) 首先证明(5.2.66)。将ρ_ε和$\boldsymbol{v}_\varepsilon$零延拓到整个空间$\mathbb{R}^3$，零延拓后所得函数仍记为$\rho_\varepsilon$和$\boldsymbol{v}_\varepsilon$。令$\zeta\in C_0^\infty(\Omega)$，记$\varphi=\zeta\mathcal{A}(1_\Omega\rho_\varepsilon)$。如果以$\varphi$作为(5.2.50)的检验函数，并使用逼近质量方程$(5.2.49)_1$，则可推出

$$\begin{aligned}
&\int_\Omega\zeta(x)((P(\rho_\varepsilon,\theta_\varepsilon)+\delta\rho_\varepsilon^\beta+\delta\rho_\varepsilon^2)\rho_\varepsilon-\mathbb{S}(\theta_\varepsilon,\boldsymbol{v}_\varepsilon):\mathcal{R}(1_\Omega\rho_\varepsilon))\mathrm{d}x\\
&=\int_\Omega\zeta(x)(\rho_\varepsilon\boldsymbol{v}_\varepsilon\cdot\mathcal{R}(1_\Omega\rho_\varepsilon\boldsymbol{v}_\varepsilon)-\rho_\epsilon(\boldsymbol{v}_\varepsilon\otimes\boldsymbol{v}_\varepsilon):\mathcal{R}(1_\Omega\rho_\varepsilon))\mathrm{d}x\\
&\quad-\varepsilon\int_\Omega\zeta(x)\rho_\varepsilon\boldsymbol{v}_\varepsilon\cdot\mathcal{A}(\mathrm{div}1_\Omega\nabla\rho_\varepsilon)\mathrm{d}x+\varepsilon\int_\Omega\zeta(x)\rho_\varepsilon\boldsymbol{v}_\varepsilon\cdot\mathcal{A}(1_\Omega(\rho_\varepsilon-h))\mathrm{d}x\\
&\quad+\frac{\varepsilon}{2}\int_\Omega\zeta(x)((\nabla\rho_\varepsilon\cdot\nabla)\boldsymbol{v}_\varepsilon+\rho_\varepsilon\boldsymbol{v}_\varepsilon-h\boldsymbol{v}_\varepsilon)\cdot\mathcal{A}(1_\Omega\rho_\varepsilon)\mathrm{d}x\\
&\quad+\frac{\varepsilon}{2}\int_\Omega(\nabla\rho_\varepsilon\otimes\boldsymbol{v}_\varepsilon):\nabla(\zeta(x)\mathcal{A}(1_\Omega\rho_\varepsilon))\mathrm{d}x-\int_\Omega\zeta(x)\rho_\varepsilon\boldsymbol{f}\cdot\mathcal{A}(1_\Omega\rho_\varepsilon)\mathrm{d}x\\
&\quad+\int_\Omega\mathbb{S}(\theta_\varepsilon,\boldsymbol{v}_\varepsilon):\nabla\zeta(x)\otimes\mathcal{A}(1_\Omega\rho_\varepsilon)\mathrm{d}x-\int_\Omega\rho_\epsilon(\boldsymbol{v}_\varepsilon\otimes\boldsymbol{v}_\varepsilon):\nabla\zeta(x)\otimes\mathcal{A}(1_\Omega\rho_\varepsilon)\mathrm{d}x\\
&\quad-\int_\Omega(P(\rho_\varepsilon,\theta_\varepsilon)+\delta\rho_\varepsilon^\beta+\delta\rho_\varepsilon^2)\nabla\zeta(x)\cdot\mathcal{A}(1_\Omega\rho_\varepsilon)\mathrm{d}x。
\end{aligned}\tag{5.2.68}$$

类似地，以$\varphi=\zeta\mathcal{A}(1_\Omega\rho)$作为(5.2.63)的检验函数，可得到

$$\begin{aligned}
&\int_\Omega\zeta(x)(\overline{P(\rho,\theta)+\delta\rho^\beta+\delta\rho^2}\rho-\mathbb{S}(\theta,\boldsymbol{v}):\mathcal{R}(1_\Omega\rho))\mathrm{d}x\\
&=-\int_\Omega\zeta(x)\rho\boldsymbol{f}\cdot\mathcal{A}(1_\Omega\rho)\mathrm{d}x-\int_\Omega\overline{P(\rho,\theta)+\delta\rho^\beta+\delta\rho^2}\nabla\zeta(x)\cdot\mathcal{A}(1_\Omega\rho)\mathrm{d}x\\
&\quad+\int_\Omega\mathbb{S}(\theta,\boldsymbol{v}):\nabla\zeta(x)\otimes\mathcal{A}(1_\Omega\rho)\mathrm{d}x-\int_\Omega\rho(\boldsymbol{v}\otimes\boldsymbol{v}):\nabla\zeta(x)\otimes\mathcal{A}(1_\Omega\rho)\mathrm{d}x\\
&\quad+\int_\Omega\zeta(x)(\rho\boldsymbol{v}\cdot\mathcal{R}(1_\Omega\rho\boldsymbol{v})-\rho(\boldsymbol{v}\otimes\boldsymbol{v}):\mathcal{R}(1_\Omega\rho))\mathrm{d}x。
\end{aligned}\tag{5.2.69}$$

注意到$L^{\frac{5}{3}\beta}(\Omega)$中$\rho_\varepsilon \rightharpoonup \rho$，则由定理2.2.10很容易从(5.2.68)和(5.2.69)推出(5.2.66)。

（2）现在证明(5.2.67)。将ρ和$\boldsymbol{v}$零延拓到Ω外后所得的函数仍分别记为ρ和$\boldsymbol{v}$。由于

$$\rho_\varepsilon \rightharpoonup \rho, \quad 在\, L^{\frac{5}{3}\beta}(\mathbb{R}^3)\, 中； \quad \rho_\varepsilon \boldsymbol{v}_\varepsilon \rightharpoonup \rho\boldsymbol{v}, \quad 在\, (L^p(\mathbb{R}^3))^3\, 中，\; p < 30\beta/(18+5\beta),$$

则通过定理2.2.14中第一个结论可知

$$\rho_\varepsilon \mathcal{R}(1_\Omega \rho_\varepsilon \boldsymbol{v}_\varepsilon) - \mathcal{R}(1_\Omega \rho_\varepsilon)\rho_\varepsilon \boldsymbol{v}_\varepsilon \rightharpoonup \rho\mathcal{R}(1_\Omega \rho\boldsymbol{v}) - \mathcal{R}(1_\Omega\rho)\rho\boldsymbol{v}, \quad 在\, (L^s(\mathbb{R}^3))^3\, 中， \tag{5.2.70}$$

其中$s < 30\beta/(36+5\beta)$。取$s > 6/5$后可看出

$$\begin{aligned}
&\int_\Omega \zeta(x)\boldsymbol{v}_\varepsilon \cdot (\rho_\varepsilon \mathcal{R}(1_\Omega \rho_\varepsilon \boldsymbol{v}_\varepsilon) - \rho_\varepsilon \mathcal{R}(1_\Omega \rho_\varepsilon)\boldsymbol{v}_\varepsilon)\mathrm{d}x \\
&\to \int_\Omega \zeta(x)\boldsymbol{v} \cdot (\rho\mathcal{R}(1_\Omega\rho\boldsymbol{v}) - \rho\mathcal{R}(1_\Omega\rho)\boldsymbol{v})\mathrm{d}x。
\end{aligned} \tag{5.2.71}$$

因此，由关系式(5.2.66)可推出

$$\begin{aligned}
&\lim_{\varepsilon\to 0^+} \int_\Omega \zeta(x)\big((P(\rho_\varepsilon,\theta_\varepsilon) + \delta\rho_\varepsilon^\beta + \delta\rho_\varepsilon^2)\rho_\varepsilon - \mathbb{S}(\theta_\varepsilon,\boldsymbol{v}_\varepsilon) : \mathcal{R}(1_\Omega\rho_\varepsilon)\big)\mathrm{d}x \\
&= \int_\Omega \zeta(x)\big(\overline{P(\rho,\theta) + \delta\rho^\beta + \delta\rho^2}\rho - \mathbb{S}(\theta,\boldsymbol{v}) : \mathcal{R}(1_\Omega\rho)\big)\mathrm{d}x。
\end{aligned} \tag{5.2.72}$$

利用$\mathcal{R}$算子的交换性质，可对上式左端中的黏性项进行如下改写：

$$\begin{aligned}
&\int_\Omega \zeta(x)\mathbb{S}(\theta_\varepsilon,\boldsymbol{v}_\varepsilon) : \mathcal{R}(1_\Omega\rho_\varepsilon)\mathrm{d}x \\
&= \int_\Omega \zeta(x)\mu(\theta_\varepsilon)(\nabla\boldsymbol{v}_\varepsilon + (\nabla\boldsymbol{v}_\varepsilon)^{\mathrm{T}}) : \mathcal{R}(1_\Omega\rho_\varepsilon)\mathrm{d}x \\
&\quad + \int_\Omega \zeta(x)\left(\nu(\theta_\varepsilon) - \frac{2}{3}\mu(\theta_\varepsilon)\right)\rho_\varepsilon \mathrm{div}\boldsymbol{v}_\varepsilon \mathrm{d}x \\
&= \sum_{1\leqslant i,j\leqslant 3}\int_\Omega \big(\mathcal{R}_{ij}(\zeta(x)\mu(\theta_\varepsilon)(\partial_i v_\varepsilon^j + \partial_j v_\varepsilon^i)) - \zeta(x)\mu(\theta_\varepsilon)\mathcal{R}_{ij}(\partial_i v_\varepsilon^j + \partial_j v_\varepsilon^i)\big)\rho_\varepsilon\mathrm{d}x \\
&\quad + \int_\Omega \zeta(x)\left(\nu(\theta_\varepsilon) + \frac{4}{3}\mu(\theta_\varepsilon)\right)\rho_\varepsilon \mathrm{div}\boldsymbol{v}_\varepsilon \mathrm{d}x。
\end{aligned} \tag{5.2.73}$$

类似地，(5.2.72)右端中的黏性项也可改写为：

$$\begin{aligned}
&\int_\Omega \zeta(x)\mathbb{S}(\theta,\boldsymbol{v}) : \mathcal{R}(1_\Omega\rho)\mathrm{d}x \\
&= \sum_{1\leqslant i,j\leqslant 3}\int_\Omega (\mathcal{R}_{ij}(\zeta(x)\mu(\theta)(\partial_i v_j + \partial_j v_i)) - \zeta(x)\mu(\theta)\mathcal{R}_{ij}(\partial_i v_j + \partial_j v_i))\,\rho\mathrm{d}x \\
&\quad + \int_\Omega \zeta(x)\left(\nu(\theta) + \frac{4}{3}\mu(\theta)\right)\rho\mathrm{div}\boldsymbol{v}\mathrm{d}x。
\end{aligned} \tag{5.2.74}$$

使用定理2.2.14中第二个结论，$\mu(\cdot)$的全局Lipschitz条件，以及$(\theta_\varepsilon, \boldsymbol{v}_\varepsilon)$ 的一致估计，可得出

$$\|\mathcal{R}_{ij}(\zeta(x)\mu(\theta_\varepsilon)(\partial_i v_\varepsilon^j + \partial_j v_\varepsilon^i)) - \zeta(x)\mu(\theta_\varepsilon)\mathcal{R}_{ij}(\partial_i v_\varepsilon^j + \partial_j v_\varepsilon^i)\|_{a,s} \leqslant C(\delta),$$

其中$1 < s < 3/2$，$a = (3-2s)/s$。由于$W^{\frac{3-2s}{s},s}(\Omega) \hookrightarrow\hookrightarrow L^q(\Omega)$（$q < 3/2$），则可利用$\rho_\varepsilon$在$L^{\frac{5}{3}\beta}(\Omega)$内关于$\varepsilon$的一致有界性推导出

$$\begin{aligned}
&(\mathcal{R}_{ij}(\zeta(x)\mu(\theta_\varepsilon)(\partial_i v_\varepsilon^j + \partial_j v_\varepsilon^i)) - \zeta(x)\mu(\theta_\varepsilon)\mathcal{R}_{ij}(\partial_i v_\varepsilon^j + \partial_j v_\varepsilon^i))\rho_\varepsilon \\
&\to (\mathcal{R}_{ij}(\zeta(x)\mu(\theta)(\partial_i v_j + \partial_j v_i)) - \zeta(x)\mu(\theta)\mathcal{R}_{ij}(\partial_i v_j + \partial_j v_i))\rho, \quad \text{在 } L^q(\Omega) \text{ 中},
\end{aligned}$$

其中$q < 15\beta/(10\beta+9)$。

使用上述极限，以及关系式(5.2.73)和(5.2.74)，就可从(5.2.72)直接推出

$$\begin{aligned}
&\lim_{\varepsilon\to 0^+}\int_\Omega \zeta(x)\left((P(\rho_\varepsilon,\theta_\varepsilon) + \delta\rho_\varepsilon^\beta + \delta\rho_\varepsilon^2)\rho_\varepsilon - \left(\nu(\theta_\varepsilon) + \frac{4}{3}\mu(\theta_\varepsilon)\right)\rho_\varepsilon \mathrm{div}\boldsymbol{v}_\varepsilon\right)\mathrm{d}x \\
&= \int_\Omega \zeta(x)\left(\overline{P(\rho,\theta) + \delta\rho^\beta + \delta\rho^2\rho} - \left(\nu(\theta) + \frac{4}{3}\mu(\theta)\right)\rho\mathrm{div}\boldsymbol{v}\right)\mathrm{d}x。 \qquad (5.2.75)
\end{aligned}$$

由于$\zeta \in C_0^\infty$的任意性，即得到(5.2.67)。 □

有了上述引理，则能够证明逼近密度函数的强收敛性。为此，注意$(\rho, \boldsymbol{v})$满足引理3.3.6中的结论，完全类似于(3.3.48)，可推出

$$\int_\Omega T_k(\rho)\mathrm{div}\boldsymbol{v}\mathrm{d}x = 0,$$

其中$T_k(z)$按(3.3.15)定义。对上面的等式关于$k\to\infty$取极限即得

$$\int_\Omega \rho\mathrm{div}\boldsymbol{v}\mathrm{d}x = 0, \qquad (5.2.76)$$

令$\eta > 0$，在(5.2.51)中取$\psi = \ln(\rho_\varepsilon + \eta)$可得

$$\begin{aligned}
&\int_\Omega \left(\varepsilon\rho_\varepsilon \ln(\rho_\varepsilon+\eta) + \varepsilon\frac{|\nabla\rho_\varepsilon|^2}{\rho_\varepsilon+\eta} + \rho_\varepsilon\mathrm{div}\boldsymbol{v}_\varepsilon\right)\mathrm{d}x \\
&= \int_\Omega (\varepsilon h\ln(\rho_\varepsilon+\eta) + \eta\ln(\rho_\varepsilon+\eta)\mathrm{div}\boldsymbol{v}_\varepsilon)\mathrm{d}x。
\end{aligned}$$

对上式取极限$\eta\to 0^+$得出

$$\int_\Omega \varepsilon\rho_\varepsilon\ln\rho_\varepsilon + \rho_\varepsilon\mathrm{div}\boldsymbol{v}_\varepsilon\mathrm{d}x \leqslant \varepsilon h\int_{\{\rho_\varepsilon\geqslant 1/2\}} \ln\rho_\varepsilon\mathrm{d}x。$$

最后，再对上式关于ε取极限$\varepsilon\to 0^+$可得

$$\int_\Omega \overline{\rho\mathrm{div}\boldsymbol{v}}\mathrm{d}x \leqslant 0。 \qquad (5.2.77)$$

所以，由(5.2.67)，(5.2.76)和(5.2.77)知

$$
\begin{aligned}
&\int_\Omega \frac{1}{\nu(\theta)+4\mu(\theta)/3}(\overline{P(\rho,\theta)\rho}+\delta\overline{\rho^{\beta+1}}+\delta\overline{\rho^3})\mathrm{d}x \\
&\quad\leqslant \int_\Omega \frac{1}{\nu(\theta)+4\mu(\theta)/3}(\overline{P(\rho,\theta)}\rho+\delta\overline{\rho^\beta}\rho+\delta\overline{\rho^2}\rho)\mathrm{d}x。
\end{aligned}
\tag{5.2.78}
$$

利用$\rho \to P(\rho,\theta)$的单调性，θ_ε的强收敛性，逐点收敛定理以及Vitali收敛定理，得出：对任意Ω中的有界区域B，

$$
\begin{aligned}
&\int_B \left(\overline{P(\rho,\theta)\rho}-\overline{P(\rho,\theta)}\rho\right)\mathrm{d}x=\lim_{\varepsilon\to 0}\int_B (P(\rho_\varepsilon,\theta_\varepsilon)\rho_\varepsilon-P(\rho_\varepsilon,\theta_\varepsilon)\rho)\,\mathrm{d}x\\
&=\lim_{\varepsilon\to 0}\left(\int_B (P(\rho_\varepsilon,\theta_\varepsilon)-P(\rho,\theta_\varepsilon))(\rho_\varepsilon-\rho)\mathrm{d}x\right.\\
&\quad\left.+\int_B (P(\rho,\theta_\varepsilon)-P(\rho,\theta))(\rho_\varepsilon-\rho)\mathrm{d}x+\int_B P(\rho,\theta)(\rho_\varepsilon-\rho)\mathrm{d}x\right)\geqslant 0。
\end{aligned}
$$

从而有

$$
\overline{P(\rho,\theta)\rho}-\overline{P(\rho,\theta)}\rho\geqslant 0。\tag{5.2.79}
$$

此外，根据定理2.2.16中第一个结论，有

$$
\overline{\rho^{\beta+1}}\geqslant\overline{\rho^\beta}\rho，\quad\overline{\rho^3}\geqslant\overline{\rho^2}\rho。\tag{5.2.80}
$$

利用(5.2.78)–(5.2.80)，可得到

$$
\overline{P(\rho,\theta)\rho}=\overline{P(\rho,\theta)}\rho，\quad\overline{\rho^{\beta+1}}=\overline{\rho^\beta}\rho，\quad\overline{\rho^3}=\overline{\rho^2}\rho。
$$

应用定理2.2.16中第二个结论即得

$$
\overline{\rho^\beta}=\rho^\beta。
$$

这意味着ρ_ε在$L^\beta(\Omega)$既是弱收敛，也是范数收敛的。从而有ρ_ε在$L^\beta(\Omega)$中强收敛于ρ。故通过插值不等式，进一步有ρ_ε在$L^q(\Omega)$（$q<5\beta/3$）中强收敛于ρ。

根据逼近密度的强收敛性，即知(5.2.63)–(5.2.65)中的上划线都可去掉，即有

$$
\begin{aligned}
&\int_\Omega(-\rho(\boldsymbol{v}\otimes\boldsymbol{v}):\nabla\varphi+\mathbb{S}(\theta,\boldsymbol{v}):\nabla\varphi-(P(\rho,\theta)+\delta\rho^\beta+\delta\rho^2)\mathrm{div}\varphi)\mathrm{d}x\\
&=\int_\Omega\rho\boldsymbol{f}\cdot\varphi\mathrm{d}x，
\end{aligned}
\tag{5.2.81}
$$

$$\int_\Omega \left(\left(-\frac{1}{2}\rho|\boldsymbol{v}|^2-\rho e(\rho,\theta)\right)\boldsymbol{v}\cdot\nabla\psi+(\kappa(\theta)+\delta\theta^B+\delta\theta^{-1})\nabla\theta:\nabla\psi\right)\mathrm{d}x$$
$$+\int_{\partial\Omega}(L+\delta\theta^{B-1})(\theta-\Theta_0)\psi\mathrm{d}\sigma$$
$$=\int_\Omega \rho\boldsymbol{f}\cdot\boldsymbol{v}\psi\mathrm{d}x+\delta\int_\Omega\left(\frac{1}{\beta-1}\rho^\beta+\rho^2\right)\boldsymbol{v}\cdot\nabla\psi\mathrm{d}x$$
$$+\int_\Omega\Big((-\mathbb{S}(\theta,\boldsymbol{v})\boldsymbol{v}+(P(\rho,\theta)+\delta\rho^\beta+\delta\rho^2)\boldsymbol{v})\cdot\nabla\psi+\delta\theta^{-1}\psi\Big)\mathrm{d}x \tag{5.2.82}$$

和

$$\int_\Omega\left(\theta^{-1}\mathbb{S}(\theta,\boldsymbol{v}):\nabla\boldsymbol{v}+\delta\theta^{-2}+(\kappa(\theta)+\delta\theta^B+\delta\theta^{-1})\frac{|\nabla\theta|^2}{\theta^2}\right)\psi\mathrm{d}x$$
$$\leqslant\int_\Omega\left((\kappa(\theta)+\delta\theta^B+\delta\theta^{-1})\frac{\nabla\theta:\nabla\psi}{\theta}-\rho s(\rho,\theta)\boldsymbol{v}\cdot\nabla\psi\right)\mathrm{d}x$$
$$+\int_{\partial\Omega}\frac{L+\delta\theta^{B-1}}{\theta}(\theta-\Theta_0)\psi\mathrm{d}\sigma。 \tag{5.2.83}$$

极限函数$(\rho,\boldsymbol{v},\theta)$称为原问题的（第一次）逼近解。

§5.3 逼近解的一致估计

令$(\rho_\delta,\boldsymbol{v}_\delta,\theta_\delta)$为上节所构造的（第一次）逼近解，本节推导$(\rho_\delta,\boldsymbol{v}_\delta,\theta_\delta)$关于$\delta$的一致估计。至于$(\rho_\delta,\boldsymbol{v}_\delta,\theta_\delta)$ 关于$\delta:=1/n$取极限将在下节介绍，并完成定理5.1.4的证明。

§5.3.1 基于熵不等式的一致估计

在逼近总能量等式(5.2.82)和逼近熵不等式(5.2.83)中取$\psi=1$，则有

$$\int_{\partial\Omega}(L\theta_\delta+\delta\theta_\delta^B)\mathrm{d}\sigma$$
$$=\int_\Omega\rho_\delta\boldsymbol{v}_\delta\cdot\boldsymbol{f}\mathrm{d}x+\int_{\partial\Omega}(L+\delta\theta_\delta^{B-1})\Theta_0\mathrm{d}\sigma+\delta\int_\Omega\theta_\delta^{-1}\mathrm{d}x \tag{5.3.1}$$

和

$$\int_\Omega(\kappa(\theta_\delta)+\delta\theta_\delta^B+\delta\theta_\delta^{-1})\frac{|\nabla\theta_\delta|^2}{\theta_\delta^2}\mathrm{d}x+\int_\Omega\left(\frac{1}{\theta_\delta}\mathbb{S}(\theta_\delta,\boldsymbol{v}_\delta):\nabla\boldsymbol{v}_\delta+\delta\theta_\delta^{-2}\right)\mathrm{d}x$$
$$+\int_{\partial\Omega}\frac{L+\delta\theta_\delta^{B-1}}{\theta_\delta}\Theta_0\mathrm{d}\sigma\leqslant\int_{\partial\Omega}(L+\delta\theta_\delta^{B-1})\mathrm{d}\sigma, \tag{5.3.2}$$

由等式(5.3.1)可得

$$\|\theta_\delta\|_{1,\partial\Omega}+\delta\|\theta_\delta\|_{B,\partial\Omega}^B\leqslant C\Big(\|\boldsymbol{v}_\delta\|_{1,2}\|\rho_\delta\|_{\frac{6}{5}}+\delta\int_\Omega\theta_\delta^{-1}\mathrm{d}x+1\Big)。 \tag{5.3.3}$$

另一方面，(5.3.2)的右端可如下估计：

$$
\begin{aligned}
&\int_{\partial\Omega}(L+\delta\theta_\delta^{B-1})\mathrm{d}\sigma \leqslant C(1+\delta\|\theta_\delta\|_{B,\partial\Omega}^{B-1}) \\
&\leqslant C\left(1+\delta^{\frac{1}{B}}\|\boldsymbol{v}_\delta\|_{1,2}^{\frac{B-1}{B}}\|\rho_\delta\|_{\frac{6}{5}}^{\frac{B-1}{B}}+\delta\left(\int_\Omega\theta_\delta^{-1}\mathrm{d}x\right)^{\frac{B-1}{B}}\right)。
\end{aligned}
\tag{5.3.4}
$$

从而可从(5.3.2)和(5.3.4)推出

$$
\begin{aligned}
&\|\boldsymbol{v}_\delta\|_{1,2}^2+\|\nabla\theta_\delta^{\frac{m}{2}}\|_2^2+\|\nabla\ln\theta_\delta\|_2^2+\|\theta_\delta^{-1}\|_{1,\partial\Omega} \\
&\quad+\delta(\|\nabla\theta_\delta^{\frac{B}{2}}\|_2^2+\|\nabla\theta_\delta^{-\frac{1}{2}}\|_2^2+\|\theta_\delta\|_{3B}^B+\|\theta_\delta^{-2}\|_1) \\
&\leqslant C\left(1+\delta^{\frac{2}{B+1}}\|\rho_\delta\|_{\frac{6}{5}}^{2\frac{B-1}{B+1}}\right)。
\end{aligned}
\tag{5.3.5}
$$

此外，利用(5.3.3)，(5.3.5)以及广义Poincaré不等式（见定理1.3.14），有

$$
\begin{aligned}
\|\theta_\delta\|_{3m}&\leqslant C(\|\theta_\delta\|_{1,\partial\Omega}+\|\nabla\theta_\delta^{\frac{m}{2}}\|_2^{\frac{2}{m}}) \\
&\leqslant C\left(1+\|\rho_\delta\|_{\frac{6}{5}}+\delta^{\frac{1}{B+1}}\|\rho_\delta\|_{\frac{6}{5}}^{\frac{2B}{B+1}}+\delta^{\frac{2}{m(B+1)}}\|\rho_\delta\|_{\frac{6}{5}}^{\frac{2(B-1)}{m(B+1)}}\right)。
\end{aligned}
\tag{5.3.6}
$$

下面进一步估计$\|\rho_\delta\|_{\frac{6}{5}}$。类似于(5.2.58)，可从(5.2.81) 推出

$$
\begin{aligned}
&\int_\Omega P(\rho_\delta,\theta_\delta)\rho_\delta\mathrm{d}x+\delta\int_\Omega(\rho_\delta^{\beta+1}+\rho_\delta^3)\mathrm{d}x \\
&=-\int_\Omega\rho_\delta(\boldsymbol{v}_\delta\otimes\boldsymbol{v}_\delta):\nabla\boldsymbol{\omega}\mathrm{d}x+\int_\Omega\mathbb{S}(\theta_\delta,\boldsymbol{v}_\delta):\nabla\boldsymbol{\omega}\mathrm{d}x-\int_\Omega\rho_\delta\boldsymbol{f}\cdot\boldsymbol{\omega}\mathrm{d}x \\
&\quad+\Big(P(\rho_\delta,\theta_\delta)+\delta(\rho_\delta^\beta+\rho_\delta^2)\Big)_\Omega\int_\Omega\rho_\delta\mathrm{d}x=\sum_{i=7}^{10}I_i,
\end{aligned}
\tag{5.3.7}
$$

其中$\boldsymbol{\omega}$满足

$$
\begin{cases}
\mathrm{div}\boldsymbol{\omega}=\rho_\delta-(\rho_\delta)_\Omega, & 在\,\Omega\,中, \\
\boldsymbol{\omega}=0, & 在\,\partial\Omega\,上,
\end{cases}
$$

并且

$$
\|\boldsymbol{\omega}\|_{1,\beta+1}\leqslant C\|\rho_\varepsilon\|_{\beta+1}。\tag{5.3.8}
$$

若充分利用条件(5.2.36)中的第一个条件，(5.3.5)，(5.3.6)，(5.3.8)，插值不等式以及Young不等式，则不等式(5.3.7)右端的I_i能如下估计：

$$\begin{aligned}
|I_7| \leqslant & \int_\Omega \rho_\delta |\boldsymbol{v}_\delta|^2 |\nabla \boldsymbol{\omega}| \mathrm{d}x \leqslant \|\rho_\delta\|_{\frac{3(\beta+1)}{2\beta-1}} \|\boldsymbol{v}_\delta\|_6^2 \|\nabla \boldsymbol{\omega}\|_{\beta+1} \\
\leqslant & C\left(\|\rho_\delta\|_{\beta+1}^{\frac{4\beta+4}{3\beta}+\frac{1+\beta}{3\beta}\frac{B-1}{B+1}} + \|\rho_\delta\|_{\beta+1}^{\frac{4\beta+4}{3\beta}}\right), \\
|I_8| \leqslant & C\int_\Omega (1+\theta_\delta)|\nabla \boldsymbol{v}_\delta||\nabla \boldsymbol{\omega}| \mathrm{d}x \leqslant C(1+\|\theta_\delta\|_{3m})\|\nabla \boldsymbol{v}_\delta\|_2 \|\nabla \boldsymbol{\omega}\|_{\frac{6m}{3m-2}} \\
\leqslant & C\|\rho_\delta\|_{\beta+1}\left(1+\|\rho_\delta\|_{\beta+1}^{\Gamma}\right), \\
|I_9| \leqslant & \int_\Omega \rho_\delta |\boldsymbol{f}\cdot\boldsymbol{\omega}| \mathrm{d}x \leqslant C\|\rho_\delta\|_1 \|\boldsymbol{\omega}\|_\infty \leqslant C\|\rho_\delta\|_{\beta+1},
\end{aligned}$$

其中

$$\Gamma = \frac{\beta+1}{6\beta}\max\left\{\frac{3B-1}{B+1}, \frac{B-1}{B+1}\left(1+\frac{2}{m}\right)\right\}。$$

此外，使用(5.1.18)，(5.1.19)，插值不等式以及Young不等式，得

$$\begin{aligned}
I_{10} \leqslant & C\left(\delta\left(\int_\Omega \rho_\delta^{\beta+1}\mathrm{d}x\right)^{1-\eta} + \left(\int_\Omega \rho^\gamma \mathrm{d}x + \int_\Omega \rho_\delta\theta_\delta \mathrm{d}x\right)\right) \\
\leqslant & C\left(\delta\|\rho_\delta\|_{\beta+1}^{(1-\eta)(\beta+1)} + \|\rho_\delta\|_{\gamma+1}^{\gamma-\frac{1}{\gamma}} + \|\theta_\delta\|_{3m}\|\rho_\delta\|_{\beta+1}\right) \\
\leqslant & C\left(\delta\|\rho_\delta\|_{\beta+1}^{(1-\eta)(\beta+1)} + \|\rho_\delta\|_{\gamma+1}^{\gamma-\frac{1}{\gamma}} + \|\rho_\delta\|_{\beta+1}\left(1+\|\rho_\delta\|_{\beta+1}^{\frac{\beta+1}{6\beta}\chi}\right)\right),
\end{aligned}$$

其中$\eta \in (0,1)$，$\chi = \max\{2B/(B+1), 2(B-1)/(B+1)m\}$。

把上述关于I_7–I_{10}的估计代入(5.3.7)，并使用m、β和B所满足的限制性条件以及Young不等式，就可推出

$$\delta\|\rho_\delta\|_{\beta+1}^{\beta-\frac{3}{2}} \leqslant C。 \tag{5.3.9}$$

最后，使用插值不等式，Young不等式，条件(5.2.37)及(5.3.9)，就可从(5.3.5)得出

$$\begin{aligned}
& \|\boldsymbol{v}_\delta\|_{1,2} + \|\nabla\theta_\delta^{\frac{m}{2}}\|_2 + \|\nabla \ln\theta_\delta\|_2 + \|\theta_\delta^{-1}\|_{1,\partial\Omega} \\
& \quad + \delta(\|\nabla\theta_\delta^{\frac{B}{2}}\|_2^2 + \|\nabla\theta_\delta^{-\frac{1}{2}}\|_2^2 + \|\theta_\delta\|_{3B}^{B-2} + \|\theta_\delta^{-2}\|_1) \\
& \leqslant C\left(1+\delta^{\frac{2}{B+1}}\|\rho_\delta\|_{\beta+1}^{\frac{1+\beta}{3\beta}\frac{B-1}{B+1}}\right) \leqslant C。
\end{aligned} \tag{5.3.10}$$

此外，可从(5.3.1)，(5.3.2)和(5.3.6)中的第一个不等式，推出

$$\|\theta_\delta\|_{3m} \leqslant C\left(1+\int_\Omega \rho_\delta \boldsymbol{v}_\delta\cdot\boldsymbol{f}\mathrm{d}x\right)。 \tag{5.3.11}$$

§5.3.2　逼近压强、动量、动能以及温度的一致估计

类似于前两章的证明思路，需要利用位势估计方法建立起逼近压强、动量、动能以及温度的一致估计。为此，类似于文[27]，令$b \geqslant 1$，

$$A := \int_\Omega \rho_\delta^b |\boldsymbol{v}_\delta|^2 \mathrm{d}x. \tag{5.3.12}$$

则下列引理说明逼近压强和动能可被A所控制。

引理 5.3.1　令$(\rho_\delta, \boldsymbol{v}_\delta, \theta_\delta)$是上一小节所述的逼近解，$1 < b < \gamma$，$1 < s \leqslant 3b/(b+2)$，$s \leqslant 6m/(2+3m)$和$m > 2/3$，则有

$$\begin{aligned}&\int_\Omega \rho_\delta^{s\gamma}\mathrm{d}x + \int_\Omega \rho_\delta^{(s-1)\gamma} P(\rho_\delta, \theta_\delta)\mathrm{d}x + \int_\Omega (\rho_\delta |\boldsymbol{v}_\delta|^2)^s \mathrm{d}x + \delta \int_\Omega \rho_\delta^{\beta+(s-1)\gamma}\mathrm{d}x \\ &\quad \leqslant C\left(1 + A^{(4s-3)/(3b-2)}\right)。\end{aligned} \tag{5.3.13}$$

证明　类似于(5.2.58)，可从(5.2.81)推出

$$\begin{aligned}&\int_\Omega \rho_\delta^{(s-1)\gamma} P(\rho_\delta, \theta_\delta)\mathrm{d}x + \delta \int_\Omega \rho_\delta^{(s-1)\gamma}(\rho_\delta^\beta + \rho_\delta^2)\mathrm{d}x \\ &= (P(\rho_\delta, \theta_\delta))_\Omega \int_\Omega \rho_\delta^{(s-1)\gamma}\mathrm{d}x + \delta(\rho_\delta^\beta + \rho_\delta^2)_\Omega \int_\Omega \rho_\delta^{(s-1)\gamma}\mathrm{d}x \\ &\quad - \int_\Omega \rho_\delta(\boldsymbol{v}_\delta \otimes \boldsymbol{v}_\delta) : \nabla \boldsymbol{\omega}\mathrm{d}x + \int_\Omega \mathbb{S}(\theta_\delta, \boldsymbol{v}_\delta) : \nabla \boldsymbol{\omega}\mathrm{d}x \\ &\quad - \int_\Omega \rho_\delta \boldsymbol{f} \cdot \boldsymbol{\omega}\mathrm{d}x =: \sum_{i=11}^{15} I_i,\end{aligned} \tag{5.3.14}$$

其中$\boldsymbol{\omega}$满足γ替换β后的(5.2.56)–(5.2.57)。下面分别估计I_{11}–I_{15}。

注意ρ_δ满足质量守恒，即$\int_\Omega \rho_\delta \mathrm{d}x = M$。所以，当$(s-1)\gamma \leqslant 1$时，Hölder不等式给出$\int_\Omega \rho_\delta^{(s-1)\gamma}\mathrm{d}x \leqslant C$。因此，可以如下估计$I_{11}$:

$$\begin{aligned}|I_{11}| \leqslant& C\int_\Omega P(\rho_\delta, \theta_\delta)\mathrm{d}x \\ \leqslant& C\left(\int_\Omega \rho_\delta^{s\gamma}\mathrm{d}x\right)^{\frac{1}{s}} + C\int_{\left\{\rho_\delta < K\theta_\delta^{\frac{1}{\gamma-1}}\right\}} \left(\rho_\delta^{1+(s-1)\gamma}\theta_\delta\right)^{\frac{1}{1+(s-1)\gamma}} \theta_\delta^{\frac{(s-1)\gamma}{1+(s-1)\gamma}}\mathrm{d}x \\ \leqslant& C\left(\int_{\left\{\rho_\delta < K\theta_\delta^{\frac{1}{\gamma-1}}\right\}} \rho_\delta^{1+(s-1)\gamma}\theta_\delta\mathrm{d}x\right)^{\frac{1}{1+(s-1)\gamma}} \left(\int_{\left\{\rho_\delta < K\theta_\delta^{\frac{1}{\gamma-1}}\right\}} \theta_\delta\mathrm{d}x\right)^{\frac{(s-1)\gamma}{1+(s-1)\gamma}} \\ &+ C\left(\int_\Omega \rho_\delta^{s\gamma}\mathrm{d}x\right)^{\frac{1}{s}} \\ \leqslant& \varepsilon\int_\Omega \rho_\delta^{(s-1)\gamma}P(\rho_\delta, \theta_\delta)\mathrm{d}x + C(\varepsilon)\left(1 + \int_\Omega \theta_\delta\mathrm{d}x\right)。\end{aligned} \tag{5.3.15}$$

再次应用Hölder不等式可得

$$\begin{aligned}\left|\int_\Omega \rho_\delta \boldsymbol{v}_\delta\cdot \boldsymbol{f}\mathrm{d}x\right| &\leqslant \int_\Omega (\rho_\delta^b|\boldsymbol{v}_\delta|^2)^{\frac{1}{6b-4}}\rho_\delta^{\frac{5b-4}{6b-4}}(|\boldsymbol{v}_\delta|^6)^{\frac{b-1}{6b-4}}\mathrm{d}x\\ &\leqslant CA^{\frac{1}{6b-4}}\|\rho_\delta\|_1^{\frac{5b-4}{6b-4}}\|\boldsymbol{v}_\delta\|_{1,2}^{\frac{6(b-1)}{6b-4}}。\end{aligned}$$

因此，由(5.3.11)可看出，只要$s>1$，则有

$$\int_\Omega \theta_\delta \mathrm{d}x \leqslant \|\theta_\delta\|_{3m}\leqslant C(1+A^{\frac{1}{6b-4}})\leqslant C(1+A^{\frac{4s-3}{6b-4}})。\tag{5.3.16}$$

所以，利用(5.3.16)，进一步可得

$$I_{11}\leqslant \varepsilon\int_\Omega \rho_\delta^{(s-1)\gamma}P(\rho_\delta,\theta_\delta)\mathrm{d}x + C(\varepsilon)\left(1+A^{\frac{4s-3}{6b-4}}\right)。\tag{5.3.17}$$

若$(s-1)\gamma>1$，使用插值不等式即得

$$\|\rho_\delta\|_{(s-1)\gamma}\leqslant \|\rho_\delta\|_1^{\frac{1}{(s-1)(s\gamma-1)}}\|\rho_\delta\|_{s\gamma}^{\frac{(s-1)(s\gamma-1)-1}{(s-1)(s\gamma-1)}}。$$

所以，

$$\begin{aligned}|I_{11}| &\leqslant \int_\Omega P(\rho_\delta,\theta_\delta)\mathrm{d}x\int_\Omega \rho_\delta^{(s-1)\gamma}\mathrm{d}x\\ &\leqslant \varepsilon\int_\Omega \rho_\delta^{(s-1)\gamma}P(\rho_\delta,\theta_\delta)\mathrm{d}x + \int_\Omega \theta_\delta\mathrm{d}x\left(\int_\Omega \rho_\delta^{s\gamma}\mathrm{d}x\right)^{\frac{(s-1)(s\gamma-1)-1}{s(s\gamma-1)}\frac{(s-1)\gamma+1}{(s-1)\gamma}}\\ &\leqslant \varepsilon\int_\Omega \rho_\delta^{(s-1)\gamma}P(\rho_\delta,\theta_\delta)\mathrm{d}x + C\left(\int_\Omega \theta_\delta\mathrm{d}x\left(\left(\int_\Omega \rho_\delta^{s\gamma}\mathrm{d}x\right)^{\frac{(s-1)\gamma+1}{s\gamma}}+1\right)+1\right)。\end{aligned}$$

从而

$$|I_{11}|\leqslant \varepsilon\int_\Omega \rho_\delta^{(s-1)\gamma}P(\rho_\delta,\theta_\delta)\mathrm{d}x + C(\varepsilon)\left(1+A^{\frac{s\gamma}{(\gamma-1)(6b-4)}}\right)。$$

当$\gamma\geqslant 2$，$6(\gamma-1)/(7\gamma-8)\leqslant 1$，则必有$s\geqslant 6(\gamma-1)/(7\gamma-8)$，从而成立

$$\frac{s\gamma}{(\gamma-1)(6b-4)}\leqslant \frac{4s-3}{3b-2}。$$

这意味着$\gamma\geqslant 2$时，(5.3.17)成立。然而，由条件$b<\gamma$，同样可验证：当$\gamma\in(1,2)$，(5.3.17)仍然成立。

I_{13}可被估计如下：

$$\begin{aligned}|I_{13}| &\leqslant \left(\int_\Omega (\rho_\delta|\boldsymbol{v}_\delta|^2)^s\mathrm{d}x\right)^{\frac{1}{s}}\left(\int_\Omega |\nabla\boldsymbol{\omega}|^{\frac{s}{s-1}}\mathrm{d}x\right)^{\frac{s-1}{s}}\\ &\leqslant \varepsilon\int_\Omega \rho_\delta^{s\gamma}\mathrm{d}x + C(\varepsilon)\int_\Omega (\rho_\delta|\boldsymbol{v}_\delta|^2)^s\mathrm{d}x\\ &\leqslant C\varepsilon\int_\Omega \rho_\delta^{(s-1)\gamma}P(\rho_\delta,\theta_\delta)\mathrm{d}x + C(\varepsilon)\int_\Omega (\rho_\delta|\boldsymbol{v}_\delta|^2)^s\mathrm{d}x。\end{aligned}$$

对$b > 1$，$1/(2-b) > 3b/(b+2)$，同时利用条件$s < 3b/(b+2)$，得

$$\int_\Omega (\rho_\delta |\boldsymbol{v}_\delta|^2)^s \mathrm{d}x = \int_\Omega (\rho_\delta^b |\boldsymbol{v}_\delta|^2)^{\frac{4s-3}{3b-2}} |\boldsymbol{v}_\delta|^{6\frac{1-s(2-b)}{3b-2}} \rho_\delta^{\frac{3b-s(b+2)}{3b-2}} \mathrm{d}x$$
$$\leqslant C A^{\frac{4s-3}{3b-2}} \|\boldsymbol{v}_\delta\|_{1,2}^{\frac{6(1-s(2-b))}{3b-2}} \|\rho_\delta\|_1^{\frac{3b-s(b+2)}{3b-2}},$$

从而

$$I_{13} \leqslant \varepsilon \int_\Omega \rho_\delta^{(s-1)\gamma} P(\rho_\delta, \theta_\delta) \mathrm{d}x + C(\varepsilon) \left(1 + A^{\frac{4s-3}{6b-4}}\right)。 \tag{5.3.18}$$

另一方面，I_{14}可被如下估计：

$$|I_{14}| \leqslant C \int_\Omega (1+\theta_\delta) |\nabla \boldsymbol{v}_\delta| |\nabla \boldsymbol{\omega}| \mathrm{d}x \leqslant C \|\nabla \boldsymbol{\omega}\|_{\frac{s}{s-1}} \|\nabla \boldsymbol{v}_\delta\|_2 (1 + \|\theta_\delta\|_{3m})。$$

由于$s \leqslant 6m/(3m+2)$（注意$s > 1$，所以$m > 2/3$），则

$$|I_{14}| \leqslant \varepsilon \int_\Omega \rho_\delta^{(s-1)\gamma} P(\rho_\delta, \theta_\delta) \mathrm{d}x + C(\varepsilon) \|\nabla \boldsymbol{v}_\delta\|_2^s (1 + \|\theta_\delta\|_{3m}^s)。$$

注意到$s > 1$时，$s < 4s-3$，所以有

$$|I_{14}| \leqslant \varepsilon \int_\Omega \rho_\delta^{(s-1)\gamma} P(\rho_\delta, \theta_\delta) \mathrm{d}x + C(\varepsilon) A^{\frac{4s-3}{6b-4}}。$$

最后，对I_{15}有估计：

$$|I_{15}| \leqslant C \|\boldsymbol{\omega}\|_{\frac{s}{s-1}} \|\rho_\delta\|_s \leqslant \varepsilon \|\rho_\delta\|_{s\gamma}^{s\gamma} + C(\varepsilon), \quad \varepsilon > 0。$$

结合上面关于I_{11}，I_{13}–I_{15}的估计，并对I_{12}应用插值不等式，即可从(5.3.14)推出所要结论。 □

下面将推导一个非常关键的一致估计，即

$$\sup_{x_0 \in \overline{\Omega}} \int_\Omega \frac{P(\rho_\delta, \theta_\delta)}{|x - x_0|^\alpha} \mathrm{d}x \leqslant C,$$

其中C与δ无关。在后续的证明中将会看到，上面估计中的指标α越大越好，α选取将依赖于m和γ。定理5.1.4中关于m和γ的限制性要求主要是保证α可选取合适的值，使得能建立起压强的一致估计。

下面，我们建立位势函数的内估计和近边估计。

引理 5.3.2 设$x_0 \in \Omega$，$R_0 < \mathrm{dist}(x_0, \partial\Omega)/3$，则

$$\int_{B_{R_0}(x_0)} \frac{P_\delta(\rho_\delta, \theta_\delta)}{|x - x_0|^\alpha} \mathrm{d}x \leqslant C(1 + \|P(\rho_\delta, \theta_\delta)\|_1 + \|\rho_\delta |\boldsymbol{v}_\delta|^2\|_1 + \delta \|\rho_\delta\|_\beta^\beta$$
$$+ \|\boldsymbol{v}_\delta\|_{1,2} (1 + \|\theta_\delta\|_{3m})), \tag{5.3.19}$$

其中$P_\delta(\rho_\delta, \theta_\delta) := P(\rho_\delta, \theta_\delta) + \delta(\rho_\delta^\beta + \rho_\delta^2)$，以及

$$\alpha < \min\{(3m-2)/2m, 1\}。 \tag{5.3.20}$$

证明 令

$$\varphi(x)=\frac{x-x_0}{|x-x_0|^{\alpha}}\tau^2,$$

其中$\tau\in C^1(\mathbb{R}^3)$表示截断函数，满足在$B_{R_0}(x_0)$内$\tau\equiv 1$；在$B_{2R_0}(x_0)$外$\tau\equiv 0$，且$\nabla\tau\leqslant C/R_0$。易看出$\varphi$满足

$$\begin{aligned}&\mathrm{div}\boldsymbol{\varphi}=\frac{3-\alpha}{|x-x_0|^{\alpha}}\tau^2+g_1(x),\\&\partial_i\varphi_j=\left(\frac{\delta_{ij}}{|x-x_0|^{\alpha}}-\alpha\frac{(x-x_0)_i(x-x_0)_j}{|x-x_0|^{\alpha+2}}\right)\tau^2+g_{ij}(x),\end{aligned}$$

其中$g_1=2\tau(x-x_0)\cdot\nabla\tau/|x-x_0|^{\alpha}$，$g_{ij}:=2\tau(x-x_0)_i\partial_j\tau/|x-x_0|^{\alpha}\in L^{\infty}(\Omega)$。在(5.2.81)中取如上构造的$\varphi$，则有

$$\begin{aligned}&\int_{\Omega}\frac{P_{\delta}(\rho_{\delta},\theta_{\delta})}{|x-x_0|^{\alpha}}(3-\alpha)\tau^2\mathrm{d}x+\int_{\Omega}\left(\frac{\rho_{\delta}|\boldsymbol{v}_{\delta}|^2}{|x-x_0|^{\alpha}}-\alpha\rho_{\delta}\frac{(\boldsymbol{v}_{\delta}\cdot(x-x_0))^2}{|x-x_0|^{\alpha+2}}\right)\tau^2\mathrm{d}x\\&=\int_{\Omega}\mathbb{S}(\theta_{\delta},\boldsymbol{v}_{\delta}):\nabla\left(\frac{x-x_0}{|x-x_0|^{\alpha}}\right)\tau^2\mathrm{d}x\\&\quad+\int_{\Omega}\mathbb{S}(\theta_{\delta},\boldsymbol{v}_{\delta}):\frac{x-x_0}{|x-x_0|^{\alpha}}\nabla\tau^2\mathrm{d}x-\int_{\Omega}\rho_{\delta}\boldsymbol{f}\cdot\frac{x-x_0}{|x-x_0|^{\alpha}}\tau^2\mathrm{d}x\\&\quad-\int_{\Omega}P_{\delta}(\rho_{\delta},\theta_{\delta})\frac{(x-x_0)\cdot\nabla\tau^2}{|x-x_0|^{\alpha}}\mathrm{d}x\\&\quad-\int_{\Omega}\rho_{\delta}(\boldsymbol{v}_{\delta}\otimes\boldsymbol{v}_{\delta}):\frac{x-x_0}{|x-x_0|^{\alpha}}\nabla\tau^2\mathrm{d}x=\sum_{i=16}^{20}I_i。\end{aligned}\tag{5.3.21}$$

容易计算出

$$I_{18}+I_{19}+I_{20}\leqslant C(1+\|P(\rho_{\delta},\theta_{\delta})\|_1+\|\rho_{\delta}|\boldsymbol{v}_{\delta}|^2\|_1+\delta\|\rho_{\delta}\|_{\beta}^{\beta})。$$

此外，在条件$m>2/3$下，为使

$$\frac{1}{q}=1-\frac{1}{2}-\frac{1}{3m}>\frac{\alpha}{3}\tag{5.3.22}$$

有意义，取$\alpha<3m-2/2m$，从而有

$$|I_{16}|+|I_{17}|\leqslant C(1+\|\theta_{\delta}\|_{3m})\|\nabla\boldsymbol{v}_{\delta}\|_2。\tag{5.3.23}$$

由上面的不等式，即可从(5.3.21)推出所要估计。 □

引理 5.3.3 令$\alpha\in(0,(9m-6)/(9m-2))$和$x_0\in\partial\Omega$，则存在不依赖于$x_0$的充分小的$R_0$，使得

$$\begin{aligned}\int_{B_{R_0}(x_0)\cap\Omega}\frac{P_{\delta}(\rho_{\delta},\theta_{\delta})}{|x-x_0|^{\alpha}}\mathrm{d}x\leqslant &C\Big(1+\|P(\rho_{\delta},\theta_{\delta})\|_1+(1+\|\theta_{\delta}\|_{3m})\|\boldsymbol{v}_{\delta}\|_{1,2}\\&+\|\rho_{\delta}|\boldsymbol{v}_{\delta}|^2\|_1+\delta\|\rho_{\delta}\|_{\beta}^{\beta}\Big)。\end{aligned}\tag{5.3.24}$$

证明 令

$$\boldsymbol{\varphi}(x)=\psi(x)\nabla\psi(x)(\psi(x)+|x-x_0|^a)^{-\alpha}, \tag{5.3.25}$$

其中$a=2/(2-\alpha)$，$x_0\in\partial\Omega$，ψ为第2.2.6节所定义的辅助函数。显然，$\boldsymbol{\varphi}(x)|_{\partial\Omega}=0$（注意，在$x=x_0$需要连续零延拓），$\boldsymbol{\varphi}\in(L^\infty(\Omega))^3$，以及对于任意$1\leqslant i$，$j\leqslant 3$，有

$$\begin{aligned}\partial_j\varphi_i=&\psi(\psi+|x-x_0|^a)^{-\alpha}\partial_{ij}^2\psi\\&+((1-\alpha)\psi+|x-x_0|^a)(\psi+|x-x_0|^a)^{-1-\alpha}\partial_i\psi\partial_j\psi\\&-\alpha\psi(\psi+|x-x_0|^a)^{-1-\alpha}\partial_i\psi\partial_j(|x-x_0|^a)。\end{aligned}$$

上述$\partial_j\varphi_i$的表达式可改写成如下形式：

$$\begin{aligned}\partial_j\varphi_i=&\frac{\psi\partial_{ij}^2\psi}{(\psi+|x-x_0|^a)^\alpha}+\frac{(1-\alpha)\psi+|x-x_0|^a}{2(\psi+|x-x_0|^a)^{1+\alpha}}\partial_i\psi\partial_j\psi\\&+\frac{(1-\alpha)\psi+|x-x_0|^a}{2(\psi+|x-x_0|^a)^{1+\alpha}}(\partial_i\psi-\chi_i)(\partial_j\psi-\chi_j)\\&+\frac{\alpha\psi}{2(\psi+|x-x_0|^a)^{1+\alpha}}(\partial_j\psi\partial_i(|x-x_0|^a)-\partial_i\psi\partial_j(|x-x_0|^a))\\&-\frac{\alpha^2\psi^2\partial_i(|x-x_0|^a)\partial_j(|x-x_0|^a)}{2(\psi+|x-x_0|^a)^{1+\alpha}((1-\alpha)\psi+|x-x_0|^a)},\end{aligned} \tag{5.3.26}$$

其中$\chi_i(x)=\alpha\psi((1-\alpha)\psi+|x-x_0|^a)^{-1}\partial_i(|x-x_0|^a)$，$1\leqslant i\leqslant 3$。

注意到，$\alpha\in(0,1)$且$a=2/(2-\alpha)>1$，根据辅助函数ψ的定义，有

$$|\partial_j\varphi_i(x)|\leqslant\frac{C}{(\psi+|x-x_0|^a)^\alpha}。$$

如果$\boldsymbol{\varphi}\in(W_0^{1,q}(\Omega))^3$，则只需要求$q$满足

$$\int_\Omega\frac{1}{(\psi+|x-x_0|^a)^{\alpha q}}\mathrm{d}x<\infty。$$

利用曲边拉平技巧，上述条件可归结为

$$\int_{\mathbb{R}_+^3}\frac{\eta}{(x_3+|x-x_0|^a)^{\alpha q}}\mathrm{d}x<\infty,$$

其中η是某个有紧支集的截断函数。若使用柱坐标变换（$u=(r^2+x_3^2)^{a/2}$，$v=\sqrt{x_3}$），则可把上述条件变为

$$\int_0^1\int_0^1\frac{r\mathrm{d}r\mathrm{d}x_3}{((r^2+x_3^2)^{a/2}+x_3)^{\alpha q}}<\infty。$$

因此，为使上式积分有限，只需要求$q \in [1, 3(2-\alpha)/2\alpha)$。从而，只要$q \in [1, 3(2-\alpha)/2\alpha)$，即有$\boldsymbol{\varphi} \in (W_0^{1,q}(\Omega))^3$。

由于$\boldsymbol{\varphi}$可以作为(5.2.81)的检验函数，故有

$$\begin{aligned}&\int_\Omega P_\delta(\rho_\delta, \theta_\delta)\mathrm{div}\boldsymbol{\varphi}\mathrm{d}x + \int_\Omega \rho_\delta(\boldsymbol{v}_\delta \otimes \boldsymbol{v}_\delta) : \nabla\boldsymbol{\varphi}\mathrm{d}x \\ &= \int_\Omega \mathbb{S}(\theta_\delta, \boldsymbol{v}_\delta) : \nabla\boldsymbol{\varphi}\mathrm{d}x - \int_\Omega \rho_\delta \boldsymbol{f} \cdot \boldsymbol{\varphi}\mathrm{d}x。\end{aligned} \tag{5.3.27}$$

由(5.3.26)易知

$$\begin{aligned}\mathrm{div}\boldsymbol{\varphi} =& \frac{\psi(x)\Delta\psi(x)}{(\psi(x) + |x-x_0|^a)^\alpha} + \frac{(1-\alpha)\psi(x) + |x-x_0|^a}{2(\psi(x)+|x-x_0|^a)^{\alpha+1}}|\nabla\psi(x)|^2 \\ &+ \frac{(1-\alpha)\psi(x) + |x-x_0|^a}{2(\psi(x)+|x-x_0|^a)^{\alpha+1}}|\nabla\psi(x) - \chi(x)|^2 \\ &- \frac{\alpha^2\psi^2(x)|\nabla|x-x_0|^a|^2}{2(\psi(x)+|x-x_0|^a)^{1+\alpha}((1-\alpha)\psi(x)+|x-x_0|^a)}。\end{aligned}$$

注意到，

$$(\psi(x) + |x-x_0|^a)^{2+\alpha} \geqslant \psi^2|x-x_0|^{2(a-1)},$$

故可估计出

$$\mathrm{div}\boldsymbol{\varphi} \geqslant \frac{C_1|\nabla\psi(x)|^2}{(\psi(x)+|x-x_0|^a)^\alpha} - C_2。$$

进一步注意到$\psi(x) + |x-x_0|^a \leqslant C|x-x_0|$，从而可推出

$$\int_\Omega P_\delta(\rho_\delta,\theta_\delta)\mathrm{div}\boldsymbol{\varphi}\mathrm{d}x \geqslant C_1\int_{B_{R_0}(x_0)\cap\Omega} \frac{P_\delta(\rho_\delta,\theta_\delta)}{|x-x_0|^\alpha}\mathrm{d}x - C_2\int_\Omega P_\delta(\rho_\delta,\theta_\delta)\mathrm{d}x。$$

类似地，使用$\partial_j\varphi_i$的表达式[参考(5.3.26)]，可得出

$$\int_\Omega \rho_\delta(\boldsymbol{v}_\delta \otimes \boldsymbol{v}_\delta) : \nabla\boldsymbol{\varphi}\mathrm{d}x \geqslant -C\int_\Omega \rho_\delta|\boldsymbol{v}_\delta|^2\mathrm{d}x。$$

取q满足$1/q = 1/2 - 1/3m$，由于$\alpha \in (0, (9m-6)/(9m-2))$，这意味着$q < (3-\alpha)/\alpha$。因此，

$$\left|\int_\Omega \mathbb{S}(\theta_\delta, \boldsymbol{v}_\delta) : \nabla\boldsymbol{\varphi}\mathrm{d}x\right| \leqslant C\|\nabla\boldsymbol{v}_\delta\|_2(1 + \|\theta_\delta\|_{3m})。$$

最后，

$$\left|\int_\Omega \rho_\delta\boldsymbol{f}\cdot\boldsymbol{\varphi}\mathrm{d}x\right| \leqslant \|\boldsymbol{f}\|_\infty\|\rho_\delta\|_1\|\boldsymbol{\varphi}\|_\infty。$$

鉴于上述估计，即可从(5.3.27)推出所要结论。 □

引理 5.3.4 存在$\varepsilon \in (0,1)$，使得对任意满足$\mathrm{dis}\{x_0, \partial\Omega\} = 5\varepsilon$的$x_0 \in \Omega$，有

$$\begin{aligned}\int_\Omega \frac{P_\delta(\rho_\delta, \theta_\delta)}{|x-x_0|^\alpha}\mathrm{d}x \leqslant & C\left(1 + \|P(\rho_\delta, \theta_\delta)\|_1 + \|\boldsymbol{v}_\delta\|_{1,2}(1 + \|\theta_\delta\|_{3m}\right) \\ & + \|\rho_\delta|\boldsymbol{v}_\delta|^2\|_1),\end{aligned} \tag{5.3.28}$$

其中$\alpha < (9m-6)/(9m-2)$。

证明 令$\boldsymbol{\varphi}$由(5.3.25)定义，则由$\partial_j\varphi_i$的表达式(5.3.26)可得

$$\begin{aligned}&\int_\Omega \rho_\delta(\boldsymbol{v}_\delta \otimes \boldsymbol{v}_\delta) : \nabla\boldsymbol{\varphi}\mathrm{d}x \\ &\geqslant C_1\int_\Omega \frac{\rho_\delta(\boldsymbol{v}_\delta \cdot \nabla\psi)^2}{(\psi(x) + |x-x_0|^a)^\alpha}\mathrm{d}x - C_2\int_\Omega \rho_\delta|\boldsymbol{v}_\delta|^2\mathrm{d}x\end{aligned} \tag{5.3.29}$$

和

$$\begin{aligned}&\int_\Omega P_\delta(\rho_\delta, \theta_\delta)\mathrm{div}\boldsymbol{\varphi}\mathrm{d}x \\ &\geqslant C_1\int_\Omega \frac{P_\delta(\rho_\delta, \theta_\delta)}{(\psi(x) + |x-x_0|^a)^\alpha}\mathrm{d}x - C_2\int_\Omega P_\delta(\rho_\delta, \theta_\delta)\mathrm{d}x。\end{aligned} \tag{5.3.30}$$

易验证，对于$q < (3-\alpha)/\alpha$，$\|\boldsymbol{\varphi}\|_{1,q} \leqslant C$，其中$C$与$\varepsilon$无关。然而，只有当$x \in \Omega/B_\varepsilon(x_0)$时，才能成立

$$\frac{1}{(\psi(x) + |x-x_0|^a)^\alpha} \geqslant \frac{C}{|x-x_0|^\alpha}。$$

因此，(5.3.29)和(5.3.30)不能提供$P_\delta(\rho_\delta, \theta_\delta)/|x-x_0|^\alpha$ 在球$B_\varepsilon(x_0)$上的估计，下面还需进一步推导这个缺失的估计。

为此，需要构造一个与$\boldsymbol{\varphi}$相似的检验函数，并且要求其在边界$\partial\Omega$为零：

$$\boldsymbol{\varphi}^1(x) = \begin{cases} \dfrac{x-x_0}{|x-x_0|^\alpha}\left(1 - \dfrac{1}{2^{\frac{\alpha}{2}}}\right), & \text{当}|x-x_0| \leqslant \varepsilon; \\ (x-x_0)\left(\dfrac{1}{|x-x_0|^{\frac{\alpha}{2}}} - \dfrac{1}{(|x-x_0|+\varepsilon)^{\frac{\alpha}{2}}}\right), & \\ \text{当}|x-x_0| > \varepsilon，\psi(x) > \varepsilon; & \\ (x-x_0)\left(\dfrac{1}{|x-x_0|^{\frac{\alpha}{2}}} - \dfrac{1}{(|x-x_0|+\psi(x))^{\frac{\alpha}{2}}}\right), & \\ \text{当}|x-x_0| > \varepsilon，\psi(x) \leqslant \varepsilon。 & \end{cases} \tag{5.3.31}$$

注意$\boldsymbol{\varphi}^1$及其导数的奇性仅在$B_\varepsilon(x_0)$上，并且

$$\nabla\boldsymbol{\varphi}^1 \sim \nabla\frac{x-x_0}{|x-x_0|^\alpha} \sim \frac{1}{|x-x_0|^\alpha},$$

因此很容易证得：对任意$q \in [1, 3/\alpha)$，$\boldsymbol{\varphi}^1 \in (W_0^{1,q}(\Omega))^3$，并且其范数与$\varepsilon$无关。

进一步，可以推导出下两式：

$$\begin{aligned}\int_\Omega \rho_\delta(\boldsymbol{v_\delta} \otimes \boldsymbol{v_\delta}) : \nabla \boldsymbol{\varphi}^1 \mathrm{d}x \geqslant & C_3 \int_{B_\varepsilon(x_0)} \frac{\rho_\delta |\boldsymbol{v}_\delta|^2}{|x-x_0|^\alpha} \mathrm{d}x - C_4 \int_\Omega \rho_\delta |\boldsymbol{v}_\delta|^2 \mathrm{d}x \\ & - C_5 \int_{\{x|\psi(x)<\varepsilon\}} \frac{\rho_\delta(\boldsymbol{v}_\delta \cdot \nabla\psi)^2}{(\psi(x)+|x-x_0|^\alpha)^\alpha} \mathrm{d}x\end{aligned}$$

和

$$\int_\Omega P_\delta(\rho_\delta, \theta_\delta) \mathrm{div} \boldsymbol{\varphi}^1 \mathrm{d}x \geqslant C_3 \int_{B_\varepsilon(x_0)} \frac{P_\delta(\rho_\delta, \theta_\delta)}{|x-x_0|^\alpha} \mathrm{d}x - C_4 \int_\Omega P_\delta(\rho_\delta, \theta_\delta) \mathrm{d}x。$$

显然，上述不等式提供了前面所说的缺失估计。

所以，令$\boldsymbol{\varphi} = K\boldsymbol{\varphi}^1 + \boldsymbol{\varphi}^2$作为(5.2.81)的检验函数，则对足够大的$K > 0$，可得(5.3.28)。 □

结合前面三个引理中的估计，就可说明A也能被逼近压强、动能、耗散项以及温度的范数所控制。

引理 5.3.5 令$1 \leqslant b < \gamma$，$\alpha < (9m-6)/(9m-2)$并且$\alpha > (3b-2\gamma)/b$，则

$$\begin{aligned}A \leqslant & C\|\boldsymbol{v}_\delta\|_{1,2}^2 (1 + \|P(\rho_\delta, \theta_\delta)\|_1 \\ & + \|\boldsymbol{v}_\delta\|_{1,2}(1 + \|\theta_\delta\|_{3m}) + \|\rho_\delta|\boldsymbol{v}_\delta|^2\|_1)^{\frac{b}{\gamma}}。\end{aligned} \tag{5.3.32}$$

证明 由引理5.3.2–5.3.4，可得

$$\begin{aligned}\sup_{x_0\in\overline{\Omega}} \int_\Omega \frac{P_\delta(\rho_\delta, \theta_\delta)}{|x-x_0|^\alpha} \mathrm{d}x \leqslant & C\left(1 + \|P(\rho_\delta, \theta_\delta)\|_1 + \|\boldsymbol{v}_\delta\|_{1,2}(1 + \|\theta_\delta\|_{3m})\right. \\ & \left. + \|\rho_\delta|\boldsymbol{v}_\delta|^2\|_1 + \delta\|\rho_\delta\|_\beta^\beta\right)。\end{aligned} \tag{5.3.33}$$

取$b < \gamma$且$\nu := (\gamma - \alpha b)/(\gamma - b) < 3$（即$\alpha > (3b-2\gamma)/b$）。因为$\rho_\delta^\gamma \leqslant CP(\rho_\delta, \theta_\delta)$，所以有

$$\begin{aligned}& \int_\Omega \frac{\rho_\delta^b}{|x-x_0|} \mathrm{d}x = \int_\Omega \left(\frac{\rho_\delta^\gamma}{|x-x_0|^\alpha}\right)^{\frac{b}{\gamma}} \left(\frac{1}{|x-x_0|^\nu}\right)^{1-\frac{b}{\gamma}} \mathrm{d}x \\ & \leqslant C\left(1 + \|P(\rho_\delta, \theta_\delta)\|_1 + \|\boldsymbol{v}_\delta\|_{1,2}(1 + \|\theta_\delta\|_{3m}) + \|\rho_\delta|\boldsymbol{v}_\delta|^2\|_1\right)^{\frac{b}{\gamma}}。\end{aligned} \tag{5.3.34}$$

由定理2.2.18即得所要结论。 □

本节最后建立逼近压强、动量、动能以及温度的一致估计。

引理 5.3.6 令$\gamma > 1$，$m > 2/3$及$m > 2\gamma/9(\gamma-1)$，则存在$s > 1$，使得

$$\|\rho_\delta\|_{\gamma s} + \delta\|\rho_\delta\|_{\beta+(s-1)\gamma}^{\beta+(s-1)\gamma} + \|\rho_\delta|\boldsymbol{v}_\delta|^2\|_s \leqslant C, \tag{5.3.35}$$

$$\|P(\rho_\delta, \theta_\delta)\|_{L^s} \leqslant C, \tag{5.3.36}$$

$$\|\theta_\delta\|_{1,p} + \|\theta\|_{3m} \leqslant C, \tag{5.3.37}$$

$$\|\rho_\delta|\boldsymbol{v}_\delta|\|_s \leqslant C, \tag{5.3.38}$$

其中$p = \min\{2, 3m/(m+1)\}$。此外，如果

$$\gamma > 12/7 \text{ 且 } m > 1,\ \text{或 } \gamma \in (4/3, 12/7] \text{ 且 } m > 2\gamma/3(3\gamma-4), \tag{5.3.39}$$

则(5.3.35)中的s可取$s > 6/5$，并且存在$\eta > 0$，使得

$$\delta\|\rho_\delta\|_{\eta+6\beta/5}^{\beta} \leqslant C。\tag{5.3.40}$$

证明 首先，类似于(5.3.15)有

$$\begin{aligned}\|P(\rho_\delta, \theta_\delta)\|_1 \leqslant& C\left(\int_\Omega \rho_\delta^{s\gamma}\mathrm{d}x\right)^{\frac{1}{s}} \\ &+ C\left(\int_\Omega \rho_\delta^{(s-1)\gamma}P(\rho_\delta, \theta_\delta)\mathrm{d}x\right)^{\frac{1}{1+(s-1)\gamma}}\left(\int_\Omega \theta_\delta\mathrm{d}x\right)^{\frac{(s-1)\gamma}{1+(s-1)\gamma}}。\end{aligned}$$

并且，$\|\rho_\delta|\boldsymbol{v}_\delta|^2\|_1 \leqslant C\|\rho_\delta|\boldsymbol{v}_\delta|^2\|_s$。因此，由引理5.3.1和5.3.5可得

$$\begin{aligned}A \leqslant& C(1 + \|P(\rho_\delta, \theta_\delta)\|_1 + \|\theta_\delta\|_{3m} + \|\rho_\delta|\boldsymbol{v}_\delta|^2\|_s)^{\frac{b}{\gamma}} \\ \leqslant& C\left(1 + A^{\frac{4s-3}{3b-2}\frac{1}{s}} + A^{\frac{1}{6b-4}} + A^{\frac{1}{6b-4}\left(\frac{(s-1)\gamma}{(s-1)\gamma+1} + \frac{2(4s-3)}{(s-1)\gamma+1}\right)}\right)^{\frac{b}{\gamma}},\end{aligned}$$

即

$$A \leqslant C\left(1 + A^{\frac{4s-3}{3b-2}\frac{1}{s}} + A^{\frac{1}{6b-4}\left(1+\frac{8s-7}{(s-1)\gamma+1}\right)}\right)^{\frac{b}{\gamma}}。\tag{5.3.41}$$

故在引理5.3.6条件下，存在$b \in [1, \gamma)$和$s > 1$，使得

$$\frac{4s-3}{s}\frac{1}{3b-2}\frac{b}{\gamma} < 1,\quad \frac{1}{6b-4}\left(1 + \frac{8s-7}{(s-1)\gamma+1}\right)\frac{b}{\gamma} < 1, \tag{5.3.42}$$

从而有

$$s \leqslant \frac{3b}{b+2},\quad s \leqslant \frac{6m}{2+3m},\quad \frac{3b-2\gamma}{b} < \frac{9m-6}{9m-2}。\tag{5.3.43}$$

所以，

$$A \leqslant C。$$

由上述一致有界性，就很容易推导出引理5.3.6中所要结论(5.3.35)–(5.3.37)。

另一方面，注意到，

$$\|\rho_\delta \boldsymbol{v}_\delta\|_s \leqslant \|\rho_\delta\|_s^{\frac{1}{2}} \|\rho_\delta |\boldsymbol{v}_\delta|^2\|_s^{\frac{1}{2}},$$

即可得(5.3.38)。

如果$s > 6/5$，由(5.3.42)和(5.3.43)可知

$$\frac{3b}{b+2} > \frac{6}{5},\quad \frac{b}{6b-4}\frac{1}{\gamma}\frac{\gamma+18}{\gamma+5} < 1,\quad \frac{6m}{2+3m} > \frac{6}{5},\quad \frac{3}{2}\frac{1}{3b-2}\frac{b}{\gamma} < 1$$

和

$$b < \gamma(1 - 2/9m)。$$

上述关系式说明，在条件(5.3.39)下，s可取$s > 6/5$。

下面，我们将在条件(5.3.39)下继续推导(5.3.40)。首先，类似于引理5.3.1的证明，可从(5.2.81) 推出

$$\begin{aligned}
&\int_\Omega \rho_\delta^{\frac{1}{5}\beta+\eta} P(\rho_\delta, \theta_\delta)\mathrm{d}x + \delta \int_\Omega \rho_\delta^{\frac{1}{5}\beta+\eta}(\rho_\delta^\beta + \rho_\delta^2)\mathrm{d}x \\
&= (P(\rho_\delta, \theta_\delta))_\Omega \int_\Omega \rho_\delta^{\frac{1}{5}\beta+\eta}\mathrm{d}x + \delta(\rho_\delta^\beta + \rho_\delta^2)_\Omega \int_\Omega \rho_\delta^{\frac{1}{5}\beta+\eta}\mathrm{d}x \\
&\quad - \int_\Omega \rho_\delta(\boldsymbol{v}_\delta \otimes \boldsymbol{v}_\delta) : \nabla \boldsymbol{\omega}\mathrm{d}x + \int_\Omega \mathbb{S}(\theta_\delta, \boldsymbol{v}_\delta) : \nabla \boldsymbol{\omega}\mathrm{d}x \\
&\quad - \int_\Omega \rho_\delta \boldsymbol{f} \cdot \boldsymbol{\omega}\mathrm{d}x =: \sum_{i=21}^{25} I_i,
\end{aligned}$$

其中$\boldsymbol{\omega}$满足$\eta + \beta/5$替换$(s-1)\beta$后的(5.2.56)–(5.2.57)。

下面估计上述等式右端的I_i。由于$\int_\Omega P_\delta(\rho_\delta, \theta_\delta)\mathrm{d}x \leqslant C$, 则有

$$|I_{21}| + |I_{22}| + |I_{25}| \leqslant C\|\rho_\delta\|_{\frac{6}{5}\beta+\eta}^{\frac{1}{5}\beta+\eta}。$$

而在η适当小的情形下，$\|\rho_\delta|\boldsymbol{v}_\delta|^2\|_{\frac{6}{5}\beta+\eta} \leqslant C$ 成立。从而，

$$|I_{23}| \leqslant \|\rho_\delta|\boldsymbol{v}_\delta|^2\|_{\frac{6}{5}+\frac{\eta}{\beta}} \|\nabla \boldsymbol{\omega}\|_{\frac{6\beta+5\eta}{\beta+5\eta}} \leqslant C\|\rho_\delta\|_{\frac{6}{5}\beta+\eta}^{\frac{1}{5}\beta+\eta}。$$

类似地，在η适当小的情形下，也有$\|\theta_\delta\|_{\frac{2(6\beta+5\eta)}{4\beta-5\eta}} \leqslant C$。从而有

$$\begin{aligned}
|I_{24}| &\leqslant \int_\Omega (1+\theta_\delta)|\nabla \boldsymbol{v}_\delta||\nabla \boldsymbol{\omega}|\mathrm{d}x \\
&\leqslant C(1 + \|\theta_\delta\|_{\frac{2(6\beta+5\eta)}{4\beta-5\eta}})\|\nabla \boldsymbol{v}_\delta\|_2 \|\nabla \boldsymbol{\omega}\|_{\frac{6\beta+5\eta}{\beta+5\eta}} \leqslant C\|\rho_\delta\|_{\frac{6}{5}\beta+\eta}^{\frac{1}{5}\beta+\eta}。
\end{aligned}$$

根据上述估计，即知(5.3.40)成立。 □

§5.4 逼近解关于$\delta \to 0$极限

本节将利用上一节所得到的$(\rho_\delta, \boldsymbol{v}_\delta, \theta_\delta)$关于$\delta$的一致估计，对$(\rho_\delta, \boldsymbol{v}_\delta, \theta_\delta)$关于$\delta := 1/n$取极限，并证明其极限函数就是定理5.1.4中所述的弱解。

§5.4.1 基本极限

根据估计(5.3.10)和引理5.3.6，$\{(\rho_\delta, \boldsymbol{v}_\delta, \theta_\delta)\}$存在一个子序列[仍记为$\{(\rho_\delta, \boldsymbol{v}_\delta, \theta_\delta)\}$]，使得

$$
\begin{array}{ll}
\boldsymbol{v}_\delta \rightharpoonup \boldsymbol{v}, \ \text{在}\ H_0^1((\Omega))^3\ \text{中；} & \boldsymbol{v}_\delta \rightharpoonup \boldsymbol{v}, \ \text{在}\ (L^{q_6}(\Omega))^3\ \text{中；} \\
\rho_\delta \rightharpoonup \rho, \ \text{在}\ L^{s\gamma}(\Omega)\ \text{中；} & \theta_\delta \to \theta, \ \text{在}\ L^{q_{2m}}(\partial\Omega)\ \text{中；} \\
\theta_\delta \rightharpoonup \theta, \ \text{在}\ W^{1,p}(\Omega)\ \text{中；} & \theta_\delta \to \theta, \ \text{在}\ L^{q_{3m}}(\Omega)\ \text{中；} \\
\rho_\delta \boldsymbol{v}_\delta \rightharpoonup \rho \boldsymbol{v}, \ \text{在}\ (L^s(\Omega))^3\ \text{中；} & \rho_\delta |\boldsymbol{v}_\delta|^2 \rightharpoonup \rho|\boldsymbol{v}|^2, \ \text{在}\ L^s(\Omega)\ \text{中。}
\end{array}
$$

其中$p = \min\{2, 3m/(m+1)\}$，$q_a < a$。并且对于某个$r > 1$，如下的复合函数的极限成立；

$$
\begin{array}{l}
P(\rho_\delta, \theta_\delta) \rightharpoonup \overline{P(\rho, \theta)}, \quad P(\rho_\delta, \theta_\delta) v_\delta^i \rightharpoonup \overline{P(\rho, \theta) v_i}, \\
\rho_\delta s(\rho_\delta, \theta_\delta) \rightharpoonup \overline{\rho s(\rho, \theta)}, \ \rho_\delta e(\rho_\delta, \theta_\delta) \rightharpoonup \overline{\rho e(\rho, \theta)}, \quad \text{在}\ L^r(\Omega)\ \text{中，}
\end{array}
$$

其中$1 \leqslant i \leqslant 3$。此外，当(5.3.39)条件被满足时，可利用插值不等式从(5.3.40)推导出

$$
\delta \|\rho_\delta\|_{\frac{6}{5}\beta}^{\beta} \to 0\text{。}
$$

利用上述极限结果，就可从$\{(\rho_\delta, \boldsymbol{v}_\delta, \theta_\delta)\}$所满足的关系式(5.2.62)，(5.2.81)，(5.2.83)和(5.3.1)分别推出

$$
\int_\Omega \rho \boldsymbol{v} \cdot \nabla \psi \mathrm{d}x = 0, \quad \forall\ \psi \in C^1(\overline{\Omega}), \tag{5.4.1}
$$

$$
\begin{aligned}
&\int_\Omega \left(-\rho(\boldsymbol{v} \otimes \boldsymbol{v}) : \nabla \varphi + \mathbb{S}(\theta, \boldsymbol{v}) : \nabla \varphi - \overline{P(\rho, \theta)} \mathrm{div} \varphi\right) \mathrm{d}x \\
&= \int_\Omega \rho \boldsymbol{f} \cdot \varphi \mathrm{d}x, \quad \forall\ \varphi \in \left(C_0^1(\Omega)\right)^3
\end{aligned} \tag{5.4.2}
$$

和

$$
\begin{aligned}
&\int_\Omega \left(\theta^{-1} \mathbb{S}(\theta, \boldsymbol{v}) : \nabla \boldsymbol{v} + \kappa(\theta) \frac{|\nabla \theta|^2}{\theta^2}\right) \psi \mathrm{d}x - \int_{\partial\Omega} \frac{L}{\theta}(\theta - \Theta_0) \psi \mathrm{d}\sigma \\
&\leqslant \int_\Omega \left(\kappa(\theta) \frac{\nabla \theta \cdot \nabla \psi}{\theta} - \overline{\rho s(\rho, \theta)} \boldsymbol{v} \cdot \nabla \psi\right) \mathrm{d}x, \quad \forall\ \psi \in C^1(\bar{\Omega})\text{。}
\end{aligned} \tag{5.4.3}
$$

$$
\int_{\partial\Omega} L(\theta - \Theta_0) \mathrm{d}\sigma = \int_\Omega \rho \boldsymbol{f} \cdot \boldsymbol{v} \mathrm{d}x\text{。} \tag{5.4.4}
$$

如果γ和m满足(5.3.39)，则进一步可从(5.2.82) 推导出

$$\begin{aligned}&\int_\Omega\left(\left(-\frac{1}{2}\rho|\boldsymbol{v}|^2-\overline{\rho e(\rho,\theta)}\right)\boldsymbol{v}\cdot\nabla\psi+\kappa(\theta)\nabla\theta\cdot\nabla\psi\right)\mathrm{d}x\\&=\int_\Omega(\overline{P(\rho,\theta)}\boldsymbol{v}-\mathbb{S}(\theta,\boldsymbol{v})\boldsymbol{v})\cdot\nabla\psi\mathrm{d}x-\int_{\partial\Omega}L(\theta-\Theta_0)\psi\mathrm{d}\sigma\\&\quad+\int_\Omega\rho\boldsymbol{f}\cdot\boldsymbol{v}\psi\mathrm{d}x,\quad\forall\ \psi\in C^1(\bar\Omega)。\end{aligned}\tag{5.4.5}$$

显然地，为完成定理5.1.4的证明，现只需证明：对于某个$r\geqslant1$，$\rho_\delta\to\rho$，在$L^r(\Omega)$中。

§5.4.2 有效黏性通量

令k为正整数，以及$\zeta\in C_0^\infty(\Omega)$，取

$$\boldsymbol{\varphi}=\zeta\mathcal{A}(1_\Omega T_k(\rho_\delta))\tag{5.4.6}$$

作为逼近动量方程(5.2.81)的检验函数，而用

$$\boldsymbol{\varphi}=\zeta\mathcal{A}(1_\Omega\overline{T_k(\rho)})\tag{5.4.7}$$

作为(5.4.2)的检验函数。则类似于引理5.2.7，有

$$\begin{aligned}&\lim_{\delta\to0^+}\int_\Omega\zeta\Big(P(\rho_\delta,\theta_\delta)T_k(\rho_\delta)-\mathbb{S}(\theta_\delta,\boldsymbol{v}_\delta):\mathcal{R}(1_\Omega T_k(\rho_\delta))\Big)\mathrm{d}x\\&=\int_\Omega\zeta\boldsymbol{v}\cdot\left(\rho\mathcal{R}(1_\Omega\overline{T_k(\rho)})\boldsymbol{v}-\overline{T_k(\rho)}\mathcal{R}(1_\Omega\rho\boldsymbol{v})\right)\mathrm{d}x\\&\quad-\lim_{\delta\to0^+}\int_\Omega\zeta\boldsymbol{v}_\delta\cdot\left(\rho_\delta\mathcal{R}(1_\Omega T_k(\rho_\delta))\boldsymbol{v}_\delta-\overline{T_k(\rho_\delta)}\mathcal{R}(1_\Omega\rho_\delta\boldsymbol{v}_\delta)\right)\mathrm{d}x\\&\quad+\int_\Omega\zeta\left(\overline{P(\rho,\theta)}\,\overline{T_k(\rho)}-\mathbb{S}(\theta,\boldsymbol{v}):\mathcal{R}(1_\Omega\overline{T_k(\rho)})\right)\mathrm{d}x,\end{aligned}\tag{5.4.8}$$

其中$\overline{T_k(\rho)}$是$T_k(\rho_\delta)$关于$\delta\to0^+$的弱$*$极限函数。类似于(5.2.70)的证明，同样可得：对于任意的$p\in[1,s)$，

$$\begin{aligned}&\rho_\delta\mathcal{R}(1_\Omega T_k(\rho_\delta))\boldsymbol{v}_\delta-\overline{T_k(\rho_\delta)}\mathcal{R}(1_\Omega\rho_\delta\boldsymbol{v}_\delta)\\&\rightharpoonup\rho\mathcal{R}(1_\Omega\overline{T_k(\rho)})\boldsymbol{v}-\overline{T_k(\rho)}\mathcal{R}(1_\Omega\rho\boldsymbol{v}),\quad 在\ (L^p(\Omega))^3\ 中。\end{aligned}$$

另一方面，对于$p\in[1,s]$，表达式

$$\boldsymbol{v}_\delta\cdot(\rho_\delta\mathcal{R}(1_\Omega T_k(\rho_\delta))\boldsymbol{v}_\delta-\overline{T_k(\rho_\delta)}\mathcal{R}(1_\Omega\rho_\delta\boldsymbol{v}_\delta))$$

在$L^p(\Omega)$中是一致有界。因此，由引理2.2.13即得

$$\begin{aligned}&\lim_{\delta\to0^+}\int_\Omega\zeta\Big(P(\rho_\delta,\theta_\delta)T_k(\rho_\delta)-\mathbb{S}(\theta_\delta,\boldsymbol{v}_\delta):\mathcal{R}(1_\Omega T_k(\rho_\delta))\Big)\mathrm{d}x\\&=\int_\Omega\zeta\left(\overline{P(\rho,\theta)}\,\overline{T_k(\rho)}-\mathbb{S}(\theta,\boldsymbol{v}):\mathcal{R}(1_\Omega\overline{T_k(\rho)})\right)\mathrm{d}x。\end{aligned}\tag{5.4.9}$$

最后，采用(5.2.75)的证明过程，即可推出有效黏性通量等式：

$$\begin{aligned}&\overline{P(\rho,\theta)T_k(\rho)}-\left(\frac{4}{3}\mu(\theta)+\nu(\theta)\right)\overline{T_k(\rho)\mathrm{div}\boldsymbol{v}}\\&=\overline{P(\rho,\theta)}\,\overline{T_k(\rho)}-\left(\frac{4}{3}\mu(\theta)+\nu(\theta)\right)\overline{T_k(\rho)}\mathrm{div}\boldsymbol{v}。\end{aligned}\tag{5.4.10}$$

§5.4.3 密度振荡的有界性

类似于引理3.3.5的证明，可得下列引理。

引理 5.4.1 令$(\rho_\delta,\boldsymbol{v}_\delta,\theta_\delta)$为第5.2.3节中构造的逼近解，令$m>\max\{2/3(\gamma-1),2/3\}$，则存在$q>2$，使得

$$\limsup_{\delta\to 0}\|T_k(\rho_\delta)-T_k(\rho)\|_q\leqslant C,$$

其中C是不依赖于k的常数。

证明 类似于(3.3.26)，可推出

$$\begin{aligned}&d\limsup_{\delta\to 0^+}\int_\Omega|T_k(\rho_\delta)-T_k(\rho)|^{\gamma+1}\leqslant d\limsup_{\delta\to 0^+}\int_\Omega(\rho^\gamma-\rho_\delta^\gamma)(T_k(\rho_\delta)-T_k(\rho))\mathrm{d}x\\&=d\int_\Omega(\overline{\rho^\gamma T_k(\rho)}-\overline{\rho^\gamma}\ \overline{T_k(\rho)})\mathrm{d}x+d\int_\Omega(\rho^\gamma-\overline{\rho^\gamma})(T_k(\rho)-\overline{T_k(\rho)})\mathrm{d}x。\end{aligned}$$

由$\rho\to\rho^\gamma$的凸性，T_k的凹性，温度的强收敛性，定理2.2.16和关系式

$$P(\rho,\theta)=d\rho^\gamma+P_m(\rho,\theta),\quad \frac{\partial P_m(\rho,\theta)}{\partial\rho}\geqslant 0,$$

可得出

$$\begin{aligned}&d\limsup_{\delta\to 0^+}\int_\Omega|T_k(\rho_\delta)-T_k(\rho)|^{\gamma+1}\mathrm{d}x\\&\leqslant\int_\Omega\left(\overline{P(\rho,\theta)T_k(\rho)}-\overline{P(\rho,\theta)}\,\overline{T_k(\rho)}\right)\mathrm{d}x。\end{aligned}\tag{5.4.11}$$

类似地，还可推导出

$$\begin{aligned}&d\limsup_{\delta\to 0^+}\int_\Omega\frac{1}{1+\theta}|T_k(\rho_\delta)-T_k(\rho)|^{\gamma+1}\mathrm{d}x\\&\leqslant\int_\Omega\frac{1}{1+\theta}\left(\overline{P(\rho,\theta)T_k(\rho)}-\overline{P(\rho,\theta)}\,\overline{T_k(\rho)}\right)\mathrm{d}x。\end{aligned}\tag{5.4.12}$$

令$G_k(x,z)=d|T_k(z)-T_k(\rho(x))|^{\gamma+1}$，则

$$\overline{G_k(\cdot,\rho)}\leqslant\overline{P(\rho,\theta)T_k(\rho)}-\overline{P(\rho,\theta)}\,\overline{T_k(\rho)}。$$

由(5.4.10)，对任意$k \geqslant 1$，有

$$\overline{G_k(\cdot,\rho)} \leqslant (\nu(\theta)+4\mu(\theta)/3)\left(\overline{T_k(\rho)\mathrm{div}\boldsymbol{v}} - \overline{T_k(\rho_\delta)}\mathrm{div}\boldsymbol{v}\right)。$$

从而，

$$\begin{aligned}\int_\Omega (1+\theta)^{-1}\overline{G_k(x,\rho)}\mathrm{d}x &\leqslant C\sup_{\delta>0}\|\mathrm{div}\boldsymbol{v}_\delta\|_2 \limsup_{\delta\to 0^+}\|T_k(\rho_\delta)-T_k(\rho)\|_2\\ &\leqslant \limsup_{\delta\to 0^+}\|T_k(\rho_\delta)-T_k(\rho)\|_2。\end{aligned} \tag{5.4.13}$$

另一方面，对于$2<q<\gamma+1$，

$$\begin{aligned}&\int_\Omega |T_k(\rho_\delta)-T_k(\rho)|^q\mathrm{d}x \leqslant \int_\Omega |T_k(\rho_\delta)-T_k(\rho)|^q(1+\theta)^{-\frac{q}{\gamma+1}}(1+\theta)^{\frac{q}{\gamma+1}}\mathrm{d}x\\ &\leqslant C\left(\int_\Omega (1+\theta)^{-1}|T_k(\rho_\delta)-T_k(\rho)|^{\gamma+1}\mathrm{d}x\right)^{\frac{q}{\gamma+1}}\left(\int_\Omega (1+\theta)^{\frac{q}{\gamma+1-q}}\mathrm{d}x\right)^{\frac{\gamma+1-q}{\gamma+1}}。\end{aligned}$$

因此，若利用(5.4.13)及插值不等式，即得所要结果。 □

现在开始证明密度的强收敛性。首先，注意到极限函数$(\rho,\boldsymbol{v})$同样满足引理3.3.6的结论，故可从$(\rho_\delta,\boldsymbol{v}_\delta)$和$(\rho,\boldsymbol{v})$所满足的重整化方程的弱形式推出如下等式：

$$\int_\Omega T_k(\rho)\mathrm{div}\boldsymbol{v}\mathrm{d}x = 0, \qquad \int_\Omega T_k(\rho_\delta)\mathrm{div}\boldsymbol{v}_\delta\mathrm{d}x = 0。$$

上面的第二个等式进一步给出

$$\int_\Omega \overline{T_k(\rho)\mathrm{div}\boldsymbol{v}}\mathrm{d}x = 0。$$

所以，利用有效黏性通量(5.4.10)可得出

$$\begin{aligned}&\int_\Omega \frac{1}{\nu(\theta)+4\mu(\theta)/3}\left(\overline{P(\rho,\theta)T_k(\rho)} - \overline{P(\rho,\theta)}\,\overline{T_k(\rho)}\right)\mathrm{d}x\\ &= \int_\Omega \left(T_k(\rho)-\overline{T_k(\rho)}\right)\mathrm{div}\boldsymbol{v}\mathrm{d}x。\end{aligned} \tag{5.4.14}$$

回顾(3.3.51)的推导，很容易看出上式右端项关于$k\to\infty$的极限为0，因而得到

$$\lim_{k\to\infty}\int_\Omega \frac{1}{\nu(\theta)+4\mu(\theta)/3}\left(\overline{P(\rho,\theta)T_k(\rho)} - \overline{P(\rho,\theta)}\,\overline{T_k(\rho)}\right)\mathrm{d}x = 0。$$

利用(5.4.12)及关于黏性系数的条件，有

$$\lim_{k\to\infty}\limsup_{\delta\to 0^+}\int_\Omega |T_k(\rho_\delta)-T_k(\rho)|^{\gamma+1}\mathrm{d}x = 0,$$

最后，类似于(3.3.52)，能立即推出

$$\rho_\delta \to \rho, \quad 在\ L^p(\Omega)\ 中, \quad \forall\, 1\leqslant p < s\gamma。$$

这就完成定理5.1.4的证明。

§5.5 注记

（非定常）可压缩NSF方程组的“变分解”概念由Feireisl在2004年引入[20]，它是等熵情形下重整化弱解的一种推广，但还不是经典意义下的弱解（即内能方程的弱形式以等式给出）。能量方程的弱解用具有“亏测度”的变分形式来表述的想法可追溯到DiPerna和Lions关于Fokker–Planck–Boltzmann方程的工作[14]。在文献[20, 23]中，Feireisl及合作者建立起了非定常可压缩NSF方程组变分弱解的存在性理论。在变分解的定义中，内能方程弱形式之所以以不等式形式出现，原因主要在于速度的一致估计仅能保证黏性耗散能量项$\mathbb{S}(\theta, \boldsymbol{v}) : \nabla \boldsymbol{v}$ 的弱下半连续性。当然，如果解是光滑的，不等式应该为等式。这里需指出的是这种不等式形式与热力学第二不等式或Clausius–Duhem不等式是兼容的。因此，Feireisl等人在后续工作中又进一步对变分解理论进行了完善[23]，并给出了本章中所述的“变分熵解”定义。

Mucha和Pokorný于2009年进一步研究了定常可压缩NSF方程组的弱解存在性理论，并对于$\gamma > 3$且考虑滑移边值条件(3.0.3)的情形，给出了经典弱解的存在性，其中弱解的密度ρ为有界函数，并且θ 的梯度几乎处处有界，参见[48, 定理3]。一般来说，滑移边值条件有助于推导出更好的弱解正则性。2010年，Pokorný 和Novotný进一步证明了: 对于$\gamma > 7/3$（非滑移边值条件下），存在类似于定义5.1.1中所述的弱解。对于非滑移边值条件情形，Novotný和Pokorný于2011年证明了[58]：当$\gamma > 3/2$时，存在变分熵解；而当$\gamma > 5/3$ 时，存在定义5.1.1形式的弱解。此外，在[59]中进一步证明了：$\gamma > (3+\sqrt{41})/8 \approx 1.175$ 时，存在变分熵解；当$\gamma > 4/3$ 时，存在定义5.1.1形式的弱解。最后，Mucha, Pokorný和Zatorska[50]于2015年给出了本章的定理5.1.4。此外，他们还发现滑移边值条件有助于在动量方程的弱形式中构造更好的检验函数，使得可以进一步提高密度的可积性，因而证明了：当$\gamma > 1$时，存在变分熵解；当$\gamma > 5/4$时，存在类似于定义5.1.1形式的弱解[50]。

定理5.1.4对应的二维情形结果见文献[50, 定理4]，其中状态关系式形如(5.1.16) [注意，对于$\gamma = 1$情形，(5.1.16) 中“弹性”部分需要修改成对数形式]。定理5.1.4还可进一步推广到定常反应流体[在定常NSF方程组基础上进一步耦合刻画混合物质浓度的方程，见[50, 定理6]（非滑移边值条件情形）和[65, 定理2.3]（滑移边值条件情形）]，以及定常辐射流体（在定常NSF方程组基础上进一步耦合辐射输运方程，见[50, 定理5]）。

目前，（黏性与热传导系数依赖于温度的）高维定常可压缩NSF方程组弱解的存在性理论都要求区域是有界的；而对于外区域或全空间情形，解的存在性还未知。

第六章 小Mach数情形下可压缩等熵NS方程的强解

§6.1 介绍及主要结果

从本章开始到第八章介绍定常流体强解的存在性结果。Novotny和Straškraba等人[60]在其专著中介绍了小外力情形的定常可压缩NS方程强解的存在性。本书将进一步介绍大外力作用下定常可压缩NS方程强解的存在性结果。具体地说，将在本章中介绍当Mach数充分小时，具有大外力的定常可压缩等熵NS方程强解的存在性；并在下章中介绍对应的有热传导时的结果。最后在第八章中介绍在大势力和小非势力共同作用下的定常可压缩NSF方程组强解的存在性结果。

为便于区别可压缩与不可压缩情形的数学符号，从本章开始到本书结束，将用p (代替前几章的P)表示可压缩情形时的压力。

本章研究当Mach数适当小时，有界区域$\Omega\subset\mathbb{R}^3$上定常可压缩等熵NS方程

$$\begin{cases}\rho(\boldsymbol{v}\cdot\nabla)\boldsymbol{v}+\nabla p=\mu\Delta\boldsymbol{v}+\tilde{\zeta}\Delta\boldsymbol{v}+\rho\boldsymbol{f},\\ \operatorname{div}(\rho\boldsymbol{u})=0\end{cases}\tag{6.1.1}$$

强解的存在性，其中ρ，$\boldsymbol{v}$和p表示定常流体的密度、速度和压力。μ和$\tilde{\zeta}$表示与定常流体黏性相关的正常数。本章压力p满足关系式$p=a\rho^\gamma$，其中$\gamma\geqslant 1$，$a>0$。

首先将上述方程组(6.1.1)改写为具有Mach数的等价方程组。令x_*，t_*，$\boldsymbol{v}_*$，p_*及ρ_*分别记为单位长度、时间、速度、压力及密度，且满足$v_*=x_*/t_*$，$p_*=a\rho_*^\gamma$。在密度和压力分别为ρ_*和p_*状态的静止流体中，声音的传播速度记为a_*，其由公式$a_*^2=\mathrm{d}p/\mathrm{d}\rho|_{\rho=\rho_*}=\gamma a\rho_*^{\gamma-1}$给出，且$\varepsilon=v_*/a_*$表示Mach数。若用$x_*x$, t_*t, $v_*\boldsymbol{v}$, p_*p, $\rho_*\rho$, $x_*\rho_*\boldsymbol{v}_*\mu$, $x_*\rho_*\boldsymbol{v}_*\zeta$和$(v_*/x_*)\boldsymbol{f}$分别替换$x$, t, $\boldsymbol{v}$, p, ρ, μ, $\tilde{\zeta}$和$\boldsymbol{f}$, 则可得到无量化形式的定常可压缩等熵NS方程组：

$$\rho(\boldsymbol{v}\cdot\nabla)\boldsymbol{v}+\rho^{\gamma-1}\nabla\rho/\varepsilon^2=\mu\Delta\boldsymbol{v}+\zeta\nabla\operatorname{div}\cdot\boldsymbol{v}+\rho\boldsymbol{f},\qquad \text{在}\,\Omega\,\text{中，}\tag{6.1.2}$$

$$\operatorname{div}(\rho\boldsymbol{v})=0,\qquad \text{在}\,\Omega\,\text{中。}\tag{6.1.3}$$

用$\bar{\rho}+\varepsilon^2\rho$代替$\rho$，其中$\bar{\rho}$表示平均密度，则可得如下方程组：

$$\begin{cases}(\bar{\rho}+\varepsilon^2\rho)(\boldsymbol{v}\cdot\nabla\boldsymbol{v})+(\bar{\rho}+\varepsilon^2\rho)^{\gamma-1}\nabla\rho \\ \quad =\mu\Delta\boldsymbol{v}+\zeta\nabla\mathrm{div}\boldsymbol{v}+(\bar{\rho}+\varepsilon^2\rho)\boldsymbol{f}, & \text{在}\,\Omega\,\text{中}, \\ \bar{\rho}\mathrm{div}\boldsymbol{v}+\varepsilon^2\mathrm{div}(\rho\boldsymbol{v})=0, & \text{在}\,\Omega\,\text{中。}\end{cases} \tag{6.1.4}$$

本章考虑速度$\boldsymbol{v}$满足非滑移边值条件，并且沿平均密度扰动量的均值为0，即

$$\boldsymbol{v}=0,\quad \text{在}\,\partial\Omega\,\text{上},\qquad \text{且}\quad \int_\Omega \rho(x)\mathrm{d}x=0\text{。} \tag{6.1.5}$$

不失一般性，设平均密度$\bar{\rho}$等于1。

则有下述关于边值问题(6.1.4)–(6.1.5) 的强解存在性结果[10, 定理1.1]。

定理 6.1.1 令$\Omega\in\mathbb{R}^3$是一个有界的C^4区域，$\boldsymbol{f}\in(H^2(\Omega))^3$，则存在依赖$\|\boldsymbol{f}\|_{H^2}$和$\Omega$的$\varepsilon_0$，使得对于任意的$\varepsilon\in[0,\varepsilon_0)$，边值问题(6.1.4)–(6.1.5) 有一个强解$(\rho,\boldsymbol{v})\in H^2(\Omega)\times(H^3(\Omega))^3$。

由于边值问题(6.1.4)–(6.1.5) 中的方程组是椭圆和双曲混合型的非线性方程组，因此在证明强解或古典解的存在性时，为了使用不动点定理证明，需要一些小性条件（这里要求Mach数小）。至于所附加的小性条件能否去掉，一直是未解决的公开问题。本章证明定理6.1.1的基本想法就是把方程分成两部分，其中一部分类似具有一般外力项$\boldsymbol{f}$的不可压NS方程组，另一部分则类似具有小外力项$\varepsilon^2\boldsymbol{f}$ 的可压缩NS方程组（见方程组(6.2.1)–(6.2.3) 和(6.2.4)–(6.2.6)）。注意到对具有大外力的定常不可压缩NS方程组，以及具小外力的定常可压缩NS方程组都存在强解。这意味，对于充分小的Mach数，边值问题(6.1.4)–(6.1.5) 应该存在强解。

如果外力是势力(potential force)，且流体质量给定，则可以证明强解的唯一性。事实上，假设$(\rho,\boldsymbol{v})$ 是方程组(6.1.1)的解，$\boldsymbol{v}$在边界是非滑移的，并且$\boldsymbol{f}=\nabla\Phi$。定义$g(\rho):=\int_c^\rho s^{-1}p'(s)\mathrm{d}s$，其中当$\gamma>1$，$c=0$；当$\gamma=1$时，$c=1$。则$g$是定义在$\mathbb{R}^+$上的可逆函数。利用能量方法可得

$$\int_\Omega|\nabla\boldsymbol{v}|^2\mathrm{d}x+\int_\Omega|\mathrm{div}\boldsymbol{v}|^2\mathrm{d}x=0\text{。}$$

因此，利用速度的边值条件可得$u\equiv0$，并且定常方程组退化成静止解问题：

$$\nabla p(\rho)/\rho=\nabla\Phi,$$

从而$\rho=g^{-1}(\Phi)$。这说明当$\boldsymbol{f}=\nabla\Phi$时，$(\rho=g^{-1}(\Phi),0)$是一个解。然而，当质量$M$ 给定时，上述静止解问题至多有一解（见[60, 定理8.13]），从而即得解的唯一性。

最后介绍从本章开始至本书结束将采用的与前几章不同的数学符号。由于所使用的函数空间的定义域常常为Ω，为简单起见，将省略函数空间中的区域，例

如$H^m := H^m(\Omega)$，$H^1_\sigma := \boldsymbol{H}^1_\sigma(\Omega,\mathbb{R}^3)$，$L^2_0 := L^2_0(\Omega)$等等。不同于前几章，向量函数空间也简记为标量形式，例如$(H^m)^3$简写为H^m，其是否是标量还是向量形式很容易根据所处位置确定。与第一章一样，令$\|\cdot\|$表示$L^2(\Omega)$范数，$\|\cdot\|_{m,2} := \sum_{|\alpha|\leqslant m}\|D^\alpha\cdot\|$。记$\bar{H}^m = H^m\cap L^2_0$，$H^m_\sigma := H^m\cap H^1_\sigma$。$\langle\cdot,\cdot\rangle$为$H^{-1}$和$H^1_0$之间的对偶，范数$\|\cdot\|_{-1} := \sup_{\|h\|_1=1}|\langle\cdot,h\rangle|$。

§6.2 等价问题及线性化问题

由于直接求解边值问题(6.1.4)–(6.1.5) 是有困难的，所以把方程组(6.1.4)拆解成下面两个边值问题：

$$(U\cdot\nabla)U+(\boldsymbol{u}\cdot\nabla)U-\mu\Delta U+\nabla P=\boldsymbol{f}, \tag{6.2.1}$$

$$\mathrm{div}U=0, \tag{6.2.2}$$

$$U=0,\quad 在\,\partial\Omega\,上，\quad 且\int_\Omega P\mathrm{d}x=0 \tag{6.2.3}$$

和

$$(U\cdot\nabla)\boldsymbol{u}+(\boldsymbol{u}\cdot\nabla)\boldsymbol{u}-\mu\Delta\boldsymbol{u}-\zeta\nabla\mathrm{div}\boldsymbol{u}+\nabla\eta=\varepsilon^2F, \tag{6.2.4}$$

$$\mathrm{div}\boldsymbol{u}+\varepsilon^2\mathrm{div}\Big(\eta(U+\boldsymbol{u})\Big)=-\varepsilon^2\mathrm{div}\Big(P(U+\boldsymbol{u})\Big), \tag{6.2.5}$$

$$\boldsymbol{u}=0,\quad 在\,\partial\Omega\,上，\quad 且\int_\Omega \eta\mathrm{d}x=0, \tag{6.2.6}$$

其中新的外力$F=(F^1,F^2,F^3)$定义为

$$\begin{aligned}F :=&(P+\eta)\boldsymbol{f}-(P+\eta)(U+\boldsymbol{u})\cdot\nabla(U+\boldsymbol{u})\\&+\left(1-(1+\varepsilon^2(P+\eta))^{\gamma-1}\right)\nabla(P+\eta)/\varepsilon^2。\end{aligned}$$

很容易检验如果$(U,\boldsymbol{u},P,\eta)$是上述两个边值问题的解，则$\boldsymbol{v}:=U+\boldsymbol{u}$和$\rho:=P+\eta$是边值问题(6.1.4)–(6.1.5) 的解。因此，定理6.1.1的证明可转化为证明上述两个边值问题存在强解。下面将运用Schauder 不动点定理1.1.3证明两边值问题(6.2.1)–(6.2.3)和(6.2.4)–(6.2.6) 存在强解。为此，需要线性化这两个边值问题。

给定函数$\tilde{U}$，$\tilde{\boldsymbol{u}}$和$\tilde{\eta}$满足

$$\mathrm{div}\tilde{U}=0,\quad \tilde{U}=\tilde{\boldsymbol{u}}=0,\quad 在\,\partial\Omega\,上，\quad 且\int_\Omega\tilde{\rho}\mathrm{d}x=0。$$

第一步先线性化边值问题(6.2.1)–(6.2.3)。对于给定的函数$\tilde{U}$和$\tilde{\boldsymbol{u}}$，(6.2.1)–(6.2.3)的线性化边值问题（也称广义Stokes问题）如下：

$$(\tilde{U}+\tilde{\boldsymbol{u}})\cdot\nabla U-\mu\Delta U+\nabla P=\boldsymbol{f}，\tag{6.2.7}$$

$$\mathrm{div}U=0，\tag{6.2.8}$$

$$U=0,\quad 在\,\partial\Omega\,上，\quad 且\int_\Omega P\mathrm{d}x=0。\tag{6.2.9}$$

其次，线性化方程(6.2.4)。对于给定的线性化边值问题(6.2.7)–(6.2.9) 的解(U,P)和$\tilde{\eta}$，方程(6.2.4)的线性化边值问题（也称椭圆边值问题）如下：

$$U\cdot\nabla\boldsymbol{u}-\mu\Delta\boldsymbol{u}-\zeta\nabla\mathrm{div}\boldsymbol{u}=\varepsilon^2\tilde{F}-\tilde{\boldsymbol{u}}\cdot\nabla\tilde{\boldsymbol{u}}-\nabla\tilde{\eta}，\tag{6.2.10}$$

$$\boldsymbol{u}=0,\quad 在\,\partial\Omega\,上，\tag{6.2.11}$$

其中外力$\tilde{F}=(\tilde{F}^1,\tilde{F}^2,\tilde{F}^3)$ 定义为

$$\begin{aligned}\tilde{F}:=&(P+\tilde{\eta})\boldsymbol{f}-(P+\tilde{\eta})(U+\tilde{\boldsymbol{u}})\cdot\nabla(U+\tilde{\boldsymbol{u}})\\&+\big(1-(1+\varepsilon^2(P+\tilde{\eta}))^{\gamma-1}\big)\nabla(P+\tilde{\eta})/\varepsilon^2。\end{aligned}$$

最后，线性化方程(6.2.5)。对于给定的$\tilde{\boldsymbol{u}}$和$\tilde{\eta}$，方程(6.2.5)线性化为下述关于η的输运方程：

$$(\eta-\tilde{\eta})/\zeta+\mathrm{div}\boldsymbol{u}+\varepsilon^2\mathrm{div}\Big(\eta(U+\tilde{\boldsymbol{u}})\Big)=\varepsilon^2 g，\tag{6.2.12}$$

$$\int_\Omega\eta\mathrm{d}x=0，\tag{6.2.13}$$

其中$g:=-\mathrm{div}(P(U+\tilde{\boldsymbol{u}}))$。

不失一般性，本章只考虑$\gamma=1$以及$|\Omega|=1$ 的情形。

§6.3　线性化问题解的存在性

§6.3.1　广义Stokes问题解的存在性

本小节考虑下述广义Stokes问题解的存在性：

$$(\tilde{U}+\tilde{\boldsymbol{u}})\cdot\nabla U-\mu\Delta U+\nabla P=\boldsymbol{f},\quad 在\,\Omega\,中，\tag{6.3.1}$$

$$\mathrm{div}U=0,\quad 在\,\Omega\,中，\tag{6.3.2}$$

$$U=0,\quad 在\,\partial\Omega\,中，\ 且\int_\Omega P\mathrm{d}x=0，\tag{6.3.3}$$

其中$\tilde{U}\in H^4_\sigma$和$\tilde{\boldsymbol{u}}\in H^3\cap H^1_0$为给定的函数。

注意，把(6.3.1)左端的第一项去掉后，上述边值问题即为（不可压）Stokes问题。对于任意的大外力，Stokes问题解是存在的。因此，很自然的想法就是运用处理Stokes问题的方法证明上述广义Stokes问题同样存在强解。事实上，对于适当小的$\tilde{\boldsymbol{u}}$，可以通过Lax–Milgram定理求解(6.3.1)–(6.3.3)。

引理 6.3.1 *设Ω是有界Lipschitz区域，$\boldsymbol{f}\in H^{-1}$，则存在一个依赖于μ和Ω的常数a_0，使得：如果$\|\tilde{\boldsymbol{u}}\|_{3,2}<a_0$，则边值问题(6.3.1)–(6.3.3)存在弱解$U\in H_0^1$和$P\in L^2$，满足*

$$\|P\|\leqslant C_0\|\boldsymbol{f}\|_{-1}, \tag{6.3.4}$$

$$\|U\|_{1,2}\leqslant C_1\|\boldsymbol{f}\|_{-1}, \tag{6.3.5}$$

其中C_0和C_1依赖于Ω，μ和a_0。

证明 定义双线性泛函$B:H_\sigma^1\times H_\sigma^1\to\mathbb{R}$：

$$B(U,\Phi):=\mu\int_\Omega\nabla U:\nabla\Phi\mathrm{d}x+\int_\Omega((\tilde{U}+\tilde{\boldsymbol{u}})\cdot\nabla U)\cdot\Phi\mathrm{d}x。$$

容易看出

$$\begin{aligned}B(U,\Phi)&\leqslant\mu\|\nabla U\|\|\nabla\Phi\|+(\|\tilde{U}\|_3+\|\tilde{\boldsymbol{u}}\|_3)\|\nabla U\|\|\Phi\|_6\\&\leqslant C(\mu+\|\tilde{U}\|_{1,2}+\|\tilde{\boldsymbol{u}}\|_{1,2})\|U\|_{1,2}\|\Phi\|_{1,2},\end{aligned}$$

其中C是一个仅依赖于Ω的正常数。

取Φ为U，并利用$\mathrm{div}\tilde{U}=0$的条件，得

$$\begin{aligned}B(U,U)&\geqslant\mu\|\nabla U\|^2-\|\mathrm{div}\tilde{\boldsymbol{u}}\|_\infty\|U\|^2/2\\&\geqslant\mu\|\nabla U\|^2-\alpha\|\tilde{\boldsymbol{u}}\|_{3,2}\|U\|^2/2\\&\geqslant(\mu-\alpha b_0^2\|\tilde{\boldsymbol{u}}\|_{3,2}/2)\|\nabla U\|^2,\end{aligned}$$

其中α和b_0分别表示Sobolev嵌入常数和Poincaré不等式估计常数。

取$a_0<\mu/\alpha b_0^2$，则

$$B(U,U)\geqslant\mu\|\nabla U\|^2/2。$$

因此，B是一个正定的连续双线性泛函。所以对$\boldsymbol{f}\in H^{-1}$，由Lax–Milgram定理，存在$U\in H_\sigma^1$，使得对任意$\Phi\in H_\sigma^1$，

$$B(U,\Phi)=\langle\boldsymbol{f},\Phi\rangle。$$

在上式取$\Phi=U$，则

$$\frac{\mu}{2}\|\nabla U\|^2\leqslant B(U,U)=\langle\boldsymbol{f},U\rangle\leqslant\|\boldsymbol{f}\|_{-1}\|U\|_{1,2}。$$

因此，存在仅依赖于Ω和μ的正常数C_1，使得(6.3.5)成立。

由定理2.2.6和Riesz表示定理知，存在$P\in L^2$，使得对于任意$\Phi\in C_\sigma^\infty$，

$$-\langle\nabla P,\Phi\rangle=\mu\int_\Omega\nabla U:\nabla\Phi\mathrm{d}x+\int_\Omega((\tilde{U}+\tilde{\boldsymbol{u}})\cdot\nabla U)\cdot\Phi\mathrm{d}x-\langle\boldsymbol{f},\Phi\rangle,\quad(6.3.6)$$

利用定理2.2.6，Sobolev不等式和(6.3.5)，就可从(6.3.6)推出(6.3.4)。 □

为进一步提高上述引理中的解的正则性，考虑Stokes问题：

$$\begin{aligned}&-\mu\Delta U+\nabla P=\mathcal{F}:=\boldsymbol{f}-(\tilde{U}+\tilde{\boldsymbol{u}})\cdot\nabla U,\quad 在\,\Omega\,中,\\&\mathrm{div}U=0,\quad 在\,\Omega\,中,\\&U=0,\quad 在\,\partial\Omega\,上。\end{aligned}$$

则有下列正则性估计：

引理 6.3.2 设$\boldsymbol{f}\in H^m$，$\tilde{U}\in H^{m+1}\cap H_0^1$（$m=0,1,2$），$\Omega$是有界$C^4$区域，且$\tilde{\boldsymbol{u}}$满足引理6.3.1的条件，则存在正常数$C_2,C_3$和$C_4$，使得如果$\tilde{U}\in H_0^1$满足估计(6.3.5)，则

$$\|U\|_{2,2}+\|\nabla P\|\leqslant C_2\|\boldsymbol{f}\|(\|\boldsymbol{f}\|+1)^4。\quad(6.3.7)$$

更进一步，若$\tilde{U}\in H^2$满足不等式(6.3.7)，则

$$\|U\|_{3,2}+\|\nabla P\|_{1,2}\leqslant C_3\|\boldsymbol{f}\|_{1,2}(\|\boldsymbol{f}\|_{1,2}+1)^8。\quad(6.3.8)$$

若$\tilde{U}\in H^3$满足不等式(6.3.8)，则

$$\|U\|_{4,2}+\|\nabla P\|_{2,2}\leqslant C_4\|\boldsymbol{f}\|_{2,2}(\|\boldsymbol{f}\|_{2,2}+1)^{12}。\quad(6.3.9)$$

上述正常数C_2，C_3和C_4依赖于Ω，μ和a_0。

证明 证明思路是利用引理6.3.1，并应用由Stokes方程的正则性理论得到上面的估计。具体步骤如下：

根据Stokes问题的正则性理论，有

$$\|U\|_{m+2,2}+\|\nabla P\|_{m,2}\leqslant C\|\mathcal{F}\|_{m,2}=C\|\boldsymbol{f}-(\tilde{U}+\tilde{\boldsymbol{u}})\cdot\nabla U\|_{m,2},\quad(6.3.10)$$

其中$0\leqslant m\leqslant 2$，C是仅依赖于Ω和μ的正常数。

对于$|\alpha|\leqslant 2$，易看出下列不等式成立。

$$\begin{aligned}\nabla^\alpha((\tilde{U}+\tilde{\boldsymbol{u}})\cdot\nabla U)=&(\tilde{U}+\tilde{\boldsymbol{u}})\cdot\nabla(\nabla^\alpha U)\\&+\sum_{0<|\beta|\leqslant|\alpha|}\nabla^\beta(\tilde{U}+\tilde{\boldsymbol{u}})\cdot\nabla(\nabla^{\alpha-\beta}U)。\end{aligned}\quad(6.3.11)$$

利用Hölder、Sobolev和Young不等式，可推导出

$$\|v\cdot\nabla w\|\leqslant C\|v\|_{1,2}\|w\|_{1,2}^{1/4}\|w\|_{3,2}^{3/4}\leqslant\frac{1}{4}\|w\|_{2,2}+C'\|v\|_{1,2}^{4}\|w\|_{1,2},\tag{6.3.12}$$

其中C和C'是仅依赖于Ω的正常数。

由(6.3.11)和(6.3.12)可知，存在仅依赖于Ω的正常数C，C'和C''，使得

$$\|(\tilde{U}+\tilde{\boldsymbol{u}})\cdot\nabla U\|\leqslant\frac{1}{2}\|U\|_{2,2}+C\|\tilde{U}+\tilde{\boldsymbol{u}}\|_{1,2}^{4}\|\nabla U\|_{1,2},\tag{6.3.13}$$

$$\begin{aligned}\|(\tilde{U}+\tilde{\boldsymbol{u}})\cdot\nabla U\|_{1,2}\leqslant&\frac{1}{2}\|U\|_{3,2}\\&+C'(\|\tilde{U}+\tilde{\boldsymbol{u}}\|_{1,2}^{4}\|\nabla U\|_{2,2}+\||\nabla(\tilde{U}+\tilde{\boldsymbol{u}})||\nabla U|\|),\end{aligned}\tag{6.3.14}$$

$$\begin{aligned}\|(\tilde{U}+\tilde{\boldsymbol{u}})\cdot\nabla U\|_{2,2}\leqslant&\frac{1}{2}\|U\|_{4,2}+C''\Big(\|\tilde{U}+\tilde{\boldsymbol{u}}\|_{1,2}^{4}\|\nabla U\|_{3,2}+\||\nabla(\tilde{U}+\tilde{\boldsymbol{u}})||\nabla U|\|\\&+\||\nabla^2(\tilde{U}+\tilde{\boldsymbol{u}})||\nabla U|\|+\||\tilde{U}+\tilde{\boldsymbol{u}}||\nabla^2U|\|\Big)。\end{aligned}\tag{6.3.15}$$

进一步由Hölder和Sobolev不等式可得到：对于$m=0,1$，存在常数C（依赖于区域和m），使得

$$\|\nabla^m\tilde{U}\cdot\nabla U\|\leqslant C\|\tilde{U}\|_{m+1,2}^{3/4}\|\tilde{U}\|_{m}^{1/4}\|U\|_{2,2}^{3/4}\|U\|_{1,2}^{1/4}。$$

因此，由(6.3.10)和(6.3.13)–(6.3.15)，可得出

$$\begin{aligned}\|U\|_{2,2}+\|\nabla P\|\leqslant& C(\|\boldsymbol{f}\|+\|\tilde{U}+\tilde{\boldsymbol{u}}\|_{1,2}^{4}\|U\|_{1,2}),\\
\|U\|_{3,2}+\|\nabla P\|_{1,2}\leqslant& C(\|\boldsymbol{f}\|_{1,2}+\|\tilde{U}+\tilde{\boldsymbol{u}}\|_{1,2}^{4}\|U\|_{2,2}+\||\nabla(\tilde{U}+\tilde{\boldsymbol{u}})||\nabla U|\|)\\
\leqslant& C(\|\boldsymbol{f}\|_{1,2}+\|\tilde{U}+\tilde{\boldsymbol{u}}\|_{1,2}^{4}\|U\|_{2,2}+\|\tilde{U}\|_{1,2}^{3/4}\|\tilde{U}\|^{1/4}\|U\|_{2,2}^{3/4}\|U\|_{1,2}^{1/4}),\\
\|U\|_{4,2}+\|\nabla P\|_{2,2}\leqslant& C(\|\boldsymbol{f}\|_{2,2}+\|\tilde{U}+\tilde{\boldsymbol{u}}\|_{1,2}^{4}\|U\|_{3,2}+\||\nabla(\tilde{U}+\tilde{\boldsymbol{u}})||\nabla U|\|\\
&+\||\nabla^2(\tilde{U}+\tilde{\boldsymbol{u}})||\nabla U|\|+\||\nabla(\tilde{U}+\tilde{\boldsymbol{u}})||\nabla^2U|\|)\\
\leqslant& C(\|\boldsymbol{f}\|_{2,2}+\|\tilde{U}+\tilde{\boldsymbol{u}}\|_{1,2}^{4}\|U\|_{3,2}+\|\tilde{U}\|_{2,2}^{3/4}\|\tilde{U}\|_{1,2}^{1/4}\|U\|_{2,2}^{3/4}\|U\|_{1,2}^{1/4})。\end{aligned}$$

设$\tilde{U}\in H_0^1$满足不等式(6.3.5)，则对于给定的$\tilde{U},\tilde{\boldsymbol{u}}$和$\boldsymbol{f}\in L^2$，广义Stokes问题的弱解$U$满足(6.3.5)，从而得到(6.3.7)。

设$\tilde{U}$进一步满足$\tilde{U}\in H^2$和不等式(6.3.7)，则对于给定的$\tilde{U},\tilde{\boldsymbol{u}}$和$\boldsymbol{f}\in L^2$，广义Stokes问题的强解$U$满足(6.3.7)，从而有(6.3.8)。

设$\tilde{U}$进一步满足$\tilde{U}\in H^3$和不等式(6.3.8)，则对于给定的$\tilde{U},\tilde{\boldsymbol{u}}$和$\boldsymbol{f}\in L^2$，广义Stokes问题的古典解$U$满足(6.3.8)，从而可得(6.3.9)。 □

令$f\in H^2$，定义函数空间

$$\begin{aligned}\boldsymbol{K}_0:=&\{U\in H_\sigma^4\mid\|U\|_{1,2}\leqslant C_1\|\boldsymbol{f}\|_{1,2},\ \|U\|_{2,2}\leqslant C_2\|\boldsymbol{f}\|(\|\boldsymbol{f}\|+1)^4,\\&\|U\|_{3,2}\leqslant C_3\|\boldsymbol{f}\|_{1,2}(\|\boldsymbol{f}\|_{1,2}+1)^8,\ \|U\|_{4,2}\leqslant C_4\|\boldsymbol{f}\|_{2,2}(\|\boldsymbol{f}\|_{2,2}+1)^{12}\}。\end{aligned}$$

由引理6.3.2可知，给定$\tilde{U} \in \boldsymbol{K}_0$，则广义Sotkes问题(6.3.1)–(6.3.2) 的解U也属于$\boldsymbol{K}_0$。

§6.3.2 椭圆问题解的存在性

令$\tilde{\eta} \in \bar{H}^2$，$U$和$P$为第6.3.1节中广义Stokes问题(6.3.1)–(6.3.2) 的解。考虑如下的线性椭圆问题：

$$U \cdot \nabla \boldsymbol{u} - \mu \Delta \boldsymbol{u} - \zeta \nabla \mathrm{div} \boldsymbol{u} = \tilde{G}, \quad 在\,\Omega\,中, \tag{6.3.16}$$

$$\boldsymbol{u} = 0, \quad 在\,\partial\Omega\,上, \tag{6.3.17}$$

其中$\tilde{G} = \varepsilon^2 \tilde{F} - \tilde{\boldsymbol{u}} \cdot \nabla \tilde{\boldsymbol{u}} - \nabla \tilde{\eta}$。下面将利用Lax–Milgram定理建立上述边值问题弱解的存在性。

引理 6.3.3 设Ω是有界Lipschitz区域，U为引理6.3.1中所得到的弱解，$\tilde{F} \in H^{-1}$，则椭圆问题(6.3.16)–(6.3.17) 存在唯一弱解$\boldsymbol{u} \in H_0^1$，满足

$$\|\boldsymbol{u}\|_{1,2} \leqslant C_5(\varepsilon^2 \|\tilde{F}\|_{-1} + \|\tilde{\boldsymbol{u}}\|_{1,2}^2 + \|\tilde{\eta}\|), \tag{6.3.18}$$

其中C_5仅依赖于Ω，μ和ζ。

证明 定义双线性泛函$B : H_0^1 \times H_0^1 \to \mathbb{R}$：

$$B(\boldsymbol{u}, \boldsymbol{w}) = \mu \int_\Omega \nabla \boldsymbol{u} : \nabla \boldsymbol{w} \mathrm{d}x + \zeta \int_\Omega \mathrm{div} \boldsymbol{u}\, \mathrm{div} \boldsymbol{w} \mathrm{d}x + \int_\Omega (U \cdot \nabla \boldsymbol{u}) \cdot \boldsymbol{w} \mathrm{d}x,$$

则有

$$B(\boldsymbol{u}, \boldsymbol{w}) \leqslant C(\|U\|_{1,2} + 1) \|\boldsymbol{u}\|_{1,2} \|\boldsymbol{w}\|_{1,2}, \tag{6.3.19}$$

$$B(\boldsymbol{u}, \boldsymbol{u}) = \mu \int_\Omega |\nabla \boldsymbol{u}|^2 \mathrm{d}x + \zeta \int_\Omega |\mathrm{div} \boldsymbol{u}|^2 \mathrm{d}x \geqslant C' \|\boldsymbol{u}\|_{1,2}^2, \tag{6.3.20}$$

其中C和C'仅依赖于Ω，μ和ζ。

由$\tilde{F} \in H^{-1}$知，$\tilde{G} = \varepsilon^2 \tilde{F} - \tilde{\boldsymbol{u}} \cdot \nabla \tilde{\boldsymbol{u}} - \nabla \tilde{\eta} \in H^{-1}$，且

$$\|\tilde{G}\|_{-1} \leqslant C(\varepsilon^2 \|\tilde{F}\|_{-1} + \|\tilde{\boldsymbol{u}}\|_{1,2}^2 + \|\tilde{\eta}\|),$$

其中常数C依赖于区域Ω。因此，Lax–Milgram定理表明存在唯一的$\boldsymbol{u} \in H_0^1$，使得对任意$\boldsymbol{w} \in H_\sigma^1$，

$$B(\boldsymbol{u}, \boldsymbol{w}) = \langle \tilde{G}, \boldsymbol{w} \rangle。$$

在上式中用$\boldsymbol{u}$代替$\boldsymbol{w}$，即得出(6.3.18)。 □

引理 6.3.4 令$\tilde{F} \in H^m \quad (m=0,1)$，$\boldsymbol{u}$为引理6.3.3中所得到的弱解，$\Omega$为有界$C^3$区域，则存在两个仅依赖于$\Omega$，$\mu$和$\zeta$的正常数$C_6$和$C_7$，使得

$$\|\boldsymbol{u}\|_{2,2} \leqslant C_6(\varepsilon^2\|\tilde{F}\| + \|\tilde{\boldsymbol{u}}\|_{2,2}^2 + \|\tilde{\eta}\|_{1,2} + \|U\|_{3,2}\|\boldsymbol{u}\|_{1,2}), \tag{6.3.21}$$

$$\|\boldsymbol{u}\|_{3,2} \leqslant C_7(\varepsilon^2\|\tilde{F}\|_{1,2} + \|\tilde{\boldsymbol{u}}\|_{3,2}^2 + \|\tilde{\eta}\|_{2,2} + \|U\|_{3,2}\|\boldsymbol{u}\|_{2,2})。 \tag{6.3.22}$$

证明 注意，算子$A := -\mu\Delta\boldsymbol{u} - \zeta\nabla\mathrm{div}\boldsymbol{u}$是强椭圆算子，根据椭圆方程正则性理论（见定理2.2.2)，有

$$\|\boldsymbol{u}\|_{m+2,2} \leqslant C\|A\boldsymbol{u}\|_{m,2} = C\|\tilde{G} - U\cdot\boldsymbol{u}\|_{m,2}, \tag{6.3.23}$$

其中常数C依赖于区域。此外，上式右端项能被估计如下：

$$\|\tilde{G}\|_{m,2} \leqslant C(\varepsilon^2\|\tilde{F}\|_{m,2} + \|\tilde{\boldsymbol{u}}\|_{m+2,2} + \|\tilde{\eta}\|_{m+1,2}),$$

$$\|U\cdot\nabla\boldsymbol{u}\|_{m,2} \leqslant C'\|U\|_{3,2}\|\boldsymbol{u}\|_{m+1,2},$$

其中C，C'仅依赖于Ω，μ，ζ和$m=0,1$。

将上述估计代入(6.3.23)，即得到(6.3.21)和(6.3.22)。 □

§6.3.3 广义输运方程解的存在性

考虑广义输运方程

$$\zeta^{-1}(\eta - \tilde{\eta}) + \varepsilon^2\mathrm{div}(\eta(U + \tilde{\boldsymbol{u}})) = \tilde{g}, \tag{6.3.24}$$

$$\int_\Omega \eta\mathrm{d}x = 0, \tag{6.3.25}$$

其中$\tilde{g} = \varepsilon^2 g - \mathrm{div}\boldsymbol{u}$，则下列引理成立。

引理 6.3.5 令Ω为有界C^4区域，U为边值问题(6.3.1)–(6.3.3) 的解，其中$\tilde{\boldsymbol{u}} \in H_0^3$和$\tilde{\eta} \in \bar{H}^2$为给定的，并满足$\|\tilde{\boldsymbol{u}}\|_{3,2} \leqslant 1$，则存在一个$\varepsilon_1 > 0$，使得对所有的$\varepsilon \in [0, \varepsilon_1)$以及$\tilde{g} \in L_0^2$，问题(6.3.24)，(6.3.25)存在弱解$\eta \in L_0^2$。此外，若$\tilde{\eta}$，$g$和$\mathrm{div}\boldsymbol{u} \in \bar{H}^m$（$0 \leqslant m \leqslant 2$)，则$\eta \in \bar{H}^m$，并满足

$$\|\eta\|_{m,2} \leqslant 2\zeta(\varepsilon^2\|g\|_{m,2} + \|\mathrm{div}\boldsymbol{u}\|_{m,2}) + \|\tilde{\eta}\|_{m,2}, \tag{6.3.26}$$

其中ε_1仅依赖于Ω，$\boldsymbol{f}$和m。

证明 令$h = \zeta\tilde{g} + \tilde{\eta}$和$\boldsymbol{w} = U + \tilde{\boldsymbol{u}}$，则所考虑的问题可转化成

$$\eta + \zeta\varepsilon^2\mathrm{div}(\eta\boldsymbol{w}) = h。 \tag{6.3.27}$$

令$\delta = 1/n$，$\{\boldsymbol{w}^\delta\} \subset C_0^\infty(\Omega)$和$\{h^\delta\} \subset C_0^\infty(\Omega)$ 满足

$$\boldsymbol{w}^\delta \to \boldsymbol{w}，\ 在 H^3 \cap H_0^1 中； \quad h^\delta \to h，\ 在 \bar{H}^m 中。$$

现在考虑问题(6.3.27)的逼近问题：

$$\begin{cases} -\delta\Delta\eta^\delta+\eta^\delta+\zeta\varepsilon^2\mathrm{div}(\eta^\delta\boldsymbol{w}^\delta)=h^\delta, & 在\,\Omega\,中，\\ \dfrac{\partial\eta^\delta}{\partial\boldsymbol{n}}=0, & 在\,\Omega\,上，\end{cases} \tag{6.3.28}$$

其中$\boldsymbol{n}$表示Ω的单位外法向量。下面构造逼近问题(6.3.28)的弱解。

定义双线性型$B:\bar{H}^1\times\bar{H}^1\to\mathbb{R}$：

$$B(\eta,\rho)=\delta\int_\Omega\nabla\eta\cdot\nabla\rho\mathrm{d}x+\int_\Omega\eta\rho\mathrm{d}x-\zeta\varepsilon^2(\eta\boldsymbol{w}^\delta,\nabla\rho)。$$

则存在依赖于Ω的正常数C，满足

$$B(\eta,\rho)\leqslant C(1+\varepsilon^2\|\boldsymbol{w}^\delta\|_{3,2})\|\eta\|_{1,2}\|\rho\|_{1,2}。$$

利用分部积分公式，有

$$-(\eta\boldsymbol{w}^\delta,\nabla\eta)=\frac{1}{2}\int_\Omega\mathrm{div}\boldsymbol{w}^\delta\eta^2\mathrm{d}x。$$

因而，

$$\begin{aligned}B(\eta,\eta)&=\delta\int_\Omega|\nabla\eta|^2\mathrm{d}x+\int_\Omega\eta^2\mathrm{d}x+\frac{1}{2}\zeta\varepsilon^2\int_\Omega\eta^2\mathrm{div}\boldsymbol{w}^\delta\mathrm{d}x\\&\geqslant\delta\|\nabla\eta\|^2+\left(1-\frac{\zeta\varepsilon^2\|\mathrm{div}\boldsymbol{w}^\delta\|_{L^\infty}}{2}\right)\|\eta\|^2。\end{aligned} \tag{6.3.29}$$

利用Sobolev和Poincaré不等式，可推导出存在仅依赖于Ω的正常数α_3，b_3和b_3'，使得

$$\|\mathrm{div}\boldsymbol{w}^\delta\|_\infty\leqslant\alpha_3\|\boldsymbol{w}^\delta\|_{3,2}\quad 和\quad b_3\|\eta\|\leqslant\|\eta\|_{1,2}\leqslant b_3'\|\nabla\eta\|。$$

注意到$\|\boldsymbol{w}^\delta\|_{3,2}\leqslant\|\boldsymbol{w}\|_{3,2}+1$，因此，可取充分小的$\varepsilon$，使得$\zeta\varepsilon^2\|\boldsymbol{w}\|_{3,2}\leqslant 1/2\alpha_3$，从而有

$$B(\eta,\eta)\geqslant\left(\frac{\delta}{b_3'}+\frac{1}{2b_3}\right)\|\eta\|_{1,2}^2。$$

所以，由Lax–Milgram定理推出，存在唯一$\eta^\delta\in\bar{H}^1$，使得对任意$\rho\in\bar{H}^1(\Omega)$，

$$B(\eta^\delta,\rho)=\int_\Omega h^\delta\rho\mathrm{d}x。$$

另一方面，只要ε适当小，就可从(6.3.29)推出$\delta\|\nabla\eta^\delta\|^2+\|\eta^\delta\|^2\leqslant 2\|h^\delta\|^2$。

利用椭圆方程的正则性理论，很容易进一步提高η^δ的正则性，并得到$\eta^\delta\in\bar{H}^{m+1}(\Omega)$满足

$$\delta\|\nabla\eta^\delta\|_{m,2}^2+\|\eta^\delta\|_{m,2}^2\leqslant 2(m+1)\|h^\delta\|_{m,2}^2，0\leqslant m\leqslant 3。 \tag{6.3.30}$$

有了上述一致估计，则可令$\delta = 1/n \to 0$，再根据标准的紧性方法，就可得到所要结论。事实上，存在$\{\eta^\delta\}$的一个子序列（仍记为$\{\eta^\delta\}$）和$\eta \in \bar{H}^4$满足

$$\eta^\delta \rightharpoonup \eta, \text{ 在 } \bar{H}^4(\Omega) \text{ 中}; \qquad \eta^\delta \to \eta, \text{ 在 } H^3(\Omega) \text{ 中。}$$

此外，由H^m范数的弱下半连续性和估计式(6.3.30)得

$$\|\eta\|_{m,2} \leqslant 2(m+1)\|h\|_{m,2}, \quad 0 \leqslant m \leqslant 3\text{。}$$

证毕。 □

§6.4 先验估计

令$(U, P, \boldsymbol{u}, \eta)$为(6.3.1)–(6.3.3)，(6.3.16)，(6.3.17)，(6.3.24)和(6.3.25)的解。下面将推导由(6.3.16)，(6.3.17)，(6.3.24)和(6.3.25)所组成的下述边值问题的先验估计。

$$U \cdot \nabla \boldsymbol{u} - \mu \Delta \boldsymbol{u} - \zeta \nabla \operatorname{div} \boldsymbol{u} + \nabla \tilde{\eta} = \varepsilon^2 \tilde{F} - \tilde{\boldsymbol{u}} \cdot \nabla \tilde{\boldsymbol{u}}, \tag{6.4.1}$$

$$\frac{1}{\zeta}(\eta - \tilde{\eta}) + \varepsilon^2 \operatorname{div}(\eta \boldsymbol{w}) + \operatorname{div} \boldsymbol{u} = \varepsilon^2 g, \tag{6.4.2}$$

$$\boldsymbol{u} = 0, \text{ 在 } \partial\Omega \text{ 上，且} \int_\Omega \eta \mathrm{d}x = 0\text{。} \tag{6.4.3}$$

设

$$\|\boldsymbol{u}\|_{3,2} \leqslant 1, \ \|\eta\|_{2,2} \leqslant 1, \ \|\tilde{\boldsymbol{u}}\|_{3,2} \leqslant 1, \ \|\tilde{\eta}\|_{2,2} \leqslant 1, \ \varepsilon \leqslant 1\text{。}$$

这些条件将在后续推导中被反复使用。

引理 6.4.1 *存在仅依赖于Ω, μ和ζ的正常数C_8，使得*

$$\begin{aligned} &\mu\|\nabla \boldsymbol{u}\|^2 + \zeta\|\operatorname{div} \boldsymbol{u}\|^2 + \frac{1}{\zeta}(\|\eta\|^2 - \|\tilde{\eta}\|^2) \\ &\quad \leqslant C_8(\varepsilon^2\|\tilde{F}\|_{-1}^2 + \varepsilon^2\|g\|^2 + \varepsilon^2\|\eta\|^2 + \varepsilon^2\|\boldsymbol{w}\|_{3,2}^2 + \|\tilde{\boldsymbol{u}}\|_{1,2}^4)\text{。} \end{aligned} \tag{6.4.4}$$

证明 用$\boldsymbol{u}$和η分别乘以(6.4.1)和(6.4.2)，并对所得等式在Ω上积分。使用条件$\operatorname{div} U = 0$ 和等式$(\operatorname{div}(\eta \boldsymbol{w}), \eta) = \int_\Omega \eta^2 \operatorname{div} \boldsymbol{w} \mathrm{d}x/2$，可推出

$$\begin{aligned} &\mu \int_\Omega |\nabla \boldsymbol{u}|^2 \mathrm{d}x + \zeta \int_\Omega |\operatorname{div} \boldsymbol{u}|^2 \mathrm{d}x + \frac{1}{\zeta} \int_\Omega (\eta - \tilde{\eta})\eta \mathrm{d}x + \int_\Omega (\eta - \tilde{\eta}) \operatorname{div} \boldsymbol{u} \mathrm{d}x \\ &= \varepsilon^2 \langle \tilde{F}, \boldsymbol{u} \rangle + \varepsilon^2 \int_\Omega g\eta \mathrm{d}x + \int_\Omega \tilde{\boldsymbol{u}} \cdot \nabla \tilde{\boldsymbol{u}} \cdot \boldsymbol{u} \mathrm{d}x - \frac{\varepsilon^2}{2} \int_\Omega \eta^2 \operatorname{div} \boldsymbol{w} \mathrm{d}x\text{。} \end{aligned} \tag{6.4.5}$$

注意到下面的两个事实：

$$(\eta-\tilde{\eta})\eta/\zeta=\left(\eta^2-\tilde{\eta}^2+(\eta-\tilde{\eta})^2\right)/2\zeta, \tag{6.4.6}$$

$$\int_\Omega(\eta-\tilde{\eta})\mathrm{div}\boldsymbol{u}\mathrm{d}x\leqslant\|\eta-\tilde{\eta}\|^2/2\zeta+\zeta\|\mathrm{div}\boldsymbol{u}\|^2/2, \tag{6.4.7}$$

并利用Hölder、Sobolev和Young不等式，就可从(6.4.5)推出(6.4.4)。 □

引理 6.4.2 令$\chi_0\in C_0^\infty(\Omega)$，则存在两个仅依赖于$\Omega,\chi_0,\mu$和$\zeta$的正常数$C_9$和$C_{10}$，使得

$$\begin{aligned}&\mu\int_\Omega\chi_0^2|\nabla^2\boldsymbol{u}|^2\mathrm{d}x+\zeta\int_\Omega\chi_0^2|\nabla\mathrm{div}\boldsymbol{u}|^2\mathrm{d}x+\frac{1}{\zeta}\int_\Omega\chi_0^2(|\nabla\eta|^2-|\nabla\tilde{\eta}|^2)\mathrm{d}x\\&\leqslant C_9(\varepsilon^2\|\tilde{F}\|^2+\varepsilon^2\|g\|_{1,2}^2+\varepsilon^2\|\eta\|_{1,2}^2+\varepsilon^2\|\boldsymbol{w}\|_{3,2}^2\\&\qquad+\|\tilde{\boldsymbol{u}}\|_{2,2}^4+\|\boldsymbol{u}\|_{1,2}^2+\|U\|_{3,2}\|\boldsymbol{u}\|_{1,2}^2),\end{aligned} \tag{6.4.8}$$

$$\begin{aligned}&\mu\int_\Omega\chi_0^2|\nabla^3\boldsymbol{u}|^2\mathrm{d}x+\zeta\int_\Omega\chi_0^2|\nabla^2\mathrm{div}\boldsymbol{u}|^2\mathrm{d}x+\frac{1}{\zeta}\int_\Omega\chi_0^2(|\nabla^2\eta|^2-|\nabla^2\tilde{\eta}|^2)\mathrm{d}x\\&\leqslant C_{10}(\varepsilon^2\|\tilde{F}\|_{1,2}^2+\varepsilon^2\|g\|_{2,2}^2+\varepsilon^2\|\eta\|_{2,2}^2+\varepsilon^2\|\boldsymbol{w}\|_{3,2}^2\\&\qquad+\|\tilde{\boldsymbol{u}}\|_{3,2}^4+\|\boldsymbol{u}\|_{2,2}^2+\|U\|_{3,2}\|\boldsymbol{u}\|_{2,2}^2)。\end{aligned} \tag{6.4.9}$$

证明 对(6.4.1)和(6.4.2)求一阶偏导（或二阶导数），然后对所得的第一个等式乘以$\chi_0^2D\boldsymbol{u}$（或$\chi_0^2D^2\boldsymbol{u}$），对所得的第二个等式乘以$\chi_0^2D\eta$（或$\chi_0^2D^2\eta$），最后重述之前的引理6.4.1 的证明过程即得引理6.4.2中的结论(6.4.8)或(6.4.9)。 □

固定$x_0\in\partial\Omega$，为了得到x_0附近的边界估计，对x_0的邻域内的边界$\partial\Omega$ 进行局部拉平。不失一般性，可设x_0为原点。记Q是以原点为中心的充分小的立方体，则存在函数$\omega\in C^4(\mathbb{R}^2)$（有可能需要对原坐标系分量进行重标），满足

$$\{(x_1,x_2,x_3)\mid(x_1,x_2)\in Q_2,x_3=\omega(x_1,x_2)\}\subset\partial\Omega\cap Q,$$

其中$Q_2:=\{(x_1,x_2)\mid(x_1,x_2,x_3)\in\partial\Omega\cap Q\}$。$Q$可取充分小，使得对某个充分小的$\delta<1$，有$\|\omega\|_{C^4(Q_2)}\leqslant\delta$。

现在，引入一个新的局部坐标系$z=z(z_1,z_2,z_3)$：

$$z_1=x_1,\quad z_2=x_2,\quad z_3=x_3-\omega(x_1,x_2)。 \tag{6.4.10}$$

由上述坐标关系式知，

$$\frac{\partial}{\partial x_i}=\frac{\partial}{\partial z_i}-\frac{\partial\omega}{\partial z_i}\frac{\partial}{\partial z_3},\quad i=1,2,\quad\frac{\partial}{\partial x_3}=\frac{\partial}{\partial z_3}, \tag{6.4.11}$$

并且在$\partial\Omega\cap Q$上，$z_3=0$。

令$\hat{Q}$和$\hat{\Omega}$分别为Q和Ω通过变量变换(6.4.10)从x-坐标系到z-坐标系变换所得到的像。记$\hat{f}=f(z_1,z_2,z_3+\omega(z_1,z_2))$。

记$\hat{D}_k:=\partial/\partial z_k$，$\Delta_z:=\hat{D}_1^2+\hat{D}_2^2+\hat{D}_3^2$，$\nabla_z:=\hat{D}_1\hat{e}_1+\hat{D}_2\hat{e}_2+\hat{D}_3\hat{e}_3$，$\mathrm{div}_z\hat{\boldsymbol{u}}:=\hat{D}_1\hat{u}_1+\hat{D}_2\hat{u}_2+\hat{D}_3\hat{u}_3$，其中$\hat{e}_1$，$\hat{e}_2$和$\hat{e}_3$是$z-$ 坐标系的标准正交基，其满足$\hat{e}_i$的第i个分量为1。

利用关系式(6.4.11)，则方程组(6.4.1)和(6.4.2)可改写成

$$\begin{aligned}&\hat{U}\cdot\nabla_z\hat{\boldsymbol{u}}-\mu\Delta_z\hat{\boldsymbol{u}}-\zeta\nabla_z\mathrm{div}_z\hat{\boldsymbol{u}}\\&=\varepsilon^2\hat{\tilde{F}}-\hat{\tilde{\boldsymbol{u}}}\cdot\nabla_z\hat{\tilde{\eta}}+\nabla_z\hat{\tilde{y}}+H_1,\quad 在\ \hat{\Omega}\cap\hat{Q}\ 中,\end{aligned}\tag{6.4.12}$$

$$(\hat{\eta}-\hat{\tilde{\eta}})/\zeta+\varepsilon^2\mathrm{div}_z(\hat{\eta}\hat{\boldsymbol{w}})=\varepsilon^2\hat{g}-\mathrm{div}_z\hat{\boldsymbol{u}}+H_2,\quad 在\ \hat{\Omega}\cap\hat{Q}\ 中,\tag{6.4.13}$$

其中$H_1:=(H_1^1,H_1^2,H_1^3)$，H_2定义如下：

$$\begin{aligned}H_1^j=&-\varepsilon^2(\hat{D}_j\omega)\hat{\tilde{F}}^3+(\hat{D}_j\omega)\hat{D}_3\hat{\tilde{\eta}}\\&-(\hat{\tilde{u}}_i-(\hat{D}_i\omega)\hat{\tilde{u}}_3)(\hat{D}_i-(\hat{D}_i\omega)\hat{D}_3)(\hat{\tilde{u}}_j-(\hat{D}_j\omega)\hat{\tilde{u}}_3)+\hat{\tilde{u}}_i\hat{D}_i\hat{\tilde{u}}_j\\&+\hat{\tilde{u}}_3\hat{D}_3((\hat{D}_i\omega)\hat{\tilde{u}}_3)\\&-(\hat{U}_i-(\hat{D}_i\omega)\hat{U}_3)(\hat{D}_i-(\hat{D}_i\omega)\hat{D}_3)(\hat{u}_j-(\hat{D}_j\omega)\hat{u}_3)+\hat{U}_i\hat{D}_i\hat{u}_j\\&+\hat{U}_3\hat{D}_3((\hat{D}_j\omega)\hat{u}_3)\\&+\mu\Big((\hat{D}_i-(\hat{D}_i\omega)\hat{D}_3)^2(\hat{u}_j-(\hat{D}_j\omega)\hat{u}_3)-\hat{D}_i^2\hat{u}_j\Big)-\hat{D}_3^2((\hat{D}_j\omega)\hat{u}_3)\\&+\zeta\Big((\hat{u}_j-(\hat{D}_j\omega)\hat{u}_3)(\hat{D}_i-(\hat{D}_i\omega)\hat{D}_3)(\hat{u}_i-(\hat{D}_i\omega)\hat{u}_3)-\hat{D}_j\hat{D}_i\hat{u}_i\Big)\\&-(\hat{D}_j\omega)\hat{D}_3^2\hat{u}_3,\quad j=1,2,\end{aligned}$$

$$\begin{aligned}H_1^3=&-(\hat{\tilde{u}}_i-(\hat{D}_i\omega)\hat{\tilde{u}}_3)(\hat{D}_i-(\hat{D}_i\omega)\hat{D}_3)\hat{u}_3+\hat{\tilde{u}}_i\hat{D}_i\hat{\tilde{u}}_3\\&+(\hat{U}_i-(\hat{D}_i\omega)\hat{U}_3)(\hat{D}^i-(\hat{D}_i\omega)\hat{D}_3)\hat{u}_3-\hat{U}_i\hat{D}_i\hat{u}_3\\&+\mu\Big((\hat{D}_i-(\hat{D}_i\omega)\hat{D}_3)^2\hat{u}_3-\hat{D}_i^2\hat{u}_3\Big)\\&+\zeta\Big(\hat{D}_3(\hat{D}_i-(\hat{D}_i\omega)\hat{u}_3)(\hat{u}_i-(\hat{D}_i\omega)\hat{u}_3)-\hat{D}_3\hat{D}_i\hat{u}_i\Big)\end{aligned}$$

和

$$\begin{aligned}H_2=&-\varepsilon^2\Big((\hat{D}_i-(\hat{D}_i\omega)\hat{D}^3)\hat{\eta}(\hat{w}_i-(\hat{D}_i\omega)\hat{w}_3)-\hat{D}_i(\hat{\eta}\hat{w}_i)\Big)\\&-(\hat{D}_i-(\hat{D}_i\omega)\hat{D}^3)(\hat{u}_i-(\hat{D}_i\omega)u_3)+\hat{D}_i\hat{u}_i。\end{aligned}$$

类似于引理6.4.2的步骤，可利用(6.4.13)–(6.4.12) 建立起$(\hat{\boldsymbol{u}},\hat{\eta})$在$\hat{Q}\cap\Omega$ 中的如下切向导数估计。

引理 6.4.3 令$\chi \in C_0^\infty(\hat{Q})$, 则存在两个仅依赖于$\Omega$, χ, μ和ζ的正常数C_{11}和C_{12}, 使得

$$\begin{aligned}
&\mu\int_{\hat{\Omega}}\chi^2|\hat{D}_m\nabla_z\hat{\boldsymbol{u}}|^2\mathrm{d}z+\zeta\int_{\hat{\Omega}}\chi^2|\hat{D}_m\mathrm{div}_z\hat{\boldsymbol{u}}|^2\mathrm{d}z\\
&+\frac{1}{\zeta}\int_{\hat{\Omega}}\chi^2(|\hat{D}_m\hat{\eta}|-|\hat{D}_m\hat{\tilde{\eta}}|^2)\mathrm{d}z\\
&\leqslant C_{11}\Big(\varepsilon^2\|\tilde{F}\|^2+\varepsilon^2\|g\|_{1,2}^2+\varepsilon^2\|\eta\|_{1,2}^2+\varepsilon^2\|\boldsymbol{w}\|_{3,2}^2\\
&\quad+\|\tilde{\boldsymbol{u}}\|_{2,2}^4+\|\boldsymbol{u}\|_{1,2}^2+\|U\|_{3,2}\|\boldsymbol{u}\|_{1,2}^2+\delta^2(\|\boldsymbol{u}\|_{H^2(\Omega\cap Q)}^2+\|\tilde{\eta}\|_{H^1(\Omega\cap Q)}^2)\Big),
\end{aligned}\tag{6.4.14}$$

$$\begin{aligned}
&\mu\int_{\hat{\Omega}}\chi^2|\hat{D}_m\hat{D}_\tau\nabla_z\hat{\boldsymbol{u}}|^2\mathrm{d}z+\zeta\int_{\hat{\Omega}}\chi^2|\hat{D}_m\hat{D}_\tau\mathrm{div}_z\hat{\boldsymbol{u}}|^2\mathrm{d}z\\
&+\frac{1}{\zeta}\int\chi^2(|\hat{D}_m\hat{D}_\tau\hat{\eta}|^2-|\hat{D}_m\hat{D}_\tau\hat{\tilde{\eta}}|^2)\mathrm{d}z\\
&\leqslant C_{12}\Big(\varepsilon^2\|\tilde{F}\|_{1,2}^2+\varepsilon^2\|g\|_{2,2}^2+\varepsilon^2\|\eta\|_{2,2}^2+\varepsilon^2\|\boldsymbol{w}\|_{3,2}^2\\
&\quad+\|\tilde{\boldsymbol{u}}\|_{3,2}^4+\|\boldsymbol{u}\|_{2,2}^2+\|U\|_{3,2}\|\boldsymbol{u}\|_{2,2}^2+\delta^2(\|\boldsymbol{u}\|_{H^3(\Omega\cap Q)}^2+\|\tilde{\eta}\|_{H^2(\Omega\cap Q)}^2)\Big)。
\end{aligned}\tag{6.4.15}$$

证明 对(6.4.12)和(6.4.13)分别求切向导数$\hat{D}_m$（$m=1,2$），然后让所得的第一个等式和第二个等式分别与$\chi^2\hat{D}_m\hat{u}_j$和$\chi^2\hat{D}_m\hat{\eta}$相乘，并对相乘后所得的两个等式在$\hat{\Omega}$上积分，最后相加起来即得如下$\hat{\boldsymbol{u}}$的二阶切向导数的近边估计：

$$\begin{aligned}
&\mu\int_{\hat{\Omega}}\chi^2|\hat{D}_m\nabla_z\hat{\boldsymbol{u}}|^2\mathrm{d}z+\zeta\int_{\hat{\Omega}}\chi^2|\hat{D}_m\mathrm{div}_z\hat{\boldsymbol{u}}|^2\mathrm{d}z+\frac{1}{\zeta}\int_{\hat{\Omega}}\chi^2(|\hat{D}_m\hat{\eta}|-|\hat{D}_m\hat{\tilde{\eta}}|^2)\mathrm{d}z\\
&\leqslant C(\varepsilon^2\|\tilde{F}\|^2+\varepsilon^2\|g\|_{1,2}^2+\varepsilon^2\|\eta\|_{1,2}^2+\varepsilon^2\|\boldsymbol{w}\|_{3,2}^2+\|H_1\|^2+\|H_2\|_{1,2}^2\\
&\quad\times\|\tilde{\boldsymbol{u}}\|_{2,2}^4+\|\boldsymbol{u}\|_{1,2}^2+\|U\|_{3,2}\|\boldsymbol{u}\|_{1,2}^2),
\end{aligned}$$

其中C为仅依赖于Ω，χ，μ和ζ的正常数。

类似地，对(6.4.12)和(6.4.13)分别求切向导数$\hat{D}_m\hat{D}_\tau$（$\tau=1,2$），然后让所得的第一个等式和第二个等式分别与$\hat{D}_m\hat{D}_\tau\hat{u}_j$和$\hat{D}_m\hat{D}_\tau\chi^2\hat{D}_m\hat{\eta}$ 相乘，并对相乘后所得的两个等式在$\hat{\Omega}$上积分，最后相加起来即得如下三阶切向导数的近边估计：

$$\begin{aligned}
&\mu\int_{\hat{\Omega}}\chi^2|\hat{D}_m\hat{D}_\tau\nabla_z\hat{\boldsymbol{u}}|^2\mathrm{d}z+\zeta\int_{\hat{\Omega}}\chi^2|\hat{D}_m\hat{D}_\tau\mathrm{div}_z\hat{\boldsymbol{u}}|^2\mathrm{d}z\\
&+\frac{1}{\zeta}\int_{\hat{\Omega}}\chi^2(|\hat{D}_m\hat{D}_\tau\hat{\eta}|^2-|\hat{D}_m\hat{D}_\tau\hat{\tilde{\eta}}|^2)\mathrm{d}z\\
&\leqslant C'(\varepsilon^2\|\tilde{F}\|_{1,2}^2+\|H_1\|_{1,2}^2+\varepsilon^2\|g\|_{2,2}^2+\varepsilon^2\|\eta\|_{2,2}^2+\varepsilon^2\|\boldsymbol{w}\|_{3,2}^2\\
&\quad+\|H_2\|_{2,2}^2+\|\tilde{\boldsymbol{u}}\|_{3,2}^4+\|\boldsymbol{u}\|_{2,2}^2+\|U\|_{3,2}\|\boldsymbol{u}\|_{2,2}^2),
\end{aligned}$$

其中C'为仅依赖于Ω，χ，μ和ζ的正常数。

最后注意到，对于$i=0$和1，有

$$\|H_1\|_{i,2} \leqslant B\|\omega\|_{C^4(Q_2)}(1+\|\omega\|_{C^4(Q_2)})(\varepsilon^2\|\tilde{F}\|_{H^i(\Omega\cap Q)} + \|\tilde{\eta}\|_{H^i(\Omega\cap Q)} + \|\tilde{\boldsymbol{u}}\|_{H^{i+1}(\Omega\cap Q)} + \|U\|_{3,2}\|\boldsymbol{u}\|_{H^i(\Omega\cap Q)} + \|\boldsymbol{u}\|_{H^{i+1}(\Omega\cap Q)})$$

和

$$\|H_2\|_{i+1,2} \leqslant B'\|\omega\|_{C^4(Q_2)}(1+\|\omega\|_{C^4(Q_2)})(\varepsilon^2\|\boldsymbol{w}\|_{H^3(\Omega\cap Q)}\|\eta\|_{i+1}+\|\boldsymbol{u}\|_{H^{i+1}(\Omega\cap Q)}),$$

其中正常数B和B'仅依赖于Ω。此外，$\|\omega\|_{C^4(Q_2)}<1$。所以，(6.4.14)和(6.4.15)成立。

□

令$\hat{n}$为$\partial\hat{\Omega}\cap\hat{Q}$ 的单位外法向量，则$\hat{n}=\hat{e}_3$。现推导η在$\hat{\Omega}\cap\hat{Q}$中的法向估计。让$\hat{e}_3$点乘(6.4.12)，用$\mu+\zeta$乘以对(6.4.2) 求法向导数$\hat{D}_3$后所得的等式，最后对所得的两个等式相加得到

$$\begin{aligned}&\left(1+\frac{\mu}{\zeta}\right)(\hat{D}_3\hat{\eta}-\hat{D}_3\hat{\tilde{\eta}})+\hat{D}_3\hat{\tilde{\eta}}\\&=\mu(\Delta_z\hat{\boldsymbol{u}}-\nabla_z\mathrm{div}_z\hat{\boldsymbol{u}})\cdot\hat{e}_3+\varepsilon^2(\hat{\tilde{F}}^3+2\hat{D}_3\hat{g}\\&\quad-2\hat{D}_3\mathrm{div}_z(\hat{\eta}\hat{\boldsymbol{w}}))-(\hat{\tilde{\boldsymbol{u}}}\cdot\nabla_z\hat{\tilde{\boldsymbol{u}}}+\hat{U}\cdot\nabla_z\hat{\boldsymbol{u}})\cdot\hat{e}_3+H_1^3+2\hat{D}_3H_2。\end{aligned}\tag{6.4.16}$$

引理 6.4.4 *存在一个仅依赖于Ω，χ，μ和ζ的正常数C_{13}，使得*

$$\begin{aligned}&\frac{\mu}{\zeta}\int_{\hat{\Omega}\cap\hat{Q}}\chi^2(|\hat{D}_3\hat{\eta}|^2-|\hat{D}_3\hat{\tilde{\eta}}|^2)\mathrm{d}z+\int_{\hat{\Omega}\cap\hat{Q}}\chi^2|\hat{D}_3\hat{\eta}|^2\mathrm{d}z\\&\leqslant C_{13}\bigg(\mu\int_{\hat{\Omega}\cap\hat{Q}}\chi^2|\hat{D}_\tau\nabla_z\hat{\boldsymbol{u}}|^2\mathrm{d}z+\varepsilon^2\|\tilde{F}\|^2+\varepsilon^2\|g\|_{1,2}^2+\varepsilon^2\|\boldsymbol{w}\|_{3,2}^2+\varepsilon^2\|\eta\|_{1,2}^2\\&\quad+\|\tilde{\boldsymbol{u}}\|_{2,2}^4+\|U\|_{3,2}^2\|\boldsymbol{u}\|_{1,2}^2+\delta^2\left(\|\boldsymbol{u}\|_{H^2(\Omega\cap Q)}^2+\|\tilde{\eta}\|_{H^1(\Omega\cap Q)}^2\right)\bigg)。\end{aligned}\tag{6.4.17}$$

证明 注意$(\Delta_z\hat{\boldsymbol{u}}-\nabla_z\mathrm{div}_z\hat{\boldsymbol{u}})\cdot\hat{e}_3$ 关于$\hat{D}_3$偏导后不会出现二阶外法线向量，因而有

$$\|\chi((\Delta_z\hat{\boldsymbol{u}}-\nabla_z\mathrm{div}_z\hat{\boldsymbol{u}})\cdot\hat{e}_3)\|\leqslant C\|\chi D_\tau\nabla_z\hat{\boldsymbol{u}}\|,\tag{6.4.18}$$

其中C仅依赖于Ω,χ,μ和ζ。

用$\chi^2D_3\hat{\eta}$乘以(6.4.16)，然后对所得等式在$\hat{\Omega}\cap\hat{Q}$上积分，并利用(6.4.18) 和下述关系

$$\begin{aligned}&\left(\left(1+\frac{\mu}{\zeta}\right)(\hat{D}_3\hat{\eta}-\hat{D}_3\hat{\tilde{\eta}})+\hat{D}_3\hat{\tilde{\eta}}\right)\hat{D}_3\hat{\eta}\\&=\frac{\mu}{2\zeta}((\hat{D}_3\hat{\eta})^2-(\hat{D}_3\hat{\tilde{\eta}})^2)+\frac{\mu}{2\zeta}(\hat{D}_3\hat{\eta}-\hat{D}_3\hat{\tilde{\eta}})^2+(\hat{D}_3\hat{\eta})^2,\end{aligned}$$

就可得所要结论。

□

引理 6.4.5 存在一个仅依赖于Ω, χ, μ和ζ的正常数C_{14}，使得

$$\frac{\mu}{\zeta}\int_{\hat{\Omega}\cap\hat{Q}}\chi^2(|\hat{D}_m\hat{D}_3\hat{\eta}|^2-|\hat{D}_m\hat{D}_3\hat{\tilde{\eta}}|^2)\mathrm{d}z+\int_{\hat{\Omega}\cap\hat{Q}}\chi^2|\hat{D}_m\hat{D}_3\hat{\eta}|^2\mathrm{d}z$$
$$\leqslant C_{14}\Big(\mu\int_{\hat{\Omega}\cap\hat{Q}}\chi^2|\hat{D}_m\hat{D}_\tau\nabla_z\hat{\boldsymbol{u}}|^2\mathrm{d}z+\varepsilon^2(\|\tilde{F}\|_{1,2}^2+\|g\|_{2,2}^2+\|\boldsymbol{w}\|_{3,2}^2+\|\eta\|_{2,2}^2)$$
$$+\|\tilde{\boldsymbol{u}}\|_{3,2}^4+\|U\|_{3,2}^2\|\boldsymbol{u}\|_{2,2}^2+\delta^2(\|\boldsymbol{u}\|_{H^3(\Omega\cap Q)}^2+\|\tilde{\eta}\|_{H^2(\Omega\cap Q)}^2)\Big) \tag{6.4.19}$$

和

$$\frac{\mu}{\zeta}\int_{\hat{\Omega}\cap\hat{Q}}\chi^2(|\hat{D}_3^2\hat{\eta}|^2-|\hat{D}_3^2\hat{\tilde{\eta}}|^2)\mathrm{d}z+\int_{\hat{\Omega}\cap\hat{Q}}\chi^2|\hat{D}_3\hat{\eta}|^2\mathrm{d}z$$
$$\leqslant C_{14}\Big(\mu\int_{\hat{\Omega}\cap\hat{Q}}\chi^2|\hat{D}_3\hat{D}_\tau\nabla_z\hat{\boldsymbol{u}}|^2\mathrm{d}z+\varepsilon^2(\|\tilde{F}\|_{1,2}^2+\|g\|_{2,2}^2+\|\boldsymbol{w}\|_{3,2}^2+\|\eta\|_{2,2}^2)$$
$$+\|\tilde{\boldsymbol{u}}\|_{3,2}^4+\|U\|_{3,2}^2\|\boldsymbol{u}\|_{2,2}^2+\delta^2(\|\boldsymbol{u}\|_{H^3(\Omega\cap Q)}^2+\|\tilde{\eta}\|_{H^2(\Omega\cap Q)}^2)\Big)。 \tag{6.4.20}$$

证明 对等式(6.4.16) 求$\hat{D}_m$偏导（$m=1,2$），然后用$\chi^2\hat{D}_m\hat{D}_3\hat{\eta}$乘以所得的等式，并在$\hat{\Omega}\cap\hat{Q}$上积分，即得(6.4.19)。

类似地，对(6.4.16)求$\hat{D}_3$偏导，然后用所得的等式乘以$\chi^2\hat{D}_3^2\hat{\eta}$，并在$\hat{\Omega}\cap\hat{Q}$上积分，即可得(6.4.20)。 □

下面还需要估计

$$\int_{\hat{\Omega}\cap\hat{Q}}\chi^2|\hat{D}_3\hat{D}_\tau\nabla_z\hat{\boldsymbol{u}}|^2\mathrm{d}y。$$

为此，考虑Stokes方程

$$\mu\Delta_z(\chi\hat{D}_\tau\hat{\boldsymbol{u}})+\nabla_z(\chi\hat{D}_\tau\hat{\tilde{\eta}})$$
$$=\varepsilon^2\chi\hat{D}_\tau\hat{\tilde{F}}+\zeta\chi\nabla_z(\mathrm{div}_z(\hat{D}_\tau\hat{\boldsymbol{u}}))+H_3, \quad 在\ \hat{\Omega}\cap\hat{Q}\ 中, \tag{6.4.21}$$
$$\mathrm{div}_z(\chi\hat{D}_\tau\hat{\boldsymbol{u}})=\mathrm{div}_z(\chi\hat{D}_\tau\hat{\boldsymbol{u}}), \quad 在\ \hat{\Omega}\cap\hat{Q}\ 中, \tag{6.4.22}$$
$$\chi\hat{D}_\tau\hat{\boldsymbol{u}}=0, \quad 在\ \partial\hat{\Omega}\cap\hat{Q}\ 上, \tag{6.4.23}$$

其中

$$H_3=\chi\hat{D}_\tau(\hat{U}\cdot\nabla_z\hat{\boldsymbol{u}})+\chi\hat{D}_\tau(\hat{\tilde{\boldsymbol{u}}}\cdot\nabla_z\hat{\tilde{\boldsymbol{u}}})+\chi\hat{D}_\tau H_1+2\mu\nabla_z\chi\cdot\nabla_z\hat{D}_\tau\hat{\boldsymbol{u}}+\nabla_z\chi\cdot\nabla_z\hat{D}_\tau\hat{\tilde{\eta}}。$$

引理 6.4.6 存在一个仅依赖于Ω, χ, μ和ζ的正常数C_{17}，使得

$$\mu\int_{\hat{\Omega}\cap\hat{Q}}\chi^2|\nabla_z^2\hat{D}_\tau\hat{\boldsymbol{u}}|^2\mathrm{d}z+\int_{\hat{\Omega}\cap\hat{Q}}\chi^2|\nabla_z\hat{D}_\tau\hat{\tilde{\eta}}|^2\mathrm{d}z$$
$$\leqslant C_{17}\Big(\zeta\int_{\hat{\Omega}\cap\hat{Q}}\chi^2|\nabla_z\mathrm{div}_z\hat{D}_\tau\hat{\boldsymbol{u}}|^2\mathrm{d}z+\varepsilon^2\|\hat{\tilde{F}}\|_{1,2}^2\|\tilde{\eta}\|_{1,2}^2$$
$$+\|\tilde{\boldsymbol{u}}\|_{3,2}^4+(1+\|U\|_{3,2})^2\|\boldsymbol{u}\|_{2,2}^2+\delta^2(\|\boldsymbol{u}\|_{3,2}^2+\|\tilde{\eta}\|_{2,2}^2)\Big)。 \tag{6.4.24}$$

证明 Stokes方程的正则性理论给出

$$\mu\|\chi\hat{D}_\tau\hat{\boldsymbol{u}}\|_{2,2}+\|\nabla_z(\chi\hat{D}_\tau\tilde{\eta})\|\leqslant C(\|\varepsilon^2\chi\hat{D}_\tau\tilde{F}+\zeta\chi\nabla_z\mathrm{div}_z(\hat{D}_\tau\hat{\boldsymbol{u}})+H_3\|+\|\mathrm{div}_z(\chi\hat{D}_\tau\hat{\boldsymbol{u}})\|_{1,2}),\tag{6.4.25}$$

其中C仅依赖于Ω。

根据H_3的定义可知，存在依赖于Ω,χ,μ的常数C'，使得

$$\|H_3\|\leqslant C'(\|H_1\|_{1,2}+(1+\|U\|_{3,2})\|\boldsymbol{u}\|_{2,2})+\|\tilde{\eta}\|_{1,2}。$$

将上述估计式代入(6.4.25)，即得到(6.4.24)。 □

最后估计积分项

$$\int_{\hat{\Omega}\cap\hat{Q}}\chi^2|\nabla_z\mathrm{div}_z\hat{D}_\tau\hat{\boldsymbol{u}}|^2\mathrm{d}z。$$

引理 6.4.7 *存在两个仅依赖于Ω和χ的正常数C_{18} 和C_{19}，使得*

$$\int_{\hat{\Omega}\cap\hat{Q}}\chi^2|\hat{D}_3\mathrm{div}_z\hat{\boldsymbol{u}}|^2\mathrm{d}z\leqslant C_{18}\bigg(\int_{\hat{\Omega}\cap\hat{Q}}\chi^2|\nabla_z\hat{D}_\tau\hat{\boldsymbol{u}}|^2\mathrm{d}z+\varepsilon^2\|\tilde{F}\|+\|\tilde{\boldsymbol{u}}\|_{3,2}^4+\|\hat{D}_3\tilde{\eta}\|^2+\|U\|_{3,2}^2\|\boldsymbol{u}\|_{2,2}^2+\delta^2(\|\boldsymbol{u}\|^2_{H^2(\Omega\cap Q)}+\|\chi\tilde{\eta}\|^2_{H^1(\Omega\cap Q)})\bigg),\tag{6.4.26}$$

$$\zeta\int_{\hat{\Omega}\cap\hat{Q}}\chi^2|\hat{D}_3\hat{D}_m\mathrm{div}\hat{\boldsymbol{u}}|^2\mathrm{d}z\leqslant C_{19}\bigg(\mu\int_{\hat{\Omega}\cap\hat{Q}}\chi^2|\nabla_z\hat{D}_m\hat{D}_\tau\hat{\boldsymbol{u}}|^2\mathrm{d}z+\varepsilon^2\|\tilde{F}\|^2_{1,2}+\|\tilde{\boldsymbol{u}}\|^4_{3,2}+\|\hat{D}_3\hat{D}_m\tilde{\eta}\|^2+\|U\|^2_{3,2}\|\boldsymbol{u}\|^2_{2,2}+\delta^2(\|\boldsymbol{u}\|^2_{H^3(\Omega\cap Q)}+\|\chi\tilde{\eta}\|^2_{H^2(\Omega\cap Q)})\bigg),\tag{6.4.27}$$

以及

$$\zeta\int_{\hat{\Omega}\cap\hat{Q}}\chi^2|\hat{D}_3\hat{D}_3\mathrm{div}\hat{\boldsymbol{u}}|^2\mathrm{d}z\leqslant C_{19}\bigg(\mu\int_{\hat{\Omega}\cap\hat{Q}}\chi^2|\nabla_z\hat{D}_m\hat{D}_\tau\hat{\boldsymbol{u}}|^2\mathrm{d}z+\varepsilon^2\|\tilde{F}\|^2_{1,2}+\|\tilde{\boldsymbol{u}}\|^4_{3,2}+\|\hat{D}_3^2\tilde{\eta}\|^2+\|U\|^2_{3,2}\|\boldsymbol{u}\|^2_{2,2}+\delta^2(\|\boldsymbol{u}\|^2_{H^3(\Omega\cap Q)}+\|\chi\tilde{\eta}\|^2_{H^2(\Omega\cap Q)})\bigg)。\tag{6.4.28}$$

证明 对(6.4.12)作用$\hat{e}_3$，得

$$(\mu+\eta)\hat{D}_3\mathrm{div}_z\hat{\boldsymbol{u}}=-\mu(\Delta_z\hat{\boldsymbol{u}}-\nabla_z\mathrm{div}_z\hat{\boldsymbol{u}})\cdot\hat{e}_3-\varepsilon^2\hat{\tilde{F}}^3+(\hat{U}\cdot\nabla_z\hat{\boldsymbol{u}}-\hat{\tilde{\boldsymbol{u}}}\cdot\nabla_z\hat{\tilde{\boldsymbol{u}}})\cdot\hat{e}_3+\hat{D}_3\hat{\tilde{\eta}}+H_1^3。$$

对上式求$\hat{D}_\tau$偏导，并注意到$(\Delta_z\hat{\boldsymbol{u}}-\nabla_z\mathrm{div}_z\hat{\boldsymbol{u}})\cdot\hat{e}_3$ 关于$\hat{D}_3$ 偏导里没有二阶导数。所以，利用Hölder估计即可得到所要结论。 □

接下来将建立整个区域Ω上的全局估计。

因为$\partial\Omega$是紧的, 所以存在有限个Q_k 满足

（1） 每一个Q_k都满足Q的性质；

（2） $\partial\Omega \subset \cup Q_k/2$，其中$Q_k/2$表示与$Q_k$同心、半径为$Q_k$的一半的立方体。

（3） 对任一Q_k，Q_k至多与另外8个Q_j相交；

（4） 类似于ω，存在边界函数$\omega_k \in C^4(Q_2^k)$，满足$\|\omega_k\|_{C^4(Q_2^k)} \leqslant \delta$，其中$Q_2^k := \{(x_1, x_2) \mid (x_1, x_2, x_3) \in \partial\Omega \cap Q_k\}$。

为表述清楚起见，从现在开始直到本节结束，将把前面所建立的估计中的$\hat{Q}$和$\hat{\Omega}$全部替换为$\hat{Q}_k$和$\hat{\Omega}_k$。类似地，截断函数χ全换成$\chi_k \in C_0^\infty(\hat{Q}_k)$，它满足

$$\chi_k = \begin{cases} 1, & \text{在 } \hat{Q}_k/2 \text{ 中}, \\ 0, & \text{在 } Q_k^c := \mathbb{R}^3 \setminus Q_k \text{ 中}。\end{cases}$$

令$\Omega_0 := \Omega - \cup Q_k/4$，并在引理6.4.2中定义截断函数$\chi_0 \in C_0^\infty(\Omega_0)$：

$$\chi_0 = \begin{cases} 1, & \text{在 } \Omega \setminus \cup Q_k/2 \text{ 中}, \\ 0, & \text{在 } \overline{\Omega}_0^c := \mathbb{R}^3 \setminus \overline{\Omega}_0 \text{ 中}。\end{cases}$$

则有估计：

引理 6.4.8 *存在一个仅依赖于Ω，χ_k，μ和ζ的正常数C_{20}，使得*

$$\zeta\|\nabla \text{div}\boldsymbol{u}\|^2 + (\overline{\|\nabla\eta\|}^2 - \overline{\|\nabla\tilde{\eta}\|}^2) \leqslant C_{20}\Big(\varepsilon^2\|\tilde{F}\|^2 + \varepsilon^2\|g\|_{1,2}^2 + \varepsilon^2\|\eta\|_{1,2}^2 + \varepsilon^2\|\boldsymbol{w}\|_{3,2}^2 + \|\tilde{\boldsymbol{u}}\|_{2,2}^4 + (1 + \|U\|_{3,2})^2\|\boldsymbol{u}\|_{1,2}^2 + \delta^2(\|\boldsymbol{u}\|_{2,2}^2 + \|\tilde{\eta}\|_{1,2}^2)\Big), \tag{6.4.29}$$

其中正常数C_{20}仅依赖于Ω和χ_k。

证明 在(6.4.29)中我们定义了如下半范数：

$$\overline{\|\nabla\eta\|}^2 := \frac{1}{\zeta}\int_\Omega \chi_0^2|\nabla\eta|^2\text{d}x + \frac{1}{\zeta}\sum_k\sum_{\tau=1}^2 (C_{13}C_{18} + C_{18} + 1)\int_{\hat{\Omega}_k\cap\hat{Q}_k} \chi_k^2|\hat{D}_\tau\eta|^2\text{d}x + \frac{\mu}{\zeta}\sum_k C_{18}\int_{\hat{\Omega}_k\cap\hat{Q}_k} \chi_k^2|\hat{D}_3\eta|^2\text{d}x,$$

其开根号后与$\|\nabla\eta\|$等价。

分别用$(C_{13}C_{18} + C_{18} + 1)$和$C_{18}$乘以(6.4.14)和(6.4.17)，然后对所得的两个等式与(6.4.8)和(6.4.26)相加，并使用上述半范数定义即得到所要结论。 □

引理 6.4.9 *存在一个正常数*C_{21}，*使得*

$$\begin{aligned}&\zeta\|\nabla^2\mathrm{div}\boldsymbol{u}\|^2+(\overline{\|\nabla^2\eta\|}^2-\overline{\|\nabla^2\tilde{\eta}\|}^2)\\&\leqslant C_{21}\Big(\varepsilon^2\|\tilde{F}\|_{1,2}^2+\varepsilon^2\|g\|_{2,2}^2+\varepsilon^2\|\eta\|_{2,2}^2+\varepsilon^2\|\boldsymbol{w}\|_{3,2}^2\\&\quad+\|\tilde{\boldsymbol{u}}\|_{3,2}^4+(1+\|U\|_{3,2})^2\|\boldsymbol{u}\|_{2,2}^2+\|\tilde{\eta}\|_{1,2}^2+\delta^2(\|\boldsymbol{u}\|_{3,2}^2+\|\tilde{\eta}\|_{2,2}^2)\Big),\end{aligned}\tag{6.4.30}$$

其中C_{21}*仅依赖于*Ω*和*χ_k。

证明 令$\bar{C}:=C_{14}^2C_{17}C_{19}^2+C_{14}C_{17}C_{19}^2+C_{17}C_{19}^2+C_{14}^2+C_{19}+1$，记

$$\begin{aligned}\overline{\|\nabla^2\eta\|}^2=&\frac{1}{\zeta}\int_\Omega\chi_0^2|\nabla^2\eta|^2\mathrm{d}x\\&+\frac{1}{\zeta}\sum_k\sum_{m,\tau=1}^2\bar{C}\int_{\hat{\Omega}_k\cap\hat{Q}_k}\chi_k^2|\hat{D}_m\hat{D}_\tau\eta|^2\mathrm{d}x\\&+\frac{\mu}{\zeta}\sum_k\sum_{m=1}^2(C_{17}C_{19}^2+C_{14}C_{17}C_{19}^2+C_{19})\int_{\hat{\Omega}_k\cap\hat{Q}_k}\chi_k^2|\hat{D}_3\hat{D}_m\eta|^2\mathrm{d}x\\&+\frac{\mu}{\zeta}\sum_k\int_{\hat{\Omega}}C_{19}\chi_k^2|\hat{D}_3^2\eta|^2\mathrm{d}x,\end{aligned}$$

其开根号后与$\|\nabla^2\eta\|$半范数等价。

类似于(6.4.9)，(6.4.15)，(6.4.19)，(6.4.24)，(6.4.27)和(6.4.28)的推导步骤，可以进一步得到关于三阶导数的估计(6.4.30)。事实上，用$(C_{14}^2C_{17}C_{19}^2+C_{14}C_{17}C_{19}^2+1)$ 乘以 (6.4.15)，$(C_{17}C_{19}^2+C_{14}C_{17}C_{19}^2+C_{19})$ 乘以 (6.4.19)，C_{19}乘以(6.4.20)，$(C_{17}C_{19}+C_{14}C_{17}C_{19}+1)$乘以(6.4.27)，以及$(C_{19}+C_{14}C_{19})$乘以(6.4.24)，并对所得等式与(6.4.9)和(6.4.28)求和，然后使用上述半范数定义即得所要结论。 □

考虑Stokes方程:

$$\begin{aligned}&-\mu\Delta\boldsymbol{u}+\nabla\tilde{\eta}=\varepsilon^2\tilde{F}-\tilde{\boldsymbol{u}}\cdot\nabla\tilde{\boldsymbol{u}}+\zeta\nabla\mathrm{div}\boldsymbol{u}-U\cdot\nabla\boldsymbol{u},\\&\mathrm{div}\boldsymbol{u}=\mathrm{div}\boldsymbol{u}。\end{aligned}$$

则下列估计成立:

$$\|\boldsymbol{u}\|_{2,2}^2+\|\nabla\tilde{\eta}\|^2\leqslant C_{22}(\varepsilon^2\|\tilde{F}\|^2+\|\tilde{\boldsymbol{u}}\|_{2,2}^4+\|U\|_{3,2}^2\|\boldsymbol{u}\|_{1,2}^2+\zeta\|\nabla\mathrm{div}\boldsymbol{u}\|^2),\tag{6.4.31}$$

$$\|\boldsymbol{u}\|_{3,2}^2+\|\nabla\tilde{\eta}\|_{1,2}^2\leqslant C_{23}(\varepsilon^2\|\tilde{F}\|_{1,2}^2+\|\tilde{\boldsymbol{u}}\|_{3,2}^4+\|U\|_{3,2}^2\|\boldsymbol{u}\|_{2,2}^2+\zeta\|D^2\mathrm{div}\boldsymbol{u}\|^2),\tag{6.4.32}$$

其中C_{22}和C_{23}是仅依赖于Ω，μ和ζ的正常数。

注意有

$$\|U\|_{3,2} \leqslant C_3\|\boldsymbol{f}\|_{1,2}(\|\boldsymbol{f}\|_{1,2}+1)^8 =: M_1。$$

用C_{23}乘以(6.4.30)，并与(6.4.32)求和，可得

$$\begin{aligned}
&\|\boldsymbol{u}\|_{3,2}^2+\|\nabla\tilde{\eta}\|_{1,2}^2+C_{23}(\overline{\|\nabla^2\eta\|}^2-\overline{\|\nabla^2\tilde{\eta}\|}^2)\\
&\leqslant C\Big(\varepsilon^2\|\tilde{F}\|_{1,2}^2+\varepsilon^2\|g\|_{2,2}^2+\varepsilon^2\|\eta\|_{2,2}^2+\varepsilon^2\|w\|_{3,2}^2\\
&\quad+\|\tilde{\boldsymbol{u}}\|_{3,2}^4+(1+\|U\|_{3,2})^2(\|\boldsymbol{u}\|_{2,2}^2+\|\tilde{\eta}\|_{1,2}^2)+\delta^2(\|\boldsymbol{u}\|_{3,2}^2+\|\tilde{\eta}\|_{2,2}^2)\Big),
\end{aligned}$$

其中C是一个仅依赖于Ω和χ_k的正常数。

若δ取得足够的小，则有

$$\begin{aligned}
&\|\boldsymbol{u}\|_{3,2}^2+\|\nabla\tilde{\eta}\|_{1,2}^2+C_{23}(\overline{\|\nabla^2\eta\|}^2-\overline{\|\nabla^2\tilde{\eta}\|}^2)\\
&\qquad\leqslant C_{24}\Big(\varepsilon^2\|\tilde{F}\|_{1,2}^2+\varepsilon^2\|g\|_{2,2}^2+\varepsilon^2\|\eta\|_{2,2}^2+\varepsilon^2\|\boldsymbol{w}\|_{3,2}^2\\
&\qquad\quad+\|\tilde{\boldsymbol{u}}\|_{3,2}^4+(1+\|U\|_{3,2})^2(\|\boldsymbol{u}\|_{2,2}^2+\|\tilde{\eta}\|_{1,2}^2)\Big)。
\end{aligned}\tag{6.4.33}$$

令$M_2=C_{24}(1+M_1)^2$，用M_2乘以(6.4.31)，并与(6.4.33)求和，则可得

$$\begin{aligned}
&\|\boldsymbol{u}\|_{3,2}^2+\|\nabla\tilde{\eta}\|_{1,2}^2+C_{23}(\overline{\|\nabla^2\eta\|}^2-\overline{\|\nabla^2\tilde{\eta}\|}^2)\\
&\quad\leqslant C'(M_1+1)^2\Big(\varepsilon^2\|\tilde{F}\|_{1,2}^2+\varepsilon^2\|g\|_{2,2}^2+\varepsilon^2\|\eta\|_{2,2}^2+\varepsilon^2\|\boldsymbol{w}\|_{3,2}^2\\
&\quad\quad+\|\tilde{\boldsymbol{u}}\|_{3,2}^4+\|U\|_{3,2}^2\|\boldsymbol{u}\|_{1,2}^2+\|\nabla\mathrm{div}\boldsymbol{u}\|^2+\delta^2(\|\boldsymbol{u}\|_{3,2}^2+\|\tilde{\eta}\|_{1,2}^2)\Big),
\end{aligned}$$

其中C'是仅依赖于Ω和χ_k的正常数。

类似地，若δ取得足够的小，则成立

$$\begin{aligned}
&\|\boldsymbol{u}\|_{3,2}^2+\|\nabla\tilde{\eta}\|_{1,2}^2+C_{23}(\overline{\|\nabla^2\eta\|}^2-\overline{\|\nabla^2\tilde{\eta}\|}^2)\\
&\leqslant C_{25}(M_1+1)^2\Big(\varepsilon^2\|\tilde{F}\|_{1,2}^2+\varepsilon^2\|g\|_{2,2}^2+\varepsilon^2\|\eta\|_{2,2}^2+\varepsilon^2\|\boldsymbol{w}\|_{3,2}^2\\
&\quad+\|\tilde{\boldsymbol{u}}\|_{3,2}^4+\|U\|_{3,2}^2\|\boldsymbol{u}\|_{1,2}^2+\|\nabla\mathrm{div}\boldsymbol{u}\|^2\Big)。
\end{aligned}\tag{6.4.34}$$

令$M_3=C_{25}(M_1+1)^2$，用M_3乘以(6.4.29)，并加到(6.4.34)上，可得

$$\begin{aligned}
&\|\boldsymbol{u}\|_{3,2}^2+\|\nabla\tilde{\eta}\|_{1,2}^2+M_3(\overline{\|\nabla\eta\|}^2-\overline{\|\nabla\tilde{\eta}\|}^2)+C_{23}(\overline{\|\nabla^2\eta\|}^2-\overline{\|\nabla^2\tilde{\eta}\|}^2)\\
&\leqslant C_{26}(1+M_1)^2\Big(\varepsilon^2\|\tilde{F}\|_{1,2}^2+\varepsilon^2\|g\|_{2,2}^2+\varepsilon^2\|\eta\|_{2,2}^2+\varepsilon^2\|\boldsymbol{w}\|_{3,2}^2\\
&\quad+\|\tilde{\boldsymbol{u}}\|_{3,2}^4+(1+\|U\|_{3,2})^2\|\nabla\boldsymbol{u}\|^2\Big)。
\end{aligned}\tag{6.4.35}$$

令$M_4 = C_{26}(1+M_1)^4$，用M_4乘以(6.4.4)，并加到(6.4.35)上，可推出

$$\begin{aligned}&\|\boldsymbol{u}\|_{3,2}^2 + \|\nabla\tilde{\eta}\|_{1,2}^2 + M_4(\|\eta\|^2 - \|\tilde{\eta}\|^2)\\&+ M_3(\overline{\|\nabla\eta\|}^2 - \overline{\|\nabla\tilde{\eta}\|}^2) + C_{23}(\overline{\|\nabla^2\eta\|}^2 - \overline{\|\nabla^2\tilde{\eta}\|}^2)\\&\leqslant C_{27}(1+M_1)^4\Big(\varepsilon^2\|\tilde{F}\|_{1,2}^2 + \varepsilon^2\|g\|_{2,2}^2 + \varepsilon^2\|\eta\|_{2,2}^2 + \varepsilon^2\|\boldsymbol{w}\|_{3,2}^2 + \|\tilde{\boldsymbol{u}}\|_{3,2}^4\Big)。\end{aligned} \tag{6.4.36}$$

最后，定义一个与$\|\eta\|_{2,2}$等价的范数：

$$\overline{\|\eta\|}_{2,2} := \sqrt{M_4\|\eta\|^2 + M_3\overline{\|\nabla\eta\|}^2 + C_{23}\overline{\|\nabla^2\eta\|}^2},$$

则存在一个仅依赖于M_4, M_3, ζ和C_{23}（即依赖于Ω, μ, ζ和$\boldsymbol{f}$）的常数$\beta_0 < 1$，使得

$$\beta_0\overline{\|\eta\|}_{2,2} \leqslant \|\nabla\eta\|_{1,2} \leqslant \|\eta\|_{2,2} \leqslant \frac{1}{\beta_0}\overline{\|\eta\|}_{2,2}。$$

所以，有下面的结论：

引理 6.4.10 对于给定的$(\tilde{\boldsymbol{u}},\tilde{\eta})$满足$\|\tilde{\boldsymbol{u}}\|_{3,2} + \|\tilde{\eta}\|_{3,2} \leqslant 1$，设$(\boldsymbol{u},\eta)$为(6.3.16)–(6.3.17)，(6.3.24)和(6.3.25)的解，(U,P)为(6.3.1)–(6.3.3) 的解。

如果$\|\boldsymbol{u}\|_{3,2} + \|\eta\|_{2,2} \leqslant 1$，则有

$$\begin{aligned}&\|\boldsymbol{u}\|_{3,2}^2 + \beta_0^2\overline{\|\tilde{\eta}\|}_{2,2}^2 + \overline{\|\eta\|}_{2,2}^2 - \overline{\|\tilde{\eta}\|}_{2,2}^2\\&\quad\leqslant C_{27}(1+M_1)^4\Big(\varepsilon^2\|\tilde{F}\|_{1,2}^2 + \varepsilon^2\|g\|_{2,2}^2 + \varepsilon^2\|\eta\|_{2,2}^2 + \varepsilon^2\|\boldsymbol{w}\|_{3,2}^2 + \|\tilde{\boldsymbol{u}}\|_{3,2}^4\Big)。\end{aligned} \tag{6.4.37}$$

§6.5 非线性问题解的存在性

设正常数A_0满足下列条件：

$$2(1+\beta_0^{-2})A_0^2 < 1, \tag{6.5.1}$$

$$(C_{28}' + C_{29}')(1+M_1)^2(1+\beta_0^{-1})A_0 < \frac{1}{2}, \tag{6.5.2}$$

$$C_{30}(1+M_1)^4A_0^4 \leqslant \beta_0^2A_0^2/4, \tag{6.5.3}$$

其中C_{28}'，C_{29}'和C_{30}是仅依赖于Ω，μ和ζ的正常数，具体将在后面确定。

定义Banach空间

$$\boldsymbol{X} := H_0^2 \times H_0^1 \times L^2$$

和凸函数集合

$$\boldsymbol{K}_1(A_0) := \left\{(\boldsymbol{u},\eta) \in H_0^3 \times H^2 \,\middle|\, \int_\Omega \eta\mathrm{d}x = 0,\ \|\boldsymbol{u}\|_{3,2}^2 + \overline{\|\eta\|}_{2,2}^2 \leqslant A_0^2\right\}。$$

根据Sobolev空间中的紧嵌入定理，$\boldsymbol{K} := \boldsymbol{K}_0 \times \boldsymbol{K}_1(A_0)$是$\boldsymbol{X}$ 中的凸紧子集，其中$\boldsymbol{K}_0$的定义见第6.3.1节。

定义$\boldsymbol{K}$到$\boldsymbol{X}$的算子：

$$L(\tilde{U}, \tilde{\boldsymbol{u}}, \tilde{\eta}) := (U, \boldsymbol{u}, \eta),$$

其中对给定的$(\tilde{U}, \tilde{\boldsymbol{u}}, \tilde{\eta})$，$U$ 为(6.3.1)–(6.3.3) 的解，$(\boldsymbol{u}, \eta)$为(6.3.16)，(6.3.17)，(6.3.24)和(6.3.25)的解。

下面，将在$\boldsymbol{K}$中找到一个点，使得$(U, \boldsymbol{u}, \eta) = L(U, \boldsymbol{u}, \eta)$，从而$(U + \boldsymbol{u}, P + \eta)$为(6.1.4)的解。

引理 6.5.1 *存在一个充分小的ε_0，使得若$\varepsilon \in [0, \varepsilon_0)$，则$\boldsymbol{K}$为$\boldsymbol{X}$的凸紧子集，并且$L(\boldsymbol{K}) \subset \boldsymbol{K}$，其中$\varepsilon_0$仅依赖于$\Omega, \mu, \zeta$ 和$\boldsymbol{f}$。*

证明 因为$\boldsymbol{K}$为$\boldsymbol{X}$中凸的紧子集，所以只需证明$L(\boldsymbol{K}) \subset \boldsymbol{K}$。令$(\tilde{U}, \tilde{\boldsymbol{u}}, \tilde{\eta}) \subset \boldsymbol{K}$，$(U, \boldsymbol{u}, \eta) = L(\tilde{U}, \tilde{\boldsymbol{u}}, \tilde{\eta})$。由引理6.3.1–6.3.2 可知，对任意$\tilde{U} \in \boldsymbol{K}_0$，有$U \in \boldsymbol{K}_0$。因此，下面只需要验证：对任意$(\tilde{\boldsymbol{u}}, \tilde{\eta}) \in \boldsymbol{K}_1(A_0)$，$(\boldsymbol{u}, \eta) \in \boldsymbol{K}_1(A_0)$ 成立。

由(6.3.8)和(6.3.9)得

$$\|U\|_{3,2} + \|\nabla P\|_{1,2} \leqslant M_1, \quad \|U\|_{4,2} + \|\nabla P\|_{2,2} \leqslant M_1', \tag{6.5.4}$$

其中$M_1 = C_3\|\boldsymbol{f}\|_{1,2}(\|\boldsymbol{f}\|_{1,2}+1)^8$，$M_1' = C_4\|\boldsymbol{f}\|_{2,2}(\|\boldsymbol{f}\|_{2,2}+1)^{12}$。再由条件(6.5.1)可推出$\|\tilde{\boldsymbol{u}}\|_{3,2} + \|\tilde{\eta}\|_{2,2} < 1$。现在证明

$$\|\boldsymbol{u}\|_{3,2} + \|\eta\|_{2,2} < 1。\tag{6.5.5}$$

由于$\tilde{F} = (P+\tilde{\eta})\boldsymbol{f} - (P+\tilde{\eta})\big((U+\tilde{\boldsymbol{u}})\cdot\nabla(U+\tilde{\boldsymbol{u}})\big)$，并且$g = -\mathrm{div}(P(U+\tilde{\boldsymbol{u}}))$，故由(6.5.1)可得

$$\|\tilde{F}\|_{1,2} \leqslant C(M_1 + 1)(\|\boldsymbol{f}\|_{1,2} + M_1 + 1), \tag{6.5.6}$$

$$\|g\|_{2,2} \leqslant C' M_1'(M_1 + 1)。\tag{6.5.7}$$

其中C和C'为仅依赖于Ω和μ的正常数。

在第6.4节中已说明：存在一个常数β_0满足$\|\eta\|_{2,2} \leqslant \overline{\|\eta\|_{2,2}}^2/\beta_0$，其中$\beta_0$仅依赖于$\Omega$，$\mu$，$\zeta$和$\boldsymbol{f}$。由(6.3.18)，(6.3.21)，(6.3.22)，(6.5.4)，(6.5.6)，可得

$$\begin{aligned}\|\boldsymbol{u}\|_{3,2} &\leqslant C_{28}(1 + M_1)^2(\varepsilon^2\|\tilde{F}\|_{1,2} + \|\tilde{\boldsymbol{u}}\|_{3,2}^2 + \|\tilde{\eta}\|_{2,2}) \\ &\leqslant C_{28}'(1 + M_1)^2(\varepsilon^2(M_1 + 1)(\|\boldsymbol{f}\|_{1,2} + M_1 + 1) + A_0 + \beta_0^{-1}A_0)。\end{aligned}$$

进一步由(6.3.26)、(6.5.7)及上面的不等式可知，当$\varepsilon \leqslant \varepsilon_1$ 时，成立

$$\begin{aligned}\|\eta\|_{2,2} &\leqslant C_{29}(1 + M_1)^2(\varepsilon^2\|\tilde{F}\|_{1,2} + \varepsilon^2\|g\|_{2,2} + \|\tilde{\boldsymbol{u}}\|_{3,2}^2 + \|\tilde{\eta}\|_{2,2}) \\ &\leqslant C_{29}'(1 + M_1)^2(\varepsilon^2(M_1 + 1)(\|\boldsymbol{f}\|_{1,2} + M_1' + M_1 + 1) + A_0 + \beta_0^{-1}A_0),\end{aligned}$$

其中C'_{28}和C'_{29}是仅依赖于Ω，μ和ζ的正常数，ε_1为引理6.3.5证明过程中的参数，其定义如下：

$$\varepsilon_1 := \left(\frac{\alpha_4}{C_3\|\boldsymbol{f}\|_{1,2}(\|\boldsymbol{f}\|_{1,2}+1)^8+1}\right)^{1/2}。$$

由条件(6.5.2)进一步有

$$\|\boldsymbol{u}\|_{3,2}+\|\eta\|_{2,2} < (C'_{28}+C'_{29})(1+M_1)^3\varepsilon^2(\|\boldsymbol{f}\|_{1,2}+M_1+1)+\frac{1}{2}。$$

现记

$$\varepsilon_2 := \left(\frac{1}{2(C'_{28}+C'_{29})(1+M_1)^3(\|\boldsymbol{f}\|_{1,2}+M'_1+M_1+1)}\right)^{1/2},$$

如果取$\varepsilon\in[0,\varepsilon_2)$，即得(6.5.5)。因此，可从引理6.4.10中得到估计式(6.4.37)，即

$$\begin{aligned}&\|\boldsymbol{u}\|_{3,2}^2+\beta_0^2\overline{\|\tilde{\eta}\|}_{2,2}^2+\overline{\|\eta\|}_{2,2}^2-\overline{\|\tilde{\eta}\|}_{2,2}^2\\ &\leqslant C_{27}(1+M_1)^4\Big(\varepsilon^2\|\tilde{F}\|_{1,2}^2+\varepsilon^2\|g\|_{2,2}^2+\varepsilon^2\|\eta\|_{2,2}^2+\varepsilon^2(\|U\|_{3,2}^2+\|\tilde{\boldsymbol{u}}\|_{3,2}^2)+\|\tilde{\boldsymbol{u}}\|_{3,2}^4\Big),\end{aligned}$$

由(6.5.6)和(6.5.7)即得出

$$\begin{aligned}&\|\boldsymbol{u}\|_{3,2}^2+\beta_0^2\overline{\|\tilde{\eta}\|}_{2,2}^2+\overline{\|\eta\|}_{2,2}^2-\overline{\|\tilde{\eta}\|}_{2,2}^2\\ &\leqslant C_{30}(1+M_1)^4\Big(\varepsilon^2(\|\boldsymbol{f}\|_{1,2}^4+M_1^4+{M'_1}^4+A_0^2)+A_0^4+\frac{\varepsilon^2}{\beta_0^2}\overline{\|\eta\|}_{2,2}^2\Big),\end{aligned}$$

其中C_{30}是仅依赖于Ω，μ和ζ的正常数。

利用条件(6.5.3)，可得

$$\begin{aligned}&\|\boldsymbol{u}\|_{3,2}^2+\beta_0^2\overline{\|\tilde{\eta}\|}_{2,2}^2+\overline{\|\eta\|}_{2,2}^2-\overline{\|\tilde{\eta}\|}_{2,2}^2\\ &\leqslant C_{30}(1+M_1)^4\Big(\varepsilon^2(\|\boldsymbol{f}\|_{1,2}^4+M_1^4+{M'_1}^4+A_0^2)+\frac{\varepsilon^2}{\beta_0^2}\overline{\|\eta\|}_{2,2}^2\Big)+\frac{\beta_0^2A_0^2}{4}。\end{aligned}$$

因此，

$$\begin{aligned}&\|\boldsymbol{u}\|_{3,2}^2+\left(1-\frac{\varepsilon^2C_{30}(1+M_1)^4}{\beta_0^2}\right)\overline{\|\eta\|}_{2,2}^2\\ &\leqslant(1-\beta_0^2)\overline{\|\tilde{\eta}\|}_{2,2}^2+\frac{\beta_0^2A_0^2}{4}+\varepsilon^2C_{30}(1+M_1)^4(\|\boldsymbol{f}\|_{1,2}^4+M_1^4+{M'_1}^4+A_0^2)。\end{aligned}$$

记

$$\begin{aligned}\varepsilon_3=\min\Bigg\{&\left(\frac{\beta_0^4}{2C_{30}(1+M_1)^4}\right)^{1/2},\\ &\left(\frac{\beta_0^2A_0^2}{4C_{30}(1+M_1)^4(\|\boldsymbol{f}\|_{1,2}^4+M_1^4+{M'_1}^4+A_0^2)}\right)^{1/2}\Bigg\},\end{aligned}$$

取$\varepsilon \in [0, \varepsilon_3)$，即得

$$\|\boldsymbol{u}\|_{3,2}^2 + \left(1 - \frac{\beta_0^2}{2}\right)\overline{\|\eta\|}_{2,2}^2 \leqslant (1-\beta_0^2)A_0^2 + \frac{\beta_0^2 A_0^2}{4} + \frac{\beta_0^2 A_0^2}{4} = \left(1 - \frac{\beta_0^2}{2}\right)A_0^2。$$

最后，取$\varepsilon_0 = \min\{\varepsilon_1, \varepsilon_2, \varepsilon_3\}$，可得

$$\|\boldsymbol{u}\|_{3,2}^2 + \overline{\|\eta\|}_{2,2}^2 \leqslant A_0^2。$$

这意味着$(\boldsymbol{u}, \eta) \in \boldsymbol{K}_1(A_0)$。引理证毕。 □

引理 6.5.2 令$\Omega \subset \mathbb{R}^3$，在引理6.5.1的结论下，进一步有：$L : \boldsymbol{K} \to \boldsymbol{X}$ 是连续映射。

证明 令$(U^\ell, \boldsymbol{u}^\ell, \eta^\ell) = L(\tilde{U}^\ell, \tilde{\boldsymbol{u}}^\ell, \tilde{\eta}^\ell)$，$\ell = 1, 2$，则成立

$$\begin{aligned}
&(\tilde{U}^\ell + \tilde{\boldsymbol{u}}^\ell) \cdot \nabla U^\ell - \mu \Delta U^\ell + \nabla P^\ell = \boldsymbol{f}, \\
&\mathrm{div} U^\ell = 0, \\
&U^\ell = 0, \quad \text{在 } \partial\Omega \text{ 上，且} \int_\Omega P^\ell \mathrm{d}x = 0
\end{aligned}$$

和

$$\begin{aligned}
&U^\ell \cdot \nabla \boldsymbol{u}^\ell - \mu \Delta \boldsymbol{u}^\ell - \zeta \nabla \mathrm{div} \boldsymbol{u}^\ell + \nabla \tilde{\eta}^\ell = \varepsilon^2 F^\ell - \tilde{\boldsymbol{u}}^\ell \cdot \nabla \tilde{\boldsymbol{u}}^\ell, \\
&\frac{1}{\zeta}(\eta^\ell - \tilde{\eta}^\ell)\mathrm{div} \boldsymbol{u}^\ell + \varepsilon^2 \mathrm{div}(\eta^\ell (U^\ell + \tilde{\boldsymbol{u}}^\ell)) = -\varepsilon^2 g^\ell \\
&\boldsymbol{u}^\ell = 0, \quad \text{在 } \partial\Omega \text{ 上，且} \int_\Omega \eta^\ell \mathrm{d}x = 0,
\end{aligned}$$

其中

$$\begin{aligned}
&F^\ell = (P^\ell + \tilde{\eta}^\ell)(\boldsymbol{f} - (U^\ell + \tilde{\boldsymbol{u}}^\ell) \cdot \nabla (U^\ell + \tilde{\boldsymbol{u}}^\ell)), \\
&g^\ell = -\mathrm{div} P^\ell (U^\ell + \tilde{\boldsymbol{u}}^\ell)。
\end{aligned}$$

记

$$\begin{aligned}
&W := U^2 - U^1, \quad \tilde{W} := \tilde{U}^2 - \tilde{U}^1, \quad Q := P^2 - P^1, \\
&\boldsymbol{w} := \boldsymbol{u}^2 - \boldsymbol{u}^1, \quad \tilde{\boldsymbol{w}} := \tilde{\boldsymbol{u}}^2 - \tilde{\boldsymbol{u}}^1, \quad \sigma := \eta^2 - \eta^1, \\
&\tilde{\sigma} := \tilde{\eta}^2 - \tilde{\eta}^1, \quad J := F^2 - F^1, \quad j := g^2 - g^1,
\end{aligned}$$

则有

$$(\tilde{U}^1 + \tilde{\boldsymbol{u}}^1) \cdot \nabla W - \mu \Delta W + \nabla Q = -(\tilde{W} + \tilde{\boldsymbol{w}}) \cdot \nabla U^2, \tag{6.5.8}$$

$$\mathrm{div} W = 0, \quad W = 0, \quad \text{在 } \partial\Omega \text{ 上，且} \int_\Omega Q \mathrm{d}x = 0,$$

$$
\begin{aligned}
&U^1 \cdot \nabla \boldsymbol{w} - \mu \Delta \boldsymbol{w} - \zeta \nabla \mathrm{div} \boldsymbol{w} \\
&= \varepsilon^2 J - \tilde{\boldsymbol{w}} \cdot \nabla \tilde{\boldsymbol{u}}^2 - \tilde{\boldsymbol{u}}^1 \cdot \nabla \tilde{\boldsymbol{w}} - \tilde{W} \cdot \nabla \tilde{\boldsymbol{u}}^2 - \nabla \tilde{\sigma}, \qquad (6.5.9)\\
&\boldsymbol{w} = 0, \quad \text{在 } \partial\Omega \text{ 上}, \qquad (6.5.10)
\end{aligned}
$$

以及

$$
\sigma + \zeta \varepsilon^2 \mathrm{div} \sigma (U^2 + \tilde{\boldsymbol{u}}^2) = -\zeta \varepsilon^2 j - \zeta \varepsilon^2 \mathrm{div}(\eta^1 (W + \tilde{\boldsymbol{w}})) + \tilde{\sigma} - \zeta \mathrm{div} \boldsymbol{w}, \qquad (6.5.11)
$$

$$
\int_\Omega \eta \mathrm{d}x = 0,
$$

其中

$$
\begin{aligned}
J &:= (Q + \tilde{\sigma})(\boldsymbol{f} - (U^2 + \tilde{\boldsymbol{u}}^2) \cdot \nabla (U^2 + \tilde{\boldsymbol{u}}^2)) \\
&\quad - (P^1 - \tilde{\eta}^1)((W + \tilde{\boldsymbol{w}}) \cdot \nabla (U^2 + \tilde{\boldsymbol{u}}^2) + (U^1 + \tilde{\boldsymbol{u}}^1) \cdot \nabla (W + \tilde{\boldsymbol{w}})), \\
j &:= \mathrm{div}(Q(U^2 + \tilde{\boldsymbol{u}}^2) + P^1 (W + \tilde{\boldsymbol{w}}))。
\end{aligned}
$$

现用W乘以(6.5.8)，并在Ω上积分，可得

$$
\mu \int_\Omega |\nabla W|^2 \mathrm{d}x - \frac{1}{2} \int_\Omega \mathrm{div} \tilde{\boldsymbol{u}}^1 |W|^2 \mathrm{d}x = \int_\Omega ((\tilde{W} + \tilde{\boldsymbol{w}}) \cdot \nabla U^2) W \mathrm{d}x。
$$

所以，

$$
\left(\mu - \frac{\alpha b_0^2}{2} \|\tilde{\boldsymbol{u}}^1\|_{3,2}\right) \int_\Omega |\nabla W|^2 \mathrm{d}x \leqslant C(\|\tilde{W}\|_{1,2} + \|\tilde{\boldsymbol{w}}\|_{1,2}) \|U^2\|_{3,2} \|W\|_{1,2},
$$

其中C是一个仅依赖于Ω和μ的正常数。因此有

$$
\|W\|_{1,2} \leqslant C(\|\tilde{W}\|_{1,2} + \|\tilde{\boldsymbol{w}}\|_{1,2}), \qquad (6.5.12)
$$

其中正常数C仅依赖于$\Omega, \mu, \zeta, \boldsymbol{f}, A_0$和$\varepsilon_0$。

利用Stokes方程的正则性理论，可由方程

$$
\begin{aligned}
&-\mu \Delta W + \nabla Q = -(\tilde{W} + \tilde{\boldsymbol{w}}) \cdot \nabla U^2 - (\tilde{U}^1 + \tilde{\boldsymbol{u}}^1) \cdot \nabla W, \\
&\mathrm{div} W = 0
\end{aligned}
$$

推出估计

$$
\begin{aligned}
\|W\|_{2,2} + \|\nabla Q\| &\leqslant C \|(\tilde{W} + \tilde{\boldsymbol{w}}) \cdot \nabla U^2 - (\tilde{U}^1 + \tilde{\boldsymbol{u}}^1) \cdot \nabla W\| \\
&\leqslant C(\|\tilde{W} + \tilde{\boldsymbol{w}}\|_{1,2} \|U^2\|_{2,2} + \|\tilde{U}^1 + \tilde{\boldsymbol{u}}^1\|_{2,2} \|W\|_{1,2}),
\end{aligned}
$$

其中C是仅依赖于Ω和μ的正常数。

利用(6.5.12)，进一步有

$$\|W\|_{2,2}+\|\nabla Q\|\leqslant C(\|\tilde{W}\|_{1,2}+\|\tilde{\boldsymbol{w}}\|_{1,2}),\tag{6.5.13}$$

其中正常数C依赖于$\Omega,\mu,\zeta,\boldsymbol{f},A_0$和$\varepsilon_0$。

用w乘以(6.5.9)，并在Ω上积分可得

$$\begin{aligned}\mu\int_\Omega|\nabla\boldsymbol{w}|^2\mathrm{d}x+\zeta\int_\Omega(\mathrm{div}\boldsymbol{w})^2\mathrm{d}x\leqslant{}&(\varepsilon^2\|J\|_{-1}+\|\tilde{\boldsymbol{w}}\|_{1,2}\|\tilde{\boldsymbol{u}}^2\|_{3,2}+\|\tilde{\boldsymbol{u}}\|_{3,2}\|\boldsymbol{w}\|_{1,2}\\&+\|W\|_{1,2}\|\boldsymbol{u}^2\|_{3,2}+\|\tilde{\sigma}\|)\|W\|_{1,2}。\end{aligned}$$

注意

$$\begin{aligned}\|J\|_{-1}\leqslant{}&C(\|Q\|+\|\tilde{\sigma}\|)(\|\boldsymbol{f}\|_{1,2}+\|U^2\|_{2,2}^2+\|\tilde{\boldsymbol{u}}\|_{2,2}^2)\\&+(\|P^1\|_{1,2}+\|\tilde{\eta}^1\|_{1,2})(\|W\|_{1,2}+\|\tilde{\boldsymbol{w}}\|_{1,2})(\|U^2\|_{1,2}+\|\tilde{\boldsymbol{u}}^2\|_{1,2}),\end{aligned}$$

利用(6.5.12)，可推出

$$\mu\int_\Omega|\nabla\boldsymbol{w}|^2\mathrm{d}x+\zeta\int_\Omega(\mathrm{div}\boldsymbol{w})^2\mathrm{d}x\leqslant C(\|\tilde{W}\|_{1,2}^2+\|\tilde{\boldsymbol{w}}\|_{1,2}^2+\|\tilde{\sigma}\|^2),$$

其中正常数C依赖于$\Omega,\mu,\zeta,\boldsymbol{f},A_0$和$\varepsilon_0$。

类似地，用σ乘以(6.5.11)，并在Ω上积分即得

$$\begin{aligned}&\int_\Omega\sigma^2\mathrm{d}x-\frac{1}{2}\zeta\varepsilon^2\int_\Omega|\tilde{\boldsymbol{u}}^2|\sigma^2\mathrm{d}x\\&\leqslant C\Big(\varepsilon^2(\|j\|+\|\eta^1\|_{2,2}(\|W\|_{1,2}+\|\tilde{\boldsymbol{w}}\|_{1,2}))+\|\tilde{\sigma}\|+\|\boldsymbol{w}\|_{1,2}\Big)\|\sigma\|。\end{aligned}$$

注意

$$\|j\|\leqslant C(\|Q\|_{1,2}(\|U^2\|_{2,2}^2+\|\tilde{\boldsymbol{u}}\|_{2,2}^2)+\|P^1\|_{2,2}(\|W\|_{1,2}+\|\tilde{\boldsymbol{w}}\|_{1,2})),\tag{6.5.14}$$

由(6.5.13)有

$$\|\sigma\|\leqslant C(\|\tilde{W}\|_{1,2}+\|\tilde{\boldsymbol{w}}\|_{1,2}+\|\tilde{\sigma}\|);$$

从而

$$\|W\|_{1,2}+\|\boldsymbol{w}\|_{1,2}+\|\sigma\|\leqslant C(\|\tilde{W}\|_{1,2}+\|\tilde{\boldsymbol{w}}\|_{1,2}+\|\tilde{\sigma}\|),$$

其中C依赖于$\Omega,\mu,\zeta,\boldsymbol{f},A_0$和$\varepsilon_0$。 □

有了上述两个引理，就很容易推出下述结论，从而完成定理6.1.1的证明。

命题 6.5.3 *令$\Omega\in\mathbb{R}^3$为有界C^4区域，$\boldsymbol{f}\in H^2(\Omega)$，则存在仅依赖于$\Omega,\mu,\zeta$和$\boldsymbol{f}$的$\varepsilon_0$，使得对任意$\varepsilon\in(0,\varepsilon_0)$，(6.2.1)–(6.2.6) 存在强解$(U,P,\boldsymbol{u},\eta)\in H_\sigma^4\times\bar{H}^3\times H^3\times\bar{H}^2$。特别地，对于$\varepsilon\in(0,\varepsilon_0)$，$(U+\boldsymbol{u},P+\eta)$满足(6.1.4)–(6.1.5)；并且存在仅依赖于Ω,μ,ζ和$\boldsymbol{f}$的小正常数A_0，使得*

$$\|\boldsymbol{u}\|_{3,2}^2+\overline{\|\eta\|}_{2,2}^2\leqslant A_0^2。$$

证明 根据引理6.5.1–6.5.2，可应用Schauder不动点定理找到不动点(U,v,η)满足$(U,\boldsymbol{u},\eta)=L(U,\boldsymbol{u},\eta)$。此外，存在$P\in\bar{H}^2$满足

$$\nabla P=\boldsymbol{f}+\mu\Delta U-(U+\boldsymbol{u})\cdot\nabla U,$$

且$(U+\boldsymbol{u},P+\eta)$为(6.1.4)–(6.1.5) 的解。 □

§6.6 可压缩等熵NS方程解的不可压极限

令ε_0和A_0为命题6.5.3中所述的常数。对于任意给定的$\varepsilon<\varepsilon_0$，$(U^\varepsilon,P^\varepsilon,\boldsymbol{u}^\varepsilon,\eta^\varepsilon)\in\boldsymbol{K}(A_0)$为命题6.5.3 中所确定的解。

在引理6.4.10中，若取$\boldsymbol{u}=\tilde{\boldsymbol{u}}=\boldsymbol{u}^\varepsilon$及$\eta=\tilde{\eta}=\eta^\varepsilon$，则即得估计

$$\begin{aligned}&\|\boldsymbol{u}^\varepsilon\|_{3,2}^2+\beta_0^2\overline{\|\eta^\varepsilon\|}_{2,2}^2\\&\leqslant C_{27}(1+M_1)^4(\varepsilon^2(\|F^\varepsilon\|_{1,2}^2+\|g^\varepsilon\|_{2,2}^2+\|\eta^\varepsilon\|_{2,2}^2+\|\boldsymbol{w}^\varepsilon\|_{3,2}^2)+\|\boldsymbol{u}^\varepsilon\|_{3,2}^4),\end{aligned}$$

其中

$$\begin{aligned}&F^\varepsilon=(P^\varepsilon+\eta^\varepsilon)\boldsymbol{f}-(P^\varepsilon+\eta^\varepsilon)(U^\varepsilon+\boldsymbol{u}^\varepsilon)\cdot\nabla(U^\varepsilon+\boldsymbol{u}^\varepsilon),\\&g^\varepsilon=\operatorname{div}\big(P^\varepsilon(U^\varepsilon+\boldsymbol{u}^\varepsilon)\big),\ \text{且}\ \boldsymbol{w}^\varepsilon=U^\varepsilon+\boldsymbol{u}^\varepsilon。\end{aligned}$$

进一步，存在仅依赖于Ω,μ和ζ的常数C_{31}，满足

$$\begin{aligned}&\|\boldsymbol{u}^\varepsilon\|_{3,2}^2+\beta_0^2\overline{\|\eta^\varepsilon\|}_{2,2}^2\\&\leqslant C_{31}(1+M_1)^4(\varepsilon^2(\|\boldsymbol{f}\|_{1,2}^4+M_1^4+|M_1'|^4+1)\\&\qquad+\varepsilon^2\|\eta^\varepsilon\|_{2,2}^2+\|\boldsymbol{u}^\varepsilon\|_{3,2}^2+\|\boldsymbol{u}^\varepsilon\|_{3,2}^4)\\&\leqslant C_{31}(1+M_1)^4\big(\varepsilon^2(\|\boldsymbol{f}\|_{1,2}^4+M_1^4+{M'}_1^4+1)\\&\qquad+\frac{\varepsilon_0^2}{\beta_0^2}\overline{\|\eta^\varepsilon\|}_2^2+\varepsilon_0^2\|\boldsymbol{u}^\varepsilon\|_{3,2}^2+A_0^2\|\boldsymbol{u}^\varepsilon\|_{3,2}^2\big)。\end{aligned}$$

所以，若取

$$A_0^2<1/(4C_{31}(1+M_1)^4),\ \varepsilon_0^2<1/(4C_{31}(1+M_1)^4),\ \varepsilon_0^2<\beta_0^2/(2C_{31}(1+M_1)^4),$$

则有

$$\frac{1}{2}\|\boldsymbol{u}^\varepsilon\|_{3,2}^2+\frac{\beta_0^2}{2}\overline{\|\eta^\varepsilon\|}_{2,2}^2\leqslant C_{31}(1+M_1)^4\varepsilon^2(\|\boldsymbol{f}\|_{1,2}^4+M_1^4+|M_1'|^4+1)。$$

因此，当$\varepsilon\to0$时，

$$\|\boldsymbol{u}^\varepsilon\|_{3,2}+\beta_0^2\overline{\|\eta^\varepsilon\|}_{2,2}\to0。$$

注意到，集合$\{(U^\varepsilon, P^\varepsilon) \mid 0 < \varepsilon < \varepsilon_0\}$ 在$(\bar{H}^4 \cap H_0^1) \times \bar{H}^3$中关于$\varepsilon$是一致有界的，因而存在一个序列，记为$\{(U^{\varepsilon_k}, P^{\varepsilon_k})\}_{k=1}^\infty$和$(\bar{U}, \bar{P}) \in (\bar{H}^4 \cap H_0^1) \times \bar{H}^3$，满足当$\varepsilon_k \to 0$时，有

$$U^{\varepsilon_k} \rightharpoonup \bar{U},\ \text{在}\ \bar{H}^4\ \text{中；}\quad P^{\varepsilon_k} \rightharpoonup \bar{P},\ \text{在}\ H^3\ \text{中；}$$
$$U^{\varepsilon_k} \to \bar{U},\ \text{在}\ H^3\ \text{中；}\quad P^{\varepsilon_k} \to \bar{P},\ \text{在}\ H^2\ \text{中。}$$

对边值问题(6.2.1)–(6.2.3) 关于$\varepsilon_k \to 0$取极限，就可得出$(\bar{U}, \bar{P})$为定常不可压缩NS方程的解，从而证明了下面的结论。

推论 6.6.1 令$\boldsymbol{N} := \{(U, P) \in H_0^4 \times \bar{H}^3 \mid (U, P)$为具有外力$\boldsymbol{f}$的定常不可压NS 方程的解$\}$，则

$$\lim_{\epsilon \to 0} \inf_{(U,P) \in \boldsymbol{N}} \|U^\epsilon + \boldsymbol{u}^\epsilon - U\|_{3,2} + \|P^\epsilon + \eta^\epsilon - P\|_{2,2} = 0。$$

§6.7　注记

本章定理6.1.1中有关定常可压缩NS方程组强解存在性的内容主要来自Choe和Jin 的工作[10]。在[10]之前，文献中关于强解的存在性结果一般都要求外力具有小性，或者外力可分解成大势力和小非势力之和（该情形将在第八章讨论）。注意小Mach数情形也可粗糙说成是轻微可压缩，这可从小Mach数的定义中看出。因此，定理6.1.1主要说明定常可压缩等熵NS方程组存在轻微压缩的强解。同时利用小Mach数极限的结果，可建立起定常不可压NS方程的解。定理6.1.1也可推广到周期区域情形或者二维有界区域情形。目前，边值问题(6.1.4)–(6.1.5)是否存在没有任何小性限制的强解，以及强解是否是唯一的仍是公开问题。此外，定理6.1.1是否对外区域或全空间情形也成立还有待进一步研究。

最后指出，目前非定常NS方程组的小Mach数极限问题已被广泛研究，有兴趣读者可查阅专著[23] 或综述文章[35]关于这方面进展的介绍。

第七章
小Mach数情形下 定常可压缩热传导NS方程的强解

§7.1　问题的引入及主要结果

本章主要介绍在大外力作用下有界区域$\Omega \subset \mathbb{R}^3$上定常可压缩热传导NS 方程强解的存在性，该结果是上一章内容的推广。定常可压缩热传导NS方程（也称为定常Navier–Stokes–Fourier（NSF）方程组）可写为：

$$\begin{cases} \operatorname{div}(\varrho \boldsymbol{v}) = 0, \\ \varrho \boldsymbol{v} \cdot \nabla \boldsymbol{v} + \nabla p = \operatorname{div}\mathbb{S}(\boldsymbol{v}) + \varrho \boldsymbol{f} + \boldsymbol{g}, \\ c_v \varrho \boldsymbol{v} \cdot \nabla \Theta + p\operatorname{div}\boldsymbol{v} = \kappa \Delta \Theta + \mathscr{D}(\boldsymbol{v})。 \end{cases} \tag{7.1.1}$$

这里ϱ，$\boldsymbol{v}$和Θ分别表示定常流体的密度、速度和温度；本章考虑理想气体，即压强$p = R\varrho\Theta$，$R > 0$为气体常数；$\boldsymbol{f}$是单位密度受到的外体积力，$\boldsymbol{g}$是给定的与流体密度无关的外力；应力张量$\mathbb{S}(\boldsymbol{v})$和耗散函数$\mathscr{D}(\boldsymbol{v})$分别按(2.1.4) 和(2.1.8)定义，$\nu \geqslant 0$，$\lambda = \nu - 2\mu/3$；$c_v > 0$是定容比热，$\kappa > 0$ 表示热传导系数。此外，由于定常流的总质量为给定的，故要求：

$$\int_\Omega \varrho(x)\mathrm{d}x = M > 0。$$

关于边值条件，本章考虑速度$\boldsymbol{v}$满足非滑移边值条件，并且温度Θ在Ω的边界$\partial\Omega$上保持不变，即

$$\boldsymbol{v} = 0, \quad \Theta = \vartheta_0, \text{ 在 } \partial\Omega \text{ 上。} \tag{7.1.2}$$

类似于上章的无量纲化处理方法，方程组(7.1.1)可改写成如下形式：

$$\begin{cases} \operatorname{div}(\varrho \boldsymbol{v}) = 0, \\ \varrho \boldsymbol{v} \cdot \nabla \boldsymbol{v} + \nabla p/\epsilon^2 = \operatorname{div}\mathbb{S}(\boldsymbol{v}) + \varrho \boldsymbol{f} + \boldsymbol{g}, \\ \varrho \boldsymbol{v} \cdot \nabla \Theta + p\operatorname{div}\boldsymbol{v} = \kappa \Delta \Theta + \epsilon^2 \mathscr{D}(\boldsymbol{v}), \end{cases} \tag{7.1.3}$$

其中ϵ是Mach数。

因为流体的总质量是有限的，故可定义平均密度：

$$\bar{\varrho} := (\varrho(x))_{\Omega} > 0。$$

不失一般性，本章假定$\bar{\varrho} = 1$。类似地，设$\bar{\Theta} = 1$，$R = c_V = 1$，$\vartheta_0 = 1$。

为了得到上述方程组在小Mach数情形下的存在性，作变换（注意上章中的密度变换为$\varrho := 1 + \varepsilon^2 \rho$）

$$\varrho := 1 + \epsilon\rho，\quad \Theta := 1 + \epsilon\theta, \tag{7.1.4}$$

则(7.1.3)可改写为：

$$\begin{cases} \mathrm{div}\boldsymbol{v} + \epsilon \mathrm{div}(\rho\boldsymbol{v}) = 0, \\ (1+\epsilon\rho)(\boldsymbol{v}\cdot\nabla\boldsymbol{v}) + (1+\epsilon\theta)\nabla\rho/\epsilon + (1+\epsilon\rho)\nabla\theta/\epsilon \\ \qquad = \mathrm{div}\mathbb{S}(\boldsymbol{v}) + (1+\epsilon\rho)\boldsymbol{f} + \boldsymbol{g}, \\ \epsilon(1+\epsilon\rho)\boldsymbol{v}\cdot\nabla\theta + \mathrm{div}\boldsymbol{v} + (\epsilon\rho + \epsilon\theta + \epsilon^2\rho\theta)\mathrm{div}\boldsymbol{v} = \epsilon\kappa\Delta\theta + \epsilon^2\mathscr{D}(\boldsymbol{v}); \end{cases} \tag{7.1.5}$$

相应的边值条件成为

$$\boldsymbol{v} = \theta = 0, \quad 在\ \partial\Omega\ 上。 \tag{7.1.6}$$

则有下述结论[15, 定理1.1]：

定理 7.1.1 设$\boldsymbol{f}, \boldsymbol{g} \in H^2(\Omega)$，则存在一个依赖于$\|(\boldsymbol{f}, \boldsymbol{g})\|_{H^2}$和$\Omega$ 的ϵ_0，使得对任意$\epsilon \in (0, \epsilon_0)$，边值问题(7.1.5)–(7.1.6)存在一个解$(\rho^\epsilon, \boldsymbol{v}^\epsilon, \theta^\epsilon) \in \bar{H}^2 \times (H^3 \cap H_0^1) \times (H^3 \cap H_0^1)$，满足

$$\lim_{\epsilon\to 0} \inf_{(U,P)\in \boldsymbol{L}} \|\boldsymbol{v}^\epsilon - U\|_{3,2} + \|\rho^\epsilon\|_{2,2} + \|\theta^\epsilon\|_{3,2} + \|(\rho^\epsilon + \theta^\epsilon)/\epsilon - P\|_{2,2} = 0,$$

其中$(U, P) \in \boldsymbol{L} := \{(U, P) \in (H^4 \cap H_0^1) \times \bar{H}^3 \mid (U, P)$是具有外力$\boldsymbol{f} + \boldsymbol{g}$的定常不可压NS方程(7.1.7)的解$\}$，即

$$\begin{cases} U\cdot\nabla U - \mu\Delta U + \nabla P = \boldsymbol{f} + \boldsymbol{g}, \\ \mathrm{div}U = 0, \\ U = 0, \quad 在\ \partial\Omega\ 上, \quad \int_\Omega P\mathrm{d}x = 0。 \end{cases} \tag{7.1.7}$$

类似于上章，为了证明定理7.1.1，我们需要把边值问题(7.1.5)–(7.1.6) 分解成两个边值问题（即涉及不可压情形的边值问题(7.2.1)，和涉及可压情形的边值问题(7.2.2)）的叠加；然后利用线性化方法及Tikhonov不动点定理（或者Schauder不

动点定理）证明分解出的两个边值问题存在强解，从而得到原边值问题的强解；最后利用强解关于ϵ的一致估计和紧性方法即可得出不可压极限结果。在上章线性化方法的证明过程中，还需要把涉及可压情形的边值问题的线性化问题再拆解出输运方程，但本章则不需进行拆解，而是直接通过逼近方法证明边值问题(7.2.2) 的线性化问题存在强解。此外，在推导边值问题(7.2.2)的线性化问题解的高阶估计时，对于近边界估计，可采用与上章不一样的拉平方法（也称局部等温坐标系方法）。当然，上章的拉平方法同样也可建立起本章所需的近边界估计。

注意，本章所采用的简化范数符号仍按第六章定义，见第6.1节最后一段内容。并且，不失一般性，仍设$|\Omega| = 1$。

§7.2 等价边值问题和对应的线性化问题

如前所述，需把边值问题(7.1.5)–(7.1.6)分解成如下两个边值问题：

$$\begin{cases} U \cdot \nabla U + \boldsymbol{u} \cdot \nabla U - \mu \Delta U + \nabla P = \boldsymbol{f} + \boldsymbol{g}, \\ \mathrm{div} U = 0, \\ U = 0, \quad \text{在 } \partial\Omega \text{ 上}, \quad \text{且} \displaystyle\int_\Omega P \mathrm{d}x = 0 \end{cases} \tag{7.2.1}$$

和

$$\begin{cases} U \cdot \nabla \eta + \mathrm{div} \boldsymbol{u}/\epsilon = -\boldsymbol{u} \cdot \nabla \eta - \eta \mathrm{div} \boldsymbol{u} - \epsilon \mathrm{div}(P(U + \boldsymbol{u})), \\ U \cdot \nabla \boldsymbol{u} - \mu \Delta \boldsymbol{u} - (\mu + \lambda) \nabla \mathrm{div} \boldsymbol{u} + \nabla(\eta + \theta)/\epsilon \\ \quad = \epsilon F - \boldsymbol{u} \cdot \nabla \boldsymbol{u} - \theta \nabla \eta - \eta \nabla \theta, \\ U \cdot \nabla \theta - \kappa \Delta \theta + \mathrm{div} \boldsymbol{u}/\epsilon = \epsilon G - \boldsymbol{u} \cdot \nabla \theta - \eta \mathrm{div} \boldsymbol{u} - \theta \mathrm{div} \boldsymbol{u}, \\ \boldsymbol{u} = \theta = 0, \quad \text{在 } \partial\Omega \text{ 上}, \quad \text{且} \displaystyle\int_\Omega \eta \mathrm{d}x = 0, \end{cases} \tag{7.2.2}$$

其中新的外力F和热源G定义为

$$F := (\epsilon P + \eta)\boldsymbol{f} - (\epsilon P + \eta)(U + \boldsymbol{u}) \cdot \nabla(U + \boldsymbol{u}) - \theta \nabla P - P \nabla \theta,$$
$$G := \mathscr{D}(\boldsymbol{u}) - (\epsilon P + \eta)(U + \boldsymbol{u}) \cdot \nabla \theta - (\epsilon P + \eta)\theta \mathrm{div} \boldsymbol{u} - P \mathrm{div} \boldsymbol{u}。$$

显然，如果(U, P)和$(\boldsymbol{u}, \eta, \theta)$分别为上述两个边值问题的解，则$\boldsymbol{v} := U + \boldsymbol{u}, \rho := \epsilon P + \eta$和$\theta$是边值问题(7.1.5)–(7.1.6)的解。因此，边值问题(7.1.5)–(7.1.6)解的存在性问题可转化为证明上述两个边值问题解的存在性。

本章将运用Tikhonov不动点定理证明上述两个边值问题存在强解，为此需要先研究对应的两个线性化问题解的存在性。

边值问题(7.2.1)线性化问题有如下形式：

$$\begin{cases}(\tilde{U}+\tilde{\boldsymbol{u}})\cdot\nabla U-\mu\Delta U+\nabla P=\boldsymbol{h},\\ \mathrm{div}U=0,\\ U=0,\quad 在\,\partial\Omega\,上,\quad 且\displaystyle\int_\Omega P\mathrm{d}x=0,\end{cases}\tag{7.2.3}$$

其中$\boldsymbol{h}=\boldsymbol{f}+\boldsymbol{g}$，$\tilde{U}\in H^4\cap H^1_\sigma$和$\tilde{\boldsymbol{u}}\in H^3\cap H^1_0$都是给定的函数。

另一方面，边值问题(7.2.2)的线性化问题可写为：

$$\begin{cases}U\cdot\nabla\eta+\mathrm{div}\boldsymbol{u}/\epsilon+\tilde{\boldsymbol{u}}\cdot\nabla\eta+\eta\mathrm{div}\tilde{\boldsymbol{u}}=-\epsilon\mathrm{div}(P(U+\tilde{\boldsymbol{u}})),\\ U\cdot\nabla\boldsymbol{u}-\mu\Delta\boldsymbol{u}-\zeta\nabla\mathrm{div}\boldsymbol{u}+\nabla(\eta+\theta)/\epsilon+\tilde{\theta}\nabla\eta+\eta\nabla\tilde{\theta}\\ \quad=\epsilon\tilde{F}-\tilde{\boldsymbol{u}}\cdot\nabla\tilde{\boldsymbol{u}},\\ U\cdot\nabla\theta-\kappa\Delta\theta+\mathrm{div}\boldsymbol{u}/\epsilon+\eta\mathrm{div}\tilde{\boldsymbol{u}}=\epsilon\tilde{G}-\tilde{\boldsymbol{u}}\cdot\nabla\tilde{\theta}-\tilde{\theta}\mathrm{div}\tilde{\boldsymbol{u}},\\ \boldsymbol{u}=\theta=0,\quad 在\,\partial\Omega\,上,\quad 且\displaystyle\int_\Omega\eta\mathrm{d}x=0,\end{cases}\tag{7.2.4}$$

其中(U,P)是(7.2.3)确定的解，$(\tilde{U},\tilde{\boldsymbol{u}},\tilde{\theta})\in H^4_\sigma\times H^3_0\times H^3_0$为给定的函数组，$\tilde{F}$和$\tilde{G}$分别定义如下：

$$\begin{aligned}&\tilde{F}:=(\epsilon P+\eta)\boldsymbol{f}-(\epsilon P+\eta)(U+\tilde{\boldsymbol{u}})\cdot\nabla(U+\tilde{\boldsymbol{u}})-\tilde{\theta}\nabla P-P\nabla\tilde{\theta},\\ &\tilde{G}:=\tilde{\mathscr{D}}-(\epsilon P+\eta)(U+\tilde{\boldsymbol{u}})\cdot\nabla\tilde{\theta}-(\epsilon P+\eta)\tilde{\theta}\mathrm{div}\tilde{\boldsymbol{u}}-P\mathrm{div}\tilde{\boldsymbol{u}},\\ &\tilde{\mathscr{D}}=2\mu\mathbb{D}(U+\tilde{\boldsymbol{u}}):\mathbb{D}(U+\tilde{\boldsymbol{u}})+\lambda(\mathrm{div}(U+\tilde{\boldsymbol{u}}))^2,\qquad\zeta=\mu+\lambda。\end{aligned}$$

由边值问题(7.2.3)弱解的存在性及正则性结果，有下面的引理。

引理 7.2.1 设Ω是有界C^4区域，$\boldsymbol{h}\in H^2$，$\tilde{U}\in H^3_0$，则存在一个依赖于μ和Ω的常数a_0，使得如果$\|\tilde{\boldsymbol{u}}\|_{3,2}<a_0$，边值问题(7.2.3)存在古典解$U\in H^4_0$和$P\in H^3$，满足

$$\|U\|_{1,2}\leqslant C_0\|\boldsymbol{h}\|_{-1},\qquad\|P\|\leqslant C_1\|\boldsymbol{h}\|_{-1}。\tag{7.2.5}$$

此外，记

$$\begin{aligned}K_0=\{&U\in H^4_\sigma\mid\|U\|_{1,2}\leqslant C_1\|\boldsymbol{h}\|_{1,2},\ \|U\|_{2,2}\leqslant C_2\|\boldsymbol{h}\|(\|\boldsymbol{h}\|+1)^4,\\ &\|U\|_{3,2}\leqslant C_3\|\boldsymbol{h}\|_{1,2}(\|\boldsymbol{h}\|_{1,2}+1)^8,\ \|U\|_{4,2}\leqslant C_4\|\boldsymbol{h}\|_{2,2}(\|\boldsymbol{h}\|_{2,2}+1)^{12}\}。\end{aligned}\tag{7.2.6}$$

如果$\tilde{U}\in K_0$，则$U\in K_0$，并且$\|\nabla P\|_{m,2}$具有与$\|U\|_{m+2,2}$一样的估计，其中$0\leqslant m\leqslant 2$。上面的常数C_0–C_4按引理6.3.1–6.3.2 中所定义。

证明 证明见引理6.3.1–6.3.2。 □

§7.3 线性化边值问题解的存在性与正则性

本节将建立边值问题(7.2.4)弱解的存在性与正则性。

§7.3.1 弱解的存在性

为证明边值问题(7.2.4)存在弱解，将$\tilde{F}$和$\tilde{G}$重写为：

$$\tilde{F} = \tilde{F}' + \eta \boldsymbol{f} + \eta(U + \tilde{\boldsymbol{u}}) \cdot \nabla(U + \tilde{\boldsymbol{u}}), \quad \tilde{G} = \tilde{G}' - \eta(U + \tilde{\boldsymbol{u}}) \cdot \nabla\tilde{\theta} - \eta\tilde{\theta}\mathrm{div}\tilde{\boldsymbol{u}},$$

其中

$$\tilde{F}' = \epsilon P \boldsymbol{f} - \epsilon P(U + \tilde{\boldsymbol{u}}) \cdot \nabla(U + \tilde{\boldsymbol{u}}) - \tilde{\theta}\nabla P - P\nabla\tilde{\theta},$$
$$\tilde{G}' = \tilde{\mathscr{D}} - \epsilon P(U + \tilde{\boldsymbol{u}}) \cdot \nabla\tilde{\theta} - \epsilon P\tilde{\theta}\mathrm{div}\tilde{\boldsymbol{u}} - P\mathrm{div}\tilde{\boldsymbol{u}}。$$

则有下列结论。

引理 7.3.1 设Ω为有界C^2区域，$\tilde{F}'$，$\tilde{G}' \in H^{-1}$，$(\boldsymbol{f}, U, P) \in H^2 \times H^1 \cap L^2$。若$\|\tilde{\boldsymbol{u}}\|_{3,2} + \|\tilde{\theta}\|_{3,2}$充分小，则边值问题(7.2.4)存在唯一的弱解$(\eta, \boldsymbol{u}, \theta) \in L_0^2 \times H_0^1 \times H_0^1$。

证明 证明分为三步。

(1) 构造边值问题(7.2.4)的逼近问题的强解。

不失一般性，设$\tilde{F}'$，$\tilde{G}' \in L^2$；对$\tilde{F}'$，$\tilde{G}' \in H^{-1}$的情形，可用稠密性技术处理。定义截断函数

$$1_\alpha(\eta) = \begin{cases} 1/\alpha, & 若\eta > 1/\alpha, \\ \eta, & 若\eta \leqslant 1/\alpha。\end{cases}$$

对于任意给定的正数β，α，考虑下面关于边值问题(7.2.4)的逼近问题：

$$\begin{cases} -\beta\Delta\eta = -\mathrm{div}(U\eta) - \mathrm{div}\boldsymbol{u}/\epsilon - \mathrm{div}(1_\alpha(\eta)\tilde{\boldsymbol{u}}) - \epsilon\mathrm{div}(P(U + \tilde{\boldsymbol{u}})) \\ \quad =: \mathrm{div}R_1(\eta, \boldsymbol{u}), \\ -\mu\Delta\boldsymbol{u} - \zeta\nabla\mathrm{div}\boldsymbol{u} = -\nabla(\eta + \theta)/\epsilon - U \cdot \nabla\boldsymbol{u} - \nabla(\tilde{\theta}1_\alpha(\eta)) \\ \qquad + \epsilon(\tilde{F}' + 1_\alpha(\eta)\boldsymbol{f} + 1_\alpha(\eta)(U + \tilde{\boldsymbol{u}}) \cdot \nabla(U + \tilde{\boldsymbol{u}})) - \tilde{\boldsymbol{u}} \cdot \nabla\tilde{\boldsymbol{u}} \\ \quad =: R_2(\eta, \boldsymbol{u}, \theta), \\ -\kappa\Delta\theta = -U \cdot \nabla\theta - \mathrm{div}\boldsymbol{u}/\epsilon - 1_\alpha(\eta)\mathrm{div}\tilde{\boldsymbol{u}} - \tilde{\boldsymbol{u}} \cdot \nabla\tilde{\theta} - \tilde{\theta}\mathrm{div}\tilde{\boldsymbol{u}} \\ \qquad + \epsilon(\tilde{G}' - 1_\alpha(\eta)((U + \tilde{\boldsymbol{u}}) \cdot \nabla\tilde{\theta} + \tilde{\theta}\mathrm{div}\tilde{\boldsymbol{u}})) =: R_3(\eta, \boldsymbol{u}, \theta), \\ \boldsymbol{u} = \theta = \dfrac{\partial\eta}{\partial\boldsymbol{n}} = 0, \ 在\,\partial\Omega\,上, \ 且\int_\Omega \eta\mathrm{d}x = 0, \end{cases} \tag{7.3.1}$$

其中$\boldsymbol{n}$表示边界$\partial\Omega$的单位外法向量。注意，截断函数将在估计式(7.3.8)的推导中使用。

下面利用Leray–Schauder不动点定理证明逼近边值问题(7.3.1)强解的存在性。为此，需考虑下面的边值问题：

$$\begin{cases} -\beta\Delta\eta = \mathrm{div}R_1(t\chi, t\boldsymbol{u}), \\ -\mu\Delta\boldsymbol{u} - \zeta\nabla\mathrm{div}\boldsymbol{u} = R_2(t\chi, t\boldsymbol{u}, t\vartheta), \\ -\kappa\Delta\theta = R_3(t\chi, t\boldsymbol{u}, t\vartheta), \\ \boldsymbol{u} = \theta = \dfrac{\partial\eta}{\partial\boldsymbol{n}} = 0,\ \ \text{在}\ \partial\Omega\ \text{上}，\ \ \text{且} \displaystyle\int_\Omega \eta\mathrm{d}x = 0， \end{cases} \tag{7.3.2}$$

其中$t \in [0,1]$和$(\chi, \boldsymbol{u}, \vartheta) \in \bar{H}^1 \times H_0^1 \times H_0^1$都是给定的。注意到$(\tilde{\boldsymbol{u}}, \tilde{\theta}) \in H_0^3$和$1_\alpha(\eta) \in H^1$，由椭圆方程的存在性及正则性理论可得出，边值问题(7.3.2)存在唯一的强解$(\eta, \boldsymbol{u}, \theta) \in H^2$，满足

$$\begin{aligned} \|(\eta, \boldsymbol{u}, \theta)\|_{2,2} \leqslant & C\Big(\|\mathrm{div}R_1(t\chi, t\boldsymbol{u})\| \\ & + \|(R_1(t\chi, t\boldsymbol{u}), R_2(t\chi, t\boldsymbol{u}, t\vartheta), R_3(t\chi, t\boldsymbol{u}, t\vartheta))\|\Big)。 \end{aligned} \tag{7.3.3}$$

此外，还需考虑下述边值问题强解的估计：

$$\begin{cases} -\beta\Delta\eta = \mathrm{div}R_1(t\eta, t\boldsymbol{u}), \\ -\mu\Delta\boldsymbol{u} - \zeta\nabla\mathrm{div}\boldsymbol{u} = R_2(t\eta, t\boldsymbol{u}, t\theta), \\ -\kappa\Delta\theta = R_3(t\eta, t\boldsymbol{u}, t\theta), \\ \boldsymbol{u} = \theta = \dfrac{\partial\eta}{\partial\boldsymbol{n}} = 0,\ \ \text{在}\ \partial\Omega\ \text{上}，\ \text{且} \displaystyle\int_\Omega \eta\mathrm{d}x = 0，\ \ t \in [0,1]。 \end{cases} \tag{7.3.4}$$

用$\eta, \boldsymbol{u}$和θ在L^2中分别点乘$(7.3.4)_1$–$(7.3.4)_3$，可得到下列关于$(\eta, \boldsymbol{u}, \theta)$的三个等式：

$$\begin{aligned} & \int_\Omega (\mu|\nabla\boldsymbol{u}|^2 + \zeta(\mathrm{div}\boldsymbol{u})^2)\mathrm{d}x \\ = & \int_\Omega \left(\epsilon\Big(\tilde{F}' + 1_\alpha(t\eta)\boldsymbol{f} + 1_\alpha(t\eta)(U + \tilde{\boldsymbol{u}}) \cdot \nabla(U + \tilde{\boldsymbol{u}})\Big) - \tilde{\boldsymbol{u}} \cdot \nabla\tilde{\boldsymbol{u}}\right)\boldsymbol{u}\mathrm{d}x \\ & + \frac{1}{\epsilon}\int_\Omega t(\eta + \theta)\mathrm{div}\boldsymbol{u}\mathrm{d}x + \int_\Omega 1_\alpha(t\eta)\tilde{\theta}\mathrm{div}\boldsymbol{u}\mathrm{d}x， \end{aligned} \tag{7.3.5}$$

$$\begin{aligned} & \beta\int_\Omega |\nabla\eta|^2\mathrm{d}x + \frac{1}{\epsilon}\int_\Omega \eta\mathrm{div}\boldsymbol{u}\mathrm{d}x \\ = & -\epsilon\int_\Omega \mathrm{div}(P(U + \tilde{\boldsymbol{u}}))\eta\mathrm{d}x - \frac{1}{2}\int_\Omega \eta 1_\alpha(t\eta)\mathrm{div}\tilde{\boldsymbol{u}}\mathrm{d}x \end{aligned} \tag{7.3.6}$$

和

$$\begin{aligned} \int_\Omega \kappa|\nabla\theta|^2\mathrm{d}x + \frac{1}{\epsilon}\int_\Omega \theta\mathrm{div}\boldsymbol{u}\mathrm{d}x = & -\epsilon\int_\Omega (1_\alpha(t\eta)(U + \tilde{\boldsymbol{u}}) \cdot \nabla\tilde{\theta} + 1_\alpha(t\eta)\tilde{\theta}\mathrm{div}\tilde{\boldsymbol{u}})\theta\mathrm{d}x \\ + \epsilon\int_\Omega \tilde{G}'\theta\mathrm{d}x - \int_\Omega (\tilde{\boldsymbol{u}} \cdot \nabla\tilde{\theta} + \tilde{\theta}\mathrm{div}\tilde{\boldsymbol{u}})\theta dx - & \int_\Omega 1_\alpha(t\eta)\theta\mathrm{div}\tilde{\boldsymbol{u}}\mathrm{d}x。 \end{aligned} \tag{7.3.7}$$

注意到$t \leqslant 1$，$\|1_\alpha(\eta)\|^2 \leqslant |\Omega|/\alpha$，且$\|\eta\| \leqslant C\|\nabla\eta\|$，则可从(7.3.5)–(7.3.7)推出

$$\|(\eta, \boldsymbol{u}, \theta)\|_{1,2} < K := K(1 + \|(\tilde{F}', \tilde{G}')\| + \|\boldsymbol{f}\|_{1,2} + \|(U, \tilde{\boldsymbol{u}}, \tilde{\theta}, P)\|_2^2), \tag{7.3.8}$$

其中常数K可能依赖于其他已知量，但与t无关。

有了上面的预备性结果，就可以用Leray–Schauder不动点定理证明逼近边值问题(7.3.1)强解的存在性。对于给定的$(\chi, \boldsymbol{u}, \vartheta) \in \bar{H}^1 \times H_0^1 \times H_0^1$，通过边值问题(7.3.2) 求出强解$(\eta_t, \boldsymbol{u}_t, \theta_t) := (\eta, \boldsymbol{u}, \theta)$，如此可定义一个解算子$T_t$:

$$T_t(\chi, \boldsymbol{u}, \vartheta) := (\eta_t, \boldsymbol{u}_t, \theta_t)。$$

则解算子T_t满足下面的性质:

（a） 由(7.3.8)知，

$$0 \notin (I - T_t)(\partial B_K), \tag{7.3.9}$$

其中

$$B_K = \left\{ (\eta, \boldsymbol{u}, \theta) \in H^1 \times H_0^1 \times H_0^1 \,\middle|\, \|(\eta, \boldsymbol{u}, \theta)\|_{1,2} < K, \int_\Omega \eta \mathrm{d}x = 0 \right\}。$$

（b） 设B是$\bar{H}^1 \times H_0^1 \times H_0^1$中一个以0为球心的球。由估计(7.3.3)知，

$$\begin{aligned}&\|T_t(\chi, \boldsymbol{u}, \vartheta)\|_{2,2}\\ &\quad\leqslant C(\|(\chi, \boldsymbol{u}, \vartheta)\|_{1,2} + 1)(1 + \|(\tilde{F}', \tilde{G}')\| + \|\boldsymbol{f}\|_{1,2} + \|(U, \tilde{\boldsymbol{u}}, \tilde{\theta}, P)\|_{2,2}^2),\end{aligned}$$

从而，对任意$t \in [0,1]$，$T_t B$是$\bar{H}^1 \times H_0^1 \times H_0^1$ 的一个列紧集。

（c） 对于任意$t, s \in [0,1]$，由椭圆正则性理论，有

$$\begin{aligned}&\|T_t(\chi, \boldsymbol{u}, \vartheta) - T_s(\chi, \boldsymbol{u}, \vartheta)\|_{1,2} &(7.3.10)\\ &\leqslant C(\|R_1(t\chi, t\boldsymbol{u}) - R_1(s\chi, s\boldsymbol{u})\|\\ &+ \|(R_2(t\chi, t\boldsymbol{u}, t\vartheta), R_3(t\chi, t\boldsymbol{u}, t\vartheta)) - (R_2(s\chi, s\boldsymbol{u}, s\vartheta), R_3(s\chi, s\boldsymbol{u}, s\vartheta))\|_{-1})\\ &\leqslant C|t-s|\|(\chi, \boldsymbol{u}, \vartheta)\|_{1,2}(1 + \|(U, \tilde{\boldsymbol{u}}, \tilde{\theta}, P)\|_{2,2}^2)。 &(7.3.11)\end{aligned}$$

注意，上述的C都是与t无关的常数。因此，可以把Leray–Schauder不动点定理应用到边值问题(7.3.2)，从而得出逼近边值问题(7.3.1)存在一个强解$(\eta, \boldsymbol{u}, \theta)$。由于该强解依赖于参数$\alpha$和$\beta > 0$，故在下文中，记该解为$(\eta_\beta^\alpha, \boldsymbol{u}_\beta^\alpha, \theta_\beta^\alpha)$ 以表示其对α与β的依赖性。

（2）上述所得的强解关于(α, β)的一致估计以及极限过程。

注意强解$(\eta_\beta^\alpha,\boldsymbol{u}_\beta^\alpha,\theta_\beta^\alpha)$ 满足$t=1$时的估计(7.3.5)–(7.3.7)，且$|1_\alpha(\eta_\beta^\alpha)|\leqslant|\eta_\beta^\alpha|$。因而对适当小的$\|\tilde{\boldsymbol{u}}\|_{3,2}+\|\tilde{\theta}\|_{3,2}$ 和ϵ，得

$$\begin{aligned}\|\boldsymbol{u}_\beta^\alpha\|_{1,2}^2+\|\theta_\beta^\alpha\|_{1,2}^2+\beta\|\nabla\eta_\beta^\alpha\|^2\leqslant C\|\eta_\beta^\alpha\|^2\Big(\|\tilde{\theta}\|_{2,2}+\epsilon(\|\boldsymbol{f}\|_{1,2}+\|U+\tilde{\boldsymbol{u}}\|_{2,2}^4)\\+\epsilon\|\tilde{\boldsymbol{u}}\|_{3,2}+\epsilon\|\tilde{\theta}\|_{2,2}^2(\|U+\tilde{\boldsymbol{u}}\|_{1,2}^2+\|\tilde{\boldsymbol{u}}\|_{2,2}^2)+\|\tilde{\boldsymbol{u}}\|_{2,2}^2\Big)+C\epsilon\|\eta_\beta^\alpha\|\|P\|_{2,2}\|U\\+\tilde{\boldsymbol{u}}\|_{2,2}+C\epsilon(\|\tilde{F}'\|_{-1}^2+\|\tilde{G}'\|_{-1}^2)+C\|\tilde{\boldsymbol{u}}\|_{1,2}^4+C\|\tilde{\boldsymbol{u}}\|_{1,2}^2\|\tilde{\theta}\|_{1,2}^2。\end{aligned}\tag{7.3.12}$$

注意上述以及下文所要求$\|\tilde{\boldsymbol{u}}\|_{3,2}+\|\tilde{\theta}\|_{3,2}$ 和ϵ 适当小的条件与α和β是无关的。

下面推导$\|\eta_\beta^\alpha\|$一致估计。由Bogovskii解的存在性定理知，对于一个给定的函数$\xi\in L_0^2$，存在函数$\boldsymbol{q}\in H_0^1$满足

$$\mathrm{div}\boldsymbol{q}=\xi,\quad \|\boldsymbol{q}\|_{1,2}\leqslant C(\Omega)\|\xi\|。$$

用上述的$\boldsymbol{q}$乘以$(7.3.1)_2$，并在Ω上积分，即得

$$\begin{aligned}&\frac{1}{\epsilon}\int_\Omega(\eta_\beta^\alpha+\theta_\beta^\alpha)\mathrm{div}\boldsymbol{q}\mathrm{d}x\\&=-\epsilon\int_\Omega(1_\alpha(\eta_\beta^\alpha)\boldsymbol{f}+1_\alpha(\eta_\beta^\alpha)(U+\tilde{\boldsymbol{u}})\cdot\nabla(U+\tilde{\boldsymbol{u}})+\tilde{F}')\cdot\boldsymbol{q}\mathrm{d}x\\&\quad-\int_\Omega(1_\alpha(\eta_\beta^\alpha)\tilde{\theta})\mathrm{div}\boldsymbol{q}\mathrm{d}x+\int_\Omega\tilde{\boldsymbol{u}}\cdot\nabla\tilde{\boldsymbol{u}}\cdot\boldsymbol{q}\mathrm{d}x\\&\quad+\int_\Omega(U\cdot\nabla\boldsymbol{u})\cdot\boldsymbol{q}\mathrm{d}x+\int_\Omega(\mu\nabla\boldsymbol{v}\cdot\nabla\boldsymbol{q}+\zeta\mathrm{div}\boldsymbol{u}\cdot\mathrm{div}\boldsymbol{q})\mathrm{d}x,\end{aligned}$$

在上面的等式中，若取$\xi=\eta_\beta^\alpha+\theta_\beta^\alpha-(\theta_\beta^\alpha)_\Omega$，并利用Young不等式，可得

$$\begin{aligned}\big\|\eta_\beta^\alpha+\theta_\beta^\alpha-(\theta_\beta^\alpha)_\Omega\big\|^2\leqslant C\epsilon(\|\boldsymbol{u}_\beta^\alpha\|_{1,2}^2\|U\|_{1,2}^2+\|\eta_\beta^\alpha\|^2\|\tilde{\theta}\|_{2,2}^2+\|\boldsymbol{u}_\beta^\alpha\|_{2,2}^2+\|\tilde{\boldsymbol{u}}\|_{2,2}^4)\\+C\epsilon^2(\|\tilde{F}'\|_{-1}^2+\|\eta_\beta^\alpha\|^2(\|\boldsymbol{f}\|_{1,2}^2+\|U+\tilde{\boldsymbol{u}}\|_{2,2}^4))。\end{aligned}\tag{7.3.13}$$

注意

$$\big\|(\theta_\beta^\alpha)_\Omega\big\|^2=\big(\theta_\beta^\alpha\big)_\Omega^2\leqslant\|\theta_\beta^\alpha\|^2,\tag{7.3.14}$$

使用Poincaré不等式，即可从(7.3.12)–(7.3.14)推出

$$\begin{aligned}\|\eta_\beta^\alpha\|^2&\leqslant 2\|\eta_\beta^\alpha+\theta_\beta^\alpha\|^2+2\|\theta_\beta^\alpha\|^2\\&\leqslant\big\|\eta_\beta^\alpha+\theta_\beta^\alpha-(\theta_\beta^\alpha)_\Omega\big\|^2+\big\|(\theta_\beta^\alpha)_\Omega\big\|^2+2\|\theta_\beta^\alpha\|^2\\&\leqslant C\epsilon(\|\boldsymbol{u}_\beta^\alpha\|^2\|U\|_{1,2}^2+\|\eta_\beta^\alpha\|^2\|\tilde{\theta}\|_{2,2}^2+\|\boldsymbol{u}_\beta^\alpha\|_{1,2}^2+\|\tilde{\boldsymbol{u}}\|_{1,2}^4)\\&\quad+C\epsilon^2(\|\tilde{F}'\|_{-1}^2+\|\eta_\beta^\alpha\|^2(\|\boldsymbol{f}\|_{1,2}^2+\|U+\tilde{\boldsymbol{u}}\|_{2,2}^4))\\&\quad+\|\eta_\beta^\alpha\|^2C(\|\tilde{\theta}\|_{2,2}+\epsilon(\|\boldsymbol{f}\|_{1,2}^2+\|U+\tilde{\boldsymbol{u}}\|_{2,2}^4)+\epsilon\|\tilde{\boldsymbol{u}}\|_{3,2}\\&\quad+\epsilon\|\tilde{\theta}\|_{2,2}^2(\|U+\tilde{\boldsymbol{u}}\|_{1,2}^2+\|\tilde{\boldsymbol{u}}\|_{2,2}^2)+\|\tilde{\boldsymbol{u}}\|_{2,2}^2)+C\epsilon\|\eta_\beta^\alpha\|\|P\|_{2,2}\|\|U+\tilde{\boldsymbol{u}}\|_{2,2}\\&\quad+C\epsilon(\|\tilde{F}'\|_{-1}^2+\|\tilde{G}'\|_{-1}^2)+C\|\tilde{\boldsymbol{u}}\|_{1,2}^4+C\|\tilde{\boldsymbol{u}}\|_{1,2}^2\|\tilde{\theta}\|_{1,2}^2。\end{aligned}\tag{7.3.15}$$

联立(7.3.12)和(7.3.15)即得，存在一个常数$\epsilon_1 > 0$，使得对于任意$\epsilon \leqslant \epsilon_1$和适当小的$\|(\tilde{\boldsymbol{u}}, \tilde{\theta})\|_{3,2}$，

$$\|\eta_\beta^\alpha\|^2 + \|\boldsymbol{u}_\beta^\alpha\|^2 + \|\theta_\beta^\alpha\|_{1,2}^2 + \beta\|\nabla\eta_\beta^\alpha\|^2 \leqslant C_1, \tag{7.3.16}$$

其中C_1是与ϵ，α和β无关的正常数。

对$(7.3.1)_1$应用椭圆正则理论，可得出

$$\|\eta_\beta^\alpha\|_{2,2} \leqslant C(\beta)\|(\mathrm{div}R_1(\eta_\beta^\alpha, \boldsymbol{u}_\beta^\alpha), R_1(\eta_\beta^\alpha, \boldsymbol{u}_\beta^\alpha))\| \leqslant C := C(\beta, C_1),$$

其中常数C与α无关。因此，由嵌入定理$H^2 \hookrightarrow L^\infty$即知，若$\alpha$ 充分小且β固定，则

$$1_\alpha(\eta_\beta^\alpha) = \eta_\beta^\alpha。$$

利用上式，一致估计(7.3.16)以及弱收敛理论，对α取极限$\alpha \to 0$ （β保持固定)，就可从边值问题(7.3.1)得到在边值问题(7.3.1)中用1替换$1_\alpha(\eta)$后所得的边值问题的一个弱解$(\eta_\beta, \boldsymbol{u}_\beta, \theta_\beta)$。并且由(7.3.16)知，该弱解满足

$$\|\eta_\beta\|^2 + \|\boldsymbol{u}_\beta\|_{1,2}^2 + \|\theta_\beta\|_{1,2}^2 + \beta\|\nabla\eta_\beta\|^2 \leqslant C_1。 \tag{7.3.17}$$

注意上述估计式中的C和β无关，因而在(7.3.17)中关于$\beta \to 0$ 取极限即得原边值问题(7.2.4)的一个弱解$(\eta, \boldsymbol{u}, \theta)$，其为$(\eta_\beta^\alpha, \boldsymbol{u}_\beta^\alpha, \theta_\beta^\alpha)$ 的弱极限函数，且满足

$$\|\eta\|^2 + \|\boldsymbol{u}\|_{1,2}^2 + \|\theta\|_{1,2}^2 \leqslant C_1。 \tag{7.3.18}$$

注意到在(7.3.18)中的常数C_1仅依赖于$\|(\tilde{F}', \tilde{G}')\|_{-1}$，且$L^2$ 在H^{-1}中是稠密的，因此使用稠密性技术，很容易进一步得到边值问题(7.2.4)关于$\tilde{F}'$，$\tilde{G}' \in H^{-1}$的一个弱解$(\eta, \boldsymbol{u}, \theta)$。这就完成了引理7.3.1中弱解的存在性证明。

此外，由于该弱解$(\eta, \boldsymbol{u}, \theta)$满足$(7.2.4)_1$的弱形式，即对于任意$\varphi \in H^1$，

$$\begin{aligned}&\int_\Omega (-\mathrm{div}(\varphi U)\eta + (\mathrm{div}\boldsymbol{v}/\epsilon + \tilde{\boldsymbol{u}}\cdot\nabla\eta + \eta\mathrm{div}\tilde{\boldsymbol{u}})\varphi)\,\mathrm{d}x \\ &\quad = -\int_\Omega \epsilon\mathrm{div}(P(U+\tilde{\boldsymbol{u}}))\varphi\mathrm{d}x。\end{aligned}$$

因此，如果对$(\eta, P, U, \boldsymbol{u}, \tilde{\boldsymbol{u}})$在$\Omega$外零延拓，并仍记延拓后的函数为$(\eta, P, U, \boldsymbol{u}, \tilde{\boldsymbol{u}})$，则上述等式在$\mathbb{R}^3$上仍成立，即对于任意$\varphi \in H^1(\mathbb{R}^3)$，

$$\begin{aligned}&\int_{\mathbb{R}^3} (-\mathrm{div}(\varphi U)\eta + (\mathrm{div}\boldsymbol{v}/\epsilon + \tilde{\boldsymbol{u}}\cdot\nabla\eta + \eta\mathrm{div}\tilde{\boldsymbol{u}})\varphi)\,\mathrm{d}x \\ &\quad = -\int_{\mathbb{R}^3} \epsilon\mathrm{div}(P(U+\tilde{\boldsymbol{u}}))\varphi\mathrm{d}x。\end{aligned} \tag{7.3.19}$$

这个性质将在下一步关于唯一性的证明中用到。

（3）边值问题(7.2.4)弱解的唯一性。

令$(\eta_1,\boldsymbol{u}_1,\theta_1)$，$(\eta_2,\boldsymbol{u}_2,\theta_2)\in L_0^2\times H_0^1\times H_0^1$ 为问题(7.2.4)的两个弱解，并记$\bar\eta=\eta_1-\eta_2,\bar{\boldsymbol{u}}=\boldsymbol{u}_1-\boldsymbol{u}_2,\bar\theta=\theta_1-\theta_2$，则$(\bar\eta,\bar{\boldsymbol{u}},\bar\theta)$是下面边值问题的弱解：

$$
\begin{cases}
U\cdot\nabla\bar\eta+\mathrm{div}\bar{\boldsymbol{u}}/\epsilon+\tilde{\boldsymbol{u}}\cdot\nabla\bar\eta+\bar\eta\mathrm{div}\tilde{\boldsymbol{u}}=0,\\
U\cdot\nabla\bar{\boldsymbol{u}}-\mu\Delta\bar{\boldsymbol{u}}-\zeta\nabla\mathrm{div}\bar{\boldsymbol{u}}+\nabla(\bar\eta+\bar\theta)/\epsilon+\tilde\theta\nabla\bar\eta+\bar\eta\nabla\tilde\theta\\
\quad=\epsilon(\bar\eta\boldsymbol{f}+\bar\eta(U+\tilde{\boldsymbol{u}})\cdot\nabla(U+\tilde{\boldsymbol{u}})),\\
U\cdot\nabla\bar\theta-\kappa\Delta\bar\theta+\mathrm{div}\bar{\boldsymbol{u}}/\epsilon+\bar\eta\mathrm{div}\tilde{\boldsymbol{u}}\\
\quad=\epsilon(-\bar\eta(U+\tilde{\boldsymbol{u}})\cdot\nabla\tilde\theta-\bar\eta\tilde\theta\mathrm{div}\tilde{\boldsymbol{u}}),\\
\bar{\boldsymbol{u}}=\bar\theta=0,\ \text{在}\,\partial\Omega\,\text{上，}\quad\text{且}\displaystyle\int_\Omega\bar\eta\mathrm{d}x=0。
\end{cases}
\tag{7.3.20}
$$

由于$\bar\eta$不属于H^1，因此$\bar\eta$不能作为$(7.3.20)_1$弱形式的检验函数。为了克服这个困难，需要使用磨光技术。在(7.3.19)中取φ为$\omega_\delta(x-y)$，则可得出$(7.3.20)_1$的正则化形式为：

$$
\begin{aligned}
&U\cdot\nabla S_\delta(\bar\eta)+S_\delta(\mathrm{div}\bar{\boldsymbol{u}})/\epsilon+\tilde{\boldsymbol{u}}\cdot\nabla S_\delta(\bar\eta)+S_\delta(\bar\eta\mathrm{div}\tilde{\boldsymbol{u}})=U\cdot\nabla S_\delta(\bar\eta)\\
&\quad-S_\delta(U\cdot\nabla\bar\eta)+\tilde{\boldsymbol{u}}\cdot\nabla S_\delta(\bar\eta)-S_\delta(\tilde{\boldsymbol{u}}\cdot\nabla\bar\eta),\quad \text{a.e. (在}\,x\,\text{上) 在}\,\Omega\,\text{中，}
\end{aligned}
\tag{7.3.21}
$$

其中ω_δ和$S_\delta(\cdot)$的定义见(1.3.40)，$U\cdot\nabla\bar\eta=\mathrm{div}(U\bar\eta)-\bar\eta\mathrm{div}U$，$\tilde{\boldsymbol{u}}\cdot\nabla\bar\eta=\mathrm{div}(\tilde{\boldsymbol{u}}\bar\eta)-\eta\mathrm{div}\tilde{\boldsymbol{u}}$。

根据Sobolev嵌入定理知$U,\tilde{\boldsymbol{u}}\in H_0^1\cap W^{1,\infty}$，并且$\eta\in L^2$，故通过零延拓及Friedrichs交换子引理可得

$$
U\cdot\nabla S_\delta(\bar\eta)-S_\delta(U\cdot\nabla\bar\eta),\ \ \tilde{\boldsymbol{u}}\cdot\nabla S_\delta(\bar\eta)-S_\delta(\tilde{\boldsymbol{u}}\cdot\nabla\bar\eta)\to0,\ \ \text{在}\,L^2(\Omega)\,\text{中。}
\tag{7.3.22}
$$

现在，用$S_\delta(\bar\eta)$在L^2中点乘(7.3.21)，并分别用$\bar{\boldsymbol{u}}$和$\bar\theta$作为$(7.3.20)_2$和$(7.3.20)_3$弱形式的检验函数，把所得三个积分等式相加即得

$$
\begin{aligned}
&\int_\Omega(\mu|\nabla\bar{\boldsymbol{u}}|^2+\zeta|\nabla\bar{\boldsymbol{u}}|^2+\kappa|\nabla\bar\theta|^2)\mathrm{d}x\\
&=\epsilon\int_\Omega\Big(\bar\eta\bar{\boldsymbol{u}}(\boldsymbol{f}+(U+\tilde{\boldsymbol{u}})\cdot\nabla(U+\tilde{\boldsymbol{u}}))-\bar\eta\bar\theta((U+\tilde{\boldsymbol{u}})\cdot\nabla\tilde\theta+\tilde\theta\mathrm{div}\tilde{\boldsymbol{u}})\Big)\mathrm{d}x\\
&+\int_\Omega\left(\frac12\mathrm{div}\tilde{\boldsymbol{u}}|S_\delta(\bar\eta)|^2+\bar\eta\tilde\theta\mathrm{div}\boldsymbol{v}-S_\delta(\bar\eta\mathrm{div}\tilde{\boldsymbol{u}})S_\delta(\eta)-\bar\eta\bar\theta\mathrm{div}\tilde{\boldsymbol{u}}\right)\mathrm{d}x\\
&+\int_\Omega\Big(U\cdot\nabla S_\delta(\bar\eta)-S_\delta(U\cdot\nabla\bar\eta)+\tilde{\boldsymbol{u}}\cdot\nabla S_\delta(\bar\eta)-S_\delta(\tilde{\boldsymbol{u}}\cdot\nabla\bar\eta))S_\delta(\eta)\\
&\qquad+\left(\frac{\mathrm{div}\bar{\boldsymbol{u}}}{\epsilon}\eta-\frac{S_\delta(\mathrm{div}\bar{\boldsymbol{u}})}{\epsilon}S_\delta(\eta)\right)\Big)\mathrm{d}x。
\end{aligned}
$$

现在上式中令$\delta \to 0$，利用(7.3.22)，并注意到

$$\int_\Omega \left(\frac{1}{2}\mathrm{div}\tilde{\boldsymbol{u}}|S_\delta(\bar\eta)|^2 - S_\delta(\bar\eta\mathrm{div}\tilde{\boldsymbol{u}})S_\delta(\eta) + \frac{\mathrm{div}\bar{\boldsymbol{u}}}{\epsilon}\eta - \frac{S_\delta(\mathrm{div}\bar{\boldsymbol{u}})}{\epsilon}S_\delta(\eta)\right)\mathrm{d}x \to 0,$$

则可推出

$$\begin{aligned}&\int_\Omega (\mu|\nabla\bar{\boldsymbol{u}}|^2 + \zeta|\nabla\bar{\boldsymbol{u}}|^2 + \kappa|\nabla\bar\theta|^2)\mathrm{d}x\\ &\quad\leqslant C(\|\bar\eta\|^2 + \|\bar\theta\|^2)((\|U\|_{2,2} + \|\tilde{\boldsymbol{u}}\|_{2,2})\|\tilde\theta\|_{3,2} + \|\tilde{\boldsymbol{u}}\|_{3,2}(1 + \|\tilde\theta\|_{2,2}))\\ &\quad\quad + \epsilon C(\|\bar\eta\|^2 + \|\bar{\boldsymbol{u}}\|^2)(\|\boldsymbol{f}\|_{2,2} + \|U\|_{2,2} + \|\tilde{\boldsymbol{u}}\|_{2,2})。\end{aligned} \tag{7.3.23}$$

此外，对于非齐次Stokes问题：

$$\begin{cases}-\mu\Delta\bar{\boldsymbol{u}} + \nabla(\bar\eta + \bar\theta)/\epsilon\\ \quad = -U\cdot\nabla\bar{\boldsymbol{u}} + \zeta\nabla\mathrm{div}\bar{\boldsymbol{u}} + \epsilon(\bar\eta\boldsymbol{f} + \bar\eta(U + \tilde{\boldsymbol{u}})\cdot\nabla(U + \tilde{\boldsymbol{u}})) - (\tilde\theta\nabla\bar\eta + \bar\eta\nabla\tilde\theta),\\ \mathrm{div}\bar{\boldsymbol{u}} = \mathrm{div}\bar{\boldsymbol{u}},\\ \bar{\boldsymbol{u}} = 0, \qquad 在\ \partial\Omega\ 上,\end{cases}$$

有估计式

$$\begin{aligned}\epsilon\|\bar{\boldsymbol{u}}\|_{1,2} + \|\bar\eta + \bar\theta\| \leqslant &\epsilon C\Big((\|U\|_{2,2} + 1)\|\bar{\boldsymbol{u}}\|_{1,2} + \|\bar{\boldsymbol{u}}\|_{1,2} + \epsilon\|\bar\eta\|(\|\boldsymbol{f}\|_{2,2}\\ &+ (\|U\|_{2,2} + \|\tilde{\boldsymbol{u}}\|_{2,2})^2) + \|\bar\eta\|\|\tilde\theta\|_{2,2}\Big)。\end{aligned} \tag{7.3.24}$$

利用Poincaré不等式，并让ϵ，$\|\tilde{\boldsymbol{u}}\|_{3,2}$和$\|\tilde\theta\|_{3,2}$适当小，则就可从(7.3.23)与(7.3.24)推出

$$\|\bar\eta\| + \|\bar{\boldsymbol{u}}\|_{1,2} + \|\bar\theta\|_{1,2} \leqslant 0。 \tag{7.3.25}$$

上式说明$\eta_1 = \eta_2$，$\boldsymbol{u}_1 = \boldsymbol{u}_2$，$\theta_1 = \theta_2$。引理7.3.1证毕。 □

引理 7.3.2 令引理7.3.1中的(U, P)由引理7.2.1提供，则引理7.3.1中所得到的解$(\eta, \boldsymbol{u}, \theta)$是边值问题(7.2.4) 的强解，即$(\eta, \boldsymbol{u}, \theta) \in H^2 \times H^3 \times H^3$。

证明 使用椭圆正则性估计，类似于引理6.3.4–6.3.5，易得到上述正则性结果。 □

§7.3.2 低阶估计和Stokes估计

令$(\eta, \boldsymbol{u}, \theta)$是由引理7.3.2确定的边值问题(7.2.4) 的强解。现在开始推导$(\eta, \boldsymbol{u}, \theta)$关于$\epsilon$的一致估计。首先建立下列关于$\boldsymbol{u}$ 和θ的一致低阶估计和Stokes 估计。

引理 7.3.3 令$\boldsymbol{u}$和θ为引理7.3.2构造的强解，则有

$$
\begin{aligned}
&\|\boldsymbol{u}\|_{1,2}^2+\|\theta\|_{1,2}^2\\
&\leqslant C_5(\|\tilde{\boldsymbol{u}}\|_{3,2}\|\eta\|^2+\epsilon^2(\|\tilde{F}'\|_{-1}^2+\|\tilde{G}'\|_{-1}^2)+\epsilon\|P\|_{2,2}(\|U\|_{2,2}+\|\tilde{\boldsymbol{u}}\|_{2,2})\|\eta\|\\
&\quad+\|\tilde{\boldsymbol{u}}\|_{1,2}^4+\|\eta\|_{1,2}^2\|\tilde{\theta}\|_{1,2}^2+\|\tilde{\boldsymbol{u}}\|_{1,2}^2(\|\tilde{\theta}\|_{1,2}^2+\|\tilde{\eta}\|_{1,2}^2)),
\end{aligned}\tag{7.3.26}
$$

其中常数$C_5>0$与ϵ无关。

证明 用η, $\boldsymbol{u}$和θ在L^2中分别点乘$(7.3.20)_1$–$(7.3.20)_3$后相加，然后使用Sobolev不等式以及关系式

$$
-\frac{1}{\epsilon}\int_\Omega((\eta+\theta)\mathrm{div}\boldsymbol{u}+\boldsymbol{u}\cdot(\nabla\eta+\nabla\theta))\mathrm{d}x=\frac{1}{\epsilon}\int_\Omega((\eta+\theta)\mathrm{div}\boldsymbol{u}-(\eta+\theta)\mathrm{div}\boldsymbol{u})\mathrm{d}x=0,
$$

可推出

$$
\begin{aligned}
&C'(\|\boldsymbol{u}\|_{1,2}^2+\|\theta\|_{1,2}^2)\leqslant\mu\|\nabla\boldsymbol{u}\|^2+\zeta\|\nabla\boldsymbol{u}\|^2+\kappa\|\nabla\theta\|^2\\
&=-\int_\Omega((U+\tilde{\boldsymbol{u}})\cdot\nabla\eta\cdot\eta+\eta^2\mathrm{div}\tilde{\boldsymbol{u}}+\epsilon\mathrm{div}(P(U+\tilde{\boldsymbol{u}}))\eta)\mathrm{d}x\\
&\quad-\frac{1}{\epsilon}\int_\Omega(\mathrm{div}\boldsymbol{u}(\eta+\theta)+\upsilon\cdot(\nabla\eta+\nabla\theta))\mathrm{d}x+\int_\Omega(\epsilon\tilde{F}-\tilde{\boldsymbol{u}}\cdot\nabla\tilde{\boldsymbol{u}}-\tilde{\theta}\nabla\eta\\
&\quad-\eta\nabla\tilde{\theta})\cdot\boldsymbol{u}\mathrm{d}x+\int_\Omega(\epsilon\tilde{G}-\tilde{\boldsymbol{u}}\cdot\nabla\tilde{\theta}-(\eta+\tilde{\theta})\mathrm{div}\tilde{\boldsymbol{u}})\theta\mathrm{d}x\\
&\leqslant\frac{1}{2}\|\tilde{\boldsymbol{u}}\|_{3,2}\|\eta\|^2+\delta(\|\boldsymbol{u}\|_{1,2}^2+\|\theta\|_{1,2}^2)+C_\delta(\epsilon^2(\|\tilde{F}'\|_{-1}^2+\|\tilde{G}'\|_{-1}^2)+\|\tilde{\boldsymbol{u}}\|_{1,2}^4\\
&\quad+\epsilon\|P\|_{2,2}(\|U\|_{2,2}+\|\tilde{\theta}\|_{2,2})\|\eta\|+\|\eta\|_{1,2}^2\|\tilde{\theta}\|_{1,2}^2+\|\tilde{\boldsymbol{u}}\|_{1,2}^2(\|\tilde{\theta}\|_{1,2}^2+\|\tilde{\eta}\|_{1,2}^2))。
\end{aligned}\tag{7.3.27}
$$

所以，若取δ适当小，并利用Poincaré不等式，则即得估计(7.3.26)。 □

为得到Stokes估计，将动量方程$(7.2.4)_2$ 改写为非齐次的Stokes问题形式：

$$
\begin{cases}
-\mu\Delta\boldsymbol{u}+\nabla(\eta+\theta)/\epsilon\\
\quad=\epsilon\tilde{F}-\tilde{\boldsymbol{u}}\cdot\nabla\tilde{\boldsymbol{u}}-\tilde{\theta}\nabla\eta-\eta\nabla\tilde{\theta}-U\cdot\nabla\boldsymbol{u}+\zeta\nabla\mathrm{div}\boldsymbol{u},\\
\mathrm{div}\boldsymbol{u}=\mathrm{div}\boldsymbol{u},\\
\boldsymbol{u}=0,\quad 在\ \partial\Omega\ 上。
\end{cases}\tag{7.3.28}
$$

则由Stokes问题的正则性理论，Sobolev嵌入定理（$H^2\hookrightarrow L^\infty$），以及不等式

$$
\|\mathrm{div}\boldsymbol{u}\|_{1,2}^2\leqslant\delta\|\boldsymbol{u}\|_{3,2}^2+C_\delta\|\boldsymbol{u}\|_{1,2}^2,\tag{7.3.29}
$$

可得

$$
\begin{aligned}
\|\boldsymbol{u}\|_{2,2}+\|\nabla(\eta+\theta)/\epsilon\|\leqslant C(&\|\epsilon\tilde{F}\|+\|\tilde{\boldsymbol{u}}\cdot\nabla\tilde{\boldsymbol{u}}\|+\|\tilde{\theta}\nabla\eta\|+\|\eta\nabla\tilde{\theta}\|\\
&+\|U\cdot\nabla\boldsymbol{u}\|+\|\mathrm{div}\boldsymbol{u}\|_{1,2}),
\end{aligned}\tag{7.3.30}
$$

以及

$$\|\boldsymbol{u}\|_{3,2}+\|\nabla(\eta+\theta)/\epsilon\|_{1,2}\leqslant C(\|\epsilon\tilde{F}\|_{1,2}+\|\tilde{\boldsymbol{u}}\cdot\nabla\tilde{\boldsymbol{u}}\|_{1,2}+\|\tilde{\theta}\nabla\eta\|_{1,2}+\|\eta\nabla\tilde{\theta}\|_{1,2}$$
$$+\|U\cdot\nabla\boldsymbol{u}\|_{1,2}+\|\mathrm{div}\boldsymbol{u}\|_{2,2})。$$

结合(7.3.26)，(7.3.29)和(7.3.30)，可推出

$$\begin{aligned}\|\boldsymbol{u}\|_{3,2}+\|\nabla(\eta+\theta)/\epsilon\|_{1,2}&\leqslant C_6(1+\|U\|_{2,2}^2)(\epsilon(\|\tilde{F}'\|_{-1}+\|\tilde{G}'\|_{-1})\\&+\|\tilde{\boldsymbol{u}}\|_3^2+\|\tilde{\theta}\|_{3,2}\|\eta\|_{2,2}+\|\tilde{\boldsymbol{u}}\|_3^{1/2}\|\eta\|+\|\tilde{\boldsymbol{u}}\|_{1,2}(\|\tilde{\theta}\|_{1,2}+\|\eta\|_{1,2})\\&+(\epsilon\|P\|_{2,2}(\|U\|_{2,2}+\|\tilde{\boldsymbol{u}}\|_{2,2})\|\eta\|)^{1/2})+\|\nabla^2\mathrm{div}\boldsymbol{u}\|,\end{aligned}\tag{7.3.31}$$

其中常数C_6与ϵ无关。

§7.3.3 $\|\nabla^2\mathrm{div}\boldsymbol{u}\|$的估计

类似上一章内容，为了控制$\|\nabla^2\mathrm{div}\boldsymbol{v}\|$，需把此项分解成内部估计和近边界估计两部分。特别地，需要仔细地处理(7.2.4)中具有大参数$1/\epsilon$的项。

a. 内部估计

下面将利用估计(7.3.30)推导$\nabla^2\mathrm{div}\boldsymbol{v}$的内部估计。

引理 7.3.4 *令χ_0为一个C_0^∞函数，则存在一个与ϵ无关的常数C_7，使得*

$$\begin{aligned}&\mu\|\chi_0\nabla^2\boldsymbol{u}\|^2+\zeta\|\chi_0\nabla\mathrm{div}\boldsymbol{u}\|^2+\kappa\|\chi_0\nabla^2\theta\|^2\\&\leqslant C_7\Big((\|U\|_{3,2}+\|\tilde{\boldsymbol{u}}\|_{3,2})\|\eta\|_{1,2}^2+\epsilon^2(\|\tilde{F}\|^2+\|\tilde{G}\|^2)\\&\quad+\epsilon\|P\|_{2,2}(\|U\|_{2,2}+\|\tilde{\boldsymbol{u}}\|_{2,2})\|\eta\|_{1,2}+\|\tilde{\boldsymbol{u}}\|_{2,2}^4+\|\eta\|_{2,2}^2\|\tilde{\theta}\|_{2,2}^2\\&\quad+\|U\|_{3,2}(\|\boldsymbol{u}\|_{1,2}^2+\|\theta\|_{1,2}^2)+\|\tilde{\boldsymbol{u}}\|_{2,2}^2(\|\tilde{\theta}\|_{1,2}^2+\|\eta\|_{1,2}^2)+\|\boldsymbol{u}\|_{1,2}^2\Big)\\&\quad+\delta\|\nabla(\eta+\theta)/\epsilon\|。\end{aligned}\tag{7.3.32}$$

证明 对(7.2.4)关于x_i取偏导，可得

$$\begin{cases}U_j\partial_{ij}^2\eta+\partial_i\mathrm{div}\boldsymbol{u}/\epsilon+\epsilon\partial_i\mathrm{div}(P(U+\tilde{\boldsymbol{u}}))\\\quad=-\tilde{u}_j\partial_{ij}^2\eta-\partial_i(U_j+\tilde{u}_j)\partial_j\eta-\tilde{u}_j\partial_{ij}^2\eta-\partial_i(\eta\mathrm{div}\tilde{\boldsymbol{u}}),\\U_j\partial_{ij}^2u_k+\partial_iU_j\partial_ju_k-\mu\partial_{ijj}^3u_k-\zeta\partial_{ik}^2\mathrm{div}\boldsymbol{u}+\partial_{ik}^2(\eta+\theta)/\epsilon\\\quad=\epsilon\partial_i\tilde{F}_k-\partial_i(\tilde{u}_j\partial_j\tilde{u}_k)-\partial_{ik}^2(\tilde{\theta}\eta),\\U_j\partial_{ij}^2\theta+\partial_iU_j\partial_j\theta-\kappa\partial_{ijj}^3\theta+\partial_i\mathrm{div}\boldsymbol{u}/\epsilon\\\quad=\epsilon\partial_i\tilde{G}-\partial_i(\tilde{u}_j\partial_j\tilde{\theta})-\partial_i((\eta+\tilde{\theta})\mathrm{div}\tilde{\boldsymbol{u}})。\end{cases}\tag{7.3.33}$$

分别用$\chi_0^2\partial_i\eta$，$\chi_0^2\partial_i u_k$和$\chi_0^2\partial_i\theta$在L^2中点乘(7.3.33)$_1$–(7.3.33)$_3$，相加所得的积分等式即得

$$
\begin{aligned}
&\mu\|\chi_0\partial_{ij}^2u_k\|^2+\zeta\|\chi_0\partial_i\mathrm{div}\boldsymbol{u}\|^2+\kappa\|\chi_0\partial_{ij}^2\theta\|^2\\
&=-\frac{1}{\epsilon}\int_\Omega\big(\chi_0^2\partial_i\mathrm{div}\boldsymbol{u}\partial_i(\eta+\theta)+\chi_0^2\partial_iu_k\partial_k\partial_i(\eta+\theta)\big)\mathrm{d}x\\
&\quad-\int_\Omega\big(2\mu\chi_0\partial_j\chi_0\partial_{ij}^2u_k\partial_iu_k+2\zeta\chi_0\partial_k\chi_0\partial_i\mathrm{div}\boldsymbol{u}\partial_iu_k+2\kappa\chi_0\partial_j\chi_0\partial_{ij}^2\theta\partial_i\theta\big)\mathrm{d}x\\
&\quad-\int_\Omega\chi_0^2\Big(\partial_i(U_j+\tilde{u}_j)\partial_j\eta+(U_j+\tilde{u}_j)\partial_{ij}^2\eta+\partial_i\eta\mathrm{div}\tilde{\boldsymbol{u}}\\
&\quad+\partial_i\eta\partial_i\mathrm{div}\tilde{\boldsymbol{u}}+\epsilon\partial_i\mathrm{div}(P(U+\tilde{\boldsymbol{u}}))\Big)\partial_i\eta\mathrm{d}x\\
&\quad+\int_\Omega\chi_0^2(\epsilon\partial_i\tilde{F}_k-\partial_i(\tilde{\boldsymbol{u}}\cdot\nabla\tilde{u}_k)-\partial_{ik}^2(\tilde{\theta}\eta))\partial_iu_k\mathrm{d}x\\
&\quad+\int_\Omega\chi_0^2(\epsilon\partial_i\tilde{G}-\partial_i(\tilde{u}_j\partial_j\tilde{\theta})-\partial_i((\eta+\tilde{\theta})\mathrm{div}\tilde{\boldsymbol{u}}))\partial_i\theta\mathrm{d}x。
\end{aligned}
$$

对上式使用分部积分，Sobolev不等式，Young不等式以及

$$
\begin{aligned}
&-\frac{1}{\epsilon}\int_\Omega\big(\chi_0^2\partial_i\mathrm{div}\boldsymbol{u}\partial_i(\eta+\theta)+\chi_0^2\partial_iu_k\partial_k\partial_i(\eta+\theta)\big)\mathrm{d}x\\
&=\frac{1}{\epsilon}\int_\Omega 2\chi_0\partial_k\chi_0\partial_iu_k\partial_i(\eta+\theta)\mathrm{d}x\\
&\quad+\frac{1}{\epsilon}\int_\Omega\big(\chi_0^2\partial_iu_k\partial_k\partial_i(\eta+\theta)-\chi_0^2\partial_iu_k\partial_k\partial_i(\eta+\theta)\big)\mathrm{d}x\\
&=\frac{1}{\epsilon}\int_\Omega 2\chi_0\partial_k\chi_0\partial_iu_k\partial_i(\eta+\theta)\mathrm{d}x\leqslant\delta\big\|\nabla(\eta+\theta)/\epsilon\big\|^2+C_\delta\|\boldsymbol{u}\|_{1,2}^2,
\end{aligned}
$$

即可推出

$$
\begin{aligned}
&\mu\|\chi_0\nabla^2\boldsymbol{u}\|^2+\zeta\|\chi_0\nabla\mathrm{div}\boldsymbol{u}\|^2+\kappa\|\chi_0\nabla^2\theta\|^2\\
&\leqslant(\|U\|_{3,2}+\|\tilde{\boldsymbol{u}}\|_{3,2})\|\eta\|_{1,2}^2+\delta\left(\|\boldsymbol{u}\|_{2,2}^2+\|\theta\|_{2,2}^2+\|\nabla(\eta+\theta)/\epsilon\|^2\right)\\
&\quad+C_\delta\Big(\epsilon^2(\|\tilde{F}\|^2+\|\tilde{G}\|^2)+\epsilon\|P\|_{2,2}(\|U\|_{2,2}+\|\tilde{\boldsymbol{u}}\|_{2,2})\|\eta\|_{1,2}\\
&\quad+\|\tilde{\boldsymbol{u}}\|_{2,2}^4+\|\eta\|_{2,2}^2\|\tilde{\theta}\|_{2,2}^2+\|U\|_{3,2}(\|\boldsymbol{u}\|_{1,2}^2+\|\theta\|_{1,2}^2)\\
&\quad+\|\tilde{\boldsymbol{u}}\|_{2,2}^2(\|\tilde{\theta}\|_{1,2}^2+\|\eta\|_{1,2}^2)+\|\boldsymbol{u}\|_{1,2}^2\Big)。
\end{aligned}
$$

所以，若取δ适当小，并利用Poincaré不等式即得所要结论。 □

引理 7.3.5 令χ_0为C_0^∞函数，则存在一个与ϵ无关的常数C_8，使得

$$
\begin{aligned}
&\mu\|\chi_0\nabla^3\boldsymbol{u}\|^2+\zeta\|\chi_0\nabla^2\mathrm{div}\boldsymbol{u}\|^2+\kappa\|\chi_0\nabla^3\theta\|^2\\
&\leqslant C_8((\|U\|_{3,2}+\|\tilde{\boldsymbol{u}}\|_{3,2})\|\eta\|_{2,2}^2+\epsilon^2(\|\tilde{F}\|_{1,2}^2+\|\tilde{G}\|_{1,2}^2)+\epsilon\|P\|_{3,2}(\|U\|_{3,2}\\
&\quad+\|\tilde{\boldsymbol{u}}\|_{3,2})\|\eta\|_{2,2}+\|\tilde{\boldsymbol{u}}\|_{3,2}^4+\|\eta\|_{2,2}^2\|\tilde{\theta}\|_{2,2}^2+\|U\|_{3,2}(\|\boldsymbol{u}\|_{2,2}^2\\
&\quad+\|\theta\|_{2,2}^2)+\|\tilde{\boldsymbol{u}}\|_{2,2}^2(\|\tilde{\theta}\|_{2,2}^2+\|\eta\|_{2,2}^2)+\|\boldsymbol{u}\|_{2,2}^2)\\
&\quad+\delta\big\|\nabla(\eta+\theta)/\epsilon\big\|_{1,2}^2\text{。}
\end{aligned}\tag{7.3.34}
$$

证明 对(7.2.4)关于x微分两次，得

$$
\begin{cases}
U_j\partial_{ilj}^3\eta+\epsilon^{-1}\partial_i^2\mathrm{div}\boldsymbol{u}\\
=-\tilde{u}_j\partial_{ilj}^3\eta-\partial_{il}^2(U_j+\tilde{u}_j)\partial_j\eta-\partial_i(U_j+\tilde{u}_j)\partial_{jl}^2\eta\\
\quad-\partial_l(U_j+\tilde{u}_j)\partial_{ij}^2\eta-\partial_{il}(\eta\mathrm{div}\tilde{\boldsymbol{u}})-\epsilon\partial_{il}^2\mathrm{div}(P(U+\tilde{\boldsymbol{u}})),\\
U_j\partial_{ijl}^3u_k+\partial_lU_j\partial_{ij}^2u_k+\partial_{il}^2U_j\partial_ju_k+\partial_iU_j\partial_{lj}^2u_k-\mu\partial_{iljj}^4u_k\\
=\zeta\partial_{ilk}^3\mathrm{div}\boldsymbol{u}-\partial_{ilk}^3(\eta+\theta)/\epsilon+\epsilon\partial_{il}^2\tilde{F}_k-\partial_{il}^2(\tilde{u}_j\partial_j\tilde{u}_k)-\partial_{ilk}^3(\tilde{\theta}\eta),\\
U_j\partial_{ijl}^3\theta+\partial_lU_j\partial_{ij}^2\theta+\partial_{il}^2U_j\partial_j\theta+\partial_iU_j\partial_{lj}^2\theta-\kappa\partial_{iljj}^4\theta+\partial_{il}^2\mathrm{div}\boldsymbol{u}/\epsilon\\
=\epsilon\partial_{il}^2\tilde{G}-\partial_{il}^2(\tilde{u}_j\partial_j\tilde{\theta})+\partial_{il}^2((\eta+\tilde{\theta})\mathrm{div}\tilde{\boldsymbol{u}})\text{。}
\end{cases}\tag{7.3.35}
$$

分别用$\chi_0^2\partial_{il}^2\eta$，$\chi_0^2\partial_{il}^2u_k$和$\chi_0^2\partial_{il}^2\theta$ 在L^2中点乘$(7.3.35)_1$–$(7.3.35)_3$，相加所得的积分等式可推出

$$
\begin{aligned}
&\mu\|\chi_0\partial_{ilj}^3u_k\|^2+\zeta\|\chi_0\partial_{il}^2\mathrm{div}\boldsymbol{u}\|^2+\kappa\|\chi_0\partial_{ilj}^3\theta\|^2\\
&=-\frac{1}{\epsilon}\int_\Omega\big(\chi_0^2\partial_{il}^2\mathrm{div}\boldsymbol{u}\partial_{il}^2(\eta+\theta)+\chi_0^2\partial_{il}^2u_k\partial_k\partial_{il}^2(\eta+\theta)\big)\mathrm{d}x\\
&\quad-\int_\Omega 2\chi_0(\partial_j\chi_0(\mu\partial_{ilj}^3u_k\partial_{il}^2u_k+\kappa\partial_{ilj}^3\theta\partial_{il}^2\theta)+\zeta\partial_k\chi_0\partial_{il}\mathrm{div}\boldsymbol{u}\partial_{il}u_k)\mathrm{d}x\\
&\quad-\int_\Omega\big(U_j\partial_{ilj}^3\eta+\tilde{u}_j\partial_{ilj}^3\eta+\partial_{il}^2(U_j+\tilde{u}_j)\partial_j\eta+\partial_i(U_j+\tilde{u}_j)\partial_{jl}^2\eta\\
&\quad+\partial_l(U_j+\tilde{u}_j)\partial_{ij}^2\eta+\partial_{il}^2(\eta\mathrm{div}\tilde{\boldsymbol{u}})+\epsilon\partial_{il}^2\mathrm{div}(P(U+\tilde{\boldsymbol{u}}))\big)\chi_0^2\partial_{il}^2\eta\mathrm{d}x\\
&\quad+\int_\Omega\big(\epsilon\partial_{il}^2\tilde{F}_k-\partial_{il}^2(\tilde{u}_j\partial_j\tilde{u}_k)-\partial_{ilk}^3(\tilde{\theta}\eta)-(U_j\partial_{ijl}^3u_k+\partial_lU_j\partial_{ij}^2u_k\\
&\quad+\partial_{il}^2U_j\partial_ju_k+\partial_iU_j\partial_{lj}^2u_k)\big)\chi_0^2\partial_{il}^2u_k\mathrm{d}x\\
&\quad+\int_\Omega\big(\epsilon\partial_{il}^2\tilde{G}-\partial_{il}^2(\tilde{u}_j\partial_j\tilde{\theta})-\partial_{il}^2((\eta+\tilde{\theta})\mathrm{div}\tilde{\boldsymbol{u}})-(U_j\partial_{ijl}^3\theta+\partial_lU_j\partial_{ij}^2\theta\\
&\quad+\partial_{il}^2U_j\partial_j\theta+\partial_iU_j\partial_{lj}^2\theta)\big)\chi_0^2\partial_{il}^2\theta\mathrm{d}x\text{。}
\end{aligned}\tag{7.3.36}
$$

对上式分部积分，并利用Sobolev和Young不等式以及估计式

$$\begin{aligned}
&-\frac{1}{\epsilon}\int_{\Omega}\left(\chi_0^2\partial_{il}^2\mathrm{div}\boldsymbol{u}(\partial_{il}^2\eta+\partial_{il}^2\theta)+\chi_0^2\partial_{il}^2u_k\partial_k\partial_{il}^2(\eta+\theta)\right)\mathrm{d}x\\
&=\frac{1}{\epsilon}\int_{\Omega}\left(\chi_0^2\partial_{il}^2u_k\partial_k\partial_{il}^2(\eta+\theta)-\chi_0^2\partial_{il}^2u_k\partial_k\partial_{il}^2(\eta+\theta)\right)\mathrm{d}x\\
&\quad+\frac{1}{\epsilon}\int_{\Omega}2\chi_0\partial_k\chi_0\partial_{il}^2u_k\partial_{il}^2(\eta+\theta)\mathrm{d}x\\
&=\frac{1}{\epsilon}\int_{\Omega}2\chi_0\partial_k\chi_0\partial_{il}^2u_k\partial_{il}^2(\eta+\theta)\mathrm{d}x\leqslant\delta\|\nabla(\eta+\theta)/\epsilon\|_{1,2}^2+C_\delta\|\boldsymbol{u}\|_{2,2}^2,
\end{aligned}$$

就可从(7.3.36)推出

$$\begin{aligned}
&\mu\|\chi_0\nabla^3\boldsymbol{u}\|^2+\zeta\|\chi_0\nabla^2\mathrm{div}\boldsymbol{u}\|^2+\kappa\|\chi_0\nabla^3\theta\|^2\\
&\leqslant(\|U\|_{3,2}+\|\tilde{\boldsymbol{u}}\|_{3,2})\|\eta\|_{2,2}^2+\delta\Big(\|\boldsymbol{u}\|_{3,2}^2+\|\theta\|_{3,2}^2+\|\nabla(\eta+\theta)/\epsilon\|_{1,2}^2\Big)\\
&\quad+C_\delta(\epsilon^2(\|\tilde{F}\|_{1,2}^2+\|\tilde{G}\|_{1,2}^2)+\epsilon\|P\|_{3,2}(\|U\|_{3,2}+\|\tilde{\boldsymbol{u}}\|_{3,2})\|\eta\|_{2,2}+\|\tilde{\boldsymbol{u}}\|_{3,2}^4\\
&\quad+\|\eta\|_{2,2}^2\|\tilde{\theta}\|_{2,2}^2+\|U\|_{3,2}(\|\boldsymbol{u}\|_{2,2}^2+\|\theta\|_{2,2}^2)+\|\tilde{\boldsymbol{u}}\|_{2,2}^2(\|\tilde{\theta}\|_{2,2}^2+\|\eta\|_{2,2}^2)+\|\boldsymbol{u}\|_{2,2}^2),
\end{aligned}$$

进一步利用Poincaré不等式，并取δ适当小，则可得估计(7.3.34)。引理证毕。 □

b. 近边界估计

下面，将使用与上章不一样的局部坐标系来推导$\nabla^2\mathrm{div}\boldsymbol{v}$在边界附近的估计，本章所采用的局部坐标系常常被用于研究流体力学方程组解的近边界估计，参见[74, 75, 36]。

由于边界$\partial\Omega$是光滑有界的，因此可被有限个有界开集族$\{W^k\subset\mathbb{R}^3\}_{k=1}^n$覆盖，使得任意$x\in W^k\cap\Omega$可被表示为

$$x:=\Lambda^k(\varphi,\phi,r):=\lambda^k(\varphi,\phi)+r\boldsymbol{n}(\lambda^k(\varphi,\phi)),\tag{7.3.37}$$

其中$\boldsymbol{n}$是$\partial\Omega$的单位外法线，$\lambda^k(\varphi,\phi)$表示等温坐标系，且满足

$$\lambda_\varphi^k\cdot\lambda_\varphi^k>0,\quad\lambda_\phi^k\cdot\lambda_\phi^k>0,\quad\lambda_\varphi^k\cdot\lambda_\phi^k=0。$$

为简单起见，本小节将省略W^k和λ^k的上标k。利用等温坐标系，进一步构造如下的局部坐标系：

$$e_1:=\frac{\lambda_\varphi}{|\lambda_\varphi|},\quad e_2:=\frac{\lambda_\phi}{|\lambda_\phi|},\quad e_3:=e_1\times e_2=:\boldsymbol{n}(\lambda)。\tag{7.3.38}$$

通过计算，对于充分小的r，有

$$\begin{aligned}
C^2\ni J:=\det\mathrm{Jac}\Lambda=\det\frac{\partial x}{\partial(\varphi,\phi,r)}&=\Lambda_\varphi\times\Lambda_\phi\cdot e_3\\
&=|\lambda_\varphi||\lambda_\phi|+r(|\lambda_\varphi|\boldsymbol{n}_\phi\cdot e_2+|\lambda_\phi|\boldsymbol{n}_\varphi\cdot e_1)\\
&\quad+r^2((\boldsymbol{n}_\varphi\cdot e_1)(\boldsymbol{n}_\phi\cdot e_2)-(\boldsymbol{n}_\varphi\cdot e_2)(\boldsymbol{n}_\phi\cdot e_1))>0,
\end{aligned}$$

其中det表示取行列式，Jac表示Jacobi矩阵。此外，很容易推出下面关系式：

$$(\mathrm{Jac}\Lambda^{-1})\circ\Lambda=(\mathrm{Jac}\Lambda)^{-1},$$

$$(\nabla(\Lambda^{-1})^1)\circ\Lambda=J^{-1}(\Lambda_\phi\times e_3),\tag{7.3.39}$$

$$(\nabla(\Lambda^{-1})^2)\circ\Lambda=J^{-1}(e_3\times\Lambda_\varphi),\tag{7.3.40}$$

$$(\nabla(\Lambda^{-1})^3)\circ\Lambda=J^{-1}(\Lambda_\varphi\times\Lambda_\phi)=e_3,\tag{7.3.41}$$

其中符号$\circ$表示复合算子。令$y:=(\varphi,\phi,r)$，并记D_i为局部坐标系中关于y_i的偏导数，如果原坐标下的函数为$f(x)$，则在局部坐标系下我们记为$\hat{f}(y):=f(\Lambda(y))$。

使用上述记号及变换，在$\tilde{\Omega}:=\Lambda^{-1}(W\cap\Omega)$中，可把边值问题(7.2.4) 改写为

$$\begin{cases}\hat{U}_ja_{kj}D_k\hat{\eta}+a_{kj}D_k\hat{u}_j/\epsilon\\ \quad=-\hat{\tilde{u}}_ja_{kj}D_k\hat{\eta}-\hat{\eta}a_{kj}D_k\hat{\tilde{u}}_j-\epsilon a_{kj}D_k(\hat{P}(\hat{U}_j+\hat{\tilde{u}}_j)),\\ \hat{U}_ja_{kj}D_k\hat{u}_i-\mu a_{kj}D_k(a_{lj}D_l\hat{u}_i)-\zeta a_{ki}D_k(a_{lj}D_l\hat{u}_j)\\ \qquad+a_{ki}D_k(\hat{\eta}+\hat{\theta})/\epsilon=\epsilon\hat{\tilde{F}}_i-\hat{\tilde{u}}_ja_{kj}D_k\hat{\tilde{u}}_i-\hat{\tilde{\theta}}a_{ki}D_k\hat{\eta}-\hat{\eta}a_{ki}D_k\hat{\tilde{\theta}},\\ \hat{U}_ja_{kj}D_k\hat{\theta}-\kappa a_{kj}D_k(a_{lj}D_l\hat{\theta})+a_{kj}D_k\hat{u}_j/\epsilon\\ \quad=\epsilon\hat{\tilde{G}}-\hat{\tilde{u}}_ja_{kj}D_k\hat{\tilde{\theta}}-\hat{\eta}a_{kj}D_k\hat{\tilde{u}}_j-\hat{\tilde{\theta}}a_{kj}D_k\hat{\tilde{u}}_j,\end{cases}\tag{7.3.42}$$

和

$$\hat{\boldsymbol{u}}(t,y)=0,\ \ \hat{\theta}(t,y)=0,\ \ 在\ \partial\tilde{\Omega}\ 上,\tag{7.3.43}$$

其中a_{ij}是矩阵$\mathrm{Jac}(\Lambda^{-1})$的第$(i,j)$元素。显然，$a_{ij}$是一个$C^2$ 函数，结果，利用(7.3.39)–(7.3.41)可得

$$\sum_{j=1}^{3}a_{3j}a_{3j}=|\boldsymbol{n}|^2=1,\qquad\sum_{j=1}^{3}a_{1j}a_{3j}=\sum_{j=1}^{3}a_{2j}a_{3j}=0。\tag{7.3.44}$$

此外，下面的结论很容易验证：

命题 7.3.6 $D_i(Ja_{ij})=0$，$j=1, 2, 3$；在$\partial\tilde{\Omega}$的切向方向上，$\varsigma D_\tau\hat{\boldsymbol{v}}=0$，$\varsigma D_\tau D_\xi\hat{\boldsymbol{v}}=0$，$\tau$，$\xi=1,2$，其中$\varsigma\in C_0^\infty(\Lambda^{-1}(W))$。类似地，$\varsigma D_\tau\hat{\theta}=0$，$\varsigma D_\tau D_\xi\hat{\theta}=0$，　在$\partial\tilde{\Omega}$上。

此外，对$f\in W^{2,p}$（$1\leqslant p\leqslant\infty$），有下列关系式：

$$\|D_y\hat{f}\|_{L^p}\leqslant C\|\nabla_xf\|_{L^p},\ \ \|D_y^2\hat{f}\|_{L^p}\leqslant C\|\nabla_xf\|_{W^{1,p}}。\tag{7.3.45}$$

在随后的计算推导中，将会经常使用上述不等式。

由插值不等式$\|\cdot\|_{2,2}^2 \leqslant \delta\|\cdot\|_{3,2}^2 + C_\delta\|\cdot\|_{1,2}^2$，$\|\nabla^2 \mathrm{div}\boldsymbol{u}\|$的边界估计可以归结为

$$\int_{\tilde{\Omega}} J\chi^2|D_y^2(a_{ji}D_j\hat{u}_i)|\mathrm{d}y\mathrm{d}s$$

的估计，其中χ是一个$C_0^\infty(\Lambda^{-1}(W))$函数。下面把上述偏导数在边界上的估计分成切线方向和法线方向分别进行估计。

b.1. 切线方向的估计

首先，对等式(7.3.42)取偏导$D_{\tau\xi}^2$（τ，$\xi=1,2$），得

$$\begin{cases} \hat{U}_j a_{kj}D_{k\tau\xi}^3\hat{\eta} + D_{\tau\xi}^2(a_{kj}D_k\hat{u}_j)/\epsilon \\ \quad = D_\xi(\hat{U}_j a_{kj})D_{k\tau}^2\hat{\eta} + D_{\tau\xi}^2(\hat{U}_j a_{kj})D_k\hat{\eta} + D_\tau(\hat{U}_j a_{kj})D_{k\xi}^2\hat{\eta} \\ \qquad - D_{\tau\xi}^2(\hat{\tilde{u}}_j a_{kj}D_k\hat{\eta} + \hat{\eta}a_{kj}D_k\hat{\tilde{u}}_j + \epsilon a_{kj}D_k(\hat{P}(\hat{U}_j + \hat{\tilde{u}}_j))), \\ \hat{U}_j a_{kj}D_{k\tau\xi}^3\hat{u}_i - D_{\tau\xi}^2(\mu a_{kj}D_k(a_{lj}D_l\hat{u}_i) + \zeta a_{ki}D_k(a_{lj}D_l\hat{u}_j)) \\ \quad = -D_{\tau\xi}^2(a_{ki}D_k(\hat{\eta}+\hat{\theta}))/\epsilon + D_\xi(\hat{U}_j a_{kj})D_{k\tau}^2\hat{u}_i \\ \qquad + D_{\tau\xi}^2(\hat{U}_j a_{kj})D_k\hat{u}_i + D_\tau(\hat{U}_j a_{kj})D_{k\xi}^2\hat{u}_i \\ \qquad + D_{\tau\xi}^2(\epsilon\hat{\tilde{F}}_i - \hat{\tilde{u}}_j a_{kj}D_k\hat{\tilde{u}}_i - \hat{\tilde{\theta}}a_{ki}D_k\hat{\eta} - \hat{\eta}a_{ki}D_k\hat{\tilde{\theta}}), \\ \hat{U}_j a_{kj}D_{k\tau\xi}^3\hat{\theta} - \kappa D_{\tau\xi}^2(a_{kj}D_k(a_{lj}D_l\hat{\theta})) + D_{\tau\xi}^2(a_{kj}D_k\hat{u}_j)/\epsilon \\ \quad = D_\xi(\hat{U}_j a_{kj})D_{k\tau}^2\hat{\theta} + D_{\tau\xi}^2(\hat{U}_j a_{kj})D_k\hat{\theta} + D_\tau(\hat{U}_j a_{kj})D_{k\xi}^2\hat{\theta} \\ \qquad + D_{\tau\xi}^2(\epsilon\hat{\tilde{G}} - \hat{\tilde{u}}_j a_{kj}D_k\hat{\tilde{\theta}} - \hat{\eta}a_{kj}D_k\hat{\tilde{u}}_j - \hat{\tilde{\theta}}a_{kj}D_k\tilde{u}_j)。\end{cases} \tag{7.3.46}$$

分别用$J\chi^2 D_{\tau\xi}^2\hat{\eta}$，$J\chi^2 D_{\tau\xi}^2\hat{u}_i$和$J\chi^2 D_{\tau\xi}^2\hat{\theta}$在$L^2(\tilde{\Omega})$中点乘$(7.3.46)_1$–$(7.3.46)_3$，并对所得的积分等式相加即得

$$\begin{aligned} & -\int_{\tilde{\Omega}} D_{\tau\xi}^2\Big(\mu a_{kj}D_k(a_{lj}D_l\hat{u}_i) + \zeta a_{ki}D_k(a_{lj}D_l\hat{u}_j)\Big)\cdot J\chi^2 D_{\tau\xi}^2\hat{u}_i\mathrm{d}y \\ & -\int_{\tilde{\Omega}} \kappa D_{\tau\xi}^2(a_{kj}D_k(a_{lj}D_l\hat{\theta}))\cdot J\chi^2 D_{\tau\xi}^2\hat{\theta}\mathrm{d}y \\ & +\int_{\tilde{\Omega}} \hat{U}_j a_{kj}\Big(D_{k\tau\xi}^3\hat{\eta}\cdot J\chi^2 D_{\tau\xi}^2\hat{\eta} + D_{k\tau\xi}^3\hat{u}_i\cdot J\chi^2 D_{\tau\xi}^2\hat{u}_i + D_{k\tau\xi}^3\hat{\theta}\cdot J\chi^2 D_{\tau\xi}^2\hat{\theta}\Big)\mathrm{d}y \\ & +\frac{1}{\epsilon}\int_{\tilde{\Omega}}\Big(D_{\tau\xi}^2(a_{kj}D_k\hat{u}_j)\cdot J\chi^2 D_{\tau\xi}^2\hat{\eta} \\ & \qquad + D_{\tau\xi}^2(a_{ki}D_k(\hat{\eta}+\hat{\theta}))\cdot J\chi^2 D_{\tau\xi}^2\hat{u}_i + D_{\tau\xi}^2(a_{kj}D_k\hat{u}_j)\cdot J\chi^2 D_{\tau\xi}^2\hat{\theta}\Big)\mathrm{d}y \end{aligned}$$

$$
\begin{aligned}
&= \int_{\tilde{\Omega}} \Big(D_\xi(\hat{U}_j a_{kj}) D^2_{k\tau}\hat{\eta} + D^2_{\tau\xi}(\hat{U}_j a_{kj}) D_k \hat{\eta} + D_\tau(\hat{U}_j a_{kj}) D^2_{k\xi}\hat{\eta} \\
&- D^2_{\tau\xi}(\hat{\hat{u}}_j a_{kj} D_k \hat{\eta} + \hat{\eta} a_{kj} D_k \hat{\hat{u}}_j + \epsilon a_{kj} D_k(\hat{P}(\hat{U}_j + \hat{\hat{u}}_j)))\Big) \cdot J\chi^2 D^2_{\tau\xi}\hat{\eta} \mathrm{d}y \\
&+ \int_{\tilde{\Omega}} \Big(D_\xi(\hat{U}_j a_{kj}) D^2_{k\tau}\hat{u}_i + D^2_{\tau\xi}(\hat{U}_j a_{kj}) D_k \hat{u}_i + D_\tau(\hat{U}_j a_{kj}) D^2_{k\xi}\hat{u}_i \\
&+ D^2_{\tau\xi}(\epsilon \hat{\hat{F}}_i - \hat{\hat{u}}_j a_{kj} D_k \hat{\hat{u}}_i - \hat{\hat{\theta}} a_{ki} D_k \hat{\eta} - \hat{\eta} a_{ki} D_k \hat{\hat{\theta}})\Big) \cdot J\chi^2 D^2_{\tau\xi}\hat{u}_i \mathrm{d}y \\
&+ \int_{\tilde{\Omega}} \Big(D_\xi(\hat{U}_j a_{kj}) D^2_{k\tau}\hat{\theta} + D^2_{\tau\xi}(\hat{U}_j a_{kj}) D_k \hat{\theta} + D_\tau(\hat{U}_j a_{kj}) D^2_{k\xi}\hat{\theta} \\
&+ D^2_{\tau\xi}(\epsilon \hat{\hat{G}} - \hat{\hat{u}}_j a_{kj} D_k \hat{\hat{\theta}} - \hat{\eta} a_{kj} D_k \hat{\hat{u}}_j - \hat{\hat{\theta}} a_{kj} D_k \hat{\hat{u}}_j)\Big) \cdot J\chi^2 D^2_{\tau\xi}\hat{\theta} \mathrm{d}y。 \qquad (7.3.47)
\end{aligned}
$$

依次将上式左边的四个积分项记为L'_1–L'_4。下面分别估计L'_1–L'_4。

使用分部积分和边值条件，有

$$
\begin{aligned}
L'_1 = &- \int_{\tilde{\Omega}} \Big(D^2_{\tau\xi}(\mu a_{kj}) D_k(a_{lj} D_l \hat{u}_i) + D_\tau(\mu a_{kj}) D^2_{k\xi}(a_{lj} D_l \hat{u}_i) \\
&+ D_\xi(\mu a_{kj}) D_k(D_\tau(a_{lj}) D_l \hat{u}_i + a_{lj} D^2_{l\tau}\hat{u}_i) \\
&+ \mu a_{kj} D^2_{k\xi}(D_\tau(a_{lj}) D_l \hat{u}_i + a_{lj} D^2_{l\tau}\hat{u}_i) \\
&+ D^2_{\tau\xi}(\zeta a_{kj}) D_k(a_{lj} D_l \hat{u}_i) + D_\tau(\zeta a_{kj}) D^2_{k\xi}(a_{lj} D_l \hat{u}_j) \\
&+ D_\xi(\zeta a_{ki}) D_k(D_\tau(a_{lj}) D_l \hat{u}_i + a_{lj} D^2_{l\tau}\hat{u}_j) \\
&+ \zeta a_{ki} D^2_{k\xi}(D_\tau(a_{lj}) D_l \hat{u}_j + a_{lj} D_{l\tau}\hat{u}_j) \Big) \cdot J\chi^2 D^2_{\tau\xi}\hat{u}_i \mathrm{d}y,
\end{aligned}
$$

其中

$$
\begin{aligned}
&- \int_{\tilde{\Omega}} (\mu a_{kj} D^2_{k\xi}(a_{lj} D^2_{l\tau}\hat{u}_i) + \zeta a_{ki} D^2_{k\xi}(a_{lj} D^2_{l\tau}\hat{u}_j)) \cdot J\chi^2 D^2_{\tau\xi}\hat{u}_i \mathrm{d}y \\
&= \int_{\tilde{\Omega}} \Big(\mu J\chi^2 a_{kj} D^3_{k\tau\xi}\hat{u}_i a_{lj} D^3_{l\tau\xi}\hat{u}_i + \kappa J\chi^2 a_{ki} D^3_{k\tau\xi}\hat{u}_i a_{lj} D^3_{l\tau\xi}\hat{u}_j \Big) \mathrm{d}y \\
&+ \int_{\tilde{\Omega}} (D_k(\mu J\chi^2 a_{kj}) D_\xi(a_{lj} D_{l\tau}\hat{u}_i) \cdot D^2_{\tau\xi}\hat{u}_i + \mu J\chi^2 a_{kj} D^3_{k\tau\xi}\hat{u}_i D_\xi(a_{lj}) D^2_{l\tau}\hat{u}_i \\
&+ D_k(\zeta J\chi^2 a_{ki}) D_\xi(a_{lj} D^2_{l\tau}\hat{u}_i) \cdot D^2_{\tau\xi}\hat{u}_i + \mu J\chi^2 a_{ki} D^3_{k\tau\xi}\hat{u}_i D_\xi(a_{lj}) D^2_{l\tau}\hat{u}_j) \mathrm{d}y,
\end{aligned}
$$

类似地，可得

$$
\begin{aligned}
L'_2 = &\int_{\tilde{\Omega}} \kappa J\chi^2 a_{kj} D^3_{k\tau\xi}\hat{\theta} a_{lj} D^3_{l\tau\xi}\hat{\theta} \mathrm{d}y \\
&+ \int_{\tilde{\Omega}} (D_k(\kappa J\chi^2 a_{kj}) D_\xi(a_{lj} D^2_{l\tau}\hat{\theta}) D^2_{\tau\xi}\hat{\theta} + \kappa J\chi^2 a_{kj} D^3_{k\tau\xi}\hat{\theta} D_\xi(a_{lj}) D^2_{l\tau}\hat{\theta}) \mathrm{d}y \\
&- \int_{\tilde{\Omega}} J\chi^2 D^2_{\tau\xi}\hat{\theta} \cdot (D^2_{\tau\xi}(\kappa a_{kj}) D_k(a_{lj} D_l \hat{\theta}) + \kappa a_{kj} D^2_{k\xi} D_\tau(a_{lj}) D_l \hat{\theta} \\
&+ D_\xi(\kappa a_{kj}) D_k(D_\tau(a_{lj}) D_l \hat{\theta} + a_{lj} D^2_{l\tau}\hat{\theta}) + D_\tau(\kappa a_{kj}) D^2_{k\xi}(a_{lj} D_l \hat{\theta})) \mathrm{d}y。
\end{aligned}
$$

由于$a_{kj}D_k\hat{U}_j=0$，则

$$
\begin{aligned}
L_3' =& -\frac{1}{2}\int_{\tilde{\Omega}} J\chi^2 a_{kj}D_k\hat{U}_j(|D_{\tau\xi}^2\hat{\eta}|^2+|D_{\tau\xi}^2\hat{u}_i|^2+|D_{\tau\xi}^2\hat{\theta}|^2)\mathrm{d}y\\
&-\frac{1}{2}\int_{\tilde{\Omega}} D_k(J\chi^2 a_{kj})\hat{U}_j(|D_{\tau\xi}^2\hat{\eta}|^2+|D_{\tau\xi}^2\hat{u}_i|^2+|D_{\tau\xi}^2\hat{\theta}|^2)\mathrm{d}y\\
=& -\frac{1}{2}\int_{\tilde{\Omega}} D_k(J\chi^2 a_{kj})\hat{U}_j(|D_{\tau\xi}^2\hat{\eta}|^2+|D_{\tau\xi}^2\hat{u}_i|^2+|D_{\tau\xi}^2\hat{\theta}|^2)\mathrm{d}y。
\end{aligned}
$$

使用下面关系式

$$
\begin{aligned}
&\frac{1}{\epsilon}\int_{\tilde{\Omega}} D_{\tau\xi}^2(a_{ki}D_k(\hat{\eta}+\hat{\theta}))\cdot J\chi^2 D_{\tau\xi}^2\hat{u}_i\mathrm{d}y\\
=&-\frac{1}{\epsilon}\int_{\tilde{\Omega}} J\chi^2 D_{\tau\xi}^2(a_{ki}D_k\hat{u}_i)D_{\tau\xi}^2(\hat{\eta}+\hat{\theta})\mathrm{d}y+\frac{1}{\epsilon}\int_{\tilde{\Omega}}\Big(D_{\tau\xi}^2(a_{ki})D_k(\hat{\eta}+\hat{\theta})\\
&+D_\tau(a_{ki})D_{k\xi}^2(\hat{\eta}+\hat{\theta})+D_\xi(a_{ki})D_{k\tau}^2(\hat{\eta}+\hat{\theta})\Big)\cdot J\chi^2 D_{\tau\xi}^2\hat{u}_i\mathrm{d}y\\
&+\frac{1}{\epsilon}\int_{\tilde{\Omega}} D_{\xi\tau}^2(\hat{\eta}+\hat{\theta})\Big(D_{\xi\tau}^2(a_{ki})D_k\hat{u}_i+D_\tau(a_{ki})D_{k\xi}\hat{u}_i+D_\xi(a_{ki})D_{k\tau}^2\hat{u}_i\\
&-D_k(J\chi^2)a_{ki}D_{\tau\xi}^2\hat{u}_i-D_k(a_{ki})J\chi^2 D_{\tau\xi}^2\hat{u}_i\Big)\mathrm{d}y,
\end{aligned}
$$

可推出

$$
\begin{aligned}
L_4' =&\frac{1}{\epsilon}\int_{\tilde{\Omega}}\Big(D_{\tau\xi}^2(a_{ki})D_k(\hat{\eta}+\hat{\theta})+D_\tau(a_{ki})D_{k\xi}^2(\hat{\eta}+\hat{\theta})+D_\xi(a_{ki})D_{k\tau}^2(\hat{\eta}\\
&+\hat{\theta})\Big)\cdot J\chi^2 D_{\tau\xi}^2\hat{u}_i\mathrm{d}y+\frac{1}{\epsilon}\int_{\tilde{\Omega}} D_{\xi\tau}^2(\hat{\eta}+\hat{\theta})\Big(D_{\xi\tau}^2(a_{ki})D_k\hat{u}_i+D_\tau(a_{ki})D_{k\xi}\hat{u}_i\\
&+D_\xi(a_{ki})D_{k\tau}\hat{u}_i-D_k(J\chi^2)a_{ki}D_{\tau\xi}^2\hat{u}_i-D_k(a_{ki})J\chi^2 D_{\tau\xi}^2\hat{u}_i\Big)\mathrm{d}y。
\end{aligned}
$$

把上面关于L_1'–L_4'的估计代入(7.3.47)，并使用(7.3.45)和Sobolev、Young不等式，即可得到

$$
\begin{aligned}
&\int_{\tilde{\Omega}}\mu J\chi^2 a_{kj}D_{k\tau\xi}^3\hat{u}_i a_{lj}D_{l\tau\xi}^3\hat{u}_i\mathrm{d}y+\int_{\tilde{\Omega}}\zeta J\chi^2 a_{ki}D_{k\tau\xi}^3\hat{u}_i a_{lj}D_{l\tau\xi}^3\hat{u}_j\mathrm{d}y\\
&+\int_{\tilde{\Omega}}\kappa J\chi^2 a_{kj}D_{k\tau\xi}^3\hat{\theta}a_{lj}D_{l\tau\xi}^3\hat{\theta}\mathrm{d}y\\
\leqslant& C_9\Big(\|U\|_{3,2}\|\eta\|_{2,2}^2+\|\tilde{\boldsymbol{u}}\|_{3,2}\|\eta\|_{2,2}^2+\|\tilde{\boldsymbol{u}}\|_{2,2}^2\|\tilde{\theta}\|_{2,2}^2+\epsilon\|P\|_{3,2}(\|U\|_{3,2}+\|\tilde{\boldsymbol{u}}\|_{3,2})\|\eta\|_{2,2}\\
&+\|U\|_{3,2}^2(\|\boldsymbol{u}\|_{1,2}+\|\theta\|_{1,2})+\epsilon^2(\|\tilde{F}\|_{1,2}^2+\|\tilde{G}\|_{1,2}^2)+\|\tilde{\boldsymbol{u}}\|_{2,2}^4\\
&+\|\eta\|_{2,2}^2(\|\tilde{\boldsymbol{u}}\|_{2,2}^2+\|\tilde{\theta}\|_{2,2}^2)+(\|\tilde{\boldsymbol{u}}\|_{1,2}^2+\|\tilde{\theta}\|_{1,2}^2)\Big)\\
&+\delta\Big(\|\boldsymbol{u}\|_{3,2}^2+\|\theta\|_{3,2}^2+\|\nabla(\eta+\theta)/\epsilon\|_{1,2}^2\Big)。
\end{aligned}\tag{7.3.48}
$$

b.2. 法线方向的估计

用a_{3i}乘$(7.3.42)_2$得到

$$
\begin{aligned}
&-(\mu+\zeta)D_3(a_{lj}D_l\hat{u}_j)+D_3(\hat{\eta}+\hat{\theta})/\epsilon\\
&\quad=-a_{3i}\hat{U}_ja_{kj}D_k\hat{u}_i+\epsilon a_{3i}\hat{\tilde{F}}_i-a_{3i}\hat{\tilde{u}}_ja_{kj}D_k\hat{\tilde{u}}_i-\hat{\tilde{\theta}}D_3\hat{\eta}\\
&\qquad-\hat{\eta}D_3\hat{\tilde{\theta}}+\mu\big(a_{3i}a_{kj}D_k(a_{lj}D_l\hat{u}_i)-D_3(a_{lj}D_l\hat{u}_j)\big),
\end{aligned}
\tag{7.3.49}
$$

其中上式右端项可以改写为

$$
\begin{aligned}
&\mu(a_{3i}a_{kj}D_k(a_{lj}D_l\hat{u}_i)-D_3(a_{lj}D_l\hat{u}_j))\\
&=\mu(D_3(a_{3j})D_3\hat{u}_j+D_3(a_{\tau j})D_\tau\hat{u}_j+a_{\tau j}D^2_{3\tau}\hat{u}_j-a_{3j}D_3(a_{3j})a_{3i}D_3\hat{u}_i\\
&\quad-a_{\tau j}a_{3i}D_\tau a_{lj}D_l\hat{u}_i-a_{\tau j}a_{\xi j}a_{3i}D^2_{\tau\xi}\hat{u}_i-a_{3j}a_{3i}D_3(a_{\tau j})D_\tau\hat{u}_i)。
\end{aligned}
\tag{7.3.50}
$$

注意(7.3.50)中不含有$D_{33}\boldsymbol{\hat{u}}$ 项，利用等式(7.3.49)，可有下列结论：

引理 7.3.7 *当δ充分小时，存在一个与δ无关的常数C_{10}，使得*

$$
\begin{aligned}
&\frac{\mu+\zeta}{2}\int_{\tilde{\Omega}}J\chi^2|D^2_{\tau 3}(a_{lj}D_l\hat{u}_j)|^2\mathrm{d}y+\frac{\kappa}{2}\int_{\tilde{\Omega}}J\chi^2|D^2_{\tau 3}(a_{kj}D_k\hat{\theta})|^2\mathrm{d}y\\
&\leqslant C_{10}\Big(\|U\|^2_{4,2}\|\boldsymbol{u}\|^2_{1,2}+\epsilon^2\|\tilde{F}\|^2_{1,2}+\|\tilde{\boldsymbol{u}}\|^4_{2,2}+\|\tilde{\theta}\|^2_{2,2}\|\eta\|^2_{2,2}\\
&+\int_{\tilde{\Omega}}J\chi^2|D^3_{\tau\xi y}\boldsymbol{u}|^2\mathrm{d}y+\|U\|_{3,2}\|\eta\|^2_{2,2}+\|\tilde{\boldsymbol{u}}\|_{3,2}\|\eta\|^2_{2,2}+(1+\|U\|_{3,2})\|\theta\|^2_{2,2}\\
&+\epsilon\|P\|_{3,2}(\|U\|_{3,2}+\|\tilde{\boldsymbol{u}}\|_{3,2})\|\eta\|_{2,2}+\epsilon^2\|\tilde{G}\|^2_{1,2}\\
&+\|\tilde{\boldsymbol{u}}\|^2_{2,2}\|\tilde{\theta}\|^2_{2,2}+\|\tilde{\boldsymbol{u}}\|^2_{2,2}\|\eta\|^2_{2,2}\Big)+\delta\Big(\|\boldsymbol{u}\|^2_{3,2}+\|\theta\|^2_{3,2}\Big)。
\end{aligned}
\tag{7.3.51}
$$

证明 对(7.3.49)关于y_τ（$\tau=1,\ 2$）偏导，然后让所得的等式在$L^2(\tilde{\Omega})$中点乘$-J\chi^2D^2_{\tau 3}(a_{lj}D_l\hat{u}_j)$，即得

$$
\begin{aligned}
&\frac{\mu+\zeta}{2}\int_{\tilde{\Omega}}J\chi^2|D^2_{\tau 3}(a_{lj}D_l\hat{u}_j)|^2\mathrm{d}y-\frac{1}{\epsilon}\int_{\tilde{\Omega}}J\chi^2D^2_{\tau 3}(\hat{\eta}+\hat{\theta})D^2_{\tau 3}(a_{lj}D_l\hat{u}_j)\mathrm{d}y\\
&\leqslant C(\|a_{3i}\hat{U}_ja_{kj}D_k\hat{u}_i\|^2_{1,2}+\epsilon^2\|a_{3i}\hat{\tilde{F}}_i\|^2_{1,2}+\|a_{3i}\hat{\tilde{u}}_ja_{kj}D_k\hat{\tilde{u}}_i\|^2_{1,2}\\
&+\|\hat{\tilde{\theta}}D_3\hat{\eta}+\hat{\eta}D_3\hat{\tilde{\theta}}\|^2_{1,2})+C\int_{\tilde{\Omega}}J\chi^2|D^3_{\tau\xi y}v|^2\mathrm{d}y \qquad (7.3.52)\\
&\leqslant C(\|U\|^2_{2,2}\|\boldsymbol{u}\|^2_{2,2}+\epsilon^2\|\tilde{F}\|^2_{1,2}+\|\tilde{\boldsymbol{u}}\|^4_{2,2}+\|\tilde{\theta}\|^2_{2,2}\|\tilde{\eta}\|^2_{2,2})+C\int_{\tilde{\Omega}}J\chi^2|D^3_{\tau\xi y}\boldsymbol{u}|^2\mathrm{d}y。
\end{aligned}
$$

对$(7.3.42)_3$和$(7.3.42)_1$求偏导$D_{\tau 3}$，然后让所得的两个等式分别与$J\chi^2D^2_{\tau 3}\hat{\theta}$ 和

$J\chi^2 D_{\tau 3}^2 \hat{\eta}$在$L^2(\tilde{\Omega})$中作内积，并将所得的两个积分等式相加起来即得

$$\begin{aligned}
&-\int_{\tilde{\Omega}} \kappa D_{\tau 3}(a_{kj} D_l(a_{lj} D_l \hat{\theta})) \cdot J\chi^2 D_{\tau 3}^2 \hat{\theta} \mathrm{d}y + \frac{1}{\epsilon} \int_{\tilde{\Omega}} D_{\tau 3}^2(a_{kj} D_k \hat{u}_j) \cdot J\chi^2 D_{\tau 3}^2 \\
&\cdot (\hat{\theta} + \hat{\eta}) \mathrm{d}y + \int_{\tilde{\Omega}} (D_{\tau 3}^2(\hat{U}_j a_{kj} D_k \hat{\eta}) \cdot J\chi^2 D_{\tau 3}^2 \hat{\eta} + D_{\tau 3}^2(\hat{U}_j a_{kj} D_k \hat{\theta}) \cdot J\chi^2 D_{\tau 3}^2 \hat{\theta}) \mathrm{d}y \\
&= -\int_{\tilde{\Omega}} D_{\tau 3}^2(\hat{\tilde{u}}_j a_{kj} D_k \hat{\eta} + \hat{\eta} a_{kj} D_k \hat{\tilde{u}}_j + \epsilon a_{kj} D_k(\hat{P}(\hat{U}_j + \hat{\tilde{u}}_j))) \cdot J\chi^2 D_{\tau 3}^2 \hat{\eta} \mathrm{d}y \\
&\quad + \int_{\tilde{\Omega}} D_{\tau 3}^2(\epsilon \hat{\tilde{G}} - \hat{\tilde{u}}_j a_{kj} D_k \tilde{\theta} - \hat{\eta} a_{kj} D_k \hat{\tilde{u}}_j - \hat{\tilde{\theta}} a_{kj} D_k \hat{\tilde{u}}_j) \cdot J\chi^2 D_{\tau 3}^2 \hat{\theta} \mathrm{d}y。 \qquad (7.3.53)
\end{aligned}$$

把上式左端的三个积分分别记为L_1''–L_3''。利用分部积分，很容易估计出

$$\begin{aligned}
L_1'' =& \kappa \int_{\tilde{\Omega}} J\chi^2 D_{\tau 3}^2(a_{kj} D_k \hat{\theta}) D_{\tau 3}^2(a_{lj} D_l \hat{\theta}) \mathrm{d}y \\
&- \int_{\tilde{\Omega}} \kappa J\chi^2 D_{\tau 3}^2 \hat{\theta} \Big(D_{\tau 3}^2(a_{kj}) D_k(a_{lj} D_l \hat{\theta}) + D_\tau(a_{kj}) D_{3k}^2(a_{lj} D_l \hat{\theta}) \\
&+ D_3(a_{kj}) D_{k\tau}^2(a_{lj} D_l \hat{\theta}) \Big) \mathrm{d}y + \kappa \int_{\tilde{\Omega}} D_k(J\chi^2 a_{kj}) D_{\tau 3}^2 \hat{\theta} D_{\tau 3}^2(a_{lj} D_l \hat{\theta}) \mathrm{d}y \\
&- \kappa \int_{\tilde{\Omega}} J\chi^2 \Big(D_{\tau 3}^2(a_{kj}) D_k \hat{\theta} + D_\tau(a_{kj}) D_{3k}^2 \hat{\theta} \\
&+ D_3(a_{kj}) D_{k\tau}^2 \hat{\theta} \Big) \cdot D_{\tau 3}^2(a_{lj} D_l \hat{\theta}) \mathrm{d}y
\end{aligned}$$

和

$$\begin{aligned}
L_3'' =& \int_{\tilde{\Omega}} J\chi^2 D_{\tau 3}^2 \hat{\eta} \cdot \Big(D_{\tau 3}^2(\hat{U}_j a_{kj}) D_k \hat{\eta} + D_\tau(\hat{U}_j a_{kj}) D_{k3}^2 \hat{\eta} + D_3(\hat{U}_j a_{kj}) D_{k\tau}^2 \hat{\eta} \Big) \mathrm{d}y \\
&- \frac{1}{2} \int_{\tilde{\Omega}} \Big(D_k(J\chi^2 a_{kj}) \hat{U}_j |D_{\tau 3}^2 \hat{\eta}|^2 + J\chi^2 a_{kj} D_k \hat{U}_j |D_{\tau 3}^2 \hat{\eta}|^2 \Big) \mathrm{d}y \\
&+ \int_{\tilde{\Omega}} \Big(D_{\tau 3}^2(\hat{U}_j a_{kj}) D_k \hat{\theta} + D_\tau(\hat{U}_j a_{kj}) D_{k3}^2 \hat{\theta} + D_3(\hat{U}_j a_{kj}) D_{k\tau}^2 \hat{\theta} \Big) \cdot J\chi^2 D_{\tau 3}^2 \hat{\theta} \mathrm{d}y \\
&- \frac{1}{2} \int_{\tilde{\Omega}} \Big(D_k(J\chi^2 a_{kj}) \hat{U}_j |D_{\tau 3}^2 \hat{\theta}|^2 + J\chi^2 a_{kj} D_k \hat{U}_j |D_{\tau 3}^2 \hat{\theta}|^2 \Big) \mathrm{d}y。
\end{aligned}$$

把估计L_1''和L_3''代入到(7.3.53)，有

$$\begin{aligned}
&\frac{\kappa}{2} \int_{\tilde{\Omega}} J\chi^2 |D_{\tau 3}^2(a_{kj} D_k \hat{\theta})|^2 \mathrm{d}y + \frac{1}{\epsilon} \int_{\tilde{\Omega}} J\chi^2 D_{\tau 3}^2(\hat{\eta} + \hat{\theta}) D_{\tau 3}^2(a_{lj} D_l \hat{u}_j) \mathrm{d}y \\
&\leqslant \|\theta\|_{2,2}^2 + \delta(\|D_{3k}^2(a_{lj} D_l \hat{\theta})\|^2 + \|D_{k\tau}^2(a_{lj} D_l \hat{\theta})\|^2 + \|\theta\|_{3,2}^2) \\
&\quad + C(\|U\|_{3,2} \|\eta\|_{2,2}^2 + \|U\|_{3,2} \|\theta\|_{2,2}^2 + \|\tilde{\boldsymbol{u}}\|_{3,2} \|\eta\|_{2,2}^2 \qquad (7.3.54) \\
&\quad + \epsilon \|P\|_{3,2} (\|U\|_{3,2} + \|\tilde{\boldsymbol{u}}\|_{3,2}) \|\eta\|_{2,2} + \epsilon^2 \|\tilde{G}\|_{1,2}^2 + \|\tilde{\boldsymbol{u}}\|_{2,2}^2 \|\tilde{\theta}\|_{2,2}^2 + \|\tilde{\boldsymbol{u}}\|_{2,2}^2 \|\eta\|_{2,2}^2)。
\end{aligned}$$

由Sobolev和Young不等式，就可从(7.3.52) 和(7.3.54)推出估计(7.3.51)。 □

易看出，为估计div$\boldsymbol{u}$，只需估计$\|D_{33}^2(a_{ij}D_i\hat{u}_j)\|$。为此，对(7.3.49)求$D_3$偏导可得

$$\begin{aligned}&-(\mu+\zeta)D_{33}^2(a_{lj}D_l\hat{u}_j)+D_{33}^2(\hat{\eta}+\hat{\theta})/\epsilon\\&=D_3(a_{3i})(-\hat{U}_ja_{kj}D_k\hat{u}_i+\epsilon\hat{\tilde{F}}_i-\hat{\tilde{u}}_ja_{kj})D_k\hat{\tilde{u}}_i\\&-a_{3i}D_3(\hat{U}_ja_{kj}D_k\hat{u}_i-\epsilon\hat{\tilde{F}}_i+\hat{\tilde{u}}_ja_{kj})D_k\hat{\tilde{u}}_i\\&-D_3(\hat{\tilde{\theta}}D_3\hat{\eta}+\hat{\eta}D_3\hat{\tilde{\theta}})+O(1)(D_{33\tau}^3\hat{u}_j+D_{3l}^2\hat{u}_j+D_l\hat{u}_j)。\end{aligned}\tag{7.3.55}$$

用$-J\chi^2D_{33}^2(a_{lj}D_l\hat{u}_j)$与等式(7.3.55)在$L^2(\tilde{\Omega})$中作内积即得

$$\begin{aligned}&\frac{\mu+\zeta}{2}\int_{\tilde{\Omega}}J\chi^2|D_{33}^2(a_{lj}D_l\hat{u}_j)|^2\mathrm{d}y-\frac{1}{\epsilon}\int_{\tilde{\Omega}}J\chi^2D_{33}^2(a_{lj}D_l\hat{u}_j)\cdot D_{33}^2(\hat{\eta}+\hat{\theta})\mathrm{d}y\\&\leqslant C(\|U\|_{2,2}^2\|\boldsymbol{u}\|_{2,2}^2+\epsilon^2\|\tilde{F}\|_{1,2}^2+\|\tilde{\boldsymbol{u}}\|_{2,2}^4+\|\tilde{\theta}\|_{2,2}^2\|\tilde{\eta}\|_{2,2}^2)+\|\boldsymbol{u}\|_{2,2}^2+\|\boldsymbol{u}\|_{1,2}^2\\&\quad+\int_{\tilde{\Omega}}J\chi^2|D_{33\tau}^3\hat{\boldsymbol{u}}|^2\mathrm{d}y。\end{aligned}\tag{7.3.56}$$

类似地，对$(7.3.42)_1$和$(7.3.42)_3$取D_{33}^2偏导，并用$J\chi^2D_{33}^2\hat{\eta}$ 和$J\chi^2D_{33}^2\hat{\theta}$分别与所得的两个等式在$L^2(\tilde{\Omega})$中作内积，即得

$$\begin{aligned}&\frac{\kappa}{2}\int_{\tilde{\Omega}}J\chi^2|D_{33}^2(a_{kj}D_k\hat{\theta})|^2\mathrm{d}y+\frac{1}{\epsilon}\int_{\tilde{\Omega}}J\chi^2D_{33}^2(a_{lj}D_l\hat{u}_j)\cdot D_{\tau3}^2(\hat{\eta}+\hat{\theta})\mathrm{d}y\\&\leqslant C\|\theta\|_{2,2}^2(1+\|U\|_{3,2})+\delta\|\theta\|_{3,2}^2+\|U\|_{3,2}\|\eta\|_{2,2}^2+\|\tilde{\boldsymbol{u}}\|_{3,2}\|\eta\|_{2,2}^2\\&\quad+\epsilon\|P\|_{3,2}(\|U\|_{3,2}+\|\tilde{\boldsymbol{u}}\|_{3,2})\|\eta\|_{2,2}+\epsilon^2\|\tilde{G}\|_{1,2}^2+\|\tilde{\boldsymbol{u}}\|_{2,2}^2\|\tilde{\theta}\|_{2,2}^2+\|\tilde{\boldsymbol{u}}\|_{2,2}^2\|\eta\|_{2,2}^2。\end{aligned}\tag{7.3.57}$$

结合(7.3.56)和(7.3.57)即知，对于适当小的δ，存在一个常数C_{11}，使得

$$\begin{aligned}&\frac{\mu+\zeta}{2}\int_{\tilde{\Omega}}J\chi^2|D_{33}^2(a_{lj}D_l\hat{u}_j)|^2\mathrm{d}y+\frac{\kappa}{2}\int_{\tilde{\Omega}}J\chi^2|D_{33}^2(a_{kj}D_k\hat{\theta})|^2\mathrm{d}y\\&\leqslant\delta(\|\theta\|_{3,2}^2+\|\boldsymbol{u}\|_{3,2}^2)+C_{11}\Big(\Big(\|U\|_{4,2}^2\|\boldsymbol{u}\|_{1,2}^2+\epsilon^2\|\tilde{F}\|_{1,2}^2+\|\tilde{\boldsymbol{u}}\|_{2,2}^4+\|\tilde{\theta}\|_{2,2}^2\|\tilde{\eta}\|_{2,2}^2\Big)\\&\quad+\Big(\|\boldsymbol{u}\|_{1,2}^2+\int_{\tilde{\Omega}}J\chi^2|D_{33\tau}^3\hat{\boldsymbol{u}}|\mathrm{d}y+\|\theta\|_{1,2}^2(1+\|U\|_{3,2})+\|U\|_{3,2}\|\eta\|_{2,2}^2\\&\quad+\|\tilde{\boldsymbol{u}}\|_{3,2}\|\eta\|_{2,2}^2+\epsilon\|P\|_{3,2}(\|U\|_{3,2}+\|\tilde{\boldsymbol{u}}\|_{3,2})\|\eta\|_{2,2}\\&\quad+\epsilon^2\|\tilde{G}\|_{1,2}^2+\|\tilde{\boldsymbol{u}}\|_{2,2}^2\|\tilde{\theta}\|_{2,2}^2+\|\tilde{\boldsymbol{u}}\|_{2,2}^2\|\eta\|_{2,2}^2\Big)\Big)。\end{aligned}\tag{7.3.58}$$

为了控制(7.3.58)右端中的$D_{33\tau}^3\hat{\boldsymbol{u}}$项，引入下列在原坐标系下近边界区域上的辅助Stokes问题：

$$\begin{cases}-\mu\Delta_x((\chi D_\tau\hat{\boldsymbol{u}})\circ\Lambda^{-1})+\nabla_x((\chi D_\tau(\hat{\eta}+\hat{\theta})\circ\Lambda^{-1}))/\epsilon=G^1, & 在W\cap\Omega中,\\ \mathrm{div}_x((\chi D_\tau\hat{\boldsymbol{u}})\circ\Lambda^{-1})=G_2, & 在W\cap\Omega中,\\ (\chi D_\tau\hat{\boldsymbol{u}})\circ\Lambda^{-1}=0, & 在W\cap\Omega中,\end{cases}$$

其中$G^1 := (G_1^1, G_2^1, G_3^1)$，

$$
\begin{aligned}
G_i^1 =&\chi D_\tau(\zeta a_{ki} D_k(a_{lj} D_l \hat{u}_j) + \epsilon \hat{\tilde{F}}_i - \hat{\tilde{u}}_j a_{kj} D_k \hat{\tilde{u}}_i - \hat{\tilde{\theta}} a_{ki} D_k \hat{\eta} - \hat{\eta} a_{ki} D_k \hat{\tilde{\theta}}) \\
&- \hat{U}_j a_{kj} D_k \hat{u}_i + O(1)(D_l \hat{u}_i + D_{kl}^2 \hat{u}_i + D_k(\hat{\eta} + \hat{\theta})/\epsilon)
\end{aligned}
$$

和$G^2 = O(1)(D_\tau \hat{u}_j + D_k \hat{u}_j + D_{\tau k}^2 \hat{u}_j)$，并且$G^1$和$G^2$可被估计如下：

$$
\begin{aligned}
\|G^1\|^2 \leqslant & C\left(\|\nabla(\eta+\theta)/\epsilon\|^2 + \int_{\tilde{\Omega}} J\chi^2 |D_{\tau k}^2(a_{lj} D_l \hat{u}_j)|^2 \mathrm{d}y\right) + \delta \|\boldsymbol{u}\|_{3,2}^2 \\
& + C_\delta \|\boldsymbol{u}\|_{1,2}^2 + C(\epsilon^2 \|\tilde{F}\|_{1,2}^2 + \|\tilde{\boldsymbol{u}}\|_{2,2}^4 + \|\tilde{\theta}\|_{2,2}^2 \|\tilde{\eta}\|_{2,2}^2 + \|U\|_{3,2}^4 \|\boldsymbol{u}\|_{1,2}^2),
\end{aligned} \tag{7.3.59}
$$

$$
\|G^2\|_{1,2}^2 \leqslant \delta \|\boldsymbol{u}\|_{3,2}^2 + C_\delta \|\boldsymbol{u}\|_{1,2}^2 + C \int_{\tilde{\Omega}} J\chi^2 |D_{\tau k}^2 (a_{lj} D_l \hat{u}_j)|^2 \mathrm{d}y。 \tag{7.3.60}
$$

由Stokes问题的正则性理论，有

$$
\int_{W\bigcap\Omega} |\Delta_x(\chi D_\tau \hat{\boldsymbol{u}}) \circ \Lambda^{-1}(x)|^2 \mathrm{d}x \leqslant C(\|G^1\|_{L^2(W\bigcap\Omega)}^2 + \|G^2\|_{H^1(W\bigcap\Omega)}^2), \tag{7.3.61}
$$

其中(7.3.61)的左端等于

$$
\begin{aligned}
\int_{W\bigcap\Omega} |\Delta_x(\chi D_\tau \hat{\boldsymbol{u}}) \circ \Lambda^{-1}(x)|^2 \mathrm{d}x =& \int_{\tilde{\Omega}} J \left| \sum_{j=1}^3 \sum_{k=1}^3 a_{kj} D_k \Big(\sum_{l=1}^3 a_{lj} D_l(\chi D_\tau \hat{\boldsymbol{u}}) \Big) \right|^2 \mathrm{d}y \\
= \int_{\tilde{\Omega}} J\chi^2 \left| \sum_{j,k,l=1}^3 a_{kj} a_{lj} D_{kl\tau}^3 \hat{\boldsymbol{u}} \right|^2 \mathrm{d}y + O(1) \int_{\tilde{\Omega}} (|D_\tau \hat{\boldsymbol{u}}|^2 + |D_{y\tau}^2 \hat{\boldsymbol{u}}|^2) \mathrm{d}y。
\end{aligned}
$$

而且进一步，若使用(7.3.44)，则有

$$
D_{33\tau}^3 \hat{\boldsymbol{u}} = \sum_{j,k,l=1}^3 a_{kj} a_{lj} D_{kl\tau}^3 \hat{\boldsymbol{u}} - \sum_{1\leqslant k,l\leqslant 2} \sum_{j=1}^3 a_{kj} a_{lj} D_{kl\tau}^3 \hat{\boldsymbol{u}}。
$$

利用上式，(7.3.59)和(7.3.60)，就可从等式(7.3.61)推出

$$
\begin{aligned}
(C_{11}+1) \int_{\tilde{\Omega}} & J\chi^2 |D_{33\tau}^3 \hat{\boldsymbol{u}}|^2 \mathrm{d}y \leqslant C(\|G^1\|_{L^2(W\bigcap\Omega)}^2 + \|G^2\|_{H^1(W\bigcap\Omega)}^2) \\
& + C \int_{\tilde{\Omega}} J\chi^2 |D_{\tau\xi y}^3 \hat{\boldsymbol{u}}|^2 \mathrm{d}y + C_\delta \|\nabla \boldsymbol{u}\|^2 + \delta \|\boldsymbol{u}\|_{3,2}^2 \\
\leqslant & \delta \|\boldsymbol{u}\|_{3,2}^2 + C_{12} \bigg(\|\nabla(\eta+\theta)/\epsilon\|^2 + \int_{\tilde{\Omega}} J\chi^2 (|D_{\xi\tau y}^3 \hat{\boldsymbol{u}}|^2 + |D_{3\tau}^2 (a_{lj} D_l \hat{u}_j)|^2) \mathrm{d}y \\
& + \|\boldsymbol{u}\|_{1,2}^2 + (\epsilon^2 \|\tilde{F}\|_{1,2}^2 + \|\tilde{\boldsymbol{u}}\|_{2,2}^4 + \|\tilde{\theta}\|_{2,2}^2 \|\eta\|_{2,2}^2 + \|U\|_{3,2}^4 \|\boldsymbol{u}\|_{1,2}^2) \bigg)。
\end{aligned} \tag{7.3.62}
$$

记

$$\Phi_\chi := \int_{\tilde{\Omega}} J\chi^2\Big(|D^3_{\tau\xi y}\hat{\boldsymbol{u}}|^2 + |D^2_{\tau 3}(a_{lj}D_l\hat{u}_j)|^2 + |D^2_{33}(a_{lj}D_l\hat{u}_j)|^2 + |D^3_{33\tau}\hat{\boldsymbol{u}}|^2\Big)\mathrm{d}y,$$

$$\mathscr{D}_\chi := \int_{\tilde{\Omega}} J\chi^2\Big(a_{kj}|D^3_{k\tau\xi}\hat{\theta}|^2 + |D^2_{\tau 3}(a_{kj}D_k\hat{\theta})|^2 + |D^2_{33}(a_{kj}D_k\hat{\theta})|^2\Big)\mathrm{d}y。$$

则使用Cauchy–Schwarz不等式、Young不等式和估计(7.3.30)，就可从(7.3.48), (7.3.51)，(7.3.58)和(7.3.62)推出

$$\begin{aligned}
&\Phi_\chi + \mathscr{D}_\chi \\
&\leqslant \|U\|_{3,2}\|\eta\|^2_{2,2} + (\|\tilde{\boldsymbol{u}}\|_{3,2} + \|\tilde{\boldsymbol{u}}\|^2_{2,2})\|\eta\|^2_{2,2} + \epsilon\|P\|_{3,2}(\|U\|_{3,2} + \|\tilde{\boldsymbol{u}}\|_{3,2})\|\eta\|_{2,2} \\
&\quad + C(1+\|U\|^4_{3,2})(\|\boldsymbol{u}\|^2_{1,2} + \|\theta\|^2_{1,2}) + \delta\big(\|\boldsymbol{u}\|^2_{3,2} + \|\theta\|^2_{3,2} + \|\nabla(\eta+\theta)/\epsilon\|^2_{1,2}\big) \\
&\quad + C_\delta\Big(\epsilon^2(\|\tilde{F}\|^2_{1,2}+\|\tilde{G}\|^2_{1,2})+\|\tilde{\boldsymbol{u}}\|^4_{2,2}+(\|\tilde{\theta}\|^2_{2,2}+\|\tilde{\boldsymbol{u}}\|^2_{2,2})\|\tilde{\eta}\|^2_{2,2}+\|\tilde{\boldsymbol{u}}\|^2_{2,2}\|\tilde{\theta}\|^2_{2,2}\Big)。
\end{aligned} \tag{7.3.63}$$

所以，可从上述不等式和(7.3.31)，(7.3.32)和(7.3.34)推出

$$\begin{aligned}
&\|\boldsymbol{u}\|^2_{3,2} + \|\theta\|^2_{3,2} + \big\|\nabla(\eta+\theta)/\epsilon\big\|^2_{1,2} \\
&\leqslant C_{12}(\|U\|_{3,2}\|\eta\|^2_{2,2} + (1+\|U\|^4_{3,2})(\epsilon\|P\|_{3,2}(\|U\|_{3,2} + \|\tilde{\boldsymbol{u}}\|_{3,2}) \\
&\quad + (\|\tilde{\theta}\|^2_{2,2} + \|\tilde{\boldsymbol{u}}\|^2_{2,2} + \|\tilde{\boldsymbol{u}}\|_{3,2}))\|\tilde{\eta}\|^2_{2,2} + (1+\|U\|^4_{3,2})(\|\boldsymbol{u}\|^2_{1,2} + \|\theta\|^2_{1,2}) \\
&\quad + (1+\|U\|^4_{3,2})(\epsilon^2(\|\tilde{F}\|^2_{1,2} + \|\tilde{G}\|^2_{1,2}) + \|\tilde{\boldsymbol{u}}\|^4_{2,2} + \|\tilde{\boldsymbol{u}}\|^2_{2,2}\|\tilde{\theta}\|^2_{2,2}))。
\end{aligned} \tag{7.3.64}$$

§7.3.4 η的估计

下面推导$\|\eta\|_{1,2}$和$\|\eta\|_{2,2}$的估计。

引理 7.3.8 *存在一个充分小的$\delta > 0$以及与ϵ无关的正常数C_{13}和C_{14}，使得*

$$\begin{aligned}
\|\eta\|_{1,2} \leqslant & C_{13}(\epsilon^2\|\tilde{F}\| + \epsilon(\|\tilde{\boldsymbol{u}}\|_{2,2}\|\tilde{\boldsymbol{u}}\|_{1,2} + \|\tilde{\theta}\|_{2,2}\|\eta\|_{2,2} + \|U\|_{2,2}\|\boldsymbol{u}\|_{2,2} + \|\mathrm{div}\boldsymbol{u}\|_{1,2} \\
& + (\|\tilde{F}\|_{-1} + \|\tilde{G}\|_{-1})) + \epsilon\|P\|_{2,2}(\|U\|_{2,2} + \|\tilde{\boldsymbol{u}}\|_{2,2}) + \|\tilde{\boldsymbol{u}}\|^{\frac{1}{2}}_{3,2}\|\eta\| \\
& + \|\tilde{\boldsymbol{u}}\|^2_{2,2} + \|\eta\|_{1,2}\|\tilde{\theta}\|_{1,2} + \|\tilde{\boldsymbol{u}}\|_{1,2}(\|\tilde{\theta}\|_{1,2} + \|\eta\|_{1,2}))
\end{aligned} \tag{7.3.65}$$

和

$$\begin{aligned}
\|\eta\|_{2,2} \leqslant & C_{14}(1+\epsilon)(1+\|U\|^2_{2,2})(\epsilon(\|\tilde{F}\|_{1,2} + \|\tilde{G}\|_{-1}) + \|\tilde{\boldsymbol{u}}\|^2_{3,2} + \|\tilde{\theta}\|_{3,2}\|\eta\|_{2,2} \\
& + \|\tilde{\boldsymbol{u}}\|^{1/2}_{3,2}\|\eta\| + (\epsilon\|P\|_{2,2}(\|U\|_{2,2} + \|\tilde{\boldsymbol{u}}\|_{2,2})\|\eta\|)^{1/2} \\
& + \|\tilde{\boldsymbol{u}}\|_{1,2}(\|\tilde{\theta}\|_{1,2} + \|\eta\|_{1,2})) + \epsilon\|\boldsymbol{u}\|_{3,2} + \delta\|\theta\|_{3,2}。
\end{aligned} \tag{7.3.66}$$

证明 从(7.3.30)可看出

$$
\begin{aligned}
&\epsilon\|\boldsymbol{u}\|_{2,2}+\|\nabla(\eta+\theta)\| \\
&\leqslant C(\epsilon^2\|\tilde{F}\|+\epsilon(\|\tilde{\boldsymbol{u}}\|_{2,2}\|\tilde{\boldsymbol{u}}\|_{1,2}+\|\tilde{\theta}\|_{2,2}\|\eta\|_{2,2}+\|U\|_{2,2}\|\boldsymbol{u}\|_{2,2}+\|\mathrm{div}\boldsymbol{u}\|_{1,2}))。
\end{aligned}
$$

从而由上式及引理7.3.3可推出

$$
\begin{aligned}
\|\nabla\eta\|_{1,2}\leqslant&\|\nabla(\eta+\theta)\|+\|\nabla\theta\| \\
\leqslant&C(\epsilon^2\|\tilde{F}\|+\epsilon(\|\tilde{\boldsymbol{u}}\|_{2,2}\|\tilde{\boldsymbol{u}}\|_{1,2}+\|\tilde{\theta}\|_{2,2}\|\eta\|_{2,2}+\|U\|_{2,2}\|\boldsymbol{u}\|_{2,2}+\|\mathrm{div}\boldsymbol{u}\|_{1,2})) \\
&+C(\|\tilde{\boldsymbol{u}}\|_{3,2}\|\eta\|^2+\epsilon^2(\|\tilde{F}\|_{-1}^2+\|\tilde{G}\|_{-1}^2)+\epsilon\|P\|_{2,2}(\|U\|_{2,2}+\|\tilde{\boldsymbol{u}}\|_{2,2})\|\eta\| \\
&+\|\tilde{\boldsymbol{u}}\|_{1,2}^4+\|\eta\|_{1,2}^2\|\tilde{\theta}\|_{1,2}^2+\|\tilde{\boldsymbol{u}}\|_{1,2}^2(\|\tilde{\theta}\|_{1,2}^2+\|\eta\|_{1,2}^2))^{1/2}。
\end{aligned}
$$

进一步利用Poincaré和Young不等式以及关系式

$$
(A_1+A_2+\cdots+A_n)^{1/2}\leqslant A_1^{1/2}+A_2^{1/2}+\cdots+A_n^{1/2},\quad A_i\geqslant 0,\ 1\leqslant i\leqslant n, \tag{7.3.67}
$$

立即可得所要估计(7.3.65)。

另一方面，由估计(7.3.31)可得

$$
\begin{aligned}
\|\nabla\eta\|_{1,2}\leqslant&\|\nabla(\eta+\theta)\|_{1,2}+\|\nabla\theta\|_{1,2} \\
\leqslant&C\epsilon(1+\|U\|_{2,2}^2)(\epsilon(\|\tilde{F}\|_{1,2}+\|\tilde{G}\|_{-1})+\|\tilde{\boldsymbol{u}}\|_{3,2}^2+\|\tilde{\theta}\|_{3,2}\|\eta\|_{2,2}+\|\tilde{\boldsymbol{u}}\|_{3,2}^{\frac{1}{2}}\|\eta\| \\
&+(\epsilon\|P\|_{2,2}(\|U\|_{2,2}+\|\tilde{\boldsymbol{u}}\|_{2,2})\|\eta\|)^{\frac{1}{2}}+\|\tilde{\boldsymbol{u}}\|_{1,2}(\|\tilde{\theta}\|_{1,2}+\|\eta\|_{1,2})) \\
&+\epsilon\|\boldsymbol{u}\|_{3,2}+\delta\|\theta\|_{3,2}+C_\delta\|\theta\|_{1,2}。
\end{aligned}
$$

因而，若使用Poincaré不等式，(7.3.65) 和(7.3.67)，则即可从上式推导出(7.3.66)。

□

§7.4 非线性问题强解的存在性

本节将利用Tikhonov不动点定理证明非线性边值问题(7.1.5)强解的存在性。为此，定义Banach空间

$$
X:=\bar{H}^1\times H_0^1\times H_0^1,
$$

则容易验证X是可分和自反的。

定义X的一个凸子集：

$$
K_1(E):=\{(\boldsymbol{u},\theta)\in H_0^3\times H_0^3\mid\|\boldsymbol{u}\|_{3,2}+\|\theta\|_{3,2}\leqslant E\},
$$

其中$E<1$是一个适当小的正常数。由范数的弱下半连续性，容易看到集合$K_1(E)$在X中是闭的。

定义空间

$$K := K_0 \times K_1(E),$$

其中K_0由(7.2.6)定义。则K是X 一个非空有界闭凸子集。

最后，定义从K到X的非线性解算子N为

$$N(\tilde{U}, \tilde{\boldsymbol{u}}, \tilde{\theta}) := (U, \boldsymbol{u}, \theta),$$

其中对给定的$(\tilde{U}, \tilde{\boldsymbol{u}}, \tilde{\theta})$，$U$和$(\boldsymbol{u}, \theta)$分别为边值问题(7.2.3)和(7.2.4)的解。

下面要用Tikhonov不动点定理找到算子N在X中的不动点$(U, \boldsymbol{u}, \theta)$，使得

$$N(U, \boldsymbol{u}, \theta) = (U, \boldsymbol{u}, \theta)。$$

因而推得边值问题(7.2.1)和(7.2.2)分别存在强解(U, P)和$(\eta, \boldsymbol{u}, \theta)$，从而$(U+\boldsymbol{u}, \epsilon P+\eta, \theta)$就是(7.1.5)的解。为此，根据Tikhonov不动点定理，需要证明N把K映射到自身，且$N: K \to K$ 是弱连续映射。

引理 7.4.1 *存在依赖于Ω, μ, λ, $\boldsymbol{f}$和$\boldsymbol{g}$的正常数ϵ_0, 使得对于任意$\epsilon \in (0, \epsilon_0)$, K是X的一个非空有界闭凸子集, 且$N(K) \subset K$。*

证明 由定义可知，$K \subset X$显然是非空、有界的闭凸集。为说明算子N把K映射到自身，即$N(K) \subset K$，设$(\tilde{U}, \tilde{\boldsymbol{u}}, \tilde{\theta}) \subset K$且$(U, \boldsymbol{u}, \theta) = N(\tilde{U}, \tilde{\boldsymbol{u}}, \tilde{\theta})$。由引理7.2.1可知，对于任意的$\tilde{U} \in K_0$，都有$U \in K_0$。因此，下面只需验证对$(\tilde{\boldsymbol{u}}, \tilde{\theta}) \in K_1(E)$，有$(\boldsymbol{u}, \theta) \in K_1(E)$。

由引理7.2.1知，

$$\|U\|_{3,2} + \|\nabla P\|_{1,2} \leqslant M_1, \quad 且\ \|U\|_{4,2} + \|\nabla P\|_{2,2} \leqslant M_2, \tag{7.4.1}$$

其中$M_1 = C_3\|\boldsymbol{h}\|_{1,2}(\|\boldsymbol{h}\|_{1,2}+1)^8$，且$M_2 = C_4\|\boldsymbol{h}\|_{2,2}(\|\boldsymbol{h}\|_{2,2}+1)^{12}$。

此外，由$\tilde{F}$和$\tilde{G}$的定义，从(7.4.1)可推出

$$\begin{aligned}
&\|\tilde{F}\|_{1,2}\\
&=\|(\epsilon P+\eta)\boldsymbol{f} - (\epsilon P+\eta)(U+\tilde{\boldsymbol{u}})\cdot\nabla(U+\tilde{\boldsymbol{u}}) - \tilde{\theta}\nabla P - P\nabla\tilde{\theta}\|_{1,2}\\
&\leqslant C\Big(\|\eta\|_{2,2}(\|\boldsymbol{f}\|_{1,2}+\|U\|_{2,2}^2+\|\tilde{\boldsymbol{u}}\|_{2,2}^2)+\epsilon\|P\|_{2,2}(\|\boldsymbol{f}\|_{1,2}+\|U\|_{2,2}^2+\|\tilde{\boldsymbol{u}}\|_{2,2}^2+\|\tilde{\theta}\|_{2,2})\Big)\\
&\leqslant C\|\eta\|_{2,2}(\|\boldsymbol{f}\|_{1,2}+(M_1+1)^2) + \epsilon C M_1(\|\boldsymbol{f}\|_{1,2}+(M_1+1)^2),
\end{aligned}\tag{7.4.2}$$

$$\begin{aligned}
&\|\tilde{G}\|_{1,2}\\
&=\|\tilde{\mathscr{D}} - (\epsilon P+\eta)(U+\tilde{\boldsymbol{u}})\cdot\nabla\tilde{\theta} + (\epsilon P+\eta)\tilde{\theta}\mathrm{div}\tilde{\boldsymbol{u}} + P\mathrm{div}\tilde{\boldsymbol{u}}\|_{1,2}\\
&\leqslant C\Big(\epsilon(\|U\|_{2,2}^2+\|\tilde{\boldsymbol{u}}\|_{2,2}^2)+(\|\eta\|_{2,2}+\epsilon\|P\|_{2,2})(\|U\|_{2,2}+\|\tilde{\boldsymbol{u}}\|_{2,2})\|\tilde{\theta}\|_{2,2}+\|P\|_{2,2}\|\tilde{\boldsymbol{u}}\|_{2,2}\Big)\\
&\leqslant C\|\eta\|_{2,2}(M_1+1) + C(\epsilon(M_1+1)^2+(M_1+1))。
\end{aligned}\tag{7.4.3}$$

由Poincaré不等式，引理7.3.3，和(7.4.1)–(7.4.3)，有

$$
\begin{aligned}
&\|\boldsymbol{u}\|_{1,2}+\|\theta\|_{1,2}\\
&\leqslant C\Big((E^{\frac{1}{2}}+E)\|\eta\|_{2,2}+\epsilon\Big(\|\eta\|_{2,2}(M_1+1)+C(\|\eta\|_{2,2}(\|\boldsymbol{f}\|_{1,2}+(M_1+1)^2)\\
&\quad+\epsilon CM_1(\|\boldsymbol{f}\|_{1,2}+(M_1+1)^2)+\epsilon(M_1+1)^2+(M_1+1)\Big)\\
&\quad+\epsilon C_\delta(M_1+1)^2+E^2\Big)+\delta\|\eta\|_{2,2}\\
&\leqslant C(E^{\frac{1}{2}}+\epsilon(\|\boldsymbol{f}\|_{1,2}+(M_1+1)^2))\|\eta\|_{2,2}+\epsilon^2CM_1(\|\boldsymbol{f}\|_{1,2}+(M_1+1)^2)\\
&\quad+CE^2+\delta\|\eta\|_{2,2}+\epsilon C_\delta(M_1+1)^2。
\end{aligned}\tag{7.4.4}
$$

进一步，由Poincaré和Young不等式，(7.4.4)以及(7.3.66)，可推出

$$
\begin{aligned}
&\|\eta\|_{2,2}\\
&\leqslant C(1+\epsilon)(1+M_1^2)\Big(\epsilon\Big(\|\eta\|_{2,2}(\|\boldsymbol{f}\|_{1,2}+(M_1+1)^2)+M_1(\|\boldsymbol{f}\|_{1,2}+(M_1+1)^2)\\
&\quad+\|\eta\|_{2,2}(M_1+1)+(\epsilon(M_1+1)^2+(M_1+1))\Big)+E^2+(E+E^{\frac{1}{2}})\|\eta\|_{2,2}\\
&\quad+\epsilon^{\frac{1}{2}}M_1^{\frac{1}{2}}(M_1+E)^{\frac{1}{2}}\|\eta\|_{2,2}^{\frac{1}{2}}+E(E+\|\eta\|_{2,2})\Big)+\epsilon\|\boldsymbol{v}\|_{3,2}+\delta\|\theta\|_{3,2}\\
&\leqslant C_{15}(1+\epsilon)(1+M_1^2)\Big(\epsilon(\|\boldsymbol{f}\|_{1,2}+(M_1+1)^2+(M_1+1))+E+E^{\frac{1}{2}}+\delta\Big)\|\eta\|_{2,2}\\
&\quad+\epsilon\|\boldsymbol{u}\|_{3,2}+\delta\|\theta\|_{3,2}+C_{15}(1+\epsilon)(1+M_1^2)\Big(\epsilon(M_1+1)^2\\
&\quad+\epsilon\Big(M_1(\|\boldsymbol{f}\|_{1,2}+(M_1+1)^2)+(\epsilon(M_1+1)^2+(M_1+1))\Big)+E^2\Big),
\end{aligned}\tag{7.4.5}
$$

其中C_{15}是一个正常数。

因此，可从(7.3.64)和(7.4.2)–(7.4.5)推得：存在一个常数C_{16}，使得

$$
\begin{aligned}
&\|\boldsymbol{u}\|_{3,2}+\|\theta\|_{3,2}+\|\eta\|_{3,2}\\
&\leqslant C_{16}(1+M_1)^5\Big(\epsilon(\|\boldsymbol{f}\|_{1,2}+(M_1+1)^2)+(E+E^{\frac{1}{2}})+\delta\Big)\|\eta\|_{2,2}\\
&\quad+\epsilon M_1^{\frac{1}{2}}\|\boldsymbol{u}\|_{3,2}+\delta M_1^{\frac{1}{2}}\|\theta\|_{3,2}+C_{16}(1+M_1)^5\Big(\epsilon(M_1+1)^2\\
&\quad+\epsilon(1+M_1)(\|\boldsymbol{f}\|_{1,2}+(M_1+1)^2)+E^2\Big)。
\end{aligned}\tag{7.4.6}
$$

所以，先取δ适当小，然后再取ϵ_0和E适当地小，就可得

$$C_{16}(1+M_1)^5(\epsilon_0(\|\boldsymbol{f}\|_{1,2}+(M_1+1)^2)+(E+E^{\frac{1}{2}}))<1,\quad \epsilon_0M^{\frac{1}{2}}<1。$$

$$C_{16}(1+M_1)^5(\epsilon_0(M_1+1)^2+\epsilon_0(1+M_1)(\|\boldsymbol{f}\|_{1,2}+(M_1+1)^2)+E^2)<E,$$

从而进一步从(7.4.6)可推出，对所有$\epsilon\in(0,\epsilon_0)$，有

$$\|\boldsymbol{u}\|_{3,2}+\|\theta\|_{3,2}+\|\eta\|_{3,2}\leqslant E,$$

即$(\boldsymbol{u},\theta)\in K_1(E)$。 □

引理 7.4.2 在引理7.4.1的条件下，算子$N: K \to K$是弱连续的。

证明 由弱连续算子的定义，只需证明在X范数下，N在K上连续。

令$(U^\ell, \boldsymbol{u}^\ell, \theta^\ell) = N(\tilde{U}^\ell, \tilde{\boldsymbol{u}}^\ell, \tilde{\theta}^\ell)$，$\ell = 1, 2$。特别地，对于给定的$(\tilde{U}^\ell, \tilde{\boldsymbol{u}}^\ell, \tilde{\theta}^\ell)$，令$(U^\ell, P^\ell) \in H_0^4 \times \bar{H}^3$和$(\eta^\ell, \boldsymbol{u}^\ell, \theta^\ell) \in \bar{H}^2 \times H_0^3 \times H_0^3$分别为(7.2.3)和(7.2.4)的解，即$(U^\ell, P^\ell)$和$(\eta^\ell, \boldsymbol{u}^\ell, \theta^\ell)$满足：

$$\begin{cases} (\tilde{U}^\ell + \tilde{\boldsymbol{u}}^\ell) \cdot \nabla U^\ell - \mu \Delta U^\ell + \nabla P^\ell = \boldsymbol{h}, & \displaystyle\int_\Omega P^\ell \mathrm{d}x = 0, \\ \mathrm{div} U^\ell = 0 \end{cases} \tag{7.4.7}$$

和

$$\begin{cases} U^\ell \cdot \nabla \eta^\ell + \mathrm{div} \boldsymbol{u}^\ell / \epsilon = -\tilde{\boldsymbol{u}}^\ell \cdot \nabla \eta^\ell - \eta \mathrm{div} \tilde{\boldsymbol{u}}^\ell - \epsilon \mathrm{div}(P^\ell (U^\ell + \tilde{\boldsymbol{u}}^\ell)), \\ U^\ell \cdot \nabla \boldsymbol{u}^\ell - \mu \Delta \boldsymbol{u}^\ell - \zeta \nabla \mathrm{div} \boldsymbol{u}^\ell + \nabla(\eta^\ell + \theta^\ell)/\epsilon \\ \quad = \epsilon \tilde{F}^\ell - \tilde{\boldsymbol{u}}^\ell \cdot \nabla \tilde{\boldsymbol{u}}^\ell - \tilde{\theta}^\ell \nabla \eta^\ell + \eta^\ell \nabla \tilde{\theta}^\ell, \\ U^\ell \cdot \nabla \theta^\ell - \kappa \Delta \theta^\ell + \mathrm{div} \boldsymbol{u}^\ell / \epsilon = \epsilon \tilde{G}^\ell - \tilde{\boldsymbol{u}}^\ell \cdot \nabla \tilde{\theta}^\ell - \eta^\ell \mathrm{div} \tilde{\boldsymbol{u}}^\ell - \tilde{\theta}^\ell \mathrm{div} \tilde{\boldsymbol{u}}^\ell, \end{cases} \tag{7.4.8}$$

其中

$$\tilde{F}^\ell = (\epsilon P^\ell + \eta^\ell) \boldsymbol{f} - (\epsilon P^\ell + \eta^\ell)(U^\ell + \tilde{\boldsymbol{u}}^\ell) \cdot \nabla (U^\ell + \tilde{\boldsymbol{u}}^\ell) - \tilde{\theta}^\ell \nabla P^\ell - P^\ell \nabla \tilde{\theta}^\ell,$$

$$\tilde{G}^\ell = \tilde{\mathscr{D}}_i - (\epsilon P^\ell + \eta^\ell)(U^\ell + \tilde{\boldsymbol{u}}^\ell) \cdot \nabla \tilde{\theta}^\ell + (\epsilon P^\ell + \eta^\ell) \tilde{\theta}^\ell \mathrm{div} \tilde{\boldsymbol{u}}^\ell + P^\ell \mathrm{div} \tilde{\boldsymbol{u}}^\ell。$$

现记

$$W := U^2 - U^1, \quad \tilde{W} := \tilde{U}^2 - \tilde{U}^1, \quad Q := P^2 - P^1, \quad \xi := \eta^2 - \eta^1,$$
$$\boldsymbol{w} := \boldsymbol{u}^2 - \boldsymbol{u}^1, \quad \tilde{\boldsymbol{w}} := \tilde{\boldsymbol{u}}^2 - \tilde{\boldsymbol{u}}^1, \quad \beta := \theta^2 - \theta^1, \quad \tilde{\beta} := \tilde{\theta}^2 - \tilde{\theta}^1,$$
$$J := \tilde{F}^2 - \tilde{F}^1, \quad I := \tilde{G}^2 - \tilde{G}^1,$$

则有

$$\begin{cases} (\tilde{U}^1 + \tilde{\boldsymbol{u}}^1) \cdot \nabla W - \mu \Delta W + \nabla Q = -(\tilde{W} + \tilde{\boldsymbol{w}}) \cdot \nabla U^2, \\ \mathrm{div} W = 0, \quad \displaystyle\int_\Omega Q \mathrm{d}x = 0, \end{cases} \tag{7.4.9}$$

以及

$$\begin{cases} U^1 \cdot \nabla \xi + \mathrm{div} \boldsymbol{w} / \epsilon = -\mathrm{div}(\tilde{\boldsymbol{u}}^1 \xi + \tilde{\boldsymbol{w}} \eta^2) \\ \qquad - \epsilon \mathrm{div}(P^1 (W + \tilde{\boldsymbol{w}}) + Q(U^2 + \tilde{\boldsymbol{u}}^2)) - W \cdot \nabla \eta^2, \\ U^1 \cdot \nabla \boldsymbol{w} - \mu \Delta \boldsymbol{w} - \zeta \nabla \mathrm{div} \boldsymbol{w} + \nabla(\xi + \beta)/\epsilon \\ \quad = \epsilon J - \tilde{\boldsymbol{w}} \cdot \nabla \tilde{\boldsymbol{u}}^2 - \tilde{\boldsymbol{u}}^1 \cdot \nabla \tilde{\boldsymbol{w}} - W \cdot \nabla \boldsymbol{u}^2 - \nabla(\tilde{\theta}^1 \xi + \tilde{\beta} \eta^2), \\ U^1 \cdot \nabla \beta - \kappa \Delta \beta + \mathrm{div} \boldsymbol{w} / \epsilon = \epsilon I - \tilde{\boldsymbol{w}} \cdot \nabla \tilde{\theta}^2 \\ - \tilde{\boldsymbol{u}}^1 \cdot \nabla \tilde{\beta} - W \cdot \nabla \theta^2 - \xi \mathrm{div} \tilde{\boldsymbol{u}}^1 - \eta^2 \mathrm{div} \tilde{\boldsymbol{w}} - \tilde{\beta} \mathrm{div} \tilde{\boldsymbol{u}}^1 - \tilde{\theta}^2 \mathrm{div} \tilde{\boldsymbol{w}}, \end{cases} \tag{7.4.10}$$

其中

$$
\begin{aligned}
J :=&(\epsilon Q+\xi)\boldsymbol{f}-(\epsilon Q+\xi)(U^2+\tilde{\boldsymbol{u}}^2)\cdot\nabla(U^2+\tilde{\boldsymbol{u}}^2)-\nabla(\tilde{\beta}P^1+Q\tilde{\theta}^2)\\
&-(\epsilon P^1+\eta^1)((W+\tilde{\boldsymbol{w}})\cdot\nabla(U^2+\tilde{\boldsymbol{u}}^2)+(U^1+\tilde{\boldsymbol{u}}^1)\cdot\nabla(W+\tilde{\boldsymbol{w}})),\\
I :=&2\mu D(W+\tilde{\boldsymbol{w}}):D(U^2+\tilde{\boldsymbol{u}}^2)+2\mu D(U^1+\tilde{\boldsymbol{u}}^1):D(W+\tilde{\boldsymbol{w}})\\
&+\lambda\mathrm{div}(W+\tilde{\boldsymbol{w}})\cdot\mathrm{div}(U^2+\tilde{\boldsymbol{u}}^2)+\lambda\mathrm{div}(U^1+\tilde{\boldsymbol{u}}^1)\cdot\mathrm{div}(W+\tilde{\boldsymbol{w}})\\
&-(\epsilon Q+\xi)(U^2+\tilde{\boldsymbol{u}}^2)\cdot\nabla\tilde{\theta}^2-(\epsilon P^1+\eta^1)((W+\tilde{\boldsymbol{w}})\cdot\nabla\tilde{\theta}^2+(U^1+\tilde{\boldsymbol{u}}^1)\cdot\nabla\tilde{\beta})\\
&+(\epsilon Q+\xi)\tilde{\theta}^2\mathrm{div}\tilde{\boldsymbol{u}}^2-(\epsilon P^1+\eta^1)(\tilde{\beta}\mathrm{div}\tilde{\boldsymbol{u}}^2+\tilde{\theta}^1\mathrm{div}\tilde{\boldsymbol{w}})+Q\mathrm{div}\tilde{\boldsymbol{u}}^2+P^1\mathrm{div}\tilde{\boldsymbol{w}}。
\end{aligned}
$$

容易看出，J和I可被如下估计：

$$
\begin{aligned}
\|J\|\leqslant&(\epsilon\|Q\|_{1,2}+\|\xi\|_{1,2})(\|\boldsymbol{f}\|_{2,2}+\|U^2\|_{2,2}^2+\|\tilde{\boldsymbol{u}}^2\|_{2,2}^2)+(\epsilon\|P^1\|_{2,2}+\|\eta^1\|_{2,2})\\
&\times(\|W\|_{1,2}+\|\tilde{\boldsymbol{w}}\|_{1,2})(\|U^2\|_{2,2}+\|\tilde{\boldsymbol{u}}^2\|_{2,2}+\|U_1\|_{2,2}+\|\tilde{\boldsymbol{u}}^1\|_{2,2})\\
&+\|\tilde{\theta}\|_{2,2}\|Q\|_{1,2}+\|\tilde{\beta}\|_{1,2}\|P^1\|_{2,2},
\end{aligned}
\tag{7.4.11}
$$

以及

$$
\begin{aligned}
&\|I\|\leqslant C((\|W\|_{1,2}+\|\tilde{\boldsymbol{w}}\|_{1,2})(\|U^1\|_{2,2}+\|U^2\|_{2,2}+\|\tilde{\boldsymbol{u}}^1\|_{2,2}+\|\tilde{\boldsymbol{u}}^2\|_{2,2})\\
&+(\epsilon\|Q\|_{1,2}+\|\xi\|_{1,2})(\|U^2\|_{2,2}^2+\|\tilde{\boldsymbol{u}}^2\|_{2,2}^2)\|\tilde{\theta}^2\|_{2,2}+(\epsilon\|P^1\|_{2,2}+\|\eta^1\|_{2,2})((\|W\|_{1,2}\\
&+\|\tilde{\boldsymbol{w}}\|_{1,2})\|\tilde{\theta}^2\|_{2,2}+\|U^1\|_{2,2}+\|\tilde{\boldsymbol{u}}^1\|_{2,2}\|\beta\|_{1,2})+(\epsilon\|P^1\|_{2,2}+\|\eta^1\|_{2,2})(\|\tilde{\beta}\|_{1,2}\|\tilde{\boldsymbol{u}}^2\|_{2,2}\\
&+\|\tilde{\theta}^1\|_{2,2}\|\tilde{\boldsymbol{w}}\|_{1,2})+\|Q\|_{1,2}\|\tilde{\boldsymbol{u}}^2\|_{2,2}+\|P^1\|_{2,2}\|\tilde{\boldsymbol{w}}\|_{1,2})。
\end{aligned}
\tag{7.4.12}
$$

此外，在$L^2(\Omega)$中用W与$(7.4.9)_1$内积，并利用Poincaré不等式，可得

$$
(\mu-C\|\tilde{\boldsymbol{u}}\|_{3,2}/2)\|\nabla W\|^2\leqslant C(\|\tilde{W}\|_{1,2}+\|\tilde{\boldsymbol{w}}\|_{1,2})\|U^2\|_{3,2}\|W\|_{1,2},
$$

从而给出

$$
\|W\|_{1,2}\leqslant C(\|\tilde{W}\|_{1,2}+\|\tilde{\boldsymbol{w}}\|_{1,2}),\tag{7.4.13}
$$

其中正常数C仅依赖于Ω，μ，λ，$\boldsymbol{f}$，E和ϵ_0。

注意W满足

$$
\begin{cases}
-\mu\Delta W+\nabla Q=-(\tilde{W}+\tilde{\boldsymbol{w}})\cdot\nabla U^2-(\tilde{U}^1+\tilde{\boldsymbol{u}}^1)\cdot\nabla W, & 在\,\Omega\,中,\\
\mathrm{div}W=0, & 在\,\Omega\,中,\\
W|_{\partial\Omega}=0,
\end{cases}
$$

由Stokes问题的正则性理论以及(7.4.13)，有

$$
\begin{aligned}
\|W\|_{2,2}+\|\nabla Q\|&\leqslant C(\|\tilde{W}+\tilde{\boldsymbol{w}}\|_{1,2}\|U^2\|_{2,2}+\|\tilde{U}^1+\tilde{\boldsymbol{u}}^1\|_{2,2}\|W\|_{1,2})\\
&\leqslant C(\|\tilde{W}\|_{1,2}+\|\tilde{\boldsymbol{w}}\|_{1,2})。
\end{aligned}
\tag{7.4.14}
$$

用ξ, ω和β分别与$(7.4.10)_1$–$(7.4.10)_3$ 在L^2中作内积即得

$$\begin{aligned}
&\mu\|\nabla \boldsymbol{w}\|^2+\zeta\|\mathrm{div}\boldsymbol{w}\|^2+\kappa\|\nabla\beta\|^2\\
=&-\int_\Omega(\xi\mathrm{div}\tilde{\boldsymbol{u}}^1+\eta^2\mathrm{div}\tilde{\boldsymbol{w}}+\tilde{\boldsymbol{u}}^1\cdot\nabla\xi+\tilde{\boldsymbol{w}}\cdot\nabla\eta^2+\epsilon\mathrm{div}(P^1(W+\tilde{\boldsymbol{w}})\\
&\quad+Q(U^2+\tilde{\boldsymbol{u}}^2))+W\cdot\nabla\eta^2)\xi\mathrm{d}x\\
&+\int_\Omega(\epsilon J-\tilde{\boldsymbol{w}}\cdot\nabla\tilde{\boldsymbol{u}}^2-\tilde{\boldsymbol{u}}^1\cdot\nabla\tilde{\boldsymbol{w}}-W\cdot\nabla\boldsymbol{u}^2-\nabla(\tilde{\theta}_1\xi+\tilde{\beta}\eta^2))\cdot\boldsymbol{w}\mathrm{d}x\\
&+\int_\Omega(\epsilon D-\tilde{\boldsymbol{w}}\cdot\nabla\tilde{\theta}^2-\tilde{\boldsymbol{u}}^1\cdot\nabla\tilde{\beta}-W\cdot\nabla\theta^2-\xi\mathrm{div}\tilde{\boldsymbol{u}}^1\\
&\quad-\eta^2\mathrm{div}\tilde{\boldsymbol{w}}-\tilde{\beta}\mathrm{div}\tilde{\boldsymbol{u}}^1-\tilde{\theta}^1\mathrm{div}\tilde{\boldsymbol{w}})\beta\mathrm{d}x\\
\leqslant& C(\|\xi\|^2\|\tilde{\boldsymbol{u}}^1\|_{3,2}+\|\xi\|_{1,2}\|\tilde{\boldsymbol{w}}\|_{1,2}\|\eta^2\|_{1,2}+\epsilon\|\xi\|(\|P^1\|_{2,2}(\|W\|_{1,2}+\|\tilde{\boldsymbol{w}}\|_{1,2})\\
&+\|Q\|_{1,2}(\|U^2\|_{2,2}+\|\tilde{\boldsymbol{u}}^2\|_{2,2}))+\|W\|_{1,2}\|\eta^2\|_{3,2}\|\xi\|_{1,2})\\
&+C(\|\tilde{\boldsymbol{w}}\|_{1,2}^2(\|\tilde{\boldsymbol{u}}^2\|_{2,2}^2+\|\tilde{\boldsymbol{u}}^1\|_{2,2}^2)+\epsilon\|J\|^2+\|W\|_{1,2}^2\|\boldsymbol{u}^2\|_{2,2}^2+\|\tilde{\theta}^2\|_{1,2}^2\|\xi\|_{1,2}^2\\
&+\|\tilde{\beta}\|_{1,2}^2\|\eta\|_{2,2}^2)+C(\epsilon\|I\|^2+\|\tilde{\boldsymbol{w}}\|_{1,2}^2\|\tilde{\theta}^2\|_{2,2}^2+\|\tilde{\boldsymbol{u}}^1\|_{2,2}^2\|\tilde{\beta}^2\|_{1,2}^2+\|W\|_{1,2}^2\|\theta^2\|_{2,2}^2\\
&+\|\xi\|_{1,2}^2\|\tilde{\boldsymbol{u}}^1\|_{2,2}^2+\|\eta^2\|_{2,2}^2\|\tilde{\boldsymbol{w}}\|_{1,2}^2+\|\tilde{\beta}\|_{1,2}^2\|\tilde{\boldsymbol{u}}^1\|_{2,2}^2+\|\tilde{\theta}^1\|_{2,2}^2\|\tilde{\boldsymbol{w}}\|_{1,2}^2)\\
&+\delta(\|\boldsymbol{w}\|^2+\|\tilde{\beta}\|^2)。
\end{aligned}\tag{7.4.15}$$

另一方面，从下列Stokes问题

$$\begin{cases}
-\mu\epsilon\Delta\boldsymbol{w}+\nabla\xi=\epsilon(\epsilon J-\tilde{\boldsymbol{w}}\cdot\nabla\tilde{\boldsymbol{u}}^2-\tilde{\boldsymbol{u}}^1\cdot\nabla\tilde{\boldsymbol{w}}-W\cdot\nabla\boldsymbol{u}^2\\
\qquad-\nabla(\tilde{\theta}^1\xi+\tilde{\beta}\eta^2)+\zeta\nabla\mathrm{div}\boldsymbol{w})-\nabla\beta,\quad 在\,\Omega\,中,\\
\mathrm{div}\boldsymbol{w}=\mathrm{div}\boldsymbol{w},\quad 在\,\Omega\,中,\\
\boldsymbol{w}|_{\partial\Omega}=0,
\end{cases}$$

可得估计

$$\begin{aligned}
\epsilon\|\boldsymbol{w}\|_{2,2}+\|\nabla\xi\|\leqslant&\ \epsilon C(\|\mathrm{div}\boldsymbol{w}\|_{2,2}+\epsilon\|J\|+\|\tilde{\boldsymbol{w}}\|_{1,2}(\|\tilde{\boldsymbol{u}}^2\|_{2,2}+\|\tilde{\boldsymbol{u}}^1\|_{2,2})\\
&+\|W\|_{1,2}\|\boldsymbol{u}^2\|_{2,2}+\|\tilde{\theta}^1\|_{2,2}\|\xi\|_{1,2}+\|\tilde{\beta}\|_{1,2}\|\eta\|_{2,2})+C\|\beta\|_{1,2}。
\end{aligned}\tag{7.4.16}$$

应用Poincaré不等式，并取ϵ_0和E适当小，则就可从估计(7.4.11)–(7.4.16)推出

$$\|W\|_{2,2}+\|\boldsymbol{w}\|_{1,2}+\|\beta\|_{1,2}\leqslant C(\|\tilde{W}\|_{1,2}+\|\tilde{\boldsymbol{w}}\|_{1,2}+\|\tilde{\beta}\|_{1,2}),\tag{7.4.17}$$

其中C是仅依赖于$\Omega,\mu,\lambda,\boldsymbol{f},E$和$\epsilon_0$的正常数。 □

最后，根据Tikhonov不动点定理，可从引理7.4.1和7.4.2推出：集合K中存在一个不动点$(U,\boldsymbol{u},\theta)=N(U,\boldsymbol{u},\theta)$。此外，压强$P\in\bar{H}^2$满足

$$\nabla P=\boldsymbol{f}+\boldsymbol{g}+\mu\Delta U-(U+\boldsymbol{u})\cdot\nabla U,$$

且$(U+\boldsymbol{u},\epsilon P+\eta,\theta)$是(7.1.5)的解。因此，下面的命题已得到证明：

命题 7.4.3 令$\boldsymbol{f},\boldsymbol{g}\in H^2(\Omega)$，则存在一个仅依赖于$\Omega,\mu,\lambda,\boldsymbol{f}$和$\boldsymbol{g}$的$\epsilon_0$,使得对于任意的$\epsilon\in(0,\epsilon_0)$，边值问题(7.2.1)和(7.2.2)有一个解$(U,P,\boldsymbol{u},\eta,\theta)\in H_0^4\times\bar{H}^3\times H_0^3\times\bar{H}^2\times H_0^3$，满足

$$\|\boldsymbol{u}\|_{3,2}+\|\eta\|_{2,2}+\|\theta\|_{3,2}\leqslant E,$$

其中E是仅依赖于$\Omega,\mu,\lambda,\boldsymbol{f}$和$\boldsymbol{g}$的小的正常数，并且，对于任意的$\epsilon\in(0,\epsilon_0)$，$(U+\boldsymbol{u},\epsilon P+\eta,\theta)$是边值问题(7.1.5)的解。

§7.5　不可压极限

为完成定理7.1.1，还需证明不可压极限（即当$\varepsilon\to 0$时的极限）。为此，令$\epsilon<\epsilon_0$和$(U^\epsilon,\boldsymbol{u}^\epsilon,\theta^\epsilon)\in K$ 为命题7.4.3中所确定的解。在(7.4.6)中若取$\boldsymbol{u}=\tilde{\boldsymbol{u}}=\boldsymbol{u}^\epsilon$，$\theta=\tilde{\theta}=\theta^\epsilon$及$\eta=\eta^\epsilon$，则即可得

$$\begin{aligned}&\|\boldsymbol{u}^\epsilon\|_{3,2}+\|\theta^\epsilon\|_{3,2}+\|\eta^\epsilon\|_{2,2}\\&\leqslant C_{16}(1+M_1)^5(\epsilon(\|\boldsymbol{f}\|_{1,2}+(M_1+1)^2)+(E+E^{\frac{1}{2}})+\delta)\|\eta\|_{2,2}\\&\quad+(\epsilon M_1^{\frac{1}{2}}+E)\|\boldsymbol{u}\|_{3,2}+(\delta M_1^{\frac{1}{2}}+E)\|\theta\|_{3,2}\\&\quad+C_{16}(1+M_1)^5(\epsilon(M_1+1)^2+\epsilon(1+M_1)(\|\boldsymbol{f}\|_{1,2}+(M_1+1)^2))。\end{aligned}$$

因此，可取充分小的ϵ_0和E，使得

$$C_{16}(1+M_1)^5(\epsilon(\|\boldsymbol{f}\|_{1,2}+(M_1+1)^2)+(E+E^{\frac{1}{2}}))<1,\quad \epsilon M_1^{\frac{1}{2}}+E<1,$$

从而

$$\begin{aligned}&\|\boldsymbol{u}^\epsilon\|_{3,2}+\|\theta^\epsilon\|_{3,2}+\|\eta^\epsilon\|_{2,2}\\&\leqslant C_{16}(1+M_1)^5(\epsilon(M_1+1)^2+\epsilon(1+M_1)(\|\boldsymbol{f}\|_{1,2}+(M_1+1)^2)),\end{aligned}$$

由此，当$\epsilon\to 0$，

$$\|\boldsymbol{u}^\epsilon\|_{3,2}+\|\theta^\epsilon\|_{3,2}+\|\eta^\epsilon\|_{3,2}\to 0。\tag{7.5.1}$$

此外，由引理7.2.1 知，$\{(U^\epsilon,P^\epsilon)\mid\epsilon>0\}$是在$H_0^4\times\bar{H}^3$中关于$\epsilon$的一致有界的序列。因此，存在子序列$\{(U^{\epsilon_k},P^{\epsilon_k})\}_{k=1}^{\infty}$，及$(\bar{U},\bar{P})\in H_0^4\times\bar{H}^3$，使得当$\epsilon_k\to 0$（或者$k\to\infty$），有

$$U^{\epsilon_k}\rightharpoonup\bar{U},\ \text{在}\ H_0^4\ \text{中};\qquad P^{\epsilon_k}\rightharpoonup\bar{P},\ \text{在}\ \bar{H}^3\ \text{中},$$

并且

$$(U^{\epsilon_k},P^{\epsilon_k})\to(\bar{U},\bar{P}),\ \text{在}\ H^3\times\bar{H}^2\ \text{中}。$$

因此，若当$\epsilon_k \to 0$时，在(7.2.1)取极限，即可得出$(\bar{U}, \bar{P})$是定常不可压Navier-Stokes方程(7.1.7)的解。

由上述极限结果即知

$$\lim_{\epsilon\to 0} \inf_{(U,P)\in \boldsymbol{L}} \|U^\epsilon + \boldsymbol{u}^\epsilon - U\|_{3,2} + \|P^\epsilon + (\eta^\epsilon + \theta^\epsilon)/\epsilon - P\|_{2,2} + \|\theta^\epsilon\|_{3,2} = 0,$$

其中$\boldsymbol{L}$定义见定理7.1.1。这就完成了定理7.1.1的证明。

§7.6 注记

本章内容主要摘自文献[15]，其主要定理7.1.1是上章中定理6.1.1对定常可压缩热传导NS方程组的推广。注意到定理7.1.1中压强是满足理想气体状态方程，我们认为定理7.1.1 也能推广到更一般的压强情形，例如具有形式(5.1.14)的压强。定理7.1.1对于周期区域或者二维有界区域情形同样成立，但不能推广到能量方程带有外部热源的情形。目前，边值问题(7.1.5)–(7.1.6)是否存在没有任何小性限制的强解，以及强解是否是唯一的仍是公开问题。此外，定理7.1.1是否对于外区域或全空间情形也成立还有待进一步研究。需指出的是当黏性和热传导系数都依赖于温度，以及压力满足某些增长性条件并且外力是势力的情形下，强解也存在，这将是下章要介绍的内容。

在校稿期间，本书作者获知Axmann，Mucha和Pokorný研究了当流体质量充分大时，可压缩NSF方程组整体强解的存在性[79]。他们观察到在流体质量充分大的条件下，可压缩NSF方程组可转换为轻微可压缩的情形，从而可利用轻微可压缩性得到整体强解的存在性。

第八章
大势力和小非势力共同作用下的定常热传导流强解的存在性

§8.1 问题导出及主要结果

上一章介绍了在小Mach数情形下定常热传导流体力学方程强解的存在性。本章则补充介绍在大（外）势力(potential force)和小非（外）势力共同作用下的定常热传导流体力学方程强解的存在性。可压缩定常热传导黏性流体力学方程组可写为：

$$\begin{cases} \mathrm{div}(\rho \boldsymbol{v}) = 0, \\ \rho \boldsymbol{v} \cdot \nabla \boldsymbol{v} - \mathrm{div}\mathbb{S}(\boldsymbol{v}) + \nabla p = \rho \boldsymbol{f}, \\ -\mathrm{div}(\kappa \nabla \Theta) + p\mathrm{div}\boldsymbol{v} + c_v \rho \boldsymbol{v} \cdot \nabla \Theta - \mathscr{D}(\boldsymbol{v}) = \rho g。 \end{cases} \tag{8.1.1}$$

这里ρ、$\boldsymbol{v}$和Θ分别表示定常流体的密度、速度和温度；p、$\boldsymbol{f}$和g分别表示压强、单位密度受到的外体积力以及外热源函数；应力张量$\mathbb{S}(\boldsymbol{v})$和耗散函数$\mathscr{D}(\boldsymbol{v})$分别按(2.1.4)和(2.1.8)所定义，其中$\nu \geqslant 0$，$\lambda = \nu - 2\mu/3$；$c_v > 0$和$\kappa > 0$分别表示定容比热和热传导系数。此外，定常流体的总质量为（质量守恒）：

$$\int_\Omega \rho \mathrm{d}x =: M > 0。$$

令$\Omega \subset \mathbb{R}^3$为一个有界区域，并且边界$\partial\Omega$适当光滑，用$\nu$和$\tau$ 分别表示边界$\partial\Omega$的单位外法向量和单位切向量。本章考虑如下边值条件：

$$\boldsymbol{v}|_{\partial\Omega} = \boldsymbol{v}_\Gamma, \quad \boldsymbol{v}_\Gamma \cdot \nu = 0, \tag{8.1.2}$$

$$\Theta|_{\partial\Omega} = \Theta_\Gamma。 \tag{8.1.3}$$

本章中p，λ，μ，κ以及c_v都可以依赖于密度和温度，并满足以下物理条件：

$$\begin{cases} p_\rho := \partial_\rho p > 0, \quad p_\Theta := \partial_\Theta p > 0, \\ \mu > 0, \ \lambda + 2\mu/3 \geqslant 0, \\ \kappa > 0, \ c_v > 0。 \end{cases} \tag{8.1.4}$$

下面先介绍一些有关满足边值条件

$$\boldsymbol{v}|_{\partial\Omega}=0,\ \ \Theta|_{\partial\Omega}=\overline{\Theta}=\text{常数}>0$$

并在势力作用下方程组(8.1.1)的静止解，其具有如下形式：

$$\rho=\hat{\rho}>0,\ \ \boldsymbol{v}=0,\ \ \Theta=\overline{\Theta}。$$

当静止流体总质量给定时，证明上述静止解的存在性的主要困难在于要求无真空，即$\rho>0$。对于满足下列条件的多方气体：

$$c_v=\text{常数}>0,\ \ p(\rho,\Theta)=\Theta G(\rho),\ \ G>0,\ \ G_\rho>0, \tag{8.1.5}$$

可以得到上述（平凡）解析解，见文献[11]。

对于理想气体的等温运动，即$p=\beta\rho$，$\beta=R\overline{\Theta}=$ 常数 >0，其中R表示与气体自身性质有关的常数，容易推出下列静止解的结果：

引理 8.1.1 令$\boldsymbol{v}|_{\partial\Omega}=0$，$\boldsymbol{f}=\nabla\Phi$，$\Phi\in C^k(\overline{\Omega})$，$k\geqslant 1$以及$M>0$，则存在唯一解$\rho=\hat{\rho}\in C^k(\overline{\Omega})$ 和$\boldsymbol{v}=0$，满足方程组$(8.1.1)_1$和$(8.1.1)_2$，并且

$$\hat{\rho}=c_\rho\exp(\beta^{-1}\Phi),$$

其中常数$c_\rho>0$是由总质量$M=\int_\Omega\hat{\rho}\mathrm{d}x$所确定。

Matsumura和Padula[46] 进一步证明了这样的结果：如果多方气体满足下列条件：

$$\begin{cases}\displaystyle\int_{\bar{\rho}}^{r}\frac{p_\rho(s,\overline{\Theta})}{s}\mathrm{d}s\to+\infty,\text{当}r\to+\infty,\\ \displaystyle\int_{\bar{\rho}}^{r}\frac{p_\rho(s,\overline{\Theta})}{s}\mathrm{d}s\to-\infty,\text{当}r\to 0\end{cases} \tag{8.1.6}$$

（显然地，理想气体$p=R\rho\Theta$ 满足上述条件），其中$\bar{\rho}=M/|\Omega|$，则静止解是存在的。具体地说，Matsumura和Padula得到如下结果。

引理 8.1.2 设p满足(8.1.6)，

$$\boldsymbol{f}=\nabla\Phi,\ \ \Phi\in C^k(\overline{\Omega}),\ \ p\in C^{k+1}(\mathbb{R}^2_+),\ k\geqslant 1。$$

则方程组(8.1.1)存在唯一静止解$\rho=\hat{\rho}>0$，$\boldsymbol{v}=0$，$\Theta=\overline{\Theta}$，$\hat{\rho}\in C^k(\overline{\Omega})$，以及唯一的$\overline{\Phi}=$常数，满足

$$\int_{\bar{\rho}}^{\hat{\rho}}\frac{p_\rho(s,\overline{\Theta})}{s}\mathrm{d}s+\Phi=\overline{\Phi}。 \tag{8.1.7}$$

如果条件$(8.1.6)_2$不被满足，即

$$\int_0^r \frac{p_\rho(s,\overline{\Theta})}{s}\mathrm{d}s < +\infty, \tag{8.1.8}$$

则只要气体的总质量充分大，上述定理仍然成立。具体地说，下列引理[46]成立。

引理 8.1.3 令函数$\rho_c(x)$满足

$$\int_0^{\rho_c} \frac{p_\rho(s,\overline{\Theta})}{s}\mathrm{d}s = -\Phi(x) + \sup_{x\in\overline{\Omega}}\{\Phi(x)\}。$$

假设p满足$(8.1.6)_1$和(8.1.8)，

$$\boldsymbol{f} = \nabla\Phi,\quad \Phi\in C^k(\overline{\Omega}),\quad p\in C^{k+1}(\mathbb{R}_+^2),\quad k\geqslant 1,$$

以及

$$\int_\Omega \rho_c(x)\mathrm{d}s < \bar{\rho}。 \tag{8.1.9}$$

则方程组(8.1.1)存在唯一静止解$\rho=\hat{\rho}>0$，$\boldsymbol{v}=0$，$\Theta=\overline{\Theta}$，$\hat{\rho}\in C^k(\overline{\Omega})$，以及唯一的常数解$\overline{\Phi}$满足(8.1.7)。

显然，引理8.1.2–8.1.3 对于正压气体（即p满足$p=G(\rho)$）也是成立的。对于给定的势力，条件(8.1.9)本质上是关于气体总质量大小的一个限制性条件。换句话说，引理8.1.3表明，当势力给定时，静止流体的总质量超过某个临界值（依赖于势力）时，存在静止解。当然，如果总质量小于该临界值，则静止解将不存在，见da Veiga在文献[6]给出的有关静止解不存在的反例。

现在介绍本章的主要结果。为此，先引进所需的假设性条件。

假设 8.1.4

（1） 方程组(8.1.1)中的物理量满足(8.1.4)和(8.1.5)。

（2） 外力$\boldsymbol{f}$可分解为势力$\nabla\Phi$和非势力$\boldsymbol{b}$之和:

$$\boldsymbol{f} = \nabla\Phi + \boldsymbol{b},\quad \boldsymbol{b} = \nabla\times a, \tag{8.1.10}$$

其中

$$\Phi\in C^3(\overline{\Omega}),\quad \boldsymbol{b}\in H^1(\Omega); \tag{8.1.11}$$

外热源函数满足

$$g\in L^2(\Omega)。 \tag{8.1.12}$$

（3） 外势力$\nabla\Phi$确定静止解$(\hat{\rho},0,\overline{\Theta})$，其中$0<\hat{\rho}\in C^3(\overline{\Omega})$，$\overline{\Theta}=$常数$>0$。

（4） 下述的正则性条件满足：

$$p,\ \kappa,\ \lambda,\ \mu \in \mathcal{A}(\mathbb{R}_+^2), \tag{8.1.13}$$

$$\Omega\text{是一个有界}C^4\text{区域}, \tag{8.1.14}$$

$$\boldsymbol{v}_\Gamma \in H^{5/2}(\partial\Omega),\quad \Theta_\Gamma \in H^{3/2}(\partial\Omega), \tag{8.1.15}$$

其中$\mathcal{A}(\mathbb{R}_+^2)$表示所有定义在$\mathbb{R}_+^2$上的函数，其可从$\mathbb{R}_+^2$解析延拓到$\mathbb{C}^2$（这里，$\mathbb{C}$表示复平面）。

下面，我们对上述假设条件作几点说明。

根据引理8.1.2–8.1.3，假如p满足“条件$(8.1.4)_1$中的第一个条件，(8.1.6)”，或“条件$(8.1.4)_1$中的第一个条件，$(8.1.6)_1$，(8.1.8)和(8.1.9)”，则我们自动有假设8.1.4中的第三条。

由条件(8.1.15)及迹定理知，存在$\bar{\bar{\boldsymbol{v}}} \in H^3(\Omega)$和$\overline{\overline{\Theta}} \in H^2(\Omega)$，使得

$$\begin{cases} \overline{\overline{\Theta}}|_{\partial\Omega} = \Theta_\Gamma,\quad \bar{\bar{\boldsymbol{v}}}|_{\partial\Omega} = \boldsymbol{v}_\Gamma, \\ \|\overline{\overline{\Theta}} - \overline{\Theta}\|_{2,2} \leqslant C\|\Theta_\Gamma - \overline{\Theta}\|_{3/2,\partial\Omega},\quad \|\bar{\bar{\boldsymbol{v}}}\|_{3,2} \leqslant C\|\boldsymbol{v}_\Gamma\|_{5/2,\partial\Omega}, \end{cases} \tag{8.1.16}$$

其中C表示依赖于Ω的正常数。这里及本章，记$\|\cdot\|_{k,\partial\Omega} := \|\cdot\|_{H^k(\partial\Omega)}$。

在上述假设下，则有下列关于边值问题(8.1.1)–(8.1.3)强解的存在性定理（见[57, 定理6.1]）：

定理 8.1.5 在假设（8.1.4）下，存在依赖于Ω，$|\hat{\rho}|_3$和$\overline{\Theta}$的E_0，以及

$$E \in \left(0, \gamma^{-1}(1/4)\min_{x\in\overline{\Theta}}\{\hat{\rho}, \overline{\overline{\Theta}}\}\right),$$

满足：如果

$$\|\boldsymbol{b}\|_{1,2}^2 + \|g\|^2 + \|\overline{\overline{\Theta}} - \overline{\Theta}\|_{2,2}^2 + \|\bar{\bar{\boldsymbol{v}}}\|_{3,2}^2 \leqslant E_0,$$

则在

$$V = \{(\boldsymbol{u}, \theta, \sigma) \mid \boldsymbol{u} \in H^3(\Omega) \cap H_0^1(\Omega),\quad \theta \in H^2(\Omega) \cap H_0^1(\Omega),\ \sigma \in \overline{H}^2(\Omega)\} \tag{8.1.17}$$

中的邻域

$$K_{(E)}(\bar{\bar{\boldsymbol{v}}}, \overline{\Theta}, \hat{\rho}) := \{(\boldsymbol{u}, \theta, \sigma) \in V \mid \|(\boldsymbol{u} - \bar{\bar{\boldsymbol{v}}}, \theta - \overline{\Theta}, \sigma - \hat{\rho})\|_V \leqslant E\}$$

内，边值问题(8.1.1)–(8.1.3)存在唯一解$(\boldsymbol{v}, \Theta, \rho)$：

$$\boldsymbol{v} = \bar{\bar{\boldsymbol{v}}} + \boldsymbol{u},\quad \Theta = \overline{\overline{\Theta}} + \theta,\quad \rho = \hat{\rho} + \sigma,$$

其中$\boldsymbol{u}\in H^3(\Omega)\cap H_0^1(\Omega)$，$\theta\in H^2(\Omega)\cap H_0^1(\Omega)$，$\sigma\in\overline{H}^2(\Omega)$满足

$$\|\boldsymbol{u}\|_{3,2}^2+\|\theta\|_{2,2}^2+\|\sigma\|_{2,2}^2\leqslant C(\|\boldsymbol{b}\|_{1,2}^2+\|g\|^2+\|\overline{\overline{\Theta}}-\overline{\Theta}\|_{2,2}^2+\|\bar{\bar{\boldsymbol{v}}}\|_{3,2}^2)。\tag{8.1.18}$$

上式中的C是一个依赖于E_0，E，Ω，$|\hat{\rho}|_3$和$\overline{\Theta}$的正常数。

需要注意，本章所采用的简化范数符号仍按第6.1节最后一段内容约定。此外，范数$\|\cdot\|_{C^k(\Omega)}$简记为$|\cdot|_k$，以及$\|\cdot\|_{C^k(\mathcal{D})}$简记为$|\cdot|_{k,\mathcal{D}}$，其中$\mathcal{D}$为一个区域。

§8.2 扰动方程组和非线性算子

本节将仍然采用Schauder不动点定理证明定理8.1.5。为此，我们需要把边值问题(8.1.1)–(8.1.3)改写成非线性算子$\mathcal{N}$形式，使得该算子的不动点就是边值问题(8.1.1)–(8.1.3)的解。

下面，我们将方程组(8.1.1)改写成沿静止解的扰动形式。令$(0,\overline{\Theta},\hat{\rho})$为静止解，其中$\hat{\rho}>0$，且满足

$$p_\rho(\hat{\rho},\overline{\Theta})\nabla\hat{\rho}=\hat{\rho}\nabla\Phi。\tag{8.2.1}$$

因此

$$\nabla\Phi=\overline{\Theta}\nabla B(\hat{\rho}),\quad B(\hat{\rho})=\int_{\frac{1}{2}\min_{x\in\overline{\Omega}}\{\hat{\rho}\}}^{\hat{\rho}}\frac{G_\rho(s)}{s}\mathrm{d}s。$$

令

$$\boldsymbol{u}=\boldsymbol{v}-\bar{\bar{\boldsymbol{v}}},\quad \theta=\Theta-\overline{\overline{\Theta}},\quad \sigma=\rho-\hat{\rho}。$$

让$\mathcal{H}$表示G，p_ρ，B，λ，μ或κ，对一个适当光滑的$\mathcal{H}$，根据Taylor展开定理，有

$$\begin{aligned}\mathcal{H}(\rho,\Theta)-\mathcal{H}(\hat{\rho},\overline{\Theta})=&\mathcal{H}_\rho(\hat{\rho}+\zeta_1^H\sigma,\overline{\Theta}+\zeta_2^H(\theta+(\overline{\overline{\Theta}}-\overline{\Theta})))\sigma\\&+\mathcal{H}_\Theta(\hat{\rho}+\zeta_3^H\sigma,\ \overline{\Theta}+\zeta_4^H(\theta+(\overline{\overline{\Theta}}-\overline{\Theta})))(\theta+(\overline{\overline{\Theta}}-\overline{\Theta})),\end{aligned}$$

或者

$$\begin{aligned}&\mathcal{H}(\rho,\Theta)-\mathcal{H}(\hat{\rho},\overline{\Theta})\\&=\mathcal{H}_\rho(\hat{\rho},\Theta)\sigma+\mathcal{H}_\Theta(\hat{\rho},\Theta)(\theta+(\overline{\overline{\Theta}}-\overline{\Theta}))\\&\quad+\mathcal{H}_{\rho\rho}(\hat{\rho}+\zeta_5^H\sigma,\overline{\Theta}+\zeta_6^H(\theta+(\overline{\overline{\Theta}}-\overline{\Theta})))\sigma^2\\&\quad+\Big(\mathcal{H}_{\rho\Theta}(\hat{\rho}+\zeta_7^H\sigma,\overline{\Theta}+\zeta_8^H(\theta+(\overline{\overline{\Theta}}-\overline{\Theta})))\\&\quad+\mathcal{H}_{\rho\Theta}(\hat{\rho}+\zeta_9^H\sigma,\ \overline{\Theta}+\zeta_{10}^H(\theta+(\overline{\overline{\Theta}}-\overline{\Theta})))\Big)\sigma(\theta+(\overline{\overline{\Theta}}-\overline{\Theta}))\\&\quad+\mathcal{H}_{\Theta\Theta}(\hat{\rho}+\zeta_{11}^H\sigma,\ \overline{\Theta}+\zeta_{12}^H(\theta+(\overline{\overline{\Theta}}-\overline{\Theta})))(\theta+(\overline{\overline{\Theta}}-\overline{\Theta}))^2,\end{aligned}$$

其中

$$(\sigma,\Theta)\in D:=\left\{(\sigma,\Theta)\ \middle|\ |\sigma|\leqslant\frac{1}{2}\min_{x\in\overline{\Omega}}\{\hat{\rho}\},\quad |\theta|\leqslant\frac{1}{2}\min_{x\in\overline{\Omega}}\{\overline{\overline{\Theta}}\}\right\}。\tag{8.2.2}$$

这里ζ_i^H $(i=1,\cdots,12)$是关于$\hat{\rho}$, $\hat{\rho}+\sigma$, $\overline{\Theta}$的光滑函数，且$\overline{\overline{\Theta}}+\theta$满足$0\leqslant\zeta_i^H\leqslant 1$。为简单起见，记

$$\begin{aligned}
&\widehat{\mathcal{H}}:=\mathcal{H}(\hat{\rho},\overline{\Theta}),\\
&\overline{\overline{\mathcal{H}}}_\rho:=\mathcal{H}_\rho(\hat{\rho}+\zeta_1^H\sigma,\overline{\Theta}+\zeta_2^H(\theta+(\overline{\overline{\Theta}}-\overline{\Theta}))),\\
&\overline{\overline{\mathcal{H}}}_{\rho\rho}:=\mathcal{H}_{\rho\rho}(\hat{\rho}+\zeta_5^H\sigma,\ \overline{\Theta}+\zeta_6^H(\theta+(\overline{\overline{\Theta}}-\overline{\Theta})))\text{等等。}
\end{aligned}$$

此外，还成立

$$\nabla(\Theta G)-\rho\nabla\Phi=\nabla(\theta G)+\nabla((\overline{\overline{\Theta}}-\overline{\Theta})G)+\overline{\Theta}\nabla G-\rho\nabla\Phi\text{。}$$

特别地，由(8.2.1)可得

$$\begin{aligned}
&\overline{\Theta}\nabla G-\rho\nabla\Phi=\overline{\Theta}\rho((G_\rho(\rho)/\rho)\nabla\rho-(\widehat{G}_\rho/\hat{\rho})\mathrm{div}\hat{\rho})\\
&\quad=\overline{\Theta}\hat{\rho}\nabla(\widehat{B}_\rho\sigma)+\overline{\Theta}\hat{\rho}\nabla(\overline{\overline{B}}_{\rho\rho}\sigma^2)+\overline{\Theta}\sigma\nabla(\widehat{B}_\rho\sigma+\overline{\overline{B}}_{\rho\rho}\sigma^2)\text{。}
\end{aligned}\tag{8.2.3}$$

通过上述沿平衡态扰动处理后，证明解$(\boldsymbol{v},\Theta,\rho)$的存在性就转变为证明下述边值问题解$(\boldsymbol{u},\theta,\sigma)$的存在性:

$$-\mathrm{div}(\hat{\mu}\nabla\boldsymbol{u})-\nabla((\hat{\lambda}+\hat{\mu})\mathrm{div}\boldsymbol{u})+\overline{\Theta}\hat{\rho}\nabla(\widehat{B}_\rho\sigma)+\nabla(\widehat{G}\theta)=F(\boldsymbol{u},\theta,\sigma),\tag{8.2.4}$$

$$-\mathrm{div}(\widehat{\kappa}\nabla\theta)+\overline{\Theta}\widehat{G}\mathrm{div}\boldsymbol{u}=\mathcal{G}(\boldsymbol{u},\theta,\sigma),\tag{8.2.5}$$

$$\mathrm{div}(\sigma(\boldsymbol{u}+\bar{\bar{\boldsymbol{v}}}))=\mathcal{E}(\boldsymbol{u}),\tag{8.2.6}$$

耦合边值条件

$$\boldsymbol{u}|_{\partial\Omega}=0,\quad \theta|_{\partial\Omega}=0\tag{8.2.7}$$

以及附加条件

$$\int_\Omega\sigma\mathrm{d}x=0,\tag{8.2.8}$$

其中$\mathcal{E}(\boldsymbol{u}):=-\mathrm{div}(\hat{\rho}(\boldsymbol{u}+\bar{\bar{\boldsymbol{v}}}))$,

$$\begin{aligned}
&F(\boldsymbol{u},\theta,\sigma)\\
&=\mathrm{div}(\mu\nabla\bar{\bar{\boldsymbol{v}}})+\nabla((\lambda+\mu)\mathrm{div}\bar{\bar{\boldsymbol{v}}})+\hat{\rho}\boldsymbol{b}-\hat{\rho}\bar{\bar{\boldsymbol{v}}}\cdot\nabla\bar{\bar{\boldsymbol{v}}}-\nabla(\widehat{G}(\overline{\overline{\Theta}}-\overline{\Theta}))\\
&\quad-\sigma\bar{\bar{\boldsymbol{v}}}\cdot\nabla\bar{\bar{\boldsymbol{v}}}-\hat{\rho}\boldsymbol{u}\cdot\nabla\bar{\bar{\boldsymbol{v}}}-\hat{\rho}\bar{\bar{\boldsymbol{v}}}\cdot\nabla\boldsymbol{u}+\sigma\boldsymbol{b}+\mathrm{div}(\bar{\bar{\mu}}_\Theta(\overline{\overline{\Theta}}-\overline{\Theta})\nabla\boldsymbol{u})\\
&\quad+\nabla((\bar{\bar{\mu}}_\Theta+\bar{\bar{\lambda}}_\Theta)(\overline{\overline{\Theta}}-\overline{\Theta})\mathrm{div}\boldsymbol{u})-\nabla(\overline{\overline{G}}_\rho\sigma(\overline{\overline{\Theta}}-\overline{\Theta}))+\mathrm{div}((\bar{\bar{\mu}}_\rho\sigma+\bar{\bar{\mu}}_\Theta\theta)\nabla\boldsymbol{u})\\
&\quad+\nabla(((\bar{\bar{\mu}}_\rho+\bar{\bar{\lambda}}_\rho)+(\bar{\bar{\mu}}_\Theta+\bar{\bar{\lambda}}_\Theta)\theta)\mathrm{div}\boldsymbol{u})-\nabla(\overline{\overline{G}}_\rho\sigma\theta)-\overline{\Theta}\hat{\rho}\nabla(\overline{\overline{B}}_{\rho\rho}\sigma^2)\\
&\quad-\overline{\Theta}\sigma\nabla(\widehat{B}_\rho\sigma+\overline{\overline{B}}_{\rho\rho}\sigma^2)-\sigma\boldsymbol{u}\cdot\nabla\bar{\bar{\boldsymbol{v}}}-\hat{\rho}\boldsymbol{u}\cdot\nabla\boldsymbol{u}-\sigma\bar{\bar{\boldsymbol{v}}}\cdot\nabla\boldsymbol{u}-\sigma\boldsymbol{u}\cdot\nabla\boldsymbol{u}
\end{aligned}$$

和

$$
\begin{aligned}
&\mathcal{G}(\boldsymbol{u},\theta,\sigma)\\
&=\hat{\rho}g-c_v\hat{\rho}\bar{\bar{\boldsymbol{v}}}\cdot\nabla\overline{\overline{\Theta}}-\overline{\overline{\Theta}}G\mathrm{div}\bar{\bar{\boldsymbol{v}}}+2\mu\mathbb{D}(\bar{\bar{\boldsymbol{v}}}):\mathbb{D}(\bar{\bar{\boldsymbol{v}}})+\lambda(\mathrm{div}\bar{\bar{\boldsymbol{v}}})^2\\
&\quad+\mathrm{div}(\kappa\nabla(\overline{\overline{\Theta}}-\overline{\Theta}))+\sigma g-c_v\hat{\rho}\boldsymbol{u}\cdot\nabla(\overline{\overline{\Theta}}-\overline{\Theta})-c_v\hat{\rho}\bar{\bar{\boldsymbol{v}}}\cdot\nabla\theta-\theta G\mathrm{div}\bar{\bar{\boldsymbol{v}}}\\
&\quad-(\overline{\overline{\Theta}}-\overline{\Theta})G\mathrm{div}\boldsymbol{u}+4\mu\mathbb{D}(\boldsymbol{u}):\mathbb{D}(\bar{\bar{\boldsymbol{v}}})+2\lambda\mathrm{div}\boldsymbol{u}\mathrm{div}\bar{\bar{\boldsymbol{v}}}+\mathrm{div}(\overline{\overline{\kappa}}_{\Theta}(\overline{\overline{\Theta}}-\overline{\Theta})\nabla\theta)\\
&\quad-2\mu\mathbb{D}(\boldsymbol{u}):\mathbb{D}(\boldsymbol{u})+\lambda(\mathrm{div}\boldsymbol{u})^2+\mathrm{div}((\overline{\overline{\kappa}}_{\rho}\sigma+\overline{\overline{\kappa}}_{\Theta}\theta)\nabla\theta)-c_v\sigma\boldsymbol{u}\cdot\nabla(\overline{\overline{\Theta}}-\overline{\Theta})\\
&\quad-c_v\hat{\rho}\boldsymbol{u}\cdot\nabla\theta-c_v\sigma\bar{\bar{\boldsymbol{v}}}\cdot\nabla\theta-c_v\sigma\boldsymbol{u}\cdot\nabla\theta-G\theta\mathrm{div}\boldsymbol{u}。
\end{aligned}
$$

这里需指出的是F和$\mathcal{G}$的表达式包含：与$\boldsymbol{u}$，θ和σ无关的项；与$\boldsymbol{u}$，θ，σ以及与它们空间导数（忽略依赖于θ和σ 的λ，μ，κ和G，注意，这些量及其导数在D上都是有界的）呈线性关系的项；以及与$\boldsymbol{u}$，θ和σ呈非线性的项。特别地，$\overline{\overline{\Theta}}-\overline{\Theta}$，$\bar{\bar{\boldsymbol{v}}}$，$\boldsymbol{b}$和$g$充分小时，前面所说的线性项在适当的范数下也将充分小，这就意味着可以使用Shauder不动点定理。下面将扰动问题(8.2.4)–(8.2.8)改写为适合应用Shauder不动点定理的算子形式。

定义Hilbert空间

$$
X=\{(\boldsymbol{u},\theta,\sigma)\mid \boldsymbol{u}\in H_0^2(\Omega),\ \ \theta\in H_0^1(\Omega),\ \ \sigma\in\overline{H}^1(\Omega)\},\tag{8.2.9}
$$

其伴随范数为

$$
\|(\boldsymbol{u},\theta,\sigma)\|_X=(\|\boldsymbol{u}\|_{2,2}^2+\|\theta\|_{1,2}^2+\|\sigma\|_{1,2}^2)^{1/2}。
$$

由(8.1.17)定义的空间V的伴随范数定义为

$$
\|(\boldsymbol{u},\theta,\sigma)\|_V=(\|\boldsymbol{u}\|_{3,2}^2+\|\theta\|_{2,2}^2+\|\sigma\|_{2,2}^2)^{\frac{1}{2}}。
$$

显然，$V\subset X$；并且，每个球

$$
K_{(E)}:=\{(\boldsymbol{u},\theta,\sigma)\in V\mid \|(\boldsymbol{u},\theta,\sigma)\|_V\leqslant E,\ \ E>0\}
$$

在X内是紧凸集。

现在，定义非线性算子N。给定$(\boldsymbol{u}',\theta',\sigma')\in V$，$h>0$，令$(\boldsymbol{u},\theta,\sigma)$是下列两个问题的解：

$$
\begin{cases}
-\mathrm{div}(\hat{\mu}\nabla\boldsymbol{u})-\nabla((\hat{\lambda}+\hat{\mu})\mathrm{div}\boldsymbol{u})+\nabla(\widehat{G}\theta)\\
\quad=F(\boldsymbol{u}',\theta',\sigma')-\overline{\Theta}\hat{\rho}\nabla(\widehat{B}_{\rho}\sigma')=:\mathcal{F},\\
-\mathrm{div}(\widehat{\kappa}\nabla\theta)+\overline{\Theta}\widehat{G}\mathrm{div}\boldsymbol{u}=\mathcal{G}(\boldsymbol{u}',\theta',\sigma'),\\
\boldsymbol{u}|_{\partial\Omega}=0,\ \theta|_{\partial\Omega}=0
\end{cases}\tag{8.2.10}
$$

和

$$
(1/h)(\sigma-\sigma')+\mathrm{div}(\sigma(\boldsymbol{u}+\bar{\bar{\boldsymbol{v}}}))=\mathcal{E}(\boldsymbol{u})。\tag{8.2.11}
$$

由于技术原因，在第8.4节中，(8.2.11)将被改写为：

$$(\sigma-\sigma')/h+\operatorname{div}(\hat{\rho}\boldsymbol{u})=E(\sigma,\boldsymbol{u}):=-\operatorname{div}(\sigma(\boldsymbol{u}+\bar{\bar{\boldsymbol{v}}}))-\operatorname{div}(\hat{\rho}\bar{\bar{\boldsymbol{v}}})。\tag{8.2.12}$$

因此，上述两个问题就可写成所需要的非线性算子形式：

$$\mathcal{N}(\boldsymbol{u}',\theta',\sigma')=(\boldsymbol{u},\theta,\sigma)。\tag{8.2.13}$$

显然，为了对$\mathcal{N}$使用Schauder不动点定理，需要证明以下两点：存在$E'>0$，使得

（1）$\mathcal{N}$在$K_{(E')}\subset V$中是有定义的，且在$K_{(E')}$上关于X的范数是连续的。这个结论将在第8.3节证明。

（2）$\mathcal{N}$是压缩的，即$\mathcal{N}K_{(E')}\subset K_{(E')}$。此结论的证明将在第8.4–8.5两节中给出。

最后介绍几个范数等价的结论。由Poincaré不等式，易得

$$范数\|\sigma\|_{k,2}=\left(\sum_{m=0}^{k}\|\nabla^m\sigma\|^2\right)^{1/2}\quad 和范数\|\sigma\|'_{k,2}=\left(\sum_{m=1}^{k}\|\nabla^m\sigma\|^2\right)^{1/2}$$

在$\overline{H}^k(\Omega)$中是等价的。

令$\Gamma\in C^k(\overline{\Omega})$满足：在$\overline{\Omega}$上，$\Gamma>0$，则倒函数$\Gamma^{-1}\in C^k(\overline{\Omega})$。令

$$\|\sigma\|_{k,\Gamma}:=\left(\sum_{m=0}^{k}\|\nabla^m(\Gamma\sigma)\|^2\right)^{1/2},$$

则使用不等式：

$$\|\sigma\|_{k,\Gamma}^2\leqslant|\Gamma|_k^2\|\sigma\|_{k,2}^2\leqslant\gamma_1|\Gamma|_k^2(\|\sigma\|'_{k,2})^2\leqslant\gamma_1|\Gamma|_k^2|\Gamma^{-1}|_k^2\|\sigma\|_{k,\Gamma}^2,$$

其中$\gamma_1>0$仅依赖于Ω，可验证

$$\|\sigma\|_{k,\Gamma}\ 和\ \|\sigma\|_{k,2}\tag{8.2.14}$$

在$\overline{H}^k(\Omega)$中是等价范数。

§8.3 算子$\mathcal{N}$及其连续性

为说明算子$\mathcal{N}$有定义且是连续的，我们需要下面两个引理。

引理 8.3.1 在假设(8.1.4)和方程(8.1.16)下，令$\mathcal{F}$，$\mathcal{G} \in H^{-1}(\Omega)$，则边值问题(8.2.10)有唯一解$(\boldsymbol{u},\theta) \in H_0^1(\Omega)$，使得

$$\|(\boldsymbol{u},\theta)\|_{1,2}^2 \leqslant C(\|\mathcal{F}\|_{-1}^2 + \|\mathcal{G}\|_{-1}^2)。 \tag{8.3.1}$$

如果$\mathcal{F} \in H^1(\Omega)$以及$\mathcal{G} \in L^2(\Omega)$，那么$(\boldsymbol{u},\theta) \in H^3(\Omega) \times H^2(\Omega)$满足

$$\|\boldsymbol{u}\|_{3,2}^2 + \|\theta\|_{2,2}^2 \leqslant C(\|\mathcal{F}\|_{1,2}^2 + \|\mathcal{G}\|_{1,2}^2), \tag{8.3.2}$$

其中常数$C > 0$仅依赖于Ω，$|\widehat{G}|_2$和$\overline{\Theta}$。

证明 令$(\boldsymbol{u},\theta)$为边值问题(8.2.10)的弱解，则对任意$(\varphi,\psi) \in H_0^1(\Omega)$，有

$$\begin{aligned}&\int_\Omega (\hat{\mu}\nabla\boldsymbol{u} : \nabla\varphi + (\hat{\mu}+\hat{\lambda})\mathrm{div}\boldsymbol{u}\mathrm{div}\varphi)\mathrm{d}x + \int_\Omega \overline{\Theta}^{-1}\hat{\kappa}\nabla\theta\cdot\nabla\psi\mathrm{d}x\\ &= -\int_\Omega (\widehat{G}\mathrm{div}\boldsymbol{u}\psi + \nabla(\widehat{G}\theta)\cdot\varphi)\mathrm{d}x + <\mathcal{F},\varphi> + <\overline{\Theta}^{-1}\mathcal{G},\psi>,\end{aligned} \tag{8.3.3}$$

其中$<\cdot,\cdot>$表示在$H_0^{-1}(\Omega)$和$H_0^1(\Omega)$间的对偶积。由假设条件(8.1.4)可知，上式左边的积分项在$H_0^1(\Omega) \times H_0^1(\Omega)$ 上是正定双线性的。此外，取$\varphi = \boldsymbol{u}$和$\psi = \theta$，则上式右边的积分项为零。由这两个事实，就可利用Lax–Milgram定理证明弱解的存在性及估计式(8.3.1)。

最后，利用椭圆正则性理论，很容易从(8.2.10)推出

$$\begin{aligned}&\theta \in H^2(\Omega)，\ \|\theta\|_{2,2}^2 \leqslant C'(|\widehat{G}|_0+1)^2(\|\mathcal{F}\|_{-1}^2 + \|\mathcal{G}\|^2),\\ &\boldsymbol{u} \in H^3(\Omega)，\ \|\boldsymbol{u}\|_{3,2}^2 \leqslant C'(\overline{\Theta}|\widehat{G}|_2+1)^2(\|\mathcal{F}\|_{1,2}^2 + \|\mathcal{G}\|^2),\end{aligned}$$

其中常数$C' > 0$。由上述两个估计即可推出所要结论。 □

引理 8.3.2 令Ω是有界C^2区域，$\boldsymbol{u},\bar{\bar{\boldsymbol{v}}} \in H^3(\Omega)$，$\mathcal{E} \in L^2(\Omega)$，$\sigma' \in L^2(\Omega)$，以及$(\boldsymbol{u}+\bar{\bar{\boldsymbol{v}}})\cdot\nu = 0$，则存在$h_0$ 使得对$h \in (0,h_0)$，方程(8.2.11)有唯一解$\sigma \in L^2(\Omega)$。如果$\mathcal{E}$，$\sigma' \in \overline{L}^2(\Omega)$，那么$\sigma \in \overline{L}^2(\Omega)$。

进一步，如果$\mathcal{E},\sigma' \in H^k(\Omega)$，$\Omega$为有界$C^{k+2}$ 区域（$k=1,2$），则$\sigma \in H^k(\Omega)$且

$$\|\sigma\|_{k,2} \leqslant 2(h\|\mathcal{E}\|_{k,2} + \|\sigma'\|_{k,2})。 \tag{8.3.4}$$

证明 详细证明见[5]。 □

下面证明：对于给定的$(\boldsymbol{u}',\theta',\sigma') \in V$，有$\mathcal{F} \in H^1(\Omega)$，$\mathcal{G} \in L^2(\Omega)$（这表明$\mathcal{N}$是有定义的）。并且，当$(\boldsymbol{u}_1',\theta_1',\sigma_1') \to (\boldsymbol{u}_2',\theta_2',\sigma_2') \to 0$， 在$X$中，下列极限成立。

$$\begin{aligned}&\|\mathcal{F}(\boldsymbol{u}_1',\theta_1',\sigma_1') - \mathcal{F}(\boldsymbol{u}_2',\theta_2',\sigma_2')\|,\\ &\|\mathcal{G}(\boldsymbol{u}_1',\theta_1',\sigma_1') - \mathcal{G}(\boldsymbol{u}_2',\theta_2',\sigma_2')\|_{-1}，\ \|\mathcal{E}(\boldsymbol{u}_1') - \mathcal{E}(\boldsymbol{u}_2')\|_{1,2} \to 0\end{aligned}$$

（这意味着$\mathcal{N}$在X中具有连续性）。

为此，记

$$\begin{aligned}A=&(1+|\hat{\rho}|_2)^2(1+\|\bar{\bar{\boldsymbol{v}}}\|_{3,2})^2(1+c_v)^2(1+\|\overline{\overline{\Theta}}\|_{2,2}+\overline{\Theta})^2(1+|\mu|_{3,\mathcal{D}}\\&+|\lambda|_{3,\mathcal{D}}+|G|_{2,\mathcal{D}}+|\kappa|_{2,\mathcal{D}})^2(\|\boldsymbol{b}\|_{1,2}+\|g\|+\|\overline{\overline{\Theta}}-\overline{\Theta}\|_{2,2}+\|\bar{\bar{\boldsymbol{v}}}\|_{3,2})^2,\\A^{(N)}=&(1+c_v)^2(1+|\hat{\rho}|_2+|\hat{\rho}|_2^2)^2(1+\|\bar{\bar{\boldsymbol{v}}}\|_{3,2}+\|\bar{\bar{\boldsymbol{v}}}\|_{3,2}^2)^2(1+\overline{\Theta}+\|\overline{\overline{\Theta}}\|_{2,2})^2\\&\times(|\mu|_{3,\mathcal{D}}+|\lambda|_{3,\mathcal{D}}+|G|_{4,\mathcal{D}}+|\kappa|_{2,\mathcal{D}})^2,\end{aligned}\tag{8.3.5}$$

其中$\mathcal{D}$是$\mathbb{R}_+^2$上的一个矩形区域

$$\mathcal{D}=\left\{(\rho,\Theta)\ \middle|\ \begin{aligned}&\min_{x\in\overline{\Omega}}\{\hat{\rho}\}/2\leqslant\rho\leqslant\max_{x\in\overline{\Omega}}\{\hat{\rho}\}+\min_{x\in\overline{\Omega}}\{\hat{\rho}\}/2,\\&\min_{x\in\overline{\Omega}}\{\overline{\overline{\Theta}}\}/2\leqslant\theta\leqslant\max_{x\in\overline{\Omega}}\{\overline{\overline{\Theta}}\}+\min_{x\in\overline{\Omega}}\{\overline{\overline{\Theta}}/2\}\end{aligned}\right\}。$$

使用Hölder不等式和Sobolev嵌入定理，容易推出

引理 8.3.3 在假设（8.1.4）和(8.1.16)下，令$(\boldsymbol{u}',\theta',\sigma')\in V$，

$$|\sigma'|_0\leqslant\min_{x\in\overline{\Omega}}\{\hat{\rho}\}/2,\quad |\theta'|_0\leqslant\min_{x\in\overline{\Omega}}\{\overline{\overline{\Theta}}\}/2,$$

或者

$$\|\sigma'\|_{2,2}\leqslant(2\gamma)^{-1}\min_{x\in\overline{\Omega}}\{\hat{\rho}\},\quad \|\theta'\|_{2,2}\leqslant(2\gamma)^{-1}\min_{x\in\overline{\Omega}}\{\overline{\overline{\Theta}}\},$$

其中γ是$H^2(\Omega)\hookrightarrow C^0(\overline{\Omega})$中嵌入不等式常数。则$F$，$\mathcal{F}\in H^1(\Omega)$，$\mathcal{G}\in L^2(\Omega)$，$\mathcal{E}\in L^2(\Omega)$，并且

$$\begin{cases}\|\mathcal{G}\|^2+\|F\|_{1,2}^2\leqslant CA+CA\|(\boldsymbol{u}',\theta',\sigma')\|_V^2\\\qquad\qquad+CA^{(N)}(1+\|(\boldsymbol{u}',\theta',\sigma')\|_V)^4\|(\boldsymbol{u}',\theta',\sigma')\|_V^4,\\\|\mathcal{G}\|^2+\|\mathcal{F}\|_{1,2}^2\leqslant CA+CA\|(\boldsymbol{u}',\theta',\sigma')\|_V^2+CA^{(N)}(1+\\\qquad\qquad\|(\boldsymbol{u}',\theta',\sigma')\|_V)^4\|(\boldsymbol{u}',\theta',\sigma')\|_V^4+C|\widehat{B}|_3^2|\hat{\rho}|_1^2\|\sigma'\|_{2,2}^2,\\\|\mathcal{E}\|_{2,2}\leqslant C|\hat{\rho}|_3\|\bar{\bar{\boldsymbol{v}}}\|_{3,2}+|\hat{\rho}|_3\|\boldsymbol{u}\|_{3,2},\end{cases}\tag{8.3.6}$$

其中C是依赖于Ω的常数。令$(\boldsymbol{u}_1',\theta_1',\sigma_1'),(\boldsymbol{u}_2',\theta_2',\sigma_2')\in V$，

$$|\sigma_1'|_0,\ |\sigma_2'|_0\leqslant\min_{x\in\overline{\Omega}}\{\hat{\rho}\}/2,\quad |\theta_1'|_0,\ |\theta_2'|_0\leqslant\min_{x\in\overline{\Omega}}\{\overline{\overline{\Theta}}\}/2;$$

则

$$
\begin{aligned}
&\|\mathcal{G}_1-\mathcal{G}_2\|_{-1}+\|F_1-F_2\|+\|\mathcal{E}_1-\mathcal{E}_2\|_{1,2}\leqslant CA^{1/2}\|(\boldsymbol{u}_1',\theta_1',\sigma_1')-(\boldsymbol{u}_2',\theta_2',\sigma_2')\|_X\\
&+C(A^{(N)})^{1/2}(1+\|(\boldsymbol{u}_1',\theta_1',\sigma_1')\|_V+\|(\boldsymbol{u}_2',\theta_2',\sigma_2')\|_V)^2(\|(\boldsymbol{u}_1',\theta_1',\sigma_1')\|_V\\
&+\|(\boldsymbol{u}_2',\theta_2',\sigma_2')\|_V)\|(\boldsymbol{u}_1',\theta_1',\sigma_1')-(\boldsymbol{u}_2',\theta_2',\sigma_2')\|_X,\\
&\|\mathcal{G}_1-\mathcal{G}_2\|_{-1}+\|\mathcal{F}_1-\mathcal{F}_2\|+\|\mathcal{E}_1-\mathcal{E}_2\|_{1,2}\leqslant cA^{1/2}\|(\boldsymbol{u}_1',\theta_1',\sigma_1')-(\boldsymbol{u}_2',\theta_2',\sigma_2')\|_X\\
&+c(A^{(N)})^{1/2}(1+\|(\boldsymbol{u}_1',\theta_1',\sigma_1')\|_V+\|(\boldsymbol{u}_2',\theta_2',\sigma_2')\|_V)^2(\|(\boldsymbol{u}_1',\theta_1',\sigma_1')\|_V\\
&+\|(\boldsymbol{u}_2',\theta_2',\sigma_2')\|_V)\|(\boldsymbol{u}_1',\theta_1',\sigma_1')-(\boldsymbol{u}_2',\theta_2',\sigma_2')\|_X\\
&+c|\widehat{B}|_3|\hat{\rho}|_1\|\sigma_1'-\sigma_2'\|_{1,2},
\end{aligned}\tag{8.3.7}
$$

其中$\mathcal{G}_i:=\mathcal{G}(\boldsymbol{u}_i',\theta_i',\sigma_i')$，$\mathcal{F}_i:=\mathcal{F}(\boldsymbol{u}_i',\theta_i',\sigma_i')$。

由引理8.3.1–8.3.3的结果，即可得下述结论。

引理 8.3.4 *存在一个正常数h_0，使得对每个$h\in(0,h_0)$和任意满足下列条件的E'：*

$$
0<E'\leqslant\min\left\{\gamma^{-1}\min_{x\in\overline{\Omega}}\{\hat{\rho}\}/2,\gamma^{-1}\min_{x\in\overline{\Omega}}\{\overline{\overline{\Theta}}\}/2\right\},
$$

其中γ为引理8.3.3中的常数，算子$\mathcal{N}$在$K_{(E')}\subset X$上是有定义的，并且在$K_{(E')}$上关于X的范数连续。

§8.4 全局估计

为推导方便，引入下述简化符号：

$$
a^{(s)}:=a^{(s)}(\varepsilon,\|\bar{\boldsymbol{v}}\|_{3,2}):=\varepsilon+\|\bar{\boldsymbol{v}}\|_{3,2}，\ a:=\|\bar{\boldsymbol{v}}\|_{3,2}^2，\ N:=\|\sigma\|_{2,2}^2\|\boldsymbol{u}\|_{3,2}。\tag{8.4.1}
$$

下文中C_i，C_i'，ε_j和h_j（$i=1,\cdots,5$；$j=1,2$）表示正常数，且依赖于

$$
\begin{aligned}
&\Omega，\ |\hat{\rho}|_3，\ |\widehat{B}_\rho|_2，\ |\widehat{G}|_2，\ \overline{\Theta}，\ |\hat{\mu}|_2，\ |\hat{\lambda}|_2，\ |\hat{\kappa}|_1，\\
&|\hat{\mu}^{-1}|_0,|\hat{\lambda}^{-1}|_0，\ |\hat{\kappa}^{-1}|_0，\ |\hat{\rho}^{-1}|_0，\ |\widehat{B}_\rho^{-1}|_0。
\end{aligned}\tag{8.4.2}
$$

这里需要指出：常数C_i'在不同位置可能表示不同的值。

引理 8.4.1 *存在常数C_1，h_1和ε_1，$h_1\leqslant h_0$，其中h_0是引理8.3.2中的常数，使得对所有$\varepsilon\in(0,\varepsilon_1]$和$h\in(0,h_1]$，有*

$$
\begin{aligned}
&\|(\boldsymbol{u},\theta)\|_{1,2}^2+\overline{\Theta}(\|\widehat{B}_\rho^{1/2}\sigma\|^2-\|\widehat{B}_\rho^{1/2}\sigma'\|^2)/2h\\
&\leqslant C_1(\|F\|_{-1}^2+\|\mathcal{G}\|_{-1}^2)+C_1\varepsilon^{-1}a+C_1a^{(s)}\|\sigma'\|^2+C_1N。
\end{aligned}\tag{8.4.3}
$$

证明 用$\boldsymbol{u}$，$\theta/\overline{\Theta}$和$\overline{\Theta}\widehat{B}_\rho\sigma$分别与$(8.2.10)_1$，$(8.2.10)_2$和(8.2.12)在$L^2(\Omega)$ 作内积，并将所得三个积分等式相加。然后使用分部积分可推出

$$\begin{aligned}&\mu_0\|\boldsymbol{u}\|_{1,2}^2+\overline{\Theta}^{-1}\kappa_0\|\theta\|_{1,2}^2+\frac{\overline{\Theta}}{h}\int_\Omega(\sigma-\sigma')\widehat{B}_\rho\sigma\mathrm{d}x\\&\leqslant-\overline{\Theta}\int_\Omega\operatorname{div}(\hat{\rho}\boldsymbol{u})\widehat{B}_\rho(\sigma-\sigma')\mathrm{d}x+\overline{\Theta}\int_\Omega E\widehat{B}_\rho\sigma\mathrm{d}x\\&\quad+\int_\Omega(F\boldsymbol{u}+\overline{\Theta}^{-1}\mathcal{G}\theta)\mathrm{d}x,\end{aligned}\tag{8.4.4}$$

其中$\mu_0:=\min_{x\in\overline{\Omega}}\{\hat{\mu}\}$，$\kappa_0:=\min_{x\in\overline{\Omega}}\{\hat{\kappa}\}$。容易看出

$$(\sigma-\sigma')\sigma=\frac{1}{2}\sigma^2-\frac{1}{2}\sigma'^2+\frac{1}{2}(\sigma-\sigma')^2,\tag{8.4.5}$$

$$\int_\Omega\operatorname{div}(\hat{\rho}\boldsymbol{u})\widehat{B}_\rho(\sigma-\sigma')\mathrm{d}x=\frac{1}{8h}\|\widehat{B}_\rho^{1/2}(\sigma-\sigma')\|^2+4h|\widehat{B}_\rho|_0|\hat{\rho}|_1^2\|\boldsymbol{u}\|_{3,2}^2,\tag{8.4.6}$$

以及

$$\begin{aligned}\int_\Omega E\widehat{B}_\rho\sigma\mathrm{d}x&=\int_\Omega\operatorname{div}(\hat{\rho}\bar{\bar{\boldsymbol{v}}})\widehat{B}_\rho\sigma\mathrm{d}x+\int_\Omega\operatorname{div}(\sigma\bar{\bar{\boldsymbol{v}}})\widehat{B}_\rho\sigma\mathrm{d}x+\int_\Omega\operatorname{div}(\sigma\boldsymbol{u})\widehat{B}_\rho\sigma\mathrm{d}x\\&=:I_1+I_2+I_3。\end{aligned}\tag{8.4.7}$$

现利用分部积分和直接的计算，I_1–I_3可如下估计：

$$\begin{aligned}I_1=&\int_\Omega\operatorname{div}(\hat{\rho}\bar{\bar{\boldsymbol{v}}})\widehat{B}_\rho(\sigma-\sigma')\mathrm{d}x+\int_\Omega\operatorname{div}(\hat{\rho}\bar{\bar{\boldsymbol{v}}})\widehat{B}_\rho\sigma'\mathrm{d}x\\\leqslant&\frac{1}{8h}\|\widehat{B}_\rho^{1/2}(\sigma-\sigma')\|^2+4h|\widehat{B}_\rho|_0|\hat{\rho}|_1^2\|\bar{\bar{\boldsymbol{v}}}\|_{3,2}^2+\varepsilon^{-1}|\widehat{B}_\rho|_0|\hat{\rho}|_1^2\|\bar{\bar{\boldsymbol{v}}}\|_{3,2}^2+\varepsilon\|\sigma'\|^2,\\I_2\leqslant&|\widehat{B}_\rho|_1\|\bar{\bar{\boldsymbol{v}}}\|_{3,2}\|\sigma\|^2\leqslant|\widehat{B}_\rho|_1|\widehat{B}_\rho|_0^{-1}\|\bar{\bar{\boldsymbol{v}}}\|_{3,2}\|\widehat{B}_\rho^{1/2}(\sigma-\sigma')\|^2+|\widehat{B}_\rho|_1\|\bar{\bar{\boldsymbol{v}}}\|_{3,2}\|\sigma'\|^2,\\I_3\leqslant&|\widehat{B}_\rho|_1\|\boldsymbol{u}\|_{3,2}\|\sigma\|^2,\end{aligned}$$

其中$\varepsilon>0$。

取ε_1和h_1满足$\varepsilon_1^{-1}\leqslant 4h_1$，$|\widehat{B}_\rho|_1|\widehat{B}_\rho|_0^{-1}\|\bar{\bar{\boldsymbol{v}}}\|_{3,2}\leqslant(8h_1)^{-1}$ 以及$h_1\leqslant h_0$，并将上面三个估计式代入(8.4.7)，即得

$$\int_\Omega E\widehat{B}_\rho\sigma\mathrm{d}x\leqslant\frac{1}{2h}\|\widehat{B}_\rho^{1/2}(\sigma-\sigma')\|^2+C_1'\varepsilon^{-1}a+C_1'a^{(s)}\|\sigma'\|^2+C_1'N。\tag{8.4.8}$$

利用(8.4.5)，(8.4.6)和(8.4.8)，即可从(8.4.4)推出所要结论。 □

引理 8.4.2 *存在常数C_2，使得*

$$\|\sigma'\|^2\leqslant C_2(\|F\|_{-1}^2+\|(\boldsymbol{u},\theta)\|_{1,2}^2)。\tag{8.4.9}$$

证明　考虑辅助问题

$$\begin{cases} \mathrm{div}\mathcal{Y} = g\int_\Omega \widehat{B}_\rho^{-1}\mathrm{d}x - \widehat{B}_\rho^{-1}\int_\Omega g\mathrm{d}x, \quad g \in L^2(\Omega), \\ \mathcal{Y}|_{\partial\Omega} = 0。\end{cases} \tag{8.4.10}$$

由Bogovskii算子的存在性定理（见定理2.2.4）可知，存在一个解$\mathcal{Y} \in H_0^1(\Omega)$ 满足

$$\|\mathcal{Y}\|_{1,2}^2 \leqslant C_2' \left\| \left(g\int_\Omega \widehat{B}_\rho^{-1}\mathrm{d}x - \widehat{B}_\rho^{-1}\int_\Omega g\mathrm{d}x \right) \right\|^2 \leqslant C_2'\|g\|^2。 \tag{8.4.11}$$

用$(\overline{\Theta}\hat{\rho})^{-1}\mathcal{Y}$和$(8.2.10)_1$在$L^2(\Omega)$中作内积，可得出

$$\begin{aligned} &-\int_\Omega \nabla(\widehat{B}_\rho\sigma')\cdot\mathcal{Y}\mathrm{d}x = -\int_\Omega(\overline{\Theta}\hat{\rho})^{-1}(F-\nabla(\widehat{G}\theta))\cdot\mathcal{Y}\mathrm{d}x \\ &-\int_\Omega(\overline{\Theta}\hat{\rho})^{-1}\mathrm{div}(\hat{\mu}\nabla\boldsymbol{u})\cdot\mathcal{Y}\mathrm{d}x - \int_\Omega(\overline{\Theta}\hat{\rho})^{-1}\nabla((\hat{\mu}+\hat{\lambda})\mathrm{div}\boldsymbol{u})\cdot\mathcal{Y}\mathrm{d}x。\end{aligned}$$

注意到$\int_\Omega \sigma'\mathrm{d}x = 0$，并对上式左边的积分项和右边最后两个积分项进行分部积分，因而有

$$\begin{aligned} &\left(\int_\Omega \widehat{B}_\rho^{-1}\mathrm{d}x\right)\int_\Omega \widehat{B}_\rho\sigma' g\mathrm{d}x = -\int_\Omega(\overline{\Theta}\hat{\rho})^{-1}(F-\nabla(\widehat{G}\theta))\cdot\mathcal{Y}\mathrm{d}x \\ &+\int_\Omega(\overline{\Theta}\hat{\rho})^{-1}\hat{\mu}\nabla\boldsymbol{u}:\nabla\mathcal{Y}\mathrm{d}x + \int_\Omega\hat{\mu}\nabla(\overline{\Theta}\hat{\rho})^{-1}\cdot\nabla\boldsymbol{u}\cdot\mathcal{Y}\mathrm{d}x \\ &+\int_\Omega(\overline{\Theta}\hat{\rho})^{-1}(\hat{\mu}+\hat{\lambda})\mathrm{div}\boldsymbol{u}\,\mathrm{div}\mathcal{Y}\mathrm{d}x + \int_\Omega(\hat{\mu}+\hat{\lambda})\nabla(\overline{\Theta}\hat{\rho})^{-1}\cdot\mathcal{Y}\mathrm{div}\boldsymbol{u}\mathrm{d}x。\end{aligned} \tag{8.4.12}$$

使用(8.4.11)，上式右边项的绝对值可由下式控制：

$$C_2'(\|F\|_{-1} + \|(\boldsymbol{u},\theta)\|_{1,2})\|g\|。$$

所以，在(8.4.12)中对所有满足$\|g\| \leqslant 1$的$g \in L^2(\Omega)$取上确界，即得所要结论。 □

用$\widehat{B}_\rho$乘以(8.2.12)，再用∇作用在所得等式即得

$$\begin{aligned} &\frac{1}{h}(\nabla(\widehat{B}_\rho\sigma) - \nabla(\widehat{B}_\rho\sigma')) + \widehat{B}_\rho\hat{\rho}\nabla\mathrm{div}\boldsymbol{u} \\ &= \nabla(\widehat{B}_\rho E) - \nabla(\boldsymbol{u}\cdot\nabla\hat{\rho}\widehat{B}_\rho) - \mathrm{div}\boldsymbol{u}\nabla(\widehat{B}_\rho\hat{\rho})。\end{aligned} \tag{8.4.13}$$

由等式

$$\Delta\boldsymbol{u} = \nabla\mathrm{div}\boldsymbol{u} - \nabla\times\nabla\times\boldsymbol{u}, \tag{8.4.14}$$

就可从动量方程$(8.2.10)_1$中计算出$\nabla\mathrm{div}\boldsymbol{u}$，并代入(8.4.13)即得出

$$\frac{1}{h}(\nabla z - \nabla z') + \frac{\widehat{B}_\rho\hat{\rho}^2\overline{\Theta}}{2\hat{\mu}+\hat{\lambda}}\nabla z' = -\frac{\widehat{B}_\rho\hat{\rho}\hat{\mu}}{2\hat{\mu}+\hat{\lambda}}\nabla\times\nabla\times\boldsymbol{u} + \nabla(\widehat{B}_\rho E) + \mathcal{X}, \tag{8.4.15}$$

其中$z=\widehat{B}_\rho$，$z'=\widehat{B}_\rho\sigma'$ 和

$$\mathcal{X}=-\nabla(\boldsymbol{u}\cdot\nabla\hat{\rho}\widehat{B}_\rho)-\nabla(\widehat{B}_\rho\rho)\mathrm{div}\boldsymbol{u}$$
$$+\frac{\widehat{B}_\rho\hat{\rho}}{2\hat{\mu}+\hat{\lambda}}(F+(\nabla\hat{\mu})\cdot\nabla\boldsymbol{u}+\nabla(\hat{\lambda}+\hat{\mu})\mathrm{div}\boldsymbol{u}-\nabla(\widehat{G}\theta))。$$

用div算子作用于等式(8.4.15)，即得

$$\frac{1}{h}(\Delta z-\Delta z')+\frac{\widehat{B}_\rho\hat{\rho}^2\overline{\Theta}}{2\hat{\mu}+\hat{\lambda}}\Delta z'=\Delta(\widehat{B}_\rho E)+\mathcal{X}',\tag{8.4.16}$$

其中

$$\mathcal{X}'=\left(\nabla\frac{\widehat{B}_\rho\hat{\rho}\hat{\mu}}{2\hat{\mu}+\hat{\lambda}}\right)\cdot(\nabla\times\nabla\times\boldsymbol{u})-\left(\nabla\frac{\widehat{B}_\rho\hat{\rho}^2\overline{\Theta}}{2\hat{\mu}+\hat{\lambda}}\right)\cdot\nabla z'+\mathrm{div}\mathcal{X}。$$

引理 8.4.3 *存在常数C_3, ε_2和$h_2\in(0,h_1]$, $\varepsilon_2\leqslant\varepsilon_1$，其中$\varepsilon_1$和$h_1$为引理8.4.1中的常数，使得对所有$\varepsilon\in(0,\varepsilon_2]$和$h\in(0,h_2]$，下估计成立:*

$$\frac{1}{2h}(\|\Delta z\|^2-\|\Delta z'\|^2)+\|\Delta z'\|^2\leqslant C_3\varepsilon^{-1}a+C_3(\|F\|_{1,2}^2+\|(\boldsymbol{u},\theta)\|_{2,2}^2+\|\sigma'\|_{1,2}^2)$$
$$+C_3a^{(s)}\|\sigma'\|_{2,2}^2+C_3N。\tag{8.4.17}$$

证明 用Δz和(8.4.16)在$L^2(\Omega)$作内积即得

$$\begin{aligned}&\int_\Omega\frac{1}{h}(\Delta z-\Delta z')\Delta z\mathrm{d}x+\int_\Omega\frac{\widehat{B}_\rho\hat{\rho}^2\overline{\Theta}}{2\hat{\mu}+\hat{\lambda}}\Delta z'\Delta z\mathrm{d}x\\&=\int_\Omega\Delta(\widehat{B}_\rho E)\Delta z\mathrm{d}x+\int_\Omega\mathcal{X}'\Delta z\mathrm{d}x。\end{aligned}\tag{8.4.18}$$

注意到对任意的a，$b\in\mathbb{R}$和$\alpha\in(0,1)$，

$$(a-b)b+\alpha ab\geqslant\frac{1}{2}(a^2-b^2)+\frac{1}{2}(1-\alpha)(a-b)^2+\frac{\alpha}{2}b^2,\tag{8.4.19}$$

从而推出

$$\begin{aligned}&\int_\Omega(\Delta z-\Delta z')\Delta z\mathrm{d}x+\int_\Omega\frac{\widehat{B}_\rho\hat{\rho}^2\overline{\Theta}}{2\hat{\mu}+\hat{\lambda}}\Delta z'\Delta z\mathrm{d}x\\&\geqslant\frac{1}{2h}(\|\Delta z\|^2-\|\Delta z'\|^2)+\frac{1}{4h}\|\Delta z-\Delta z'\|^2+R\|\Delta z'\|^2,\end{aligned}$$

其中$R=(1/2)\min_{x\in\overline{\Omega}}\{\widehat{B}_\rho\hat{\rho}^2\overline{\Theta}/(2\hat{\mu}+\hat{\lambda})\}$, h_2满足: $h_2|\widehat{B}_\rho\hat{\rho}^2\overline{\Theta}/(2\hat{\mu}+\hat{\lambda})|_0\leqslant1/2$。

选择合适的$h_2\leqslant h_1$，则对于任意的$h\in(0,h_2]$，有

$$\int_\Omega\Delta(\widehat{B}_\rho E)\Delta z\mathrm{d}x\leqslant\frac{1}{8h}\|\Delta(z-z')\|^2+\frac{R}{4}\|\Delta z'\|^2+\frac{C_3'}{\varepsilon}a+c_3'a^{(s)}\|\sigma'\|_{2,2}^2+C_3'N,$$
$$\int_\Omega\mathcal{X}'\Delta z\mathrm{d}x\leqslant\frac{1}{16h}\|\Delta(z-z')\|^2+\frac{R}{4}\|\Delta z'\|^2+C_3'(\|F\|_{1,2}^2+\|(\boldsymbol{u},\theta)\|_{2,2}^2+\|\sigma'\|_{1,2}^2)。$$

使用上面三个估计，即可从(8.4.18)推导出所要结论。 □

最后，由椭圆正则性理论，可从(8.2.10)推出

引理 8.4.4 *存在C_4，使得*

$$\|\theta\|_{2,2}^2 \leqslant C_4(\|\boldsymbol{u}\|_{1,2}^2 + \|\mathcal{G}\|^2)。 \tag{8.4.20}$$

引理 8.4.5 *存在C_5，使得*

$$\|\boldsymbol{u}\|_{3,2}^2 \leqslant C_5(\|F\|_{1,2}^2 + \|\mathcal{G}\|^2 + \|\sigma'\|_{2,2}^2)。 \tag{8.4.21}$$

§8.5 内估计和近边估计

首先，引入局部坐标系。令$\Omega \in C^{l,\iota}$ ($l \geqslant 1$，$\iota \in (0,1)$)。由$C^{l,\iota}$边界的定义，存在$v_0 > 0$满足如下性质：对所有$v \in (0, v_0)$，存在一族从$\mathbb{R}^3$映射到$\mathbb{R}^3$ 的正交线性映射$\mathbb{A}_1^{(v)}, \cdots, \mathbb{A}_{m(v)}^{(v)}$，其中$m(v)$为某个正整数，以及$\mathbb{R}^3$上的开子集$U_1^{(v)}, \cdots, U_{m(v)}^{(v)}$满足：

（1） $\partial\Omega \subset \bigcup_{r=1}^{m(v)} U_r^{(v)}$， $\Lambda_r^{(v)} = U_r^{(v)} \cap \partial\Omega$；

（2） 记$\mathbb{A}_r^{(v)}(x_1, x_2, x_3) = (x_1^{(r)}, x_2^{(r)}, x_3^{(r)})$，则存在一族函数$a_r^{(v)}$，

$$a_r^{(v)} : \Delta_r^{(v)} = \{x^{(r)'} = (x_1^{(r)'}, x_2^{(r)'}) \mid |x^{(r)'}| \leqslant v\} \to \mathbb{R},$$

使得

$$\Lambda_r^{(v)} = \{x^{(r)} \mid x^{(r)} = (x^{(r)'}, a_r^{(v)}(x^{(r)'})),\ x^{(r)'} \in \Delta_r^{(v)}\}$$

和

$$\{x^{(r)} \mid x^{(r)'} \in \Delta_r^{(v)},\ a_r^{(v)}(x^{(r)'}) < x_3^{(r)} < a_r^{(v)}(x^{(r)'}) + v\} = U_r^{(v)} \cap \Omega,$$
$$\{x^{(r)} \mid x^{(r)'} \in \Delta_r^{(v)},\ a_r^{(v)}(x^{(r)'}) - v < x_3^{(r)} < a_r^{(v)}(x^{(r)'})\} = U_r^{(v)} \cap (\mathbb{R}^3 \setminus \Omega)。$$

令$U_0 = \Omega \setminus \bigcup_{r=1}^{m(v)} \overline{U}_r^{(v)'}$，其中$\{U_r^{(v)'}\}_{r=1}^{m(v)}$是一族开集使得$\overline{U}_r^{(v)'} \subset U_r^{(v)}$。显然，集合$\{U_r^{(v)}\}_{r=0}^{m(v)}$是$\Omega$上的一个开覆盖，其中$U_0^{(v)} := U_0$，而且存在$\{U_r^{(v)}, \varphi_{(r)}^{(v)}\}_{r=0}^{m(v)}$的一个单位划分。

下面在边界上引入局部坐标。令

$$B_r^{(v)} = \Delta_r^{(v)} \times (-v, v), \quad B_{r,+}^{(v)} = \Delta_r^{(v)} \times (0, v), \quad r \geqslant 1,$$

并且定义一个新的坐标系$y^{(r)'} = (y_1^{(r)}, y_2^{(r)}, y_3^{(r)}) \in B_r^{(v)}$，其中

$$y^{(r)} = (y_1^{(r)}, y_2^{(r)}) = x^{(r)'} = (x_1^{(r)}, x_2^{(r)}),\ \ y_3^{(r)} = x_3^{(r)} - a_r^{(v)}(x^{(r)'})。$$

显然，$y^{(r)}$将$U_r^{(v)}\cap\Omega$映射到$B_{r,+}^{(v)}$。反之，其逆映射将值域映射到原像。记Jacobi矩阵

$$\mathbb{J}=\left(\frac{\partial x_i^{(r)}}{\partial y_k^{(r)}}\right)_{3\times 3}$$

的行列式为J，则$J=\det\mathbb{J}=1$。如果$\partial\Omega\in C^4$，则有

$$\max_{1\leqslant r\leqslant m(v)}\{|a_r^{(v)}|_4\}\leqslant K_1,\quad K_1>0。$$

$\partial\Omega\cap U_r^{(v)}$的外法向量具有如下表达式：

$$\nu=\left(\frac{\partial a_r}{\partial x_1^{(r)}},\frac{\partial a_r}{\partial x_2^{(r)}},-1\right)\left(1+\left(\frac{\partial a_r}{\partial x_1^{(r)}}\right)^2+\left(\frac{\partial a_r}{\partial x_2^{(r)}}\right)^2\right)^{-1/2}。$$

通过公式

$$\nu(x_1,x_2,x_3)=\nu(x_1,x_2,a_r(x_1,x_2)),$$

可将ν延拓到$U_r^{(v)}\cap\Omega$上。

现在将$v>0$固定，为简单起见，在后续推导中将省略上标v；对于任意函数f，将$f(x(y))$简记为$f(y)$。因为$\mathbb{A}_r^{(v)}$仅代表旋转和平移变换，所以，不失一般性，只需考虑$\mathbb{A}_r^{(v)}$为恒等映射情形。

令$(\boldsymbol{u},\theta,\sigma)$满足边值问题(8.2.10)和(8.2.11)，

$$(\boldsymbol{u}_{(r)},\theta_{(r)},\sigma_{(r)}):=(\boldsymbol{u}\varphi_{(r)},\theta\varphi_{(r)},\sigma\varphi_{(r)}),$$

则有

$$\begin{cases}(\sigma_{(r)}-\sigma'_{(r)})/h+\operatorname{div}(\hat{\rho}\boldsymbol{u}_{(r)})=E^{(r)}+\hat{\rho}\boldsymbol{u}\cdot\nabla\varphi_{(r)},\\ -\operatorname{div}(\hat{\mu}\nabla\boldsymbol{u}_{(r)})-\nabla((\hat{\lambda}+\hat{\mu})\operatorname{div}\boldsymbol{u}_{(r)})+\nabla(\widehat{G}\theta_{(r)})+\overline{\theta}\hat{\rho}\nabla(\widehat{B}_\rho\sigma'_{(r)})\\ \quad=F^{(r)},\\ -\operatorname{div}(\widehat{\kappa}\nabla\theta_{(r)})+\overline{\Theta}\widehat{G}\operatorname{div}\boldsymbol{u}_{(r)}=\mathcal{G}^{(r)},\\ \boldsymbol{u}_{(r)}|_{\partial\Omega}=0,\quad\theta_{(r)}|_{\partial\Omega}=0,\end{cases}\tag{8.5.1}$$

其中

$$\begin{aligned}F^{(r)}:=&F\varphi_{(r)}-\nabla\varphi_{(r)}\cdot(\hat{\mu}\nabla\boldsymbol{u})-\nabla\varphi_{(r)}\cdot\nabla(\hat{\mu}\boldsymbol{u})-\Delta\varphi_{(r)}\cdot\hat{\mu}\boldsymbol{u}-\nabla\varphi_{(r)}\hat{\lambda}\operatorname{div}\boldsymbol{u}\\&-\nabla\varphi_{(r)}\operatorname{div}(\hat{\lambda}\boldsymbol{u})-\Delta\varphi_{(r)}\hat{\lambda}\boldsymbol{u}+\widehat{G}\theta\nabla\varphi_{(r)}+\overline{\Theta}\hat{\rho}\widehat{B}_\rho\sigma'\nabla\varphi_{(r)},\\ \mathcal{G}^{(r)}:=&\mathcal{G}\varphi_{(r)}-\nabla\varphi_{(r)}\cdot(\widehat{\kappa}\nabla\theta)-\Delta\varphi_{(r)}\widehat{\kappa}\theta,\\ E^{(r)}:=&E\varphi_{(r)}。\end{aligned}$$

对于$r \geqslant 1$，记

$$\nabla_{(0)} := \left(\frac{\partial}{\partial x_1}, \frac{\partial}{\partial x_2}, \frac{\partial}{\partial x_3}\right), \quad \nabla_{(r)} := \left(\frac{\partial}{\partial y_1^{(r)}}, \frac{\partial}{\partial y_2^{(r)}}\right), \quad \nabla_{(\nu)} := \nu \cdot \nabla,$$

则$\nabla_{(r)}\nabla b = \nabla\nabla_{(r)} b - \partial_3 b \nabla\nabla_{(r)} a_r$。

用算子$\nabla_{(r)}$作用在$(8.5.1)_2$上即得

$$-\mathrm{div}(\hat{\mu}\nabla\nabla_{(r)}\boldsymbol{u}_{(r)}) - \nabla((\hat{\lambda}+\hat{\mu})\mathrm{div}\nabla_{(r)}\boldsymbol{u}_{(r)}) + \overline{\Theta}\hat{\rho}\nabla(\widehat{B}_\rho\nabla_{(r)}\sigma'_{(r)}) = F_{(r)}^{(r)}, \quad (8.5.2)$$

其中

$$\begin{aligned} F_{(r)}^{(r)} =& \nabla_{(r)}F^{(r)} - \overline{\Theta}\nabla_{(r)}\hat{\rho}\nabla(\widehat{B}_\rho\sigma'_{(r)}) - \overline{\Theta}\hat{\rho}\nabla(\nabla_{(r)}\widehat{B}_\rho\sigma'_{(r)}) + \nabla\cdot(\nabla_{(r)}\hat{\mu}\nabla\boldsymbol{u}_{(r)}) \\ &+ \nabla(\nabla_{(r)}(\hat{\mu}+\hat{\lambda})\mathrm{div}\boldsymbol{u}_{(r)}) - \overline{\Theta}\nabla_{(r)}\nabla(\widehat{G}\Theta_{(r)}) + \overline{\Theta}\hat{\rho}\partial_3(\widehat{B}_\rho\sigma'_{(r)})\nabla\nabla_{(r)}a_r \\ &- \mathrm{div}(\nabla\nabla_{(r)}a_r\hat{\mu}\partial_3\boldsymbol{u}_{(r)})\nabla\nabla_{(r)}a_r \cdot \partial_3(\hat{\mu}\nabla\boldsymbol{u}_{(r)}) \\ &- \nabla((\hat{\mu}+\hat{\lambda})\partial_3\boldsymbol{u}_{(r)}\cdot\nabla\nabla_{(r)}a_r) - \partial_3((\hat{\mu}+\hat{\lambda})\mathrm{div}\boldsymbol{u}_{(r)})\nabla\nabla_{(r)}a_r。\end{aligned}$$

用算子$\nabla_{(r)}$作用在$(8.5.1)_1$即得

$$(\nabla_{(r)}\sigma_{(r)} - \nabla_{(r)}\sigma'_{(r)})/h + \mathrm{div}(\hat{\rho}\nabla_{(r)}\boldsymbol{u}_{(r)}) = \nabla_{(r)}E^{(r)} + E_{(r)}^{(r)}, \quad (8.5.3)$$

其中

$$E_{(r)}^{(r)} = -\nabla\cdot(\nabla_{(r)}\hat{\rho}\boldsymbol{u}_{(r)}) + \partial_3(\hat{\rho}\boldsymbol{u}_{(r)})\cdot\nabla\nabla_{(r)}a_r + \nabla_{(r)}(\hat{\rho}\boldsymbol{u}\cdot\nabla\varphi_{(r)})。$$

在本节随后的推导中，C_i，C_i'，ε_j和h_j（$i=6,\cdots,17$，$j=3,\cdots,6$）表示依赖于(8.4.2)及

$$\max_{1\leqslant r\leqslant m(v)}\{|a_r|_3\}, \quad \max_{1\leqslant r\leqslant m(v)}\{|\varphi_{(r)}|_3\} \quad (8.5.4)$$

的正常数。

引理 8.5.1 *存在常数C_6，ε_3和$h_3 > 0$，$h_3 \leqslant h_2$，$\varepsilon_3 \leqslant \varepsilon_2$，使得对所有$h \in (0, h_3]$，$\varepsilon \in (0, \varepsilon_3]$，有估计*

$$\begin{aligned}&\sum_{r=0}^{m(v)}\left(\|\nabla_{(r)}\boldsymbol{u}_{(r)}\|_{1,2}^2 + \frac{\overline{\Theta}}{2h}(\|\widehat{B}_\rho^{1/2}\nabla_{(r)}\sigma_{(r)}\|^2 - \|\widehat{B}_\rho^{1/2}\nabla_{(r)}\sigma'_{(r)}\|^2)\right) \\ &\quad \leqslant C_6(\|F\|^2 + \|(\boldsymbol{u},\theta)\|_{1,2}^2 + \|\sigma'\|^2) + C_6 a^{(s)}\|\sigma'\|_{1,2}^2 + C_6\varepsilon^{-1}a + C_6 N。\end{aligned} \quad (8.5.5)$$

证明 令$r \geqslant 0$。下面用类似引理8.4.1的证明方法推导所要结论。

用$\nabla_{(r)}\boldsymbol{u}_{(r)}$和$\overline{\Theta}\widehat{B}_\rho\nabla_{(r)}\sigma_{(r)}$分别与(8.5.2)和(8.5.3)在$L^2(\Omega)$ 中作内积，并将所得积分等式相加，可得

$$\begin{aligned}
&\|\nabla_{(r)}\boldsymbol{u}_{(r)}\|_{1,2}^2+\overline{\Theta}(\|\widehat{B}_\rho^{1/2}\nabla_{(r)}\sigma_{(r)}\|^2-\|\widehat{B}_\rho^{1/2}\nabla_{(r)}\sigma'_{(r)}\|^2/2h)\\
&\quad+\overline{\Theta}\|\widehat{B}_\rho^{1/2}(\nabla_{(r)}\sigma_{(r)}-\nabla_{(r)}\sigma'_{(r)})\|^2/2h\\
&\leqslant-\overline{\Theta}\int_\Omega\mathrm{div}(\hat{\rho}\nabla_{(r)}\boldsymbol{u}_{(r)})\widehat{B}_\rho(\nabla_{(r)}\sigma_{(r)}-\nabla_{(r)}\sigma'_{(r)})\mathrm{d}x+\int_\Omega F_{(r)}^{(r)}\nabla_{(r)}\boldsymbol{u}_{(r)}\mathrm{d}x\\
&\quad+\overline{\Theta}\int_\Omega\nabla_{(r)}E^{(r)}\widehat{B}_\rho\nabla_{(r)}\sigma_{(r)}\mathrm{d}x+\int_\Omega E_{(r)}^{(r)}\widehat{B}_\rho\nabla_{(r)}\sigma_{(r)}\mathrm{d}x=:\sum_{i=4}^7 I_i。
\end{aligned}\tag{8.5.6}$$

上式右边的前三项可如下估计：

$$\begin{aligned}
&I_4\leqslant\frac{\overline{\Theta}}{8h}\|\widehat{B}_\rho^{1/2}(\nabla_{(r)}\sigma_{(r)}-\nabla_{(r)}\sigma'_{(r)})\|^2+4hC'_6\|\nabla_{(r)}\boldsymbol{u}_{(r)}\|_{1,2}^2,\\
&I_5\leqslant\frac{1}{8}\|\nabla_{(r)}\boldsymbol{u}_{(r)}\|_{1,2}^2+C'_6(\|F\|^2+\|(\boldsymbol{u},\theta)\|_{1,2}^2+\|\sigma'\|^2),\\
&I_6\leqslant\frac{\overline{\Theta}}{8h}\|\widehat{B}_\rho^{1/2}(\nabla_{(r)}\sigma_{(r)}-\nabla_{(r)}\sigma'_{(r)})\|^2+C'_6a^{(s)}\|\sigma'\|_{1,2}^2+C'_6\varepsilon^{-1}a+C'_6N。
\end{aligned}$$

对任意$b\in H_0^1(U_r\cap\Omega)$和$c\in H^2(U_r\cap\Omega)$，

$$\begin{aligned}
\int_{U_r\cap\Omega}\nabla b\nabla_{(r)}c\mathrm{d}x&=-\int_{U_r\cap\Omega}b\nabla\nabla_{(r)}c\mathrm{d}x\\
&=-\int_{U_r\cap\Omega}b\nabla_{(r)}\nabla c\mathrm{d}x-\int_{U_r\cap\Omega}b\partial_3c\nabla\nabla_{(r)}a_r\mathrm{d}x\\
&=\int_{U_r\cap\Omega}\nabla_{(r)}b\nabla c\mathrm{d}x-\int_{U_r\cap\Omega}b\partial_3c\nabla\nabla_{(r)}\mathrm{d}x\\
&\leqslant C'_6(\|\nabla_{(r)}b\|_{1,2}\|c\|+\|b\|_{1,2}\|c\|),
\end{aligned}$$

由此可推导出

$$\begin{aligned}
I_7&=\int_\Omega E_{(r)}^{(r)}\widehat{B}_\rho(\nabla_{(r)}\sigma_{(r)}-\nabla_{(r)}\sigma'_{(r)})\mathrm{d}x+\int_\Omega E_{(r)}^{(r)}\widehat{B}_\rho\nabla_{(r)}\sigma'_{(r)}\mathrm{d}x\\
&\leqslant\frac{\overline{\Theta}}{8h}\|\widehat{B}_\rho^{1/2}(\nabla_{(r)}\sigma_{(r)}-\nabla_{(r)}\sigma'_{(r)})\|^2+4hC'_6\|\boldsymbol{u}\|_{1,2}^2\\
&\quad+\frac{1}{8}\sum_{r=0}^{m(v)}\|\nabla_{(r)}\boldsymbol{u}_{(r)}\|_{1,2}^2+C'_6(\|\boldsymbol{u}\|_{1,2}^2+\|\sigma'\|^2)。
\end{aligned}$$

结合上面四个估计，并通过选取适当的h_3和ε_3，则对所有$\varepsilon\in(0,\varepsilon_3]$和$h\in(0,h_3]$，即可从(8.5.6)推出所要结论。 □

类似于(8.4.13)，用$\widehat{B}_\rho$乘以$(8.5.1)_1$后，再对空间变量取梯度即得

$$\begin{aligned}
&\nabla(\widehat{B}_\rho(\sigma_{(r)}-\sigma'_{(r)})/h)+\widehat{B}_\rho\hat{\rho}\nabla\mathrm{div}\boldsymbol{u}_{(r)}\\
&=\nabla(\widehat{B}_\rho E^{(r)}+\widehat{B}_\rho\hat{\rho}\boldsymbol{u}\cdot\nabla\varphi_{(r)}-\widehat{B}_\rho\boldsymbol{u}_{(r)}\cdot\nabla\hat{\rho})-\nabla(\widehat{B}_\rho\hat{\rho})\mathrm{div}\boldsymbol{u}_{(r)}。
\end{aligned}\tag{8.5.7}$$

使用等式(8.4.14)，可从$(8.5.1)_1$推出

$$-(\hat{\lambda}+2\hat{\mu})\nabla \mathrm{div}\boldsymbol{u}_{(r)} = -\overline{\Theta}\hat{\rho}\nabla(\widehat{B}_\rho \sigma'_{(r)}) - \hat{\mu}(\nabla\times\nabla\times\boldsymbol{u}_{(r)}) + F^{(r)\prime}, \tag{8.5.8}$$

其中

$$F^{(r)\prime} = F^{(r)} - \nabla(\widehat{G}\theta_{(r)}) + \nabla\hat{\mu}\cdot\nabla\boldsymbol{u}_{(r)} + \nabla(\hat{\lambda}+\hat{\mu})\mathrm{div}\boldsymbol{u}_{(r)}。$$

类似于(8.4.15)，从方程(8.5.8)算出$\nabla\mathrm{div}\boldsymbol{u}_{(r)}$ 的表达式后代入(8.5.7)，即得

$$\begin{aligned}&\frac{1}{h}(\nabla z_{(r)} - \nabla z'_{(r)}) + \frac{\widehat{B}_\rho\hat{\rho}^2\overline{\Theta}}{2\hat{\mu}+\hat{\lambda}}\nabla z'_{(r)}\\ &= -\frac{\widehat{B}_\rho\hat{\rho}^2\hat{\mu}}{2\hat{\mu}+\hat{\lambda}}\nabla\times\nabla\times\boldsymbol{u}_{(r)} + \nabla(\widehat{B}_\rho E^{(r)}) + \mathcal{X}^{(r)},\end{aligned} \tag{8.5.9}$$

其中$z_{(r)} = \widehat{B}_\rho\sigma_{(r)}$，$z'_{(r)} = \widehat{B}_\rho\sigma'_{(r)}$，以及

$$\begin{aligned}\mathcal{X}^{(r)} =& -\nabla(\boldsymbol{u}_{(r)}\cdot\nabla\hat{\rho}\widehat{B}_\rho) - \nabla(\widehat{B}_\rho\hat{\rho}\boldsymbol{u}\cdot\nabla\varphi_{(r)})\\ &+ \frac{\widehat{B}_\rho\hat{\rho}^2}{2\hat{\mu}+\hat{\lambda}}\big(F^{(r)\prime} + \nabla\hat{\mu}\cdot\nabla\boldsymbol{u}_{(r)} + \nabla(\hat{\mu}+\hat{\lambda})\mathrm{div}\boldsymbol{u}_{(r)} - \nabla(\widehat{G}\theta_{(r)})\big)。\end{aligned}$$

用ν点乘(8.5.9)即得

$$\begin{aligned}&\frac{1}{h}(\nabla_{(\nu)} z_{(r)} - \nabla_{(\nu)} z'_{(r)}) + \frac{\widehat{B}_\rho\hat{\rho}^2\overline{\Theta}}{\hat{\mu}+\hat{\lambda}}\nabla_{(\nu)} z'_{(r)}\\ &= -\frac{\widehat{B}_\rho\hat{\rho}\hat{\mu}}{2\hat{\mu}+\hat{\lambda}}\nu\cdot(\nabla\times\nabla\times\boldsymbol{u}_{(r)}) + \nabla_{(\nu)}(\widehat{B}_\rho E^{(r)}) + \nu\cdot\mathcal{X}^{(r)}。\end{aligned} \tag{8.5.10}$$

引理 8.5.2　令$r = 1,\cdots,m(v)$，则存在C_7，ε_4和$h_4 > 0$，$\varepsilon_4 < \varepsilon_3$，$h_4 \leqslant h_3$，使得对所有$\varepsilon\in(0,\varepsilon_4]$和$h\in(0,h_4)$，

$$\begin{aligned}&\frac{1}{h}(\|\nabla_{(\nu)} z_{(r)}\|^2 - \|\nabla_{(\nu)} z'_{(r)}\|^2) + \|\nabla_{(\nu)} z'_{(r)}\|^2\\ &\leqslant C_7\varepsilon^{-1}a + C_7(\|F\|^2 + \|(\boldsymbol{u},\theta)\|_{1,2}^2 + \|\nabla_{(r)}\boldsymbol{u}_{(r)}\|_{1,2}^2 + \|\sigma'\|^2)\\ &\quad + C_7 a^{(s)}\|\sigma'\|_{1,2}^2 + C_7 N。\end{aligned} \tag{8.5.11}$$

证明　令$r\geqslant 1$。用$\nabla_{(\nu)} z_{(r)}$和(8.5.10)在$L^2(\Omega)$作内积可得

$$\begin{aligned}&\int_\Omega \frac{1}{h}(\nabla_{(\nu)} z_{(r)} - \nabla_{(\nu)} z'_{(r)})\nabla_{(\nu)} z_{(r)}\mathrm{d}x + \int_\Omega \frac{\widehat{B}_\rho\hat{\rho}^2\overline{\Theta}}{\hat{\mu}+\hat{\lambda}}\nabla_{(\nu)} z'_{(r)}\nabla_{(\nu)} z_{(r)}\\ &= -\int_\Omega \frac{\widehat{B}_\rho\hat{\rho}\hat{\mu}}{2\hat{\mu}+\hat{\lambda}}\nu\cdot(\nabla\times\nabla\times\boldsymbol{u}_{(r)})\nabla_{(\nu)} z_{(r)}\mathrm{d}x + \int_\Omega \nabla_{(\nu)}(\widehat{B}_\rho E^{(r)})\nabla_{(\nu)} z_{(r)}\mathrm{d}x\\ &\quad + \int_\Omega \nu\cdot\mathcal{X}^{(r)}\nabla_{(\nu)} z_{(r)}\mathrm{d}x =: \sum_{i=8}^{10} I_i。\end{aligned} \tag{8.5.12}$$

下面估计上式右边三项。

易看出

$$\nu\cdot(\nabla\times\nabla\times\boldsymbol{u}_{(r)})=\sum_{i,j=1}^{N}\sum_{\alpha=1}^{N-1}a_{\alpha j}^{i}\frac{\partial^2 u_{(r)}^{i}}{\partial_{y_\alpha}\partial_{y_j}}+\sum_{i,j=1}^{N}a_j^i\frac{\partial u_{(r)}^i}{\partial_{y_j}},\tag{8.5.13}$$

其中系数$a_{\alpha j}^{i}$，a_j^i为有界函数。因此，

$$\|\nu\cdot(\nabla\times\nabla\times\boldsymbol{u}_{(r)})\|^2\leqslant C_7'(\|\boldsymbol{u}_{(r)}\|_{1,2}^2+\|\nabla_{(r)}\boldsymbol{u}_{(r)}\|_{1,2}^2)。$$

从而

$$I_8\leqslant C_7'(\|\boldsymbol{u}\|_{1,2}^2+\|\nabla_{(r)}\boldsymbol{u}_{(r)}\|_{1,2}^2)+R\|\nabla_{(\nu)}z_{(r)}'\|^2/4,$$

其中$R>0$为引理8.4.3中常数。类似于(8.4.8)，可以推出

$$I_9\leqslant\frac{1}{8h}\|\nabla_{(\nu)}z_{(r)}-\nabla_{(\nu)}z_{(r)}'\|^2+C_6'a^{(s)}\|\sigma'\|_{1,2}^2+C_6'\varepsilon^{-1}a+C_6'N。$$

等式(8.5.12)中的最后一个积分项I_{10}可如下估计：

$$\begin{aligned}I_{10}\leqslant&\|\nabla_{(\nu)}z_{(r)}-\nabla_{(r)}z_{(r)}'\|^2/8h\\&+C_7'(\|F\|^2+\|(\boldsymbol{u},\theta)\|_{1,2}^2+\|\sigma'\|^2)+R\|\nabla_{(\nu)}z_{(r)}'\|^2/4。\end{aligned}$$

把关系式(8.4.19)应用到(8.5.12)的左边两项，并使用上述三个估计，以及选择合适的ε_4 和h_4，即可得所要结论。 □

引理 8.5.3 *令$r=1,\cdots,m(v)$，则存在$C_8>0$，使得*

$$\begin{aligned}&\|\nabla_{(\nu)}\mathrm{div}\boldsymbol{u}_{(r)}\|^2\\&\leqslant C_8(\|F\|^2+\|(\boldsymbol{u},\theta)\|_{1,2}^2+\|\nabla_{(r)}\boldsymbol{u}_{(r)}\|_{1,2}^2+\|\sigma'\|^2+\|\nabla_{(\nu)}z_{(r)}'\|^2)。\end{aligned}\tag{8.5.14}$$

证明 令$r\geqslant1$。用$\nu\nabla_{(\nu)}\mathrm{div}\boldsymbol{u}_{(r)}$和(8.5.8)在$L^2(\Omega)$内作内积，并对所得积分等式的右边项进行估计，即可推出所要结论。 □

引理 8.5.4 *存在常数$C_9>0$，使得*

$$\begin{aligned}\|\boldsymbol{u}\|_{2,2}^2+\|\sigma'\|_{1,2}^2\leqslant C_9(&\|\mathcal{F}\|^2+\|(\boldsymbol{u},\theta)\|_{1,2}^2+\sum_{r=0}^{m(v)}\|\nabla_{(r)}\boldsymbol{u}_{(r)}\|_{1,2}^2+\|\sigma'\|^2\\&+\sum_{r=1}^{m(v)}\|\nabla_{(\nu)}\mathrm{div}\boldsymbol{u}_{(r)}\|^2)。\end{aligned}\tag{8.5.15}$$

证明 将$(8.2.10)_1$改写为关于$\hat{\mu}\boldsymbol{u}$ 和$\overline{\Theta}\hat{\rho}z'$的Stokes问题:

$$\begin{cases} -\Delta(\hat{\mu}\boldsymbol{u})+\overline{\Theta}\nabla(\hat{\rho}z') \\ =\mathcal{F}-\nabla(\widehat{G}\theta)+\nabla((\hat{\lambda}+\hat{\mu})\mathrm{div}\boldsymbol{u})+\mathrm{div}(\boldsymbol{u}\otimes\nabla\hat{\mu})+\overline{\Theta}\nabla(\hat{\rho}z'), \\ \mathrm{div}(\hat{\mu}\boldsymbol{u})=\mathrm{div}(\hat{\mu}\boldsymbol{u}), \\ (\hat{\mu}\boldsymbol{u})|_{\partial\Omega}=0。\end{cases}$$

由Stokes问题的正则性理论可知

$$\|\boldsymbol{u}\|_{2,2}^2+\|\nabla(\hat{\rho}\hat{z}')\|^2\leqslant C_9'(\|\mathcal{F}\|^2+\|\theta\|_{1,2}^2+\|\mathrm{div}\boldsymbol{u}\|_{1,2}^2+\|\sigma'\|^2)。\tag{8.5.16}$$

利用局部坐标系(y_1,y_2,y_3)中的$\mathrm{div}\boldsymbol{u}_{(r)}$，$\nabla_{(r)}\boldsymbol{u}_{(r)}$和$\nabla_{(\nu)}\mathrm{div}\boldsymbol{u}_{(r)}$的显示表达式，易知$\|\mathrm{div}\boldsymbol{u}\|_{1,2}^2$ 可被

$$\sum_{r=0}^{m(v)}\|\nabla_{(r)}\boldsymbol{u}_{(r)}\|_{1,2}^2+\sum_{r=1}^{m(v)}\|\nabla_{(\nu)}\mathrm{div}\boldsymbol{u}_{(r)}\|^2+\|\boldsymbol{u}\|_{1,2}^2$$

所控制。此外，由范数的等价性(8.2.14) 可知，范数$\|\sigma'\|^2+\|\nabla(\hat{\rho}z')\|^2$ 和$\|\sigma'\|_{1,2}^2$ 在$\overline{H}^1(\Omega)$ 空间中等价。

利用上面两个事实以及引理8.4.2，就可从(8.5.16)推出所要结论。 □

用$\nabla_{(r)}$作用在方程组(8.5.2)和(8.5.3)上即得

$$\begin{aligned}&-\mathrm{div}(\hat{\mu}\nabla\nabla_{(r)}^2\boldsymbol{u}_{(r)})-\nabla\left((\hat{\lambda}+\hat{\mu})\mathrm{div}\nabla_{(r)}^2\boldsymbol{u}_{(r)}\right)+\overline{\Theta}\hat{\rho}\nabla(\widehat{B}_\rho\nabla_{(r)}^2\sigma_{(r)}') \\ &\quad=F_{(r,r)}^{(r)},\end{aligned}\tag{8.5.17}$$

$$\frac{1}{h}(\nabla_{(r)}^2\sigma_{(r)}-\nabla_{(r)}^2\sigma_{(r)}')+\mathrm{div}(\hat{\rho}\nabla_{(r)}^2\boldsymbol{u}_{(r)})=E_{(r,r)}^{(r)}+\nabla_{(r)}^2E^{(r)},\tag{8.5.18}$$

其中

$$\begin{aligned}F_{(r,r)}^{(r)}:=&\nabla_{(r)}F_{(r)}^{(r)}+\mathrm{div}(\nabla_{(r)}\hat{\mu}\nabla\nabla_{(r)}\boldsymbol{u}_{(r)})+\nabla(\nabla_{(r)}(\hat{\mu}+\hat{\lambda})\mathrm{div}\nabla_{(r)}\boldsymbol{u}_{(r)}) \\ &-\overline{\Theta}\nabla_{(r)}^2\nabla(\widehat{G}\theta_{(r)})-\overline{\Theta}\nabla_{(r)}\hat{\rho}\nabla(\widehat{B}_\rho\nabla_{(r)}\sigma_{(r)}')-\overline{\Theta}\hat{\rho}\nabla(\nabla_{(r)}\widehat{B}_\rho\nabla_{(r)}\sigma_{(r)}') \\ &-\mathrm{div}(\hat{\mu}\nabla\nabla_{(r)}a_r\cdot(\nabla_{(r)}\boldsymbol{u}_{(r)})_N)-\nabla\nabla_{(r)}a_r\cdot(\hat{\mu}\nabla\nabla_{(r)}\boldsymbol{u})_N \\ &-\nabla((\hat{\mu}+\hat{\lambda})(\nabla_{(r)}\boldsymbol{u}_{(r)})_N\cdot\nabla\nabla_{(r)}a_r)-((\hat{\mu}+\hat{\lambda})\mathrm{div}\nabla_{(r)}\boldsymbol{u}_{(r)})_N\nabla\nabla_{(r)}a_r \\ &-\overline{\Theta}\hat{\rho}(\widehat{B}_\rho\nabla_{(r)}\sigma_{(r)}')_N\nabla\nabla_{(r)}a_r, \\ E_{(r,r)}^{(r)}:=&\nabla_{(r)}E_{(r)}^{(r)}-\mathrm{div}(\nabla_{(r)}\hat{\rho}\nabla_{(r)}\boldsymbol{u}_{(r)})+(\hat{\rho}\nabla_{(r)}\boldsymbol{u}_{(r)})_N\cdot\nabla\nabla_{(r)}a_r。\end{aligned}$$

引理 8.5.5 存在C_{10}，ε_5和$h_5>0$，$\varepsilon_5\leqslant\varepsilon_4$，$h_5\leqslant h_4$，使得对所有$h\in(0,h_5]$和$\varepsilon\in(0,\varepsilon_5]$，有

$$\sum_{r=0}^{m(v)}\Big(\|\nabla_{(r)}^2\boldsymbol{u}_{(r)}\|_{1,2}^2+\frac{\overline{\Theta}}{2h}(\|\widehat{B}_\rho^{1/2}\nabla_{(r)}^2\sigma_{(r)}\|^2-\|\widehat{B}_\rho^{1/2}\nabla_{(r)}^2\sigma'_{(r)}\|^2)\Big)\leqslant C_{10}N$$
$$+C_{10}(\|F\|_{1,2}^2+\|(\boldsymbol{u},\theta)\|_{2,2}^2+\|\sigma'\|_{1,2}^2)+C_{10}\varepsilon^{-1}a+C_{10}a^{(s)}\|\sigma'\|_{2,2}^2。\tag{8.5.19}$$

证明 用$\nabla_{(r)}^2\boldsymbol{u}_{(r)}$和$\overline{\Theta}\widehat{B}_\rho\nabla_{(r)}^2\sigma_{(r)}$分别与(8.5.17)和(8.5.18)在$L^2(\Omega)$作内积，并对所得积分等式相加。由于$\nabla_{(r)}^2\boldsymbol{u}_{(r)}|_{\partial\Omega}=0$，类似于引理8.5.1的证明，就可从相加的积分等式中推导出所要结论。 □

由(8.5.2)可得

$$\begin{aligned}&-(\hat{\lambda}+2\hat{\mu})\nabla\mathrm{div}_{(r)}\boldsymbol{u}_{(r)}+\overline{\Theta}\hat{\rho}\nabla\nabla_{(r)}(\widehat{B}_\rho\sigma'_{(r)})\\&=-\hat{\mu}(\nabla\times\nabla\times\nabla_{(r)}\boldsymbol{u}_{(r)})+F_{(r)}^{(r)\prime},\end{aligned}\tag{8.5.20}$$

其中

$$F_{(r)}^{(r)\prime}=F_{(r)}^{(r)}+\nabla(\hat{\lambda}+\hat{\mu})\mathrm{div}\nabla_{(r)}\boldsymbol{u}_{(r)}+\nabla\hat{\mu}\cdot\nabla\nabla_{(r)}\boldsymbol{u}_{(r)}+\overline{\Theta}\hat{\rho}\nabla(\nabla_{(r)}\widehat{B}_\rho\sigma'_{(r)})。$$

用$\widehat{B}_\rho$乘以$(8.5.1)_1$，再用$\nabla\nabla_{(r)}$作用在所得的等式上即可看出

$$\begin{aligned}&\frac{1}{h}(\nabla\nabla_{(r)}z_{(r)}-\nabla\nabla_{(r)}z'_{(r)})+\widehat{B}_\rho\hat{\rho}\nabla\mathrm{div}(\nabla_{(r)}\boldsymbol{u}_{(r)})\\&=\nabla\nabla_{(r)}(\widehat{B}_\rho E^{(r)})+\mathcal{X}_{(r)}^{(r)},\end{aligned}\tag{8.5.21}$$

其中

$$\begin{aligned}\mathcal{X}_{(r)}^{(r)}=&-\nabla\nabla_{(r)}(\widehat{B}_\rho\hat{\rho}\boldsymbol{u}\cdot\nabla\varphi_{(r)})-\nabla(\nabla_{(r)}(\widehat{B}_\rho\nabla\hat{\rho}\cdot\boldsymbol{u}_{(r)}))-\nabla(B_\rho\hat{\rho})\mathrm{div}\nabla_{(r)}\boldsymbol{u}_{(r)}\\&-\nabla(\nabla_{(r)}(\widehat{B}_\rho\hat{\rho})\mathrm{div}\boldsymbol{u}_{(r)})+\nabla(\widehat{B}_\rho\hat{\rho}\boldsymbol{u}_{(r),N}\cdot\nabla\nabla_{(r)}a_r)。\end{aligned}$$

然后，利用(8.5.20)计算出$\nabla\mathrm{div}\nabla_{(r)}\boldsymbol{u}_{(r)}$的表达式，并将此表达式代入(8.5.21)，类似于(8.4.15)可推出

$$\begin{aligned}&\frac{1}{h}(\nabla\nabla_{(r)}z_{(r)}-\nabla\nabla_{(r)}z'_{(r)})+\frac{\widehat{B}_\rho\hat{\rho}^2\overline{\Theta}}{2\hat{\mu}+\hat{\lambda}}\nabla\nabla_{(r)}z'_{(r)}\\&=\mathcal{X}_{(r)}^{(r)\prime}+\nabla\nabla_{(r)}(\widehat{B}_\rho E^{(r)})-\frac{\widehat{B}_\rho\hat{\rho}^2\hat{\mu}}{2\hat{\mu}+\hat{\lambda}}\nabla\times\nabla\times\nabla_{(r)}\boldsymbol{u}_{(r)},\end{aligned}\tag{8.5.22}$$

其中

$$\mathcal{X}_{(r)}^{(r)\prime}:=\mathcal{X}_{(r)}^{(r)}+\frac{\widehat{B}_\rho\hat{\rho}}{2\hat{\mu}+\hat{\lambda}}F_{(r)}^{(r)\prime}。$$

则有下述结论。

引理 8.5.6 令$1 \leqslant r \leqslant m(v)$，则存在$C_{11}$，$\varepsilon_6$和$h_6$，$\varepsilon_6 \leqslant \varepsilon_5$，$h_6 \leqslant h_5$，使得对所有$h \in (0, h_6]$和$\varepsilon \in (0, \varepsilon_6]$，

$$\begin{aligned}&\frac{1}{2h}(\|\nabla_{(\nu)}\nabla_{(r)}z_{(r)}\|^2 - \|\nabla_{(\nu)}\nabla_{(r)}z'_{(r)}\|^2) + \|\nabla_{(\nu)}\nabla_{(r)}z'_{(r)}\|^2\\ &\leqslant C_{11}(\|F\|_{1,2}^2 + \|(\boldsymbol{u},\theta)\|_{2,2}^2 + \|\nabla_{(r)}^2\boldsymbol{u}_{(r)}\|_{1,2}^2 + \|\sigma'\|_{1,2}^2)\\ &\quad + C_{11}\varepsilon^{-1}a + C_{11}a^{(s)}\|\sigma'\|_{2,2}^2 + C_{11}N。\end{aligned} \tag{8.5.23}$$

证明 用$\nu\nabla_{(\nu)}\nabla_{(r)}z_{(r)}$和(8.5.22)在$L^2(\Omega)$作内积，类似于引理8.5.2的推导，易得所要结论。 □

引理 8.5.7 令$1 \leqslant r \leqslant m(v)$，则存在$C_{12}$，使得

$$\begin{aligned}\|\nabla_{(\nu)}\mathrm{div}\nabla_{(r)}\boldsymbol{u}_{(r)}\|^2 \leqslant\ & C_{12}(\|F\|_{1,2}^2 + \|(\boldsymbol{u},\theta)\|_{2,2}^2 + \|\nabla_{(r)}^2\boldsymbol{u}_{(r)}\|_{1,2}^2\\ & + \|\sigma'\|_{1,2}^2 + \|\nabla_{(\nu)}\nabla_{(r)}z'_{(r)}\|^2)。\end{aligned} \tag{8.5.24}$$

证明 令$r \geqslant 1$。用$\nu\nabla_{(\nu)}\mathrm{div}\nabla_{(r)}z_{(r)}$ 和(8.5.8)在$L^2(\Omega)$作内积，然后类似于引理8.5.3的证明即可得所要结论。 □

将(8.5.2)和边值条件$\nabla_{(r)}\boldsymbol{u}_{(r)}|_{\partial\Omega} = 0$改写成关于$\overline{\Theta}\hat{\rho}\widehat{B}_\rho\nabla_{(r)}\sigma'_{(r)}$和$\hat{\mu}\nabla_{(r)}\boldsymbol{u}_{(r)}$的Stokes问题：

$$\begin{cases} -\Delta(\hat{\mu}\nabla_{(r)}\boldsymbol{u}_{(r)}) + \overline{\Theta}(\hat{\rho}\widehat{B}_\rho\nabla_{(r)}\sigma'_{(r)}) = \nabla((\hat{\lambda}+\hat{\mu})\mathrm{div}\nabla_{(r)}\boldsymbol{u}_{(r)})\\ \quad + F_{(r)}^{(r)} + \mathrm{div}(\nabla\hat{\mu}\cdot\nabla_{(r)}\boldsymbol{u}_{(r)}) + \overline{\Theta}\widehat{B}_\rho\nabla\hat{\rho}\nabla_{(r)}\sigma'_{(r)},\\ \mathrm{div}(\hat{\mu}\nabla_{(r)}\boldsymbol{u}_{(r)}) = \mathrm{div}(\hat{\mu}\nabla_{(r)}\boldsymbol{u}_{(r)}),\\ (\hat{\mu}\nabla_{(r)}\boldsymbol{u}_{(r)})|_{\partial\Omega} = 0。\end{cases} \tag{8.5.25}$$

则下列估计成立。

引理 8.5.8 存在正常数C_{13}满足：

$$\begin{aligned}&\sum_{r=0}^{m(v)}(\|\nabla_{(r)}\boldsymbol{u}_{(r)}\|_{2,2}^2 + \|\nabla(\hat{\rho}\widehat{B}_\rho\nabla_{(r)}\sigma'_{(r)})\|^2) \leqslant C_{13}\Bigg(\|F\|_{1,2}^2 + \|(\boldsymbol{u},\theta)\|_{2,2}^2 + \|\sigma'\|_{1,2}^2\\ &+ \sum_{r=0}^{m(v)}(\|\nabla_{(r)}^2\boldsymbol{u}_{(r)}\|_{1,2}^2 + \mathcal{S}(r)\|\nabla_{(\nu)}\mathrm{div}\nabla_{(r)}\boldsymbol{u}_{(r)}\|^2)\Bigg),\end{aligned} \tag{8.5.26}$$

其中$\mathcal{S}(0) = 0$，以及对于$r > 0$，$\mathcal{S}(r) = 1$。

证明 应用Stokes问题的正则性理论，可从(8.5.25) 推出

$$\begin{aligned}\|\nabla_{(r)}\boldsymbol{u}_{(r)}\|_{2,2}^2 + \overline{\Theta}\|\nabla(\hat{\rho}\widehat{B}_\rho\nabla_{(r)}\sigma'_{(r)})\|^2 \leqslant\ & C'_{13}(\|F_{(r)}^{(r)}\|_{1,2}^2 + \|\boldsymbol{u}\|_{2,2}^2\\ & + \|\sigma'\|_{1,2}^2 + \|\mathrm{div}\nabla_{(r)}\boldsymbol{u}_{(r)}\|_{1,2}^2)。\end{aligned} \tag{8.5.27}$$

注意到

$$\|\mathrm{div}\nabla \boldsymbol{u}_{(0)}\|_{1,2}^2 \leqslant \|\nabla^2 \boldsymbol{u}_{(0)}\|_{1,2}^2 + \|\boldsymbol{u}\|_{2,2}^2,$$

$$\|\mathrm{div}\nabla_{(r)} \boldsymbol{u}_{(r)}\|_{1,2}^2 \leqslant \|\nabla_{(\nu)}\mathrm{div}\nabla_{(r)} \boldsymbol{u}_{(r)}\|^2 + \|\nabla_{(r)}^2 \boldsymbol{u}_{(r)}\|_{1,2}^2 + \|\boldsymbol{u}\|_{2,2}^2, \qquad r \geqslant 1。$$

将上面两个估计代入(8.5.27)即得所要结论。 □

用ν乘以(8.5.8)，然后用∇作用在所得等式上，可得

$$-(\hat{\lambda} + 2\hat{\mu})\nabla\nabla_{(\nu)}\mathrm{div}\boldsymbol{u}_{(r)} = -\hat{\mu}\nabla(\nu \cdot (\nabla \times \nabla \times \boldsymbol{u}_{(r)})) + F_{(r)}^{(r)\prime\prime}, \tag{8.5.28}$$

其中

$$\begin{aligned} F^{(r)\prime\prime} :=& \nabla(\nu \cdot F^{(r)\prime}) + \nabla(\overline{\Theta}\hat{\rho}\nabla_{(\nu)}(\widehat{B}_\rho \sigma'_{(r)})) \\ &- \nabla\mu\nu \cdot (\nabla \times \nabla \times \boldsymbol{u}_{(r)}) + \nabla(\hat{\lambda} + 2\hat{\mu})\nu \cdot \nabla\mathrm{div}\boldsymbol{u}_{(r)}。\end{aligned}$$

引理 8.5.9 *存在正常数C_{14}，使得下式成立：*

$$\begin{aligned}\sum_{r=1}^{m(v)} \|\nabla_{(\nu)}\mathrm{div}\boldsymbol{u}_{(r)}\|_{2,2}^2 \leqslant C_{14}\Bigg(&\|F\|_{1,2}^2 + \|(\boldsymbol{u},\theta)\|_{2,2}^2 + \|\sigma'\|_{1,2}^2 \\ &+ \sum_{r=1}^{m(v)} \|\nabla_{(r)}\boldsymbol{u}_{(r)}\|_{2,2}^2 + \|\Delta z'\|^2 + \sum_{r=0}^{m(v)} \|\nabla(\hat{\rho}\widehat{B}_\rho\nabla_{(r)}\sigma'_{(r)})\|^2\Bigg)。\end{aligned} \tag{8.5.29}$$

证明 用$\nabla\nabla_{(r)}\mathrm{div}\boldsymbol{u}_{(r)}$ 与(8.5.28)在$L^2(\Omega)$内作内积，并对r从1到$m(v)$联加，使用关系式(8.5.13)，则可推出

$$\begin{aligned}&\sum_{r=1}^{m(v)} \|\nabla_{(\nu)}\mathrm{div}\boldsymbol{u}_{(r)}\|_{1,2}^2 \\ &\quad \leqslant C_{14}\left(\|F\|_{1,2}^2 + \|(\boldsymbol{u},\theta)\|_{2,2}^2 + \|\sigma'\|_{2,2}^2 + \sum_{r=1}^{m(v)} \|\nabla_{(r)}\boldsymbol{u}_{(r)}\|_{2,2}^2\right)。\end{aligned} \tag{8.5.30}$$

注意在$\overline{H}^2(\Omega)$中，

$$\text{范数}\|\sigma'\|_{1,2}^2 + \|\Delta z'\|^2 + \sum_{r=0}^{m(v)} \|\nabla(\hat{\rho}\widehat{B}_\rho\nabla_{(r)}\sigma'_{(r)})\|^2 \text{ 和范数 } \|\sigma'\|_{2,2}^2\text{等价，}$$

从而将上述等价关系代入(8.5.30)即得所要估计。 □

将$(8.5.1)_1$改写成关于$\hat{\mu}\boldsymbol{u}_{(r)}$和$\overline{\Theta}\hat{\rho}\widehat{B}_\rho\sigma'_{(r)}$的Stokes问题：

$$\begin{cases} -\Delta(\hat{\mu}\boldsymbol{u}_{(r)}) + \overline{\Theta}\nabla(\hat{\rho}\widehat{B}_\rho\sigma'_{(r)}) = F^{(r)\prime\prime\prime} + \nabla((\hat{\lambda}+\hat{\mu})\mathrm{div}\boldsymbol{u}_{(r)}), \\ \mathrm{div}(\hat{\mu}\boldsymbol{u}_{(r)}) = \mathrm{div}(\hat{\mu}\boldsymbol{u}_{(r)}), \\ \hat{\mu}\boldsymbol{u}_{(r)}|_{\partial\Omega} = 0, \end{cases} \tag{8.5.31}$$

其中

$$F^{(r)'''} = F^{(r)} - \nabla(\widehat{G}\theta_{(r)}) + \overline{\Theta}\nabla\hat{\rho}\widehat{B}_\rho\sigma'_{(r)} + \mathrm{div}(\nabla\hat{\mu}\boldsymbol{u}_{(r)})。$$

则可建立下列估计：

引理 8.5.10 存在正常数C_{15}，使得

$$\begin{aligned}\|\boldsymbol{u}\|_{3,2}^2 + \|\sigma'\|_{2,2}^2 \leqslant C_{15}(&\|F\|_{1,2}^2 + \|(\boldsymbol{u},\theta)\|_{2,2}^2 + \|\sigma'\|_{1,2}^2 \\ &+ \sum_{r=1}^{m(v)}(\mathcal{S}(r)\|\nabla_{(\nu)}\mathrm{div}\boldsymbol{u}_{(r)}\|_{1,2}^2 + \|\nabla_{(r)}\boldsymbol{u}_{(r)}\|_{2,2}^2)),\end{aligned} \tag{8.5.32}$$

其中$\mathcal{S}(r)$定义见引理8.5.8。

证明　令$r \geqslant 1$。由Stokes问题的正则性理论知

$$\|\boldsymbol{u}_{(r)}\|_{3,2}^2 + \|\nabla(\hat{\rho}\widehat{B}_\rho\sigma'_{(r)})\| \leqslant C'_{15}(\|F^{(r)'''}\|_{1,2}^2 + \|\mathrm{div}\boldsymbol{u}_{(r)}\|_{2,2}^2)。 \tag{8.5.33}$$

利用$\mathrm{div}\boldsymbol{u}_{(r)}$，$\nabla_{(\nu)}\mathrm{div}\boldsymbol{u}_{(r)}$和$\nabla_{(r)}^2\boldsymbol{u}_{(r)}$在局部坐标系$(y_1,y_2,y_3)$中的表达式，易得

$$\|\mathrm{div}\boldsymbol{u}_{(r)}\|_{2,2}^2 \leqslant C'_{16}(\mathcal{S}(r)\|\nabla_{(\nu)}\mathrm{div}\boldsymbol{u}_{(r)}\|_{1,2}^2 + \|\nabla_{(r)}^2\boldsymbol{u}_{(r)}\|_{1,2}^2 + \|\boldsymbol{u}\|_{2,2}^2)。$$

此外，范数$\|\sigma'\|^2 + \sum_{r=0}^{m(v)}\|\nabla(\hat{\rho}\widehat{B}_\rho\sigma'_{(r)})\|_{1,2}^2$和范数$\|\mathrm{div}\boldsymbol{u}_{(r)}\|_{2,2}^2$在$\overline{H}^2$空间中等价。

利用上述两个事实以及引理8.4.2，即可从(8.5.33)推出所要估计。 □

综合利用引理8.4.1–8.4.5和8.5.1–8.5.9的结果，即可得下述结论。

引理 8.5.11 存在正常数ε, h, E'和E_0，其中$E' \leqslant (2\gamma)^{-1}\min_{x\in\overline{\Omega}}\{\hat{\rho}, \overline{\overline{\Theta}}\}$，$\gamma$为引理8.3.3中的正常数，满足：如果

$$\|\boldsymbol{b}\|_{1,2}^2 + \|g\|^2 + \|\overline{\overline{\Theta}} - \overline{\Theta}\|_{2,2}^2 + \|\bar{\boldsymbol{v}}\|_{3,2}^2 \leqslant E_0, \tag{8.5.34}$$

则

$$\mathcal{N}K_{(E')} \subset K_{(E')},$$

其中$K_{(E')} := \{(\boldsymbol{u}',\theta',\sigma') \in V \mid \|(\boldsymbol{u}',\theta',\sigma')\|_V^2 \leqslant E'\}$为$V$中的球。

证明　首先可计算出

$$\begin{aligned}&(8.4.3) + \delta_1(8.4.9) + \delta_2(8.5.5) + \sum_{r=1}^{m(v)}\Big(\delta_3(8.5.11)_{(r)} + \delta_4(8.5.14)_{(r)}\Big) \\ &+ \delta_5((8.4.20) + (8.5.15)) + \delta_6(8.4.17) + \delta_7(8.5.19) \\ &+ \sum_{r=1}^{m(v)}(\delta_8(8.5.23) + \delta_9(8.5.24)) + \delta_{10}(8.5.26) \\ &+ \sum_{r=1}^{m(v)}\delta_{11}(8.5.29) + \delta_{12}(8.5.32),\end{aligned} \tag{8.5.35}$$

其中$\delta_1, \cdots, \delta_{12} > 0$满足

$$\begin{aligned}
&\delta_1 C_2 \leqslant 1/8，\delta_2 C_6 \leqslant \min\{1/8, \delta_1/8\}，\delta_3 C_7 m(v) \leqslant \min\{1/8, \delta_1/8, \delta_2/8\}，\\
&\delta_4 C_8 m(v) \leqslant \min\{1/8, \delta_1/8, \delta_2/8, \delta_3/8\}，\\
&\delta_5 (C_4 + C_9) \leqslant \min\{1/8, \delta_1/8, \delta_2/8, \delta_4/8\}，\\
&\delta_6 C_3 \leqslant \delta_5/8，\delta_7 C_{10} \leqslant \delta_5/8，\delta_8 C_{11} m(v) \leqslant \min\{\delta_5/8, \delta_7/8\}，\\
&\delta_9 C_{12} m(v) \leqslant \min\{\delta_5/8, \delta_7/8, \delta_8/8\}，\delta_{10} C_{13} \leqslant \min\{\delta_5/8, \delta_7/8, \delta_9/8\}，\\
&\delta_{11} C_{14} m(v) \leqslant \min\{\delta_5/8, \delta_6/8, \delta_{10}/8\}，\delta_{12} C_{15} \leqslant \min\{\delta_5/8, \delta_{10}/8, \delta_{11}/8\}。
\end{aligned}$$

记

$$\begin{aligned}
]\sigma[_2^2 := &\overline{\Theta}\|\widehat{B}_\rho^{1/2}\sigma\|^2 + \delta_6\|\Delta z\|^2 + \sum_{r=0}^{m(v)} (\delta_2 \overline{\Theta}\|\widehat{B}_\rho^{1/2}\nabla_{(r)}\delta_{(r)}\|^2 + \delta_7 \overline{\Theta}\|\widehat{B}_\rho^{1/2}\nabla_{(r)}^2 \sigma_{(r)}\|^2)\\
&+ \sum_{r=1}^{m(v)} (2\delta_3\|\nabla_{(\nu)} z_{(r)}\|^2 + \delta_8\|\nabla_{(\nu)}\nabla_{(r)} z_{(r)}\|^2)，
\end{aligned}$$

则上述范数在$\overline{H}^2(\Omega)$中与$\|\sigma\|_{2,2}^2$是等价的。因此，由(8.5.35)推出

$$\begin{aligned}
\|\boldsymbol{u}\|_{3,2}^2 + \|\theta\|_{2,2}^2 + \frac{1}{2h}(]\sigma[_2^2 -]\sigma'[_2^2) \leqslant\ & C'_{17}(\|F\|_{1,2}^2 + \|\mathcal{G}\|^2)\\
&+ C'_{17}\varepsilon^{-1}a + C'_{17}a^{(s)}\|\sigma'\|_{2,2}^2 + C'_{17}N。
\end{aligned} \tag{8.5.36}$$

令$E' > 0$以及

$$\|(\boldsymbol{u}', \theta', \sigma')\|_V^2 \leqslant E'。 \tag{8.5.37}$$

在随后的推导中，K_i（$1 \leqslant i \leqslant 4$）表示依赖于(8.4.2)的系数，且当$E' \to \infty$时，$K_i(E')$是有界的。选择$\varepsilon_0 \in (0, \varepsilon_6]$以及$\overline{E}_0 > 0$，使得

$$C'_{17}a^{(s)}(\varepsilon_0, \overline{E}_0^{1/2}) \leqslant 1/2。$$

由引理8.3.3，引理8.4.5，(8.3.3)和(8.5.36)知，存在K_1，$K_2 > 0$，使得对于任意$E_0 \in (0, \overline{E}_0]$，

$$\|\boldsymbol{u}\|_{3,2}^2 + \|\theta\|_{2,2}^2 + \eta]\sigma[_2^2 \leqslant a + \alpha(\|\boldsymbol{u}'\|_{3,2}^2 + \|\theta'\|_{2,2}^2 + \eta]\sigma'[_2^2)， \tag{8.5.38}$$

其中

$$\begin{aligned}
&\eta = 1/2h - K_1(E_0^{1/2} + E'^{1/2})，\ a = K_2(1 + \varepsilon_0^{-1})E_0，\\
&\alpha = K_2(E_0 + E')，\ \eta' = 1/2h - 1 - K_2(E_0 + E')。
\end{aligned} \tag{8.5.39}$$

所以，可选取某个$h \in (0, h_6]$，$E_0 \in (0, \overline{E}_0)$和$E'$，使得$0 < \eta' < \eta$。则由(8.5.38)推出

$$\|\boldsymbol{u}\|_{3,2}^2 + \|\theta\|_{2,2}^2 + \eta]\sigma[_2^2 \leqslant a + \alpha(\eta/\eta')(\|\boldsymbol{u}'\|_{3,2}^2 + \|\theta'\|_{2,2}^2 + \eta']\sigma'[_2^2)。 \tag{8.5.40}$$

因此，在(8.5.37)条件下，存在一个依赖于E_0、E'和h的正数E''，使得

$$\|\boldsymbol{u}'\|_{3,2}^2 + \|\theta'\|_{2,2}^2 + \eta]\sigma'[_2^2 \leqslant E''。$$

可以看出，对固定并且适当小的h和E'，当$E_0 \to 0$时，有

$$\alpha\eta/\eta' \to q \in (0, 1), \quad \alpha \to 0。$$

对上述取定的h和E''，存在$E_0 > 0$和$q' \in (q, 1)$满足

$$\alpha < (1 - q')E', \quad \alpha\eta/\eta' < q'。 \tag{8.5.41}$$

这就立即推出所要结论。 □

根据引理8.3.4，引理8.5.11以及Schauder不动点定理，可得出

命题 8.5.12 *存在正数ε，h，E'和E_0，其中$E' \leqslant (2\gamma)^{-1}\min_{x\in\overline{\Omega}}\{\hat{\rho}, \overline{\overline{\Theta}}\}$，$\gamma$是引理8.3.3中的正常数，使得：如果*

$$\|\boldsymbol{b}\|_{1,2}^2 + \|g\|^2 + \|\overline{\overline{\Theta}} - \overline{\Theta}\|_{2,2}^2 + \|\bar{\bar{\boldsymbol{v}}}\|_{3,2}^2 \leqslant E_0,$$

则引理8.3.4中算子$\mathcal{N}$在引理8.5.11中定义的球$K_{(E')}$内至少有一个不动点。

§8.6 定理8.1.5的证明

本节证明定理 8.1.5。由命题 8.5.12即得定理 8.1.5中关于解的存在性结论。由(8.5.40)和α的定义（见(8.5.39)），可得(8.1.18)。

为了完成定理8.1.5的证明，还需证明解的唯一性。为此，设$(\boldsymbol{u}_1, \theta_1, \sigma_1)$和$(\boldsymbol{u}_2, \theta_2, \sigma_2)$是$V$中满足边值问题(8.2.4)–(8.2.8)的解，则差$(\boldsymbol{u}_1 - \boldsymbol{u}_2, \theta_1 - \theta_2, \sigma_1 - \sigma_2)$ 满足如下方程组：

$$\begin{cases} \operatorname{div}(\hat{\rho}(\boldsymbol{u}_1 - \boldsymbol{u}_2)) + \operatorname{div}(\sigma_1(\boldsymbol{u}_1 + \bar{\bar{\boldsymbol{v}}}) - \sigma_2(\boldsymbol{u}_2 + \bar{\bar{\boldsymbol{v}}})) = 0, \\ -\nabla\cdot(\hat{\mu}\nabla(\boldsymbol{u}_1 - \boldsymbol{u}_2)) - \nabla((\hat{\mu} + \hat{\lambda})\operatorname{div}(\boldsymbol{u}_1 - \boldsymbol{u}_2)) \\ +\overline{\Theta}\hat{\rho}\nabla(\widehat{B}_\rho(\sigma_1 - \sigma_2)) + \nabla(\widehat{G}(\theta_1 - \theta_2)) = F^1 - F^2, \\ -\operatorname{div}(\widehat{\kappa}\nabla(\theta_1 - \theta_2)) + \overline{\Theta}\widehat{G}\operatorname{div}(\boldsymbol{u}_1 - \boldsymbol{u}_2) = \mathcal{G}^1 - \mathcal{G}^2, \end{cases} \tag{8.6.1}$$

其中$F^\ell = F(\boldsymbol{u}_\ell, \theta_\ell, \sigma_\ell)$，$\mathcal{G}^\ell = \mathcal{G}(\boldsymbol{u}_\ell, \theta_\ell, \sigma_\ell)$，$\ell = 1, 2$。用

$$\overline{\Theta}\widehat{B}_\rho(\sigma_1 - \sigma_2), \quad (\boldsymbol{u}_1 - \boldsymbol{u}_2) \quad 和 \quad \overline{\Theta}^{-1}(\theta_1 - \theta_2)$$

分别与$(8.6.1)_1$–$(8.6.1)_3$ 在$L^2(\Omega)$中作内积，并把所得的三个积分等式相加即得

$$\begin{aligned}&\frac{1}{2}\mu_0\|\boldsymbol{u}_1-\boldsymbol{u}_2\|_{1,2}^2+\kappa_0\|\theta_1-\theta_2\|_{1,2}^2\leqslant K_3(\|F^1-F^2\|_{-1}^2+\|\mathcal{G}^1-\mathcal{G}^2\|_{-1}^2)\\&+\left|\overline{\Theta}\int_\Omega\widehat{B}_\rho(\sigma_1-\sigma_2)\operatorname{div}(\sigma_1(\boldsymbol{u}_1+\bar{\bar{\boldsymbol{v}}})-\sigma_2(\boldsymbol{u}_2+\bar{\bar{\boldsymbol{v}}}))\mathrm{d}x\right|。\end{aligned}\tag{8.6.2}$$

再利用等式

$$\begin{aligned}p_1-p_2=&\,p_\rho(\rho_2+\xi_1(\sigma_1-\sigma_2),\Theta_2+\xi_2(\theta_1-\theta_2))(\sigma_1-\sigma_2)\\&+G(\rho_2+\xi_3(\sigma_1-\sigma_2))(\theta_1-\theta_2),\qquad 0\leqslant\xi_i\leqslant1,\end{aligned}$$

则得

$$\|\sigma_1-\sigma_2\|^2\leqslant\left(\max_{(\rho,\Theta)\in\mathcal{D}}\{p_\rho^{-1},Gp_\rho^{-1}\}\right)^2(\|\theta_1-\theta_2\|^2+\|p_1-p_2\|^2)。\tag{8.6.3}$$

注意到

$$\begin{cases}-\mu_0\Delta(\boldsymbol{u}_1-\boldsymbol{u}_2)+\nabla(p_1-p_2)=\operatorname{div}((\mu-\mu_0)\nabla(\boldsymbol{u}_1-\boldsymbol{u}_2))\\+\nabla((\mu+\lambda)\operatorname{div}(\boldsymbol{u}_1-\boldsymbol{u}_2))-(\rho_1\boldsymbol{u}_1\cdot\nabla\boldsymbol{u}_1-\rho_2\boldsymbol{u}_2\cdot\nabla\boldsymbol{u}_2),\\\operatorname{div}(\boldsymbol{u}_1-\boldsymbol{u}_2)=\operatorname{div}(\boldsymbol{u}_1-\boldsymbol{u}_2),\ (\boldsymbol{u}_1-\boldsymbol{u}_2)|_{\partial\Omega}=0,\end{cases}$$

并由Stokes问题的正则性理论，可得出

$$\|\boldsymbol{u}_1-\boldsymbol{u}_2\|_{1,2}^2+\|p_1-p_2\|^2\leqslant K_4(\|\boldsymbol{u}_1-\boldsymbol{u}_2\|_{1,2}^2+\|\theta_1-\theta_2\|_{1,2}^2+\|\sigma_1-\sigma_2\|^2)。\tag{8.6.4}$$

使用(8.6.3)，即可从(8.6.2)和(8.6.4)推出

$$\|\boldsymbol{u}_1-\boldsymbol{u}_2\|_{1,2}^2+\|\theta_1-\theta_2\|_{1,2}^2+\|p_1-p_2\|^2\leqslant0,$$

从而立即得到解的唯一性结论。

§8.7 注记

本章的主要定理8.1.5由Novotný和Padula于1991年给出[57]。该定理主要说明：对于可分解成大势力和小非势力之和的外力，非定常NSF方程组存在强解。该结果对于等熵定常NS方程组同样成立，有兴趣的读者可在Novotný和Straškraba的专著[60, 第五章]中找到有关等熵情形结果的详细介绍。文献[6, 11, 46] 讨论了方程组(8.1.1)静止解的存在性，并且在[46]中Matsumura和Padula给出了在小扰动下静止解的动力学稳定性。

参考文献

[1] Adams D R.A note on Riesz potentials.Duke Math J,1975,42:765–778.

[2] Adams D R. Morrey Spaces.Switzerland, Basel: Birkhäuser,2016.

[3] Adams R A. Sobolev Spaces. New York: Academic Press, 1975.

[4] Agmon S, Douglis A, Nirenberg L. Estimates near the boundary for solutions of elliptic partial differential equations satisfying gerneral boundary conditions. I Comm Pure Appl Math,1959,12: 623–727.

[5] Bairão da Veiga H. Boundary value problems for a class of first order partial differential equations in Sobolev spaces and applications to the Euler flow. Padova: Rend Sem Mat Univ，1988，97：247–273.

[6] Beirão da Veiga H. An L^p-theory for the N-dimensional, stationary, compressible Navier - Stokes equations, and the incompressible limit for the compressible fluids. The equilibrium solutions. Comm Math Phys，1987，109：229–248.

[7] Březina J,Novotný A. On weak solutions of steady Navier-Stokes equations for monoatomic gas. Comment Math Univ Carol，2008，49：611–632.

[8] Chen J X, Yu C H.Mathematical Analysis,Vol2. Beijing：Higher Education Press, 2004.

[9] Chiarenza F,Frasca M.Morrey spaces and Hardy－Littlewood maximal function.Rend Mat Appl VII Ser，1987，7：273–279.

[10] Choe H,Jin B.Existence of solutions of stationary compressible Navier－Stokes equations with large force.J Funct Anal，2000，177：54–88.

[11] Courant R，Friedrichs K Q.Supersonic Flow and Shock Waves.New York,1948.

[12] Diperna R J, Lions P L. On the Cauchy problem for Boltzmann equations: global existence and weak stability. Ann of Math,1989,130(2): 321–366.

[13] DiPerna R J, Lions P L. Ordinary differential equations, transport theory, and Sobolev spaces.Invent Math,1989,98: 511–547.

[14] DiPerna R J, Lions P L. On the Fokker–Planck–Boltzmann equation. Comm Math Phys, 1988, 120(1): 1–23.

[15] Dou C S, Jiang F,Jiang S, Yong Y F. Existence of strong solutions to the steady Navier–Stokes equations for a compressible heat-conductive fluid with large forces. J Math Pures Appl，2015，103：1163–1197.

[16] Dutto P, Novotný A. Physically reasonable solutions to steady compressible Navier–Stokes equations in 2d exterior domains with nonzero velocity at infinity. J Math Fluid Mech，2001，3：99–138.

[17] Elizier S, Ghatak A, Hora H. An Introduction to Equations of States, Theory and Applications. Cambridge：Cambridge University Press, 1996.

[18] Evans L C. Partial Differential Equations. Graduate Studies in Math 19. Amer Math Soc, Providence, 1998.

[19] Feireisl E, Petzeltová H. On compactness of solutions to the Navier–Stokes equations of compressible flow. J Diff Eqns，2000，163：57–75.

[20] Feireisl E. Dynamics of Viscous Compressible Fluids. Oxford Lecture Series in Mathematics and its Applications, vol26. Oxford: Oxford University Press,2004.

[21] Feireisl E. On compactness of solutions to the compressible isentropic Navier–Stokes equations when the density is not integrable. Comment Math Univ Carolinae,2001, 42: 83–98.

[22] Feireisl E. On the motion of a viscous, compressible, and heat conducting fluid. Indiana Univ Math J, 2004,53: 1707–1740.

[23] Feireisl E, Novotný A. Singular Limits in Thermodynamics of Viscous Fluids. Advances in Mathematical Fluid Mechanics. Basel: Birkhäuser, 2009.

[24] Feireisl E, Novotný A, Petzeltová H. On the existence of globally defined weak solutions to the Navier–Stokes equations. J Math Fluid Mech，2001，3: 358–392.

[25] Feireisl E, Pražák D. Asymptotic behavior of dynamical systems in fluid mechanics. AIMS, Spring-field, 2010.

[26] Frehse J, Steinhauer M, Weigant W. On stationary solutions for 2-D viscous compressible isothermal Navier–Stokes equations. J Math Fluid Mech，2010，13: 55–63.

[27] Frehse J, Steinhauer M, Weigant W. The Dirichlet problem for steady viscous compressible flow in three dimensions. J Math Pures Appl, 2012, 97: 85–97.

[28] Frehse J, Steinhauer M, Weigant W. The Dirichlet problem for viscous compressible isothermal Navier–Stokes equations in two-dimensions. Arch Ration Mech Anal,2010,198: 1–12.

[29] Frehse J, Goj S, Steinhauer M. L^p-estimates for the Navier–Stokes equations for steady compressible flow. Manuscripta Math, 2005, 116: 265–275.

[30] Galdi G P. An Introduction to the Mathematical Theory of the Navier–Stokes Equations: Steady-State Problems. New York: Springer Verlag, 2011.

[31] Gilbarg D, Trudinger N S. Elliptic Partial Differential Equations of Second Order. New York: Springer-Verlag, 1983.

[32] Gu C H, Li D Q, Chen S X, Zheng S M, Tan Y J. Mathematical Physics Equations. Beijing: Higher Education Press, 2012,48–49.

[33] Guo Y, Jiang S, Zhou C. Steady viscous compressible channel flows. SIAM J Math Anal,2015,47: 3648–3670.

[34] Jesslé D, Novotný A. Existence of renormalized weak solutions to the steady equations describing compressible fluids in barotropic regime. J Math Pures Appl, 2013, 99: 280–296.

[35] Jiang N, Masmoudi N. Low mach number limits and acoustic waves, Handbook of Mathematical Analysis in Mechanics of Viscous Fluids,edited by Giga Y,Novotny A. 2017.

[36] Jiang S, Ou Y B. Incompressible limit of the non-isentropic Navier–Stokes equations with well-prepared initial data in three-dimensional dounded damains. J Math Pures Appl,2011,96: 485–498.

[37] Jiang S, Zhang P. Global spherically symmetric solutions of the compressible isentropic Navier–Stokes equations. Comm Math Phys,2001,215: 559–581.

[38] Jiang S, Zhou C. Existence of weak solutions to the three-dimensional steady compressible Navier–Stokes equations. Ann Inst Henri Poincaré Anal Non Linéaire,2011,28: 485–498.

[39] Jun C H, Kweon J R. For the stationary compressible viscous Navier–Stokes equations with no-slip condition on a convex polygon. J Diff Eqns, 2011, 250: 2440–2461.

[40] Kellogg R B, Kweon J R. Compressible Navier–Stokes equations in a bounded domain with inflow boundary condition. SIAM J Math Anal, 1997, 28: 94–108.

[41] Kellogg R B, Kweon J R. Regularity of solutions to the Navier–Stokes equations for compressible barotropic flows on a polygon. Arch Rational Mech Anal, 2002,163: 35–64.

[42] Kweon J R. A jump discontinuity of compressible viscous flows grazing a non-convex corner. J Math Pures Appl,2013, 100: 410–432.

[43] Kellogg R B, Kweon J R. Regularity of solutions to the Navier–Stokes system for compressible flows on a polygon. SIAM J Math Anal,2004,35: 1451–1485.

[44] 李大潜，秦铁虎. 物理学与偏微分方程(上册).北京：高等教育出版社，2013.

[45] Lions P L. Mathematical Topics in Fluid Mechanics Vol2: Compressible Models. New York：Calderon Press, Oxford Science Publications, 1998.

[46] Matsumura A,Padula M.Stability of stationary flow of compressible fluids subject to large external potential forces. Stab Anal Cont Media, 1992: 2183–2202.

[47] Morrey C B. Multiple Integrals in the Calculus of Variations. Grundlehren der math.Wissenschaften, Bd 130. Berlin-Heidelberg-New York: Springer-Verlag, 1966.

[48] Mucha P B, Pokorný M. On the steady compressible Navier–Stokes–Fourier system. Comm Math Phys, 2009,288: 349–377.

[49] Mucha P B, Pokorný M. Weak solutions to equations of steady compressible heat conducting fluids. Math Models Meth Appl Sci, 2010,20: 785–813.

[50] Mucha P B, Pokorný M, Zatorska E. Existence of stationary weak solutions for the heat conducting flows,Handbook of Mathematical Analysis in Mechanics of Viscous Fluids, 2016,1–68.

[51] Nečas J. Les Methodes Directes en théorie des Équations Elliptiques. Paris: Masson and CIE,Éditeurs,1967.

[52] Novo S, Novotný A. On th existence of weak solutions to the steady compressible Navier–Stokes equations in domains with conical outlets. J Math Fluid Mech,2006,8: 187–210.

[53] Novo S, Novotný A, Pokorný M. Steady compressible Navier–Stokes equations in domains with non-compact boundaries. Math Methods Appl Sci, 2005, 28: 1445–1479.

[54] Novotný A. Some remarks about the compactness of steady compressible Navier–Stokes equations via the decomposition method. Comment Math Univ Carolinae, 1996,37:305–342.

[55] Nazarov S A, Novotný A, Pileckas K. On steady compressible Navier–Stokes equations in plane domains with corners. Math Ann,1996, 304(1): 121-150.

[56] Novotný A, Padula M. Lp approach to steady flows of viscous compressible fluids in exterior domains. Arch Rat Mech Anal,1994,126: 243–297.

[57] Novotný A, Padula M. Existence and uniqueness of stationary solutions for viscous compressible heat conductive fluid with large potential and small nonpotential external forces, Siberian Math J,1991, 34: 120–146.

[58] Novotný A, Pokorný M. Steady compressible Navier–Stokes–Fourier system for monoatomic gas and its generalizations. J Diff Eqns,2011, 251: 270–315.

[59] Novotný A,Pokorný M. Weak and variational solutions to steady equations for compressible heat conducting fluids.SIAM J Math Anal,2011, 43: 1158–1188.

[60] Novotný A, Straškraba I. Introduction to the Mathematical Theory of Compressible Flow. Oxford Lecture Series in Mathematics and its Applications, Vol27. Oxford: Oxford University Press, 2004.

[61] Pecharová P, Pokorný M. Steady compressible Navier–Stokes–Fourier system in two space dimensions.Comment Math Univ Carolin,2010, 51: 653–679.

[62] Piasecki T. Steady compressible Navier–Stokes flow in a square.J Math Anal Appl,2009, 357: 447–467.

[63] Piasecki T.On an inhomogeneous slip-inflow boundary value problem for a steady flow of a viscous compressible fluid in a cylindrical domain. J Diff Eqns, 2010, 248: 2171–2198.

[64] Piasecki T, Pokorný M. Strong solutions to the Navier–Stokes–Fourier system with slip-inflow boundary conditions. Z Angew Math Mech,2014, 94: 1035–1057.

[65] Piasecki T, Pokorný M. On steady solutions to a model of chemically reacting heat conducting compressible mixture with slip boundary conditions. arXiv:1709.06886v1 [math.AP] 19 Sep 2017.

[66] Plotnikov P I, Rubana E V, Sokolowski J. Inhomogeneous boundary value problems for compressible Navier–Stokes and transport equations. J Math Pures Appl,2009,92: 113–162.

[67] Plotnikov P I, Ruban E V, Sokolowski J. Inhomogeneous boundary value problems for compressible Navier–Stokes Equations: well-posedness and sensitivity analysis. SIAM J Math Anal, 2008,40: 1152–1200.

[68] Plotnikov P I, Sokolowski J. Concentrations of solutions to time-discretizied compressible Navier–Stokes equations. Comm Math Phy,2005, 258: 567–608.

[69] Plotnikov P I, Sokolowski J. On compactness, domain dependence and existence of steady s state solutions to compressible isothermal Navier–Stokes equations. J Math Fluid Mech,2005,7: 529–573.

[70] Plotnikov P I, Sokolowski Z. Stationary solutions of Navier–Stokes equations for diatomic gases.Usp Mat Nauk, 2007,62: 117–148 (in Russian); English translation in: Russ Math Sury,2007,62: 561–593.

[71] Plotnikov P I, Weigant W. Isothermal Navier–Stokes equations and Radon transform.SIAM J Math Anal,2015,47: 626–653.

[72] Plotnikov P I, Weigant W. Steady 3D viscous compressible flows with adiabatic exponent $\gamma \in (1, \infty)$. J Math Pure Appl,2015, 104: 58–82.

[73] Temam R. Navier - Stokes Equations: Theory and Numerical Analysis. Rhode Island: AMS Chelsea Publishing, 2001.

[74] Valli A. Periodic and stationary solutions for compressible Navier–Stokes equations by stability method. Ann Scuola Norm Sup Pisa, 1983,10: 607–647.

[75] Valli A, Zajaczkowski W M. Navier–Stokes equations for compressible fluids: global existence and qualitative properties of the solutions in the general case. Comm Math Phys,1986,103: 259–296.

[76] Zeidler E. Nonlinear Functional Analysis and Its Applications I: Fixed-point theorems.New York: Springer-Verlag, 1986.

[77] 张恭庆，林源渠.泛函分析讲义（上册）.北京：北京大学出版社，2008.

[78] 周明强. 实变函数论（第2版），北京：北京大学出版社，2008.

[79] Axmann Š, Mucha P B, Pokorný M. Steady solutions to the Navier-Stokes-Fourier system for dense compressible fluid. Topological Meth Nonli Anal, 2018,52(1):259-283.

索 引

B

C

D

F

G

X

Y

Z